石油工程现场作业岗位标准化建设丛书

石油工程现场作业岗位标准化建设

试油（气）、酸化压裂分册

甘振维　何龙　范希连　主编

图书在版编目（CIP）数据

石油工程现场作业岗位标准化建设．试油（气）、酸化压裂分册 / 甘振维，何龙，范希连主编．—北京：中国石化出版社，2019.12

ISBN 978-7-5114-5613-7

Ⅰ．①石… Ⅱ．①甘… ②何… ③范… Ⅲ．①石油工程—标准化管理 ②试油—标准化管理 ③试气—标准化管理 ④酸化压裂—标准化管理 Ⅳ．① TE-65

中国版本图书馆 CIP 数据核字（2019）第 268205 号

中国石化出版社出版发行

地址：北京市东城区安定门外大街 58 号

邮编：100011　电话：（010）57512500

发行部电话：（010）57512575

http：//www. sinopec-press. com

E-mail：press@ sinopec. com

北京科信印刷有限公司印刷

全国各地新华书店经销

*

787×1092 毫米　16 开本　22.5 印张　796 千字

2020 年 6 月第 1 版　2020 年 6 月第 1 次印刷

定价：158.00 元

《石油工程现场作业岗位标准化建设丛书》
编　委　会

《射孔、修井分册》参编人员：

黎　洪　詹　斌　陈　波　徐晓峰　杜　林　赵禹鑫
蒲　杨　程志强　支　林　冯成军　黄国光　谭　猛
刘殿清　李阳兵　范小波　李国成　肖　锋　彭　磊
周　同　王云贵　王艳霞　张　琪　黄洪波　张红兵

《试油（气）、酸化压裂分册》参编人员：

赵祚培　詹　斌　蒋龙军　钟　森　胡钟琴　宋爱军
蒋　斌　郑　平　傅　玉　王智君　徐连春　鲜举阳
蒋　勇　陈　超　张智强　杨棚铄　王绍红　谭福吉
范　青　张小峰　朱　铭　牟小青　左　敏　周　宇

序 PREFACE

能源产业作为国民经济发展的重要支撑，肩负着保障国家能源安全和改善民生的重要使命。2018年，习近平总书记做出大力提升勘探开发力度，保障国家能源安全的重要指示批示。为贯彻落实习总书记的指示批示精神，中国石化积极发展上游板块，全力实施“七年行动计划”，加大油气勘探开发投资力度，加快油气增储上产步伐，高度重视石油工程在勘探开发领域的重要支撑作用，自觉在新时代石油工业的跨越式发展中，担负起保障国家能源安全的重要使命。

随着勘探开发逐渐向深层、非常规领域、深海推进，石油工程也面临新的挑战，以创新驱动发展，以标准化提升管理，是石油工程适应新时代高效勘探、效益开发的内在需求，也是推动中国石化高质量发展，打造具有国际竞争力的世界一流能源化工企业的必然要求。

科技创新是使企业不断进步的驱动力，而标准化作业则是防止现场管理水平下滑的制动力。标准化作业是综合性技术的基础，是科学的管理手段，是强化安全管理、增强员工素质、实现高效益的必经之路。做好现场岗位标准化工作对提高施工质量、减少工程事故、保障人员安全、实现科学管理，都具有重要意义。

中国石化历来重视现场作业岗位标准化工作，在石油工程现场作业岗位标准化建设方面，2006 年就制作了钻井工、钻井液工等工种的岗位标准化操作视频，并全面推广应用，后又组织开展了“两册”编写工作。这些工作有效推动了现场作业岗位标准化水平的提升。但是随着新技术的发展、工艺流程的改进，标准化作业同样需要进一步细化和完善，以更好地适应当前安全管理需求。

在对标准化作业深刻认识的前提下，依据信息化发展需要，中国石化西南油气分公司联合西南石油工程公司、胜利石油工程公司等多家单位，组织大批专家、现场技术骨干及技能操作能手，结合标准作业程序（SOP）思想和现场作业安全分析（JSA）方法，从石油工程关键环节——现场作业入手，建立了涵盖石油工程全专业的标准化操作规程，为石油工程现场作业标准化岗位配置、标准化流程管理、标准化处置措施提供了管理规范。在该标准化操作规程的基础上，西南油气分公司利用信息平台，根据当天作业内容将作业标准推送给岗位员工，使岗位员工快速明确当天“干什么、怎么干、有什么风险、出了问题怎么办”，从而短期内提升员工技能及安全意识，实现连续多年零伤亡管理目标，同时培养了一批新时代的操作技能大师，为西南油气分公司近年来天然气大发展做出了重要的贡献。

《石油工程现场作业岗位标准化建设丛书》是西南油气分公司组织对这套标准化操作规程进行提炼、总结的最新成果。该套丛书包括石油工程现场作业各岗位的岗位描述、岗位标准化操作规程、岗位风险提示、应急处置等内容，具有较强的系统性。同时，该套丛书把“学习知识、了解流程、掌握标准、应急处置”的内容切实落实到操作岗位，可有效强化岗位责任制，加强现场“三基”培训，迅速提升岗位人员的职业技能素养，具有很强的实用性。并且，丛书以岗位为单元定量描述作业规范，为现场作业岗位标准化操作的定量价值考核、石油工程信息化提升、智能化管理奠定了基础，具有非常强的可操作性和推广性。

希望通过此套《石油工程现场作业岗位标准化建设丛书》的出版，融合信息技术的新思路、新模式，探索全新的管理培训方式，为我国油气勘探开发培养更多技能人才，为石油工程的快速发展、保障国家能源安全做出更大贡献。特将该丛书推荐给石油工程生产战线的岗位工作人员、工程技术人员和管理干部。

2020年3月31日

前言 FOREWORD

石油工程具有投资大、风险高、技术密集、作业工序繁多、不可预见因素多等特点，需要多学科、多专业、多层次的施工人员分工明确、紧密配合，因此，标准化作业是提高施工质量和实施安全管理的关键抓手。为全面提升石油工程全专业、全流程的标准化操作水平，由西南油气分公司组织，西南石油工程公司和胜利石油工程公司共同参与，两百余名石油工程管理专家、现场技术骨干和技能操作能手历时三年，编制完成本套丛书。

《石油工程现场作业岗位标准化建设丛书》的编写以SOP（Standard Operation Procedure，标准作业程序）理念为指导，融合JSA（Job Safety Analysis，工作安全分析）方法，在充分考虑当前设备水平和工艺现状的基础上，整理了石油工程各专业标准化作业流程，将具体操作细化到每一个基层岗位上。同时，对每一个作业节点进行风险分析，将安全的标准体系和要求融入生产环节中。全书以作业流程为主线，以基层岗位为落脚点，强化全作业流程的风险分析，共建立了钻井、钻井液、定向、固井、录井、测井、射孔、试气、压裂及修井等全专业的石油工程现场作业岗位标准化操作规程体系，为各专业岗位编制了岗位职责、岗位说明书、工作流程图、管理（操作）规范、应急处置方案，并提供了风险提示及防范措施。

参与丛书编写的人员均是从事多年基层单位管理工作的专家或技能操作大师，也是实战型石油工程现场作业岗位标准化建设的先行者，本着“写我所干、干我所写、统一标准、量化操作”的理念，对石油工程现场操作进行了系统性的整理。除丛书编委外，编写过程中也得到了众多其他石油工程界的专家、工程技术人员的大力支持和帮助，中国石化出版社为丛书的编写和出版工作也给予了很多指导，在此一并表示感谢。

由于本套丛书涵盖内容较多，不同油田企业的设备和工艺流程也存在差别，而标准化操作与设备和工艺是息息相关的，因此难以建立完全统一的标准化操作模式。限于篇幅原因，编委会只能根据当前条件下多数企业的设备和工艺现状，进行标准化操作流程建设，难免有考虑不周之处，敬请各使用单位及个人提出宝贵意见和建议，以便丛书修订时补充更正。

目录 CONTENTS

上篇　试油（气）作业

上篇

试油（气）作业

第一章 试油（气）作业概况

试油（气）是利用一套专用的设备和方法，对井下油、气、水层进行直接测试，并取得有关地下油、气、水层产能、压力、温度和油、气、水样物性资料的工艺过程。通过试油（气），可获得生产和地质方面的资料，判断地质的总特征和油气层有无工业开采价值，同时也为油气田开发提供重要依据。

在勘探的不同阶段，试油（气）的目的和任务有所不同，概括起来有以下几点：①在探明新区、新构造需判断录井、测井资料的含油气层位，通过试油（气）来验证、落实油气层，确定是否有工业价值；②查明油气田含油气面积及水边界，油气藏的产能和驱动类型，以测试地质条件好、产量高、生产稳定、延伸面积大的作为主力油层并重点开发；③油气田的详探阶段，验证油气层的含油气情况和测井资料解释的可靠程度，主要任务是确定含油气边界，提高储量级别，提供开发面积，为编制合理开发方案准备基础资料；④通过分层试油和试油（气），取得有关分层的测试资料，为计算油气田储量和编制油气田开发方案提供依据。

若要获取地层参数、了解油气井生产能力，则要通过试井技术来实现。试井分为稳定试井和不稳定试井。试井以渗流理论为基础，以各种测试仪表为手段，通过对油气井生产动态（主要是压力参数）的测试来求取物性参数和生产能力，研究它们之间的连通关系，为区域勘探开发、增产措施的效率评价、边界特征评价和井筒连通评价提供依据。

第一节 试油（气）项目

试油（气）项目根据作业目的和任务可划分为勘探试油（气）和开发试油（气）。

试油（气）项目根据工艺方法可划分为常规井试油（气）、高温高压井试油（气）、含硫化氢井试油（气）、页岩井试油（气）等。

第二节 试油（气）工艺流程

自接到施工井试油（气）任务开始，需经过现场踏勘、设备搬迁安装、开工验收、拆

装井口、通井、射孔、压井、刮管、下完井管柱、措施改造、排液、试井等多个工序［常规水平井单井试油（气）工艺流程见图1–1］，工序的选择和具体操作视施工井井型、井别及实际井筒状况而定。

- 现场踏勘
  - 道路踏勘
  - 井场踏勘
- 设备材料进场
  - 安装试油（气）流程
  - 固定试油（气）流程
  - 试油（气）流程试压
- 开工验收
- 通井作业
  - 通井准备
  - 下通井管柱
  - 探人工井底
  - 循环压井液
  - 起通井管柱
- 射孔作业
  - 射孔准备
  - 下射孔管柱
  - 测井定位及调整
  - 加压射孔
  - 敞井观察
  - 循环压井液
  - 起射孔枪、验枪
- 刮管作业
  - 刮管准备
  - 下刮管管柱
  - 刮管作业
  - 循环压井液
  - 起刮管管柱
- 完井作业
  - 工具准备
  - 下完井管柱
  - 拆防喷器
  - 装采气树
  - 井口试压
  - 替浆、洗井
  - 坐封封隔器、验封
- 措施作业
  - 措施准备
  - 配合措施施工
  - 酸化压裂队撤场
- 压后排液
  - 油嘴控制排液
  - 针阀控制排液
  - 关井作业
  - 气举作业
  - 取样作业
- 试井作业
  - 试油（气）求产
  - 测流温、流压
  - 系统测试
  - 测压力恢复
  - 测静温、静压

图1–1　单井试油（气）工艺流程

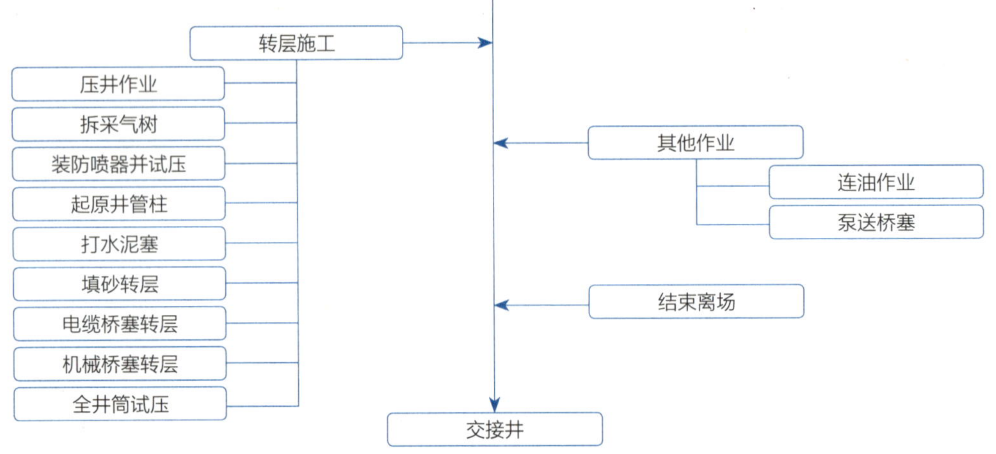

图1-1 单井试油（气）工艺流程（续）

第三节 试油（气）队岗位设置

本书中的试油（气）队岗位设置主要参考《中国石化岗位类别划分和用工配置规范》《中国石化试油（气）队资质认证标准》等相关标准规范，主要包括试油（气）队队长、工程技术主管、HSSE管理员、设备管理员、班长、试油（气）工6个岗位。

第二章 试油（气）队队长岗位操作标准

第一节 岗位描述

1. 岗位说明

试油（气）队队长岗位说明如表2-1所示。

表2-1 试油（气）队队长岗位说明

项目		主要内容
工作概述		负责本单位生产计划运行、生产组织协调、经营管理、人员管理、设备管理、HSSE管理和员工培训工作，是本队安全生产第一责任人
上岗条件	教育程度	大学专科及以上学历，石油工程及相关专业
	从业资格	持有有效的井控培训合格证、HSSE管理培训合格证、硫化氢防护技术证、安全资格证
	技能等级	具有中国石化相关单位认证的初级及以上专业技术职务任职资格
	辅助技能	（1）熟练掌握试油（气）工艺技术、工艺流程及相关设备设施，并对钻井、固井、钻井液、测（录）井工艺等相关知识有一定的了解； （2）熟悉试油（气）队岗位组成及各岗位职责； （3）熟悉试油（气）队生产、安全、设备及成本管理制度； （4）具有较强的组织协调能力，语言文字表达能力，正确理解、执行经济合同的能力； （5）能够熟练使用办公软件
	工作经历	具有三年以上现场试（油）气工作经历
	职业道德	具有良好的政治素质和职业道德，坚持原则，秉公办事，具有较强的责任心和团队协作精神
	身体素质	身体健康，心理素质良好，能适应野外施工工作

续表

项目		主要内容
岗位关系	纵向关系	接受所在基层单位的直接领导和业务指导； 接受业主方的检查指导
	横向关系	与试油（气）队内各岗位之间有协作关系； 与施工协作方有配合关系
岗位职责	工作职责	（1）严格贯彻执行公司的管理规定，依照技术、业务部门制定的技术措施、操作规程，指导生产，管理队伍； （2）编制单井生产运行计划，具体组织生产运行，随时掌握生产动态，及时处理、解决生产中各类问题； （3）掌握人员动态，合理调配各班组人员，定期组织人员进行业务学习和培训，推广新技术、新工艺和现代化管理方法，不断提高员工素质； （4）按照公司有关规定及管理方法，加大成本管理力度，搞好单井成本预、决算，做好修旧利废和技术革新工作； （5）根据生产实际和岗位人员完成工作任务情况及质量，拟定本单位工资、奖金分配办法； （6）倡导并践行绿色低碳的生产和生活方式，认真履行节能环保等社会责任
	安全职责	（1）认真执行公司、本单位各项安全生产规章制度和安全技术操作规程，教育员工遵章守纪，制止违章行为，确保本队的安全生产； （2）全面负责本队安全管理工作，是本队安全生产第一责任人； （3）组织并参加班组安全活动，坚持班前讲安全、班中检查安全、班后总结安全；做好本队HSSE管理员业务技能培训指导工作； （4）组织新员工进行岗前“三级”安全教育，培训学时不少于16学时，未经培训合格不得安排上岗； （5）负责组织开展风险识别及隐患排查工作，对识别出的风险及隐患采取有效的风险控制措施，并监督落实，涉及重大风险及时上报； （6）每周至少组织一次安全检查，发现不安全因素及时消除； （7）负责生产设备、安全设施的日常检查与维护、保养工作，使其保持完好和正常运行，督促、教育员工合理使用劳动防护用品、用具，正确使用灭火和气防器材； （8）组织班组安全生产竞赛、技能比武、岗位练兵、应急演练等活动； （9）负责班组基层建设、基础管理，提高班组管理水平；保持生产作业现场整齐、清洁，实现清洁生产； （10）负责动火、受限空间作业、临时用电、吊装等直接作业环节的过程管理工作； （11）发生事故立即报告，组织抢救并保护好现场，做好详细记录；参与事故调查、分析，落实防范措施
岗位工作内容		（1）接受试油（气）施工任务后，组织现场踏勘； （2）安排人员领取试油（气）方案设计、施工设计或标书（合同）； （3）安排人员收集邻井资料，按照设计要求准备各类物资，通知钻前施工； （4）检查、核实施工队伍管理文件、技术标准、体系文件、安全警示标志等资料及设施的完整性； （5）及时与上级部门沟通，确定搬迁时间和路线，组织搬迁； （6）依据井场条件，在符合安全生产管理要求的前提下，确定设备、设施的摆放位置；

续表

<table>
<tr><th colspan="2">项 目</th><th>主要内容</th></tr>
<tr><td colspan="2">岗位工作内容</td><td>（7）督促设备的安装、调试（含信息化设备安装），落实地面流程安装、固定及试压；
（8）对照自检自查表进行系统自检，确认达到验收条件后向上级部门及甲方相关部门提出开工验收申请；
（9）开工前与钻井施工方协调，组织专门的地质交底会议，与钻（修）井队签订安全协议，建立与施工协作单位联动的应急措施；
（10）组织试油（气）队成员学习方案设计、工程设计、应急预案；
（11）检查试油（气）人员对本岗位职责的掌握情况，进一步明确各岗位职责；
（12）监督、检查试油（气）作业过程中各岗位责任制的落实情况，确保资料录取质量，督促问题的整改；
（13）组织HSSE活动、日常检查、岗位业务培训及应急演练，发生突发性事件时，立即启动应急预案；
（14）监督施工过程中工程参数异常、施工作业条件变更等情况时，及时与上级部门、甲方及施工协作方沟通、协调处理；
（15）施工结束后，与甲方监督沟通确定设备拆卸时间，并按照业主方离场通知要求出场；
（16）督促员工清理现场垃圾废料，严格按照环保要求进行处置，通知钻后治理；
（17）监督技术人员对验收资料、相关技术资料的收集、整理工作；
（18）安排员工按照安全操作规程进行设备拆卸，并按设备清洗、保养要求进行清洗、保养；
（19）督促现场技术主管按照相关标准进行资料整理，认真编写完井报告，确保资料及时上交、归档；
（20）组织交接工作；
（21）积极推广新工艺、新技术、新设备的应用；
（22）组织完成上级安排的其他工作</td></tr>
<tr><td colspan="2">工作权限</td><td>（1）有权对试油（气）队进行生产指挥；
（2）有权对试油（气）队人员进行日常管理；
（3）有权对试油（气）队各岗位工作情况及员工考勤情况进行月度考核；
（4）有权对重大事故越级向主管部门汇报；
（5）有权就试油（气）队生产管理工作向上级业务部门提出建议；
（6）有权拒绝违章指挥，制止违章操作；
（7）有权检查并拒绝使用不合格产品</td></tr>
<tr><td rowspan="2">工作考核</td><td>考核关系</td><td>（1）接受所在基层单位及公司人力资源、技术装备、生产安全等部门的工作考核；
（2）组织对本试油（气）队人员工作进行考核</td></tr>
<tr><td>考核依据</td><td>对照《试油（气）队岗位操作手册》，按照公司、基层单位相关考核办法进行考核</td></tr>
</table>

2. 工艺流程

试油（气）队队长工作工艺流程如图2-1所示。

图2-1 试油（气）队队长工作工艺流程

第二节 岗位标准化操作规程

1. 巡回检查标准化操作规程

巡回检查标准化操作规程如表2–2所示。

表2–2 试油（气）队队长巡回检查标准化操作规程

操作前准备：

（1）按照要求穿好劳动保护用品；

（2）准备好所用工具

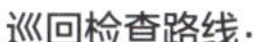

巡回检查路线：

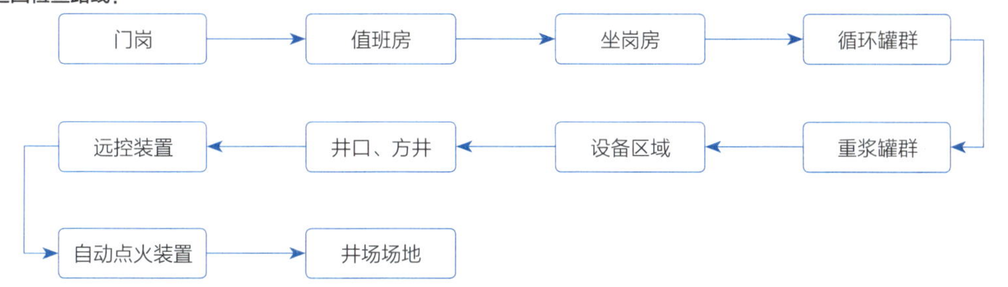

检查地点	检查项点	工作标准
门岗	人员情况	门岗人员在岗，精神面貌良好
	警示标识	警示标识清晰齐全
	环保情况	门口附近清洁卫生
值班房	人员情况	人员齐整、工作状态良好
	资料情况	资料齐全，填写准确、及时，无漏填内容
	听取问题	问题接收率100%，并安排好整改工作
坐岗房	坐岗记录	记录灌、返压井液量是否正常，罐内液面情况，岗位人员是否在岗，是否及时、准确填写坐岗报表
	液面监测仪	监测仪工作正常
	气防设施	在岗人员硫化氢监测仪、空气呼吸器齐全且能够满足使用需求
	通信设施	相关通信设施工作正常
循环罐群	压井液性能	对循环罐内使用的压井液性能进行检查，确保其满足设计要求
	压井液量	地面循环罐内的压井液量满足设计要求
	维护、保养情况	对压井液的维护、保养记录进行检查
	液面报警装置	液面报警装置能正常使用
	标识	各个罐内的压井液密度和方量（体积）与标识牌的标注对应

续表

检查地点	检查项点	工作标准
重浆罐群	加重压井液性能	抽查加重压井液性能，确保其满足设计要求
	加重压井液量	加重压井液量满足设计要求，满足应急使用需求
	维护保养情况	对加重压井液的维护、保养记录进行检查
	导浆管线	检查应急导浆管线，确保应急条件下的适用性
	标识	各罐的加重压井液密度和方量与标识牌的标注对应
设备区域	运行状态	设备运转正常
	完好、清洁状态	设备外观良好，干净、整洁
	仪器、仪表	无锈蚀，工作状态良好
井口、方井	环空压力	技、表套压力监测情况正常
	防喷器组	固定良好，工作状态正常
	闸阀	清洁，开关状态正确
	方井	方井内无冒泡、漏气情况
远控装置	远控房	储能器压力、管汇压力、气源压力符合要求，全封和剪切手柄已安装限位装置，对应操作手柄已标识，液压油液位高度足够，液控管线接头不漏油，已张贴井口装置高度示意图，并标识半封关闭高度
	电路	远控系统电路实行专线控制，控制处标示明确
	平板阀液控箱	通电，各项压力正常，油箱液位高度达到要求，对应操作手柄标识正确，无漏油情况
自动点火装置	自动点火装置	点火装置正常通电，绝缘手套已配齐，绝缘胶皮已铺垫，开关点火装置能正常启动
井场场地	井场周边及环境	井场无油污，无易污染环境物品，无抛弃的废弃物或其他杂物；场地相关设备材料的摆放规范合理，不存在损坏材料的可能性或安全风险；检查是否有相关设备需要强化维护、保养

注：对各责任区域人员在岗情况、履职情况进行抽查，督促各岗位按要求开展工作。

2. 交接班标准化操作规程

1）接班标准化操作规程

接班标准化操作规程如表2-3所示。

表2-3　试油（气）队队长接班标准化操作规程

工作内容	工作步骤	工作标准	风险提示
接班前检查	检查员工上岗情况	人员到齐，劳保用品穿戴齐全、规范	劳保用品穿戴不齐，容易发生人身伤害事故

续表

工作内容	工作步骤	工作标准	风险提示
接班前检查	对生产安排、安全、环保等工作进行检查	生产安排、安全、环保等工作落实率100%	设施检查遗漏，有问题不能及时发现，可能导致应急情况下无法使用；关键要害部位检查遗漏，容易将安全隐患扩大
	接受员工问题反馈	问题处置率100%	发现的问题未反馈，则交班时不能及时整改，存在隐患，易发生事故
	询问、了解设备及井下情况	了解当前施工、设备、井下情况，做到心中有数，有计划地开展工作	对施工情况了解不清，可能会造成设备损坏或井下复杂情况
参加班前会	接班后检查完，至值班房参加班前会	参加率100%	不参加班前会，将不了解工作情况，容易导致发生事故
	听取各岗检查问题汇报	问题落实率100%	无法统筹安排本班工作，易发生事故；不落实整改，无法高效完成问题整改
	审核工作内容的相关危害分析，做好风险评价并制定防范措施	危害分析全面；防范措施制定得当，工作分配必须具体、明确；记录齐全、准确	不进行危害分析，易导致安全事故；防范措施制定没有针对性，易导致员工无法正确防范当班风险；分配不具体，会导致怠工、误工；记录不齐全，不符合资料存档规范
	对上级文件和相关生产、安全、设备会议内容的宣贯做好监督	当前重要文件传达率100%	传达上级文件和相关生产、安全、设备会议内容不及时，易导致上级安排的生产、安全任务无法持续实施，员工不了解当前的生产、安全形势

2）交班标准化操作规程

交班标准化操作规程如表2-4所示。

表2-4 试油（气）队队长交班标准化操作规程

工作内容	工作步骤	工作标准	风险提示
参加班后会	听取各岗位的生产、安全和设备情况汇报；对本班出现的违章行为、未遂事件、事故隐患提出批评，做出处理意见；对好的做法、遵章守纪的职工提出表扬	参加率100%，总结内容具体、全面	不参加班后会，则本班工作无人讲评，问题、经验不能及时总结

3. 施工作业标准化操作规程

1）现场踏勘标准化操作规程

现场踏勘标准化操作规程如表2-5所示。

表2-5 试油（气）队队长现场踏勘标准化操作规程

工作内容	工作步骤	工作标准
道路踏勘	收集井场位置资料	组织道路踏勘，记录沿途需要注意的部位（如转弯角、电线架高、道路桥梁、隧道等）能否承受通过车辆
	规划踏勘路线	了解周边环境，了解新井场所在地工农关系、前期钻（修）井队遗留问题等，避免在搬迁安装和生产过程中由于油地关系影响安全生产正常进行
	组织踏勘	通往井场的道路，应满足施工周期内各型车辆安全通行，特别应考虑满足抢险车辆的通行
井场踏勘	与现场队伍对接［含钻（修）井队、采气队等］	对接目前工况、下一步计划、存在问题
	井史资料收集	详细、准确收集测试井钻井基础资料、邻井和本井以往测试资料，特别是钻开油气层时的钻井液类型、性能，油气层油气显示和钻井过程中井漏、井涌、井喷等复杂情况，井筒现状，井筒及井口试压情况，等等
	了解井场环保状况（井口、排污沟、放喷池、污水池、场地等）	周边永久性公共设施达到安全距离（否则将风险评估及措施报甲方批复），无防火防爆、逃生等方面的安全隐患，无环境污染；放喷池、污水池容积能满足后期施工需求
	制定井口装置、节流压井装置、场地设备摆放规划	详细、准确记录钻台高度与后期防喷器安装距离是否存在冲突，钻台与井口之间是否存在偏心，是否易造成油管头内部密封面损坏；确认井口装置及方井、节流管汇数据，套管头和采气井口、套管头和防喷器尺寸数据；收集与井队节流、压井管汇相匹配的转换法兰；明确井队钻具扣型及内防喷工具扣型，应急压井系统的准备情况；根据井场施工情况和布局现状，合理安排测试流程，其他设备保持安全距离
	了解水资源状况	了解清水池储水能力及供水能力
	地面流程走向布局	流程应能够满足射孔、压裂、放喷、压井、排液、求产要求，并达到美观、转换方便、安全、可靠，压井管线应能够方便地进行正注和反注
	形成踏勘报告	对勘探情况进行描述，形成报告，及时上报、跟踪

2）施工准备标准化操作规程

配合施工队伍（流程设备入场）标准化操作规程如表2-6所示。

表2-6 试油（气）队队长配合施工队伍（流程设备入场）标准化操作规程

工作内容	工作步骤	工作标准
室内准备	编制领料单、文案准备	根据设计和踏勘情况制定领料单，编制入场申请、施工进度计划、流程安装设计图
	制定搬迁计划	召开搬迁作业会，制定搬迁计划，开展JSA分析
	领料	安排设备管理员领料，清点材料数量，核对材料材质性能
试油（气）流程设备进场	卸车、摆放	严格按照吊装作业许可管理规定作业，按照预定计划位置摆放设备材料

试油（气）流程安装标准化操作规程如表2-7所示。

表2-7 试油（气）队队长试油（气）流程安装标准化操作规程

工作内容	工作步骤	工作标准
试油（气）流程安装	安全技术交底	详细说明流程结构及功能，进行安全环保风险提示
	组织分工	分班，由指定负责人带班分组作业
	流程连接	地面流程安装做到横平竖直，放喷管线不安装小于120°的钢质弯头，尽量做到管汇台距井口不少于10m，放喷口距井口不少于75m，拐弯处采用加厚耐冲蚀优质管材；硬接触处用胶皮垫好，防止管线抖动摩擦产生火花发生危险；安装油嘴套、流量计及管线时应检查有无油嘴、孔板、堵塞物，应保证管线畅通；检查确保各阀门的开关灵活，转动无卡阻现象；放喷管线尽量平直，放喷口应安装燃烧筒，安装位置位于当地常风向的下风向，且垂直向上，并具有安全点火条件，同时避免污染农田

试油（气）流程固定标准化操作规程如表2-8所示。

表2-8 试油（气）队队长试油（气）流程固定标准化操作规程

工作内容	工作步骤	工作标准
试油（气）流程固定	技术安全交底	详细说明流程固定位置和方式，进行安全环保风险提示
	组织分工	分班，由指定负责人带班分组作业
	流程固定	地面流程按规范要求采用地锚或水泥基墩固定，固定位置为管汇台、放喷口、各弯管处，平直管线固定间距10~15m；水泥基墩尺寸为长不小于0.8m，宽不小于0.6m，深不小于0.8m；放喷口距离水泥基墩边缘不大于0.5m，喷口垂直向上，管线悬空处应垫实；流程管线间距不小于0.1m
	资料录取	录取管汇台规格型号、流程结构等数据

信息化设备安装调试标准化操作规程如表2-9所示。

表2-9 试油（气）队队长信息化设备安装调试标准化操作规程

工作内容	工作步骤	工作标准
信息化设备安装调试	配合信息化设备安装调试	设备安装地点应确保现场视频能够清晰、连续、全天候传至设计的位置；满足数据采集系统要求

3）开工验收标准化操作规程

开工验收标准化操作规程如表2-10所示。

表2-10　试油（气）队队长开工验收标准化操作规程

工作内容	工作步骤	工作标准
申请开工验收	开工验收准备	现场达到开工验收条件
	申请开工验收	申请开工验收
甲方开工验收	验收	符合试油（气）设计要求；符合《试油（气）开工验收实施细则》及各甲方单位开工验收规定；符合其他相关规程规范、制度、管理规定
	资料录取	记录验收日期、验收单位、验收人员、存在问题、整改情况、整改人、整改日期
复查	整改	对查出的问题进行整改，对暂时不能整改的，及时采取防范措施
	复查	对开工验收检查的问题进行复查

4）工具准备标准化操作规程

油管、短节、变扣准备标准化操作规程如表2-11所示。

表2-11　试油（气）队队长油管、短节、变扣准备标准化操作规程

工作内容	工作步骤	工作标准
油管准备	油管架摆放	三点支撑；离地高度不小于30cm；垫杠材料的硬度应不高于管材硬度
	调拨清单核实，证件检查	检查合格证是否有效
	油管摆放，外观检查	油管重叠最多不超过5层（若为镍基合金油管，需要在油管架上进行软铺垫），排放整齐，油管上严禁堆放重物或人员行走；检查完好度，不合格油管应特殊标识，分开摆放
	数量核实	对照调拨清单核实油管数量、规格、型号，不同钢级和壁厚的管材不能混杂堆放
	丝扣清洗、检查	保证丝扣和密封端面的清洁，检查管材有无弯曲、腐蚀、裂缝、孔洞和螺纹损坏
	编号	不同规格油管分别编号
	丈量	使用10m以上的钢卷尺，丈量3次，累计复核误差每1000m应不大于0.2m
	油管通径	按设计和规范要求对油管逐根通径
	数据记录	记录编号、长度、扣型、壁厚、外径、钢级（含硫化氢井要确认防硫级别）
短节准备	调拨清单核实，证件检查，外观检查	检查合格证是否有效；检查完好度，不合格短节应特殊标识，分开摆放
	数量核实	对照调拨清单核实短节数量、规格、型号，不同钢级和壁厚的短节不能混杂堆放
	丝扣清洗、检查	保证丝扣和密封端面的清洁，检查短节有无弯曲、腐蚀、裂缝、孔洞和螺纹损坏
	编号	不同规格短节分别编号
	丈量	使用10m以上的钢卷尺，丈量3次，累计复核误差每1000m应不大于0.2m
	短节通径	按设计和规范要求对短节逐根通径
	数据记录	记录编号、长度、扣型、壁厚、外径、钢级（含硫化氢井要确认防硫级别）

续表

工作内容	工作步骤	工作标准
变扣准备	调拨清单核实，证件检查，外观检查	检查合格证是否有效，检查完好度，不合格变扣应特殊标识、分开摆放
	数量核实	对照调拨清单核实变扣数量、规格、型号，不同扣型的变扣不能混杂堆放
	丝扣清洗、检查	保证丝扣和密封端面的清洁，检查变扣有无弯曲、腐蚀、裂缝、孔洞和螺纹损坏
	标识	不同规格变扣分别标识
	丈量	使用10m以上的钢卷尺，丈量3次，累计复核误差每1000m应不大于0.2m
	通径确认	按设计和规范要求确认变扣通径及内倒角情况
	数据记录	记录编号、长度、扣型、壁厚、外径、钢级（含硫化氢井要确认防硫级别）

通井规准备标准化操作规程如表2-12所示。

表2-12 试油（气）队队长通井规准备标准化操作规程

工作内容	工作步骤	工作标准
通井规准备	准备通井规	通井规外径应小于套管内径6~8mm，其长度不小于800mm；设计有特殊要求的，以设计为准
	检查	检查到场资料（合格证、检测报告等）是否齐全、有效
	丈量	拍照，获得长度（有效长度）、外径、内径（水眼）、扣型等参数
配通井管柱	根据设计要求编制管柱结构数据表	数据表包含入井序号、工具名称、场地编号、工具规格、扣型、单根长度、下入深度、立柱编号、生产厂家、钢级、外径、内径、壁厚；同时注明回接筒、射孔井段、人工井底深度

刮管器准备标准化操作规程如表2-13所示。

表2-13 试油（气）队队长刮管器准备标准化操作规程

工作内容	工作步骤	工作标准
刮管器准备	准备刮管器	根据设计要求准备相应规格刮管器
	检查	检查到场资料（合格证、检测报告等）是否齐全有效，刮刀弹簧是否灵活
	丈量	拍照，获得长度（有效长度）、刮刀伸出最大外径、刮刀收缩外径、内径（水眼）、扣型等参数
配刮管管柱	编制管柱结构数据表	数据表包含入井序号、工具名称、场地编号、工具规格、扣型、单根长度、下入深度、立柱编号、生产厂家、钢级、外径、内径、壁厚，同时注明封隔器预坐封井段、射孔井段、人工井底、套管回接筒、套管悬挂器

射孔枪准备标准化操作规程如表2-14所示。

表2-14 试油（气）队队长射孔枪准备标准化操作规程

工作内容	工作步骤	工作标准
下枪准备	上报射孔需求申请	根据设计确定射孔参数，说明下枪时间，与射孔队建立联系，确定入场节点
	射孔枪到场后现场准备	检查射孔队人员持证、队伍资质、火工证，签订安全环保协议，督促射孔队落实安全措施规范作业；根据设计要求核实到场射孔枪合格证，核实长度、枪型、弹型、弹量、孔密、相位角、起爆方式等参数，编制管柱数据表和核实排枪图
	地面组枪	严禁使用非防爆通信设备，禁止无关人员进入圈闭区域；核实射孔管柱所需要的变扣接头、筛管及调整短节准备情况
	安全技术交底	明确详细的射孔管柱数据表、下枪至起枪全过程作业步骤及各方岗位职责、各环节技术要点及相关操作风险提示
配射孔管柱	根据设计要求编制管柱结构数据表	数据表包含入井序号、工具名称、场地编号、工具规格、扣型、单根长度、下入深度、立柱编号、生产厂家、钢级、外径、内径、壁厚，同时注明回接筒、射孔井段、人工井底深度

封隔器准备标准化操作规程如表2-15所示。

表2-15 试油（气）队队长封隔器准备标准化操作规程

工作内容	工作步骤	工作标准
封隔器准备	上报工具需求申请	根据设计确定工具参数，说明下工具时间，与工具方建立联系，确定入场节点
	工具到场后现场准备	检查工具方人员持证，签订安全环保协议，督促工具方落实安全措施规范作业；根据设计要求核实到场工具检验报告，核实规格、型号、长度、扣型、外径、内径、工作压力、工作温度、破裂盘设置参数、销钉个数、球的材质和外径等参数，核实完井管柱所需要的变扣接头准备情况，拍照；编制管柱数据表
	地面组工具、试压	圈闭试压区域，严禁人员进入，督促工具方按作业许可要求作业，含硫化氢井还需配备气防设施
	安全技术交底	根据工具方操作手册对班组和各作业单位交底，明确详细的完井管柱数据表、下工具至起工具全过程作业步骤及各方岗位职责、各环节技术要点及相关操作风险提示
配封隔器管柱	根据设计要求编制管柱结构数据表	数据表包含入井序号、工具名称、场地编号、工具规格、扣型、单根长度、下入深度、立柱编号、生产厂家、钢级、外径、内径、壁厚，同时注明回接筒、射孔井段、人工井底深度

桥塞准备标准化操作规程如表2-16所示。

表2-16 试油（气）队队长桥塞准备标准化操作规程

工作内容	工作步骤	工作标准
桥塞准备	上报工具需求申请	根据设计确定工具参数，说明下工具时间，与工具方建立联系，确定入场节点

续表

工作内容	工作步骤	工作标准
桥塞准备	工具到场后现场准备工作	检查工具方人员持证，签订安全环保协议，督促工具方落实安全措施规范作业；根据设计要求核实到场工具检验报告，核实规格、型号、长度、扣型、外径、内径、工作压力、工作温度、销钉个数、球的材质和外径等参数，核实所需要的变扣接头准备情况，拍照；编制管柱数据表
	地面组工具	督促工具方规范作业
	安全技术交底	根据工具方操作手册对班组和各作业单位交底，明确详细的管柱数据表、下工具至坐封全过程作业步骤及各方岗位职责、各环节技术要点及相关操作风险提示
配桥塞管柱	根据设计要求编制管柱结构数据表	数据表包含入井序号、工具名称、场地编号、工具规格、扣型、单根长度、下入深度、立柱编号、生产厂家、钢级、外径、内径、壁厚，同时注明回接筒、射孔井段、人工井底深度

油嘴准备标准化操作规程如表2–17所示。

表2–17 试油（气）队队长油嘴准备标准化操作规程

工作内容	工作步骤	工作标准
油嘴准备	核实领料单	核实油嘴数量与领料单是否相符
	丝扣清洗，外观检查	保证丝扣和密封端面的清洁，检查完好度，不合格油嘴应特殊标识、分开摆放
	测量、标记	使用卡尺丈量油嘴大小并记录，依大小顺序摆放

孔板准备标准化操作规程如表2–18所示。

表2–18 试油（气）队队长孔板准备标准化操作规程

工作内容	工作步骤	工作标准
孔板准备	核实领料单	核实孔板数量与领料单是否相符
	清洗，外观检查	保证孔板外观清洁，检查完好度，不合格孔板应特殊标识，分开摆放
	测量、标记	使用卡尺丈量孔板大小并记录，依大小顺序摆放

5）起下管柱标准化操作规程

下油管单根标准化操作规程如表2–19所示。

表2–19 试油（气）队队长下油管单根标准化操作规程

工作内容	工作步骤	工作标准
下油管单根	油管上钻台、通径	操作人员紧密配合专人指挥，做好危险区域警戒，严禁进入危险区域；人员远离正在移动的管材，特别要防止通径规从出口端落出伤人，上提管材时控制速度，平稳操作，捆绑牢靠，防止管材脱落

续表

工作内容	工作步骤	工作标准
下油管单根	对扣、引扣、上扣	对扣后使用引扣工具引扣，采用液压钳按规定扭矩值上扣
	下油管	作业时应平稳操作，管柱下放速度控制为不大于20m/min，下到距离设计位置100m时，下放速度不大于10m/min；若中途遇阻，悬重下降控制不超过30kN，并平稳活动管柱、循环冲洗（对已揭开产层的井，下入井内的大直径工具在通过射孔井段时，下放速度应不大于5m/min）
	井控坐岗	专人坐岗，严格执行井控管理制度
	资料录取	记录作业起止时间、油管类型、规格、根数、作业深度等

起油管单根标准化操作规程如表2-20所示。

表2-20　试油（气）队队长起油管单根标准化操作规程

工作内容	工作步骤	工作标准
起油管单根	起管柱	起钻操作要平稳，严禁猛提、猛放，速度控制在15~20m/min（已揭开产层的井，在油气层和顶部以上300m井段内起钻速度不得超过0.5m/s）；立柱编号正确；做好井口防落物遮盖措施
	卸扣、甩下钻台	操作人员紧密配合专人指挥，做好危险区域警戒，严禁进入危险区域；人员远离正在移动的管材，下放管材时控制速度，平稳操作，捆绑牢靠，防止管材脱落
	井控坐岗	专人坐岗，严格执行井控管理制度，每提10~15根油管向井内灌满一次压井液

下钻杆单根标准化操作规程如表2-21所示。

表2-21　试油（气）队队长下钻杆单根标准化操作规程

工作内容	工作步骤	工作标准
下钻杆单根	钻杆上钻台、通径	操作人员紧密配合专人指挥，做好危险区域警戒，严禁进入危险区域；人员远离正在移动的管材，特别要防止通径规从出口端落出伤人，上提管材时控制速度，平稳操作，捆绑牢靠，防止管材脱落
	对扣、引扣、上扣	对扣后使用引扣工具引扣，采用液压钳按规定压力值上扣
	下钻杆	作业时应平稳操作，管柱下放速度控制为不大于20m/min，下到距离设计位置100m时，下放速度不大于10m/min；若中途遇阻，悬重下降控制不超过30kN，并平稳活动管柱、循环冲洗（对已揭开产层的井，下入井内的大直径工具在通过射孔井段时，下放速度应不大于5m/min）
	井控坐岗	专人坐岗，严格执行井控管理制度
	资料录取	记录作业起止时间、钻杆类型、规格、根数、作业深度等

起钻杆单根标准化操作规程如表2-22所示。

表2-22 试油（气）队队长起钻杆单根标准化操作规程

工作内容	工作步骤	工作标准
起钻杆单根	起管柱	起钻操作要平稳，严禁猛提、猛放，速度控制在15~20m/min（已揭开产层的井在油气层和顶部以上300m井段内起钻速度不得超过0.5m/s）；立柱编号正确；做好井口防落物遮盖措施
	卸扣、甩下钻台	操作人员紧密配合专人指挥，做好危险区域警戒，严禁进入危险区域；人员远离正在移动的管材，下放管材时控制速度，平稳操作，捆绑牢靠，防止管材脱落
	井控坐岗	专人坐岗，严格执行井控管理制度，每提3~5柱钻杆向井内灌满一次压井液

下油管立柱标准化操作规程如表2-23所示。

表2-23 试油（气）队队长下油管立柱标准化操作规程

工作内容	工作步骤	工作标准
下油管立柱	上提立柱、移动至井口	操作人员紧密配合，做好危险区域警戒，严禁进入危险区域；人员远离正在移动的管材，特别要防止通径规从出口端落出伤人，平稳操作
	对扣、引扣、上扣	对扣后使用引扣工具引扣，采用液压钳按规定扭矩值上扣
	下油管	作业时应平稳操作，管柱下放速度控制为不大于20m/min，下到距离设计位置100m时，下放速度不大于10m/min；若中途遇阻，悬重下降控制不超过30kN，并平稳活动管柱、循环冲洗（对已揭开产层的井，下入井内的大直径工具在通过射孔井段时，下放速度应不大于5m/min）
	井控坐岗	专人坐岗，严格执行井控管理制度
	资料录取	记录作业起止时间、油管类型、规格、根数、作业深度等

起油管立柱标准化操作规程如表2-24所示。

表2-24 试油（气）队队长起油管立柱标准化操作规程

工作内容	工作步骤	工作标准
起油管立柱	起管柱	起钻操作要平稳，严禁猛提、猛放，速度控制在15~20m/min（已揭开产层的井在油气层和顶部以上300m井段内起钻速度不得超过0.5m/s）；立柱编号正确；做好井口防落物遮盖措施
	卸扣、移动至钻杆盒	操作人员紧密配合，做好危险区域警戒，严禁进入危险区域；人员远离正在移动的管材，平稳操作
	井控坐岗	专人坐岗，严格执行井控管理制度，每提10~15根油管向井内灌满一次压井液

下钻杆立柱标准化操作规程如表2-25所示。

表2-25 试油（气）队队长下钻杆立柱标准化操作规程

工作内容	工作步骤	工作标准
下钻杆立柱	上提立柱、移动至井口	操作人员紧密配合，做好危险区域警戒，严禁进入危险区域；人员远离正在移动的管材，特别要防止通径规从出口端落出伤人，平稳操作
	对扣、引扣、上扣	对扣后使用引扣工具引扣，采用液压钳按规定压力值上扣
	下钻杆	作业时应平稳操作，管柱下放速度控制为不大于20m/min，下到距离设计位置100m时，下放速度不大于10m/min；若中途遇阻，悬重下降控制不超过30kN，并平稳活动管柱、循环冲洗（对已揭开产层的井，下入井内的大直径工具在通过射孔井段时，下放速度应不大于5m/min）；
	井控坐岗	专人坐岗，严格执行井控管理制度
	资料录取	记录作业起止时间、油管类型、规格、根数、作业深度等

起钻杆立柱标准化操作规程如表2-26所示。

表2-26 试油（气）队队长起钻杆立柱标准化操作规程

工作内容	工作步骤	工作标准
起钻杆立柱	起管柱	起钻操作要平稳，严禁猛提、猛放，速度控制在15~20m/min（已揭开产层的井在油气层和顶部以上300m井段内起钻速度不得超过0.5m/s）；立柱编号正确；做好井口防落物遮盖措施
	卸扣、移动至钻杆盒	操作人员紧密配合，做好危险区域警戒，严禁进入危险区域；人员远离正在移动的管材，平稳操作
	井控坐岗	专人坐岗，严格执行井控管理制度，每提3~5柱钻杆向井内灌满一次压井液

下连续油管标准化操作规程如表2-27所示。

表2-27 试油（气）队队长下连续油管标准化操作规程

工作内容	工作步骤	工作标准
连油作业准备	上报连油作业需求申请	根据设计确定连油作业参数，说明作业时间，与连油队建立联系，确定入场节点
	连油队到场后现场准备	检查连油队人员持证、队伍资质，签订安全环保协议，督促连油队落实安全措施规范作业
	安全技术交底	明确详细的井内管柱数据和井筒情况，核实设计中关键参数，连油作业全过程作业步骤及各方岗位职责，各环节技术要点，以及相关操作风险提示
连油作业	过程监控	配合连油作业
	资料录取	记录设备类型、作业类型、作业深度、作业时间

起连续油管标准化操作规程如表2-28所示。

表2-28 试油（气）队队长起连续油管标准化操作规程

工作内容	工作步骤	工作标准
起连续油管	过程监控	配合连油作业
	资料录取	记录设备类型、作业类型、作业深度、作业时间

6）拆装井口标准化操作规程

拆防喷器标准化操作规程如表2-29所示。

表2-29 试油（气）队队长拆防喷器标准化操作规程

工作内容	工作步骤	工作标准
拆防喷器	下达任务书、风险提示	向班组和各作业单位详细传达施工步骤、各岗位职责、技术要求、关键参数及注意事项，以及井控、安全、环保风险及控制措施
	JSA分析（“三高井”）	办理相关作业许可，分析危害因素，从技术、管理、个体防护等方面制定控制措施，明确各作业步骤执行人和责任人
	拆防喷器	拆卸防喷器组期间全程做好井口防落物遮盖措施；泄压，拆液压管线及连接弯头，安装丝堵；放尽防喷器组内压井液，其他人员撤离到安全区域，专人指挥，拆掉井口装置附件；搭建操作平台，拆卸防喷器螺栓，专人指挥吊出防喷器（不允许两个及以上封井器连在一起拆卸）；拆卸后的防喷器钢圈槽、螺栓、螺帽等应清洗干净，涂抹黄油，螺栓螺帽配套存放；拆除的液压管线接头进行包裹保护后入库排放
	井控坐岗	专人坐岗，严格执行井控管理制度

装防喷器标准化操作规程如表2-30所示。

表2-30 试油（气）队队长装防喷器标准化操作规程

工作内容	工作步骤	工作标准
装防喷器	下达任务书、风险提示	向班组和各作业单位详细传达施工步骤、各岗位职责、技术要求、关键参数及注意事项，以及井控、安全、环保风险及控制措施
	JSA分析（“三高井”）	办理相关作业许可，分析危害因素，从技术、管理、个体防护等方面制定控制措施，明确各作业步骤执行人和责任人
	装防喷器	作业全程专人指挥，顶丝退出完全，清理法兰钢圈槽，确认钢圈入槽，附件设施安装固定、调试、标识到位，全程做好井口防落物遮盖措施
	井控坐岗	专人坐岗，严格执行井控管理制度
	资料录取	记录采气树和防喷器规格型号

拆采气树标准化操作规程如表2-31所示。

表2-31 试油（气）队队长拆采气树标准化操作规程

工作内容	工作步骤	工作标准
拆采气树	下达任务书、风险提示	向班组和各作业单位详细传达施工步骤、各岗位职责、技术要求、关键参数及注意事项，以及井控、安全、环保风险及控制措施
	JSA分析（“三高井”）	办理相关作业许可，分析危害因素，从技术、管理、个体防护等方面制定控制措施，明确各作业步骤执行人和责任人
	拆采气树	拆卸采气树期间全程做好井口防落物遮盖措施
	井控坐岗	专人坐岗，严格执行井控管理制度

装采气树标准化操作规程如表2-32所示。

表2-32 试油（气）队队长装采气树标准化操作规程

工作内容	工作步骤	工作标准
装采气树	下达任务书、风险提示	向班组和各作业单位详细传达施工步骤、各岗位职责、技术要求、关键参数及注意事项，以及井控、安全、环保风险及控制措施
	JSA分析（“三高井”）	从技术、管理、个体防护等方面制定控制措施，明确各作业步骤执行人和责任人
	装采气树	操作时注意拍照、采气树型号、闸门个数、油管悬挂器型号（上、下部扣型）、生产厂家、材料级别、工作压力
	井控坐岗	专人坐岗，严格执行井控管理制度
	资料录取	记录采气树规格型号等

7）试压作业标准化操作规程

全井筒试压标准化操作规程如表2-33所示。

表2-33 试油（气）队队长全井筒试压标准化操作规程

工作内容	工作步骤	工作标准
全井筒试压	试压需求申请	明确试压井号、试压日期、地理位置、试压部位和压力、联系人和联系方式
	技术安全交底	详细说明试压介质、试压区域、试压值、稳压时间，进行JSA分析，办理相关作业许可
	准备	圈闭试压区域，提前落实好试压时的供水、供电、供气
	试压	按设计进行试压，核实试压曲线
	资料录取	记录并检查试压时间、试压设备、试压介质、试压对象、试压压力、稳压时间、压降情况是否合格
	井控坐岗	专人坐岗，严格执行井控管理制度

试油（气）流程试压标准化操作规程如表2–34所示。

表2–34 试油（气）队队长试油（气）流程试压标准化操作规程

工作内容	工作步骤	工作标准
试油（气）流程试压	试压需求申请	明确试压井号、试压日期、地理位置、试压部位和压力、联系人和联系方式
	技术安全交底	详细说明试压介质、试压区域、试压值、稳压时间，进行JSA分析，办理相关作业许可
	准备	圈闭试压区域，提前落实好试压时的供水、供电、供气
	试压	按设计进行试压，核实试压曲线
	资料录取	记录并检查试压时间、试压设备、试压介质、试压对象、试压压力、稳压时间、压降情况是否合格

采气树主副密封试压标准化操作规程如表2–35所示。

表2–35 试油（气）队队长采气树主副密封试压标准化操作规程

工作内容	工作步骤	工作标准
采气树主副密封试压	试压需求申请	明确试压井号、试压日期、地理位置、试压部位和压力、联系人和联系方式
	技术安全交底	详细说明试压介质、试压区域、试压值、稳压时间，进行JSA分析，办理相关作业许可
	准备	圈闭试压区域，提前落实好试压时的供水、供电、供气
	试压	按设计进行试压，核实试压曲线
	资料录取	记录并检查试压时间、试压设备、试压介质、试压对象、试压压力、稳压时间、压降情况是否合格

防喷器试压标准化操作规程如表2–36所示。

表2–36 试油（气）队队长防喷器试压标准化操作规程

工作内容	工作步骤	工作标准
防喷器试压	试压需求申请	明确试压井号、试压日期、地理位置、试压部位和压力、联系人和联系方式
	技术安全交底	详细说明试压介质、试压区域、试压值、稳压时间，进行JSA分析，办理相关作业许可
	准备	圈闭试压区域，提前落实好试压时的供水、供电、供气
	试压	按设计进行试压，核实试压曲线
	资料录取	记录并检查试压时间、试压设备、试压介质、试压对象、试压压力、稳压时间、压降情况是否合格
	井控坐岗	专人坐岗，严格执行井控管理制度

8）通刮作业标准化操作规程

通井标准化操作规程如表2–37所示。

表2-37 试油（气）队队长通井标准化操作规程

工作内容	工作步骤	工作标准
组通井规	下达任务书、风险提示	向班组和各作业单位详细传达施工步骤、各岗位职责、技术要求、关键参数及注意事项，以及井控、安全、环保风险及控制措施
	施工前检查	确保设备设施处于正常工作状态（监控提升、井控、“三吊一卡”等检查）
	组通井规	做好井口防落物遮盖措施，按规定扭矩值连接工具，工具拍照
起通井规	起通井规	起井下工具和最后几根油管时，提升速度要不大于5m/min，防止碰坏井口、拉断或拉弯油管及井下工具
	卸通井规	卸通井规时盖好井口
	检查通井规	检查通井规本体有无刮痕并描述、拍照

刮管标准化操作规程如表2-38所示。

表2-38 试油（气）队队长刮管标准化操作规程

工作内容	工作步骤	工作标准
组刮管器	下达任务书、风险提示	向班组和各作业单位详细传达施工步骤、各岗位职责、技术要求、关键参数及注意事项，以及井控、安全、环保风险及控制措施
	施工前检查	确保设备设施处于正常工作状态（监控提升、井控、“三吊一卡”等检查）
	组刮管器	做好井口防落物遮盖措施，按规定扭矩值连接工具，工具拍照
刮管	刮管	根据设计要求对刮削井段反复刮削
	资料录取	记录刮管起止时间、刮管井段、刮管次数、阻卡情况
起刮管器	起刮管器	起井下工具和最后几根油管时，提升速度要不大于5m/min，防止碰坏井口、拉断或拉弯油管及井下工具
	卸刮管器	卸刮管器时盖好井口
	检查刮管器	检查刮管器本体有无刮痕，刮刀是否正常并描述、拍照
	资料录取	工具描述

通井、刮管联作标准化操作规程如表2-39所示。

表2-39 试油（气）队队长通井、刮管联作标准化操作规程

工作内容	工作步骤	工作标准
组工具	下达任务书、风险提示	向班组和各作业单位详细传达施工步骤、各岗位职责、技术要求、关键参数及注意事项，以及井控、安全、环保风险及控制措施
	施工前检查	确保设备设施处于正常工作状态（监控提升、井控、“三吊一卡”等检查）
	组刮管器、通井规	做好井口防落物遮盖措施，按规定扭矩值连接工具，工具拍照

续表

工作内容	工作步骤	工作标准
通井、刮管联作	通井、刮管联作	根据设计要求对刮削井段反复刮削，通井至设计井深
	资料录取	记录作业起止时间、作业井段、作业次数、阻卡情况
起工具	起工具	起井下工具和最后几根油管时，提升速度要不大于5m/min，防止碰坏井口、拉断或拉弯油管及井下工具
	卸工具	卸刮管器、通井规时盖好井口
	检查工具	检查刮管器本体有无刮痕、刮刀是否正常并描述，检查通井规本体有无刮痕并描述、拍照
	资料录取	工具描述

9）探人工井底标准化操作规程

探人工井底标准化操作规程如表2-40所示。

表2-40 试油（气）队队长探人工井底标准化操作规程

工作内容	工作步骤	工作标准
探人工井底	收集人工井底预测深度资料	参考工程设计（施工设计），获得人工井底数据，确认有无套变、落鱼等井况
	了解井筒液体性能	落实井筒液体静止时间，判断沉淀导致软遇阻、遇阻、堵塞水眼的可能性
	下管柱探人工井底	缓慢下放管柱探底，若井筒液体长时间静止，则需要开泵下探
	复探人工井底	旁站监控实探人工井底操作；监控钻（修）井队探人工井底时吨位变化及次数；当遇到人工井底悬重下降10~20kN时，重复两次，使探得人工井底深度误差不大于0.5m
	井控坐岗	专人坐岗，严格执行井控管理制度
	资料录取	记录探测方式、施工序号、探测序号、指重表变化情况、探测深度，确定人工井底深度

10）循环作业标准化操作规程

循环压井液标准化操作规程如表2-41所示。

表2-41 试油（气）队队长循环压井液标准化操作规程

工作内容	工作步骤	工作标准
循环压井液准备	循环设备检查	循环设备处于正常工作状态
	供浆管线检查	供浆管线无渗无漏
	压井液性能检查	压井液性能符合设计要求

续表

工作内容	工作步骤	工作标准
循环压井液准备	检查井口装置、节流压井系统工作状态	闸门开关正确，循环通道畅通
开泵循环	设备、井筒验通	验通排量小于300L/min，直到出口正常返浆
	过程监控	泵压应根据循环设备工作压力、井筒承压能力中最低值确定；泵压、排量、进（出）口液体性能监控及循环管线巡查；验证循环设备有效排量；揭开产层的含硫化氢井应采用泥气分离器脱气，出口点燃长明火
	井控坐岗	专人坐岗，严格执行井控管理制度，进出口密度差不大于0.02g/cm^3
	测油气上窜速度（含硫化氢井）	按设计、标准测油气上窜速度（第一次射开油气层后起钻前、长时间静止后起钻前、起钻前至下一次下入井底循环间隔时间较长时、井筒压井介质变化时、前一次起下作业发生严重气侵时）；油气上窜速度小于30m/h
	资料录取	记录循环液名称、类型、密度、黏度、用量、pH值、循环时间、方式、排量、泵压、出口液量、排出液性能描述等

洗井标准化操作规程如表2-42所示。

表2-42　试油（气）队队长洗井标准化操作规程

工作内容	工作步骤	工作标准
洗井准备	循环设备检查	循环设备处于正常工作状态
	供浆管线检查	供浆管线无渗无漏
	洗井液性能检查	洗井液性能符合设计要求
	检查井口装置、节流压井系统工作状态	闸门开关正确，循环通道畅通
洗井	过程监控	施工连续，排量、泵压和洗井时间执行工具方要求，洗井排出的污水进入废液罐，做好环境保护工作
	资料录取	记录洗井液名称（性能）、洗井深度、洗井方式、泵压、排量、洗井液用量、返出描述、洗井时间、洗井设备

压井标准化操作规程如表2-43所示。

表2-43　试油（气）队队长压井标准化操作规程

工作内容	工作步骤	工作标准
压井准备	安全技术交底	编制压井方案，并对各作业单位交底，包括压井方式、压井介质、压井参数预测表等
	下达任务书、风险提示	根据压井方案要求，向班组和各作业单位详细传达施工步骤、各岗位职责、技术要求、关键参数及注意事项，以及井控、安全、环保风险及控制措施
	循环设备检查	循环设备处于正常工作状态

续表

工作内容	工作步骤	工作标准
压井准备	供浆管线检查	供浆管线无渗无漏
	压井液性能检查	液体性能符合设计要求
	检查井口装置工作状态	闸门开关正确、替浆通道畅通
压井	设备、井筒验通	验通排量小于300L/min，直到出口正常返浆
	过程监控	回压监测、进出口液量计算（判断溢流或者漏失）等防止井下事故发生，进（出）口液体性能监控及管线巡查，混浆外排时防止污染（及时转运）；采用泥气分离器脱气，出口点燃长明火
	资料录取	记录压井液名称（性能）、压井深度、压井方式、泵压、排量、压井液用量、返出描述、隔离液量、压井时间、压井设备

替浆标准化操作规程如表2-44所示。

表2-44 试油（气）队队长替浆标准化操作规程

工作内容	工作步骤	工作标准
替浆准备	下达任务书、风险提示	根据工具方操作手册要求，向班组和各作业单位详细传达施工步骤、各岗位职责、技术要求、关键参数及注意事项，以及井控、安全、环保风险及控制措施
	循环设备检查	循环设备处于正常工作状态
	供浆管线检查	供浆管线无渗无漏
	替浆液性能检查	液体性能符合设计要求
	检查井口装置工作状态	闸门开关正确、替浆通道畅通
替浆	设备、井筒验通	验通排量小于300L/min，直到出口正常返浆
	过程监控	泵压、排量执行工具方要求，减小对工具的损伤，防止工具提前工作，确保供水排量达到要求，连续施工；进（出）口液体性能监控及管线巡查，记录返液量，混浆外排时防止污染（及时转运）；采用泥气分离器脱气，出口点燃长明火
	资料录取	记录替浆液名称（性能）、替浆深度、原浆名称（性能）、替浆方式、泵压、排量、替浆用量、返出描述、隔离液量、替浆时间、替浆设备

11）射孔作业标准化操作规程

下射孔枪标准化操作规程如表2-45所示。

表2-45 试油（气）队队长下射孔枪标准化操作规程

工作内容	工作步骤	工作标准
下射孔枪	下达任务书、风险提示	向班组和各作业单位详细传达施工步骤、各岗位职责、技术要求、关键参数及注意事项，以及井控、安全、环保风险及控制措施

续表

工作内容	工作步骤	工作标准
下射孔枪	射孔枪上钻台	操作人员紧密配合专人指挥，做好危险区域警戒，严禁进入危险区域；人员远离正在移动的枪体，控制上提速度，平稳操作，捆绑牢靠，防止脱落
	对扣、引扣、上扣	对扣后使用引扣工具引扣，采用液压钳或手工具按规定扭矩值上扣；做好井口防落物遮盖措施
	下枪（管柱）	射孔枪入井拍照，监控确保射孔队同位素标记位置满足设计要求；下射孔管柱时要平稳操作，严防顿钻、溜钻，下管柱速度控制在30根/h，若中途出现遇阻、悬重下降超过20kN等异常情况时，立即通知试油（气）队技术员及射孔队，根据射孔队要求进行处理；入井油管、短节逐根通径，通不过的油管不得入井；入井工具及各种短节、变丝接头都必须通径，登记入册；下油管时应有人专门记录，按设计管柱顺序入井
	井控坐岗	专人坐岗，严格执行井控管理制度
	资料录取	记录入井序号、工具名称、场地编号、工具规格、扣型、单根长度、下入深度、立柱编号、生产厂家、钢级、外径、内径、壁厚；监控射孔队资料录入情况

测井定位标准化操作规程如表2-46所示。

表2-46　试油（气）队队长测井定位标准化操作规程

工作内容	工作步骤	工作标准
测井定位	准备	场地和井口满足测井要求，进行井控、安全、环保提示（含硫化氢井的电缆、工具必须防硫，配备硫化氢防护设施）
	测井定位	提供井筒内情况和管柱情况参数（管柱内径、台阶情况、井斜、丈量定位短节深度、各工具长度）；严禁跨越电缆，无关人员不得进入测井区域
	井控坐岗	专人坐岗，严格执行井控管理制度

调整管柱标准化操作规程如表2-47所示。

表2-47　试油（气）队队长调整管柱标准化操作规程

工作内容	工作步骤	工作标准
调整管柱	计算调整短节长度	允许射孔深度误差在0.2m以内
	下入调整管柱	要求加在管柱上部的调整短节抗拉安全系数大于1.8，其余强度、内径至少与下部油管一致
	井控坐岗	专人坐岗，严格执行井控管理制度
	资料收集	记录工程深度、测井校深、伸长量、理论调整深度、实际调整深度

启爆标准化操作规程如表2–48所示。

表2–48 试油（气）队队长启爆标准化操作规程

工作内容	工作步骤	工作标准
射孔准备	射孔液准备（加压射孔）	射孔液性能、用量满足设计要求（加压射孔）
	监测准备	震动监测仪和压力监测仪处于工作状态
	加压设备准备	加压装置及管线满足加压要求
	关井口	关闭井口，倒换加压和泄压通道
启爆	射孔	根据设计和射孔队要求的方式及参数启爆，人员远离高压区域
	监测	震动、压力监测，判断是否引爆
	资料录取	记录启爆设备型号、压降情况、启爆时间、震动情况、压力曲线波动、实射井段、设计井段
	井控坐岗	专人坐岗，严格执行井控管理制度

验枪标准化操作规程如表2–49所示。

表2–49 试油（气）队队长验枪标准化操作规程

工作内容	工作步骤	工作标准
验枪	验枪	起出管柱后检查射孔枪发射率并拍照，若射孔弹发射率低于95%，应重新组下补射孔管柱进行补射孔
	卸枪	做好井口防落物遮盖措施，注意人员站位，防止人身伤害
	资料录取	记录射孔弹发射率

12）完井作业标准化操作规程

下完井工具标准化操作规程如表2–50所示。

表2–50 试油（气）队队长下完井工具标准化操作规程

工作内容	工作步骤	工作标准
下完井工具	下达任务书、风险提示	向班组和各作业单位详细传达施工步骤、各岗位职责、技术要求、关键参数及注意事项，以及井控、安全、环保风险及控制措施
	工具上钻台	操作人员紧密配合专人指挥，做好危险区域警戒，严禁进入危险区域；人员远离正在移动的工具，控制上提速度，平稳操作，捆绑牢靠，防止脱落
	对扣、引扣、上扣	对扣后使用引扣工具引扣，采用液压钳或手工具按规定扭矩值上扣；做好井口防落物遮盖措施
	下完井管柱	工具入井拍照，检查封隔器完好状态及破裂盘、循环孔状态等是否满足设计要求；下完井管柱时要平稳操作，严防顿钻、溜钻，下管柱速度控制、遇阻吨位、连接要求、异常处理按照工具方操作手册执行；入井工具及各种短节、变丝接头都必须通径，登记入册；下油管时应有人专门记录，按设计管柱顺序入井（针对合金油管完井作业，下入过程对微压痕、气密封施工质量进行监控，确保油管本体牙痕、卡瓦卡管稳固、扭矩值曲线标准、油管逐根气密检验压力合格）

续表

工作内容	工作步骤	工作标准
下完井工具	井控坐岗	专人坐岗，严格执行井控管理制度
	资料录取	记录入井序号、工具名称、场地编号、规格、扣型、单根长度、下入深度、立柱编号、生产厂家、钢级、外径、内径、壁厚

坐挂油管悬挂器标准化操作规程如表2-51所示。

表2-51　试油（气）队队长坐挂油管悬挂器标准化操作规程

工作内容	工作步骤	工作标准
坐油管悬挂器	清洁悬挂器	保证悬挂器丝扣及本体清洁
	检查丝扣、外观	检查确保丝扣、密封圈完好，本体无损伤，内通径（内倒角）满足设计要求
	连接双公、提升短节	对扣后使用引扣工具引扣，按规定扭矩值上扣
	入座	悬挂器居中，缓慢下放入座，与井口装置无碰撞或磨损
顶顶丝	顶顶丝	采用手工具上紧顶丝，观察顶丝全部进入油管悬挂器上部斜坡面卡住，上紧备帽

13）工具操作标准化操作规程

坐封封隔器标准化操作规程如表2-52所示。

表2-52　试油（气）队队长坐封封隔器标准化操作规程

工作内容	工作步骤	工作标准
坐封封隔器	投球、送球	核实球的材质和外径、投球方式，送球排量、泵压执行工具方要求
	打压坐封	根据工具方操作手册打压坐封
	资料录取	记录球的材质和外径、投球方式、施工设备、泵压、排量、送球液量、作业时间、逐级稳压情况、环空返液情况，判断是否坐封

验封标准化操作规程如表2-53所示。

表2-53　试油（气）队队长验封标准化操作规程

工作内容	工作步骤	工作标准
验封	验封	根据工具方操作手册要求环空补压验封
	泄压	验封合格后，根据工具方操作手册要求泄压
	资料录取	记录施工设备、泵压、排量、作业时间、逐级稳压情况、验封压力、验封是否合格、泄压压力

开滑套标准化操作规程如表2-54所示。

表2-54 试油（气）队队长开滑套标准化操作规程

工作内容	工作步骤	工作标准
开滑套	投球、送球	核实球的材质和外径、投球方式，送球排量、泵压执行工具方要求
	打压开滑套	根据工具方操作手册打开滑套
	资料录取	记录球的材质和外径、投球方式、施工设备、泵压、排量、送球液量、作业时间、逐级稳压情况、环空返液情况，判断是否开启成功

坐封桥塞标准化操作规程如表2-55所示。

表2-55 试油（气）队队长坐封桥塞标准化操作规程

工作内容	工作步骤	工作标准
坐封、丢手	投球、送球	核实球的材质和外径、投球方式，送球排量、泵压执行工具方要求
	打压坐封、丢手	根据工具方操作手册打压坐封、丢手
	资料录取	记录球的材质和外径、投球方式、施工设备、泵压、排量、送球液量、作业时间、逐级稳压情况、环空返液情况、坐封丢手情况

14）酸化压裂标准化操作规程

配合酸化压裂准备标准化操作规程如表2-56所示。

表2-56 试油（气）队队长配合酸化压裂准备标准化操作规程

工作内容	工作步骤	工作标准
措施准备	井口准备	四脚固定硬支撑，酸化压裂通道准备，井口交接给酸化压裂队
	场地准备	预留场地满足压裂要求
	供水准备	酸化压裂用水的水质、水量符合要求
	外围准备	针对含硫化氢井或者需要疏散的井，上报疏散报告、环境监测及应急监护申请

配合酸化压裂施工标准化操作规程如表2-57所示。

表2-57 试油（气）队队长配合酸化压裂施工标准化操作规程

工作内容	工作步骤	工作标准
施工对接会	施工对接	核实前期准备工作是否已经完毕，且满足施工条件（含硫化氢井还需确认疏散工作已完毕，环境监测、应急监护已就位）

续表

工作内容	工作步骤	工作标准
施工对接会	安全技术交底	向班组和各作业单位详细传达施工步骤、各岗位职责、技术要求、关键参数及注意事项，以及井控、安全、环保风险及控制措施
	取样留存	取样留存
配合酸化压裂施工	施工过程配合	应急情况下进行试油（气）流程操作、采气树紧固，施工过程持续供液
	资料录取	记录措施类型、措施层段、措施时间、注入方式、球的材质和外径、投球方式、施工设备、泵压、排量、入地液量、酸量、砂量（平均砂比）、纤维量、液氮量、破裂压力、开启滑套压力

配合酸化压裂队撤场标准化操作规程如表2-58所示。

表2-58　试油（气）队队长配合酸化压裂队撤场标准化操作规程

工作内容	工作步骤	工作标准
配合酸化压裂队撤场	监控施工过程	监控酸化压裂队撤场期间做好液体回收工作
	井口交接	井口交接回试油（气）队

恢复流程、井口标准化操作规程如表2-59所示。

表2-59　试油（气）队队长恢复流程、井口标准化操作规程

工作内容	工作步骤	工作标准
流程恢复	恢复井口	操作风险提示，落实防范措施
	压力监测	至一级管汇，监测压力（油压、套压、技套压、表套压）

15）排液标准化操作规程

排液标准化操作规程如表2-60所示。

表2-60　试油（气）队队长排液标准化操作规程

工作内容	工作步骤	工作标准
开井前准备	安全技术交底	详细说明开井制度、控压要求、备用油嘴制度、远控压力监测要求、供电要求
	风险提示	①分组：指挥、数采、快速控制、管汇、点火、外围警戒、应急救援、环境监测；②施工中各组职责：定时巡查、定时汇报、应急处置；③各小组施工前准备：通信系统、数采系统、远控系统、监测系统、备用材料、三种点火方式、气防器具、应急供水、应急消防、环境监测；④风险提示：冰堵、刺漏、油套窜通、点火困难、压力容器（通道倒换错误、设备泄漏）、有毒有害气体泄漏

续表

工作内容	工作步骤	工作标准
开井前准备	开井条件确认（通道、制度、点火等）	要求带班干部排液期间确定油嘴尺寸、核实排液通道，操作人员正确操作阀门及倒换管线，安全作业，清洁生产，注重环保
	按设计及规范要求排液	要求班组人员规范作业，密切监控各项施工参数及参数变化，定时对流程进行检查
	经常检查油嘴、堵头、油嘴套等	要求放喷过程中，尤其出液含砂时，要经常检查油嘴、堵头、阀门，损坏的油嘴、堵头、阀门要立即更换，换装油嘴拍照、录像
	及时录取资料	要求当班人员记录资料及时、齐全、准确，技术人员及时整理资料，按时填报各项资料
监督开井	督导开井	督导深井、重点井的开井口操作，遵循先内后外的原则，正确站位，平稳操作，慢慢开，严禁猛开，含硫化氢井施工人员气防措施准备好后才能开井

16）气举标准化操作规程

气举标准化操作规程如表2-61所示。

表2-61　试油（气）队队长气举标准化操作规程

工作内容	工作步骤	工作标准
气举前准备	上报助排施工需求	安排技术员根据设计确定参数，根据目前施工情况，预测助排施工时间，编制申请报告，由队长向上级生产运行科室提出申请，并与施工队联系，确定入场节点
	参与安全技术交底	组织或参与技术人员对助排队伍及当班人员技术交底，说明前期排液情况、井内情况，根据气举全过程作业步骤安排各方岗位职责，提示各环节技术要点及相关操作风险；要求HSSE管理人员协助技术人员检查施工队人员持证，签订安全环保协议，督促施工队落实安全措施规范作业，组织JSA分析，若气举井属含硫化氢油气井，应配备相应的防护措施

17）测压标准化操作规程

测压标准化操作规程如表2-62所示。

表2-62　试油（气）队队长测压标准化操作规程

工作内容	工作步骤	工作标准
测压准备	上报测压需求	安排技术员根据设计确定参数，根据目前施工情况，预测测压施工时间，编制申请报告；由队长向上级生产运行科室提出申请，并与施工队联系，确定入场节点
	参与安全技术交底	安排技术人员对助排队伍及当班人员技术交底，内容含前期排液情况、井内管柱情况，按设计要求核实相关参数，根据测压全过程作业步骤安排各方岗位职责，提示各环节技术要点及相关操作风险；要求HSSE管理人员协助技术人员检查施工队人员持证，签订安全环保协议，督促施工队落实安全措施规范作业，若气举井属含硫化氢油气井，应配备相应的防护措施
	井口交接	安排技术员对井口交接

续表

工作内容	工作步骤	工作标准
测压准备	安排监控测压安全施工	安排HSSE管理员监控测井队伍划分作业区域，监控车辆摆放、防喷器试压，监控含硫化氢井作业人员配备好气防器具（检查防喷器、防喷管、防喷盒压力级别，按试压规程要求对防喷器、防喷盒进行分级试压），监控测井队伍吊装作业

18）转（封）层标准化操作规程

转（封）层标准化操作规程如表2-63所示。

表2-63　试油（气）队队长转（封）层标准化操作规程

工作内容	工作步骤	工作标准
转（封）层准备	上报打塞需求申请	安排技术员根据设计确定参数，根据目前施工情况，预测打塞施工时间，编制申请报告，由队长向上级生产运行科室提出申请，并与施工队联系，确定入场节点
	参与安全技术交底	安排技术人员对助排队、钻修队、泵组及当班人员技术交底，说明前期排液情况、井内管柱情况，根据打塞全过程作业步骤安排各方岗位职责，提示各环节技术要点及相关操作风险；要求HSSE管理人员协助技术人员检查施工队人员持证，签订安全环保协议，督促施工队落实安全措施规范作业，组织JSA分析，若施工井属含硫化氢油气井，现场施工人员应配备相应的防护措施
	配合封层作业	配合施工队打塞，禁止无关人员进入圈闭区域
探塞面	探塞面	监控探塞面：加钻压5～10kN探塞面3次，深度误差在0.5m范围内，上提管柱洗井

19）流程离场标准化操作规程

流程离场标准化操作规程如表2-64所示。

表2-64　试油（气）队队长流程离场标准化操作规程

工作内容	工作步骤	工作标准
撤场准备	制定搬迁计划	组织人员召开搬迁作业会，制定搬迁计划、时间节点、撤场申请、车辆需求、撤场路线及设备顺序
	拆卸设备、材料	安排设备管理员流程验通（释放圈闭压力）、冲洗，拆卸、清点材料
	JSA分析	安排HSSE管理员分析危害因素，从技术、管理、个体防护等方面制定控制措施，明确各作业步骤执行人和责任人
试油（气）流程材料出场	装车、卸车	要求HSSE管理员严格全程监控吊装作业按许可管理规定作业，遵守HSSE“十不吊”规定：吊绳打结不吊、超负荷不吊、被吊物件埋在地里不吊、手势不清不吊、绳股不齐或绳不紧好不吊、无人指挥不吊、斜拉不吊、吊物上面站人不吊、起重用具未经检查或有缺陷不吊、起重作业和吊物下面有人不吊

20）接井标准化操作规程

接井标准化操作规程如表2-65所示。

表2-65 试油（气）队队长接井标准化操作规程

工作内容	工作步骤	工作标准
接井前检查	场地检查	场地、方井及放喷池无污染、无杂物
	井口检查	井口试压合格、无渗漏，配件及资料齐全
接井	接井	现场签字确认交接

21）交井标准化操作规程

交井标准化操作规程如表2-66所示。

表2-66 试油（气）队队长交井标准化操作规程

工作内容	工作步骤	工作标准
交井前准备	场地准备	安排HSSE管理员监控拆除基墩及设备设施，场地无污染、无杂物，方井、放喷池治理干净
	井口准备	安排设备管理员准备井口配件，确保资料齐全
	室内准备	安排技术员制作交接井书
交井	交井	组织现场签字确认交接

第三节 应急处置标准化操作规程

应急处置标准化操作规程如表2-67所示。

表2-67 试油（气）队队长应急处置标准化操作规程

事故类型	处置程序
火灾	（1）高声呼喊“着火了”，切断总电源，若为初期火灾，则立即使用灭火器进行灭火； （2）预判火势难以控制时，立即撤离现场，向现场钻（修）井队求救，拨打“119”求救； （3）接到报告后立即赶赴现场，组织抢险救援，协调现场资源，得到控制后按照汇报程序报告
人身伤害	（1）发现时高声呼喊或立即报告试油（气）队应急组组长； （2）若为电击伤，在保证安全的前提下，切断电源，让伤者断离带电体； （3）若为酸、碱等化学品所致的伤，用清水冲洗10~15min； （4）若伤者外伤出血或骨折，进行止血、包扎处置；若伤者有呼吸或心跳，则令其平躺，向井队医生求救或拨打“120”向就近医院求救； （5）若无心跳和呼吸，立即组织进行人工呼吸和心肺复苏抢救，向钻（修）井队医生求救或拨打“120”向就近医院求救；按程序报告，协调组织抢救； （6）若为烧伤，立即脱离致伤场所，灭掉伤员身上的火，立即进行处理与抢救

续表

事故类型	处置程序
强烈油气侵、井漏、溢流、井涌	(1)启动处置方案，按汇报流程报告、落实指令，通知各岗位人员就位; (2)负责现场的应急处置工作，与施工各方进行协调和沟通; (3)收集汇总油气地质、工程参数资料，向上级报告
井喷	(1)启动应急处置方案，按汇报流程报告、落实指令，根据事态随时补充报告; (2)负责现场的应急处置工作，与施工各方进行协调和沟通; (3)收集汇总油气地质、工程参数资料，向上级报告; (4)若现场情况危急，立即组织撤离到安全地点; (5)若钻(修)井队组织撤离，则撤离到紧急集合点，清点人数，在保证安全的前提下组织抢救
硫化氢泄露	(1)若浓度≥20ppm(硫化氢1ppm≈1.5mg/cm^3)，则启动应急处置方案，按汇报程序报告，根据事态随时补充报告; (2)负责现场的应急处置工作，与施工各方进行协调和沟通; (3)收集汇总油气地质、工程参数资料，向上级报告; (4)若现场情况危急，则立即撤离到安全地点; (5)若浓度≥100ppm，则立即组织现场所有人员撤离到安全地点，清点人数，若发现人员中毒，在确保安全的前提下，立即组织施救(两人一组)，向钻(修)井队求援，根据中毒情况，通知医疗机构
地震	(1)在钻台、泥浆罐上就近倚靠在有抓扶的地方，若在营房附近则立即进入(若营房存在滑坡风险则应迅速到泥浆罐或现场指定的开阔紧急集合点); (2)结束后赶到现场紧急集合点，组织清点人数，若发生人员伤害则组织施救，发生人员失联，向上级请示报告，并向钻(修)井队求援，按照报告程序报告
食物中毒	(1)发现后高声呼喊; (2)若伤者神志清醒、能够配合，可先设法引吐、催吐：用手指压舌根或用缠上纱布的筷子刺激咽喉后壁或舌根，使患者引发呕吐；然后给患者饮温水300~500mL，反复进行引吐，直至吐出物已是清水为止; (3)对心跳、呼吸停止者，要及时进行心肺复苏抢救，同时向钻(修)井队医生求救或拨打“120”向就近医院求救; (4)按程序报告，协调组织抢救；保留食物样本或中毒者的排泄物、呕吐物、剩余食物、用具等
中暑	(1)发现后高声呼喊，向周围人员求助，将患者移至清凉处; (2)让患者躺下或坐下，解开上衣纽扣，并抬高下肢; (3)用凉的湿毛巾敷前额和躯干，用电风扇或手扇动以促使其降温; (4)让神志清醒的患者喝清凉的饮料或淡盐水; (5)如果患者病情无好转，应求助钻(修)井队交通车或拨打“120”求救,立即送医院急救
山体滑坡、洪灾	(1)切断电源，高声呼喊，立即撤离到安全地点; (2)清点人数，按程序报告，若有人员受伤则组织施救，若有人员失踪或失联，在保证安全的前提下，组织搜救，并向钻(修)井队或地方政府求救
暴力恐怖袭击	(1)发现可疑暴力恐怖分子或听到暴恐警报时，若在生活区，则向营区负责人报告，提醒现场人员，立即进入庇护房; (2)听到井场的暴恐警报信号响起，立即穿戴好防暴用具，奔向钻台，听从井队统一安排处置; (3)暴力结束后，清点人员是否受伤或失联，若有人员受伤，则按照人身伤害事件处置，并按照报告程序汇报
应急汇报程序	一旦发生突发事件，按以下顺序进行报告(严重情况下可以越级上报): 当班人员或第一发现者 → 试油(气)队现场负责人 → 基层单位应急组织 → 公司应急办公室 (试油(气)队现场负责人 → 公司应急办公室)

续表

事故类型	处置程序		
岗位主要安全风险	井喷及井喷失控、机械伤害、起重伤害、物体打击、火灾、爆炸、触电、噪声、中毒、其他伤害	岗位主要危险物质	原油、天然气、硫化氢、钻井液处理剂

应急物资装备：

（1）在（可能）含硫化氢油气井施工，需配备正压式空气呼吸器至少五套，存放地点：值班室；

（2）洗眼器一台，存放地点：管汇台；

（3）便携式气体检测仪至少两台，存放地点：随身携带；

（4）消防器材一套，存放地点：消防房

应急联络电话：

公司应急办公室电话；甲方应急办公室电话；就近医院电话；急救电话：120；火警电话：119；公安报警电话：110

第三章　试油（气）队工程技术主管岗位操作标准

第一节　岗位描述

1. 岗位说明

试油（气）队工程技术主管岗位说明如表3-1所示。

表3-1　工程技术主管岗位说明

项　目		主要内容
工作概述		在公司工程技术科、生产技术组的领导下，全面负责试油（气）队的技术管理、井控管理、质量管理、工具管理
上岗条件	教育程度	大学专科及以上学历，石油工程及相关专业
	从业资格	持有有效的井控培训合格证、HSSE管理培训合格证、硫化氢防护技术证
	技能等级	具有中国石化相关单位认证的初级及以上专业技术职务任职资格
	辅助技能	（1）熟练掌握试（油）气工艺技术、工艺流程、生产运行状况，并对钻井、固井、泥浆、测（录）井工艺等相关知识有一定的了解； （2）具有一定的复杂情况分析及处理能力； （3）熟悉试油（气）队生产、安全、设备情况； （4）具有一定的组织协调能力、语言文字表达能力； （5）能够熟练使用办公软件
	工作经历	具有三年以上现场试（油）气工作经历
	职业道德	具有良好的政治素质和职业道德，坚持原则，秉公办事，具有较强的责任心和团队协作精神
	身体素质	身体健康，心理素质良好，能适应野外施工工作
岗位关系	纵向关系	接受所在基层单位的直接领导和业务指导； 接受业主方的检查指导
	横向关系	与试油（气）队内各岗位之间有协作关系； 与施工协作方有配合关系
岗位职责	工作职责	（1）贯彻执行国家方针、政策、法律、法规、行业标准、规程规范和上级的各项制度； （2）参与对试油（气）队工作的管理、监督、指导、服务和考核；

续表

<table>
<tr><th colspan="2">项 目</th><th>主要内容</th></tr>
<tr><td rowspan="2">岗位职责</td><td>工作职责</td><td>（3）负责本单位生产日常汇报工作；
（4）负责生产技术资料、文件的接收、整理、归类、存档、发放等管理工作；
（5）参与工作量统计、核对与验收工作；
（6）参与资质申报、市场准入申请材料的编写和材料的管理；
（7）协助技术助理师编写浅井、中深井、丛式井组资料和总结报告；
（8）贯彻执行HSSE管理体系；
（9）完成领导交办的其他工作</td></tr>
<tr><td>安全职责</td><td>（1）协助队长做好本队安全工作，检查落实班长和全体员工的安全职责；
（2）对员工进行岗位操作培训及安全知识培训，组织安全生产技术练兵；
（3）负责每口井施工前安全交底，对已识别的风险提出具体的控制措施，且在应急预案中交代清楚；
（4）负责安全生产中的工艺技术工作，检查生产情况和安全设施，发现隐患及时整改；有权拒绝违章指挥，制止违章作业，在紧急情况下对不听劝阻者有权停止作业，并立即报上级处理；
（5）参加每周一次的安全活动，每月一次的安全生产综合性检查，及时消除事故隐患；
（6）发生与生产相关事故时，迅速识别事故现场危害因素，按程序报告，疏散危险区人员，采取相应防护措施组织抢救，并保护好现场</td></tr>
<tr><td colspan="2">岗位工作内容</td><td>（1）依据单井工程设计，制定单井施工方案、施工技术措施；
（2）整理施工队伍管理文件、技术标准、体系文件、安全警示标志等资料文件；
（3）做好每日生产技术资料编制及生产信息汇报，做到数据齐全、准确；
（4）对全队职工进行技术交底，根据控制项点定期检查施工技术措施实施情况，确保施工技术措施的落实；
（5）负责计量器具、气体检测仪的管理工作；
（6）依据设计组织安装防喷器，并试压合格；
（7）严格执行打开油气层审批制度，打开油气层以后，定期组织全队职工进行防喷演习；
（8）根据设计要求，组配井下工具和管柱数据，监控磨铣回接筒、通井、刮管、射孔、压裂管柱起下，确保井眼畅通，措施作业、改造作业一次性成功；做好射孔、排液、求产过程监控，确保试油（气）质量；
（9）针对施工中出现的工程事故及复杂情况，及时制定处理方案，普通事故在2h内制定出事故与复杂情况处理措施，并组织实施，重大事故及时逐级上报；
（10）对施工中出现影响质量的问题及时纠正；
（11）及时对验收资料、相关技术资料进行收集、整理；
（12）按照相关标准进行资料的整理，认真编写完井报告，确保资料及时上交、归档</td></tr>
<tr><td colspan="2">工作权限</td><td>（1）对施工技术措施有建议权；
（2）对工程质量有监测权；
（3）对原始工程资料有审核权；
（4）对职工培训计划有建议权</td></tr>
<tr><td rowspan="2">工作考核</td><td>考核关系</td><td>（1）接受所在基层单位及公司人力资源、技术装备、生产安全等部门的工作考核；
（2）参与对本试油（气）队人员工作的考核</td></tr>
<tr><td>考核依据</td><td>对照《试油（气）队岗位操作手册》，按照公司、基层单位相关考核办法进行考核</td></tr>
</table>

2. 工艺流程

试油（气）队工程技术主管工作工艺流程如图3–1所示。

图3-1　工程技术主管工作工艺流程

第二节 岗位标准化操作规程

1. 巡回检查标准化操作规程

巡回检查标准化操作规程如表3-2所示。

表3-2 工程技术主管巡回检查标准化操作规程

操作前准备：

（1）按照要求穿好劳动保护用品；

（2）准备好所用工具

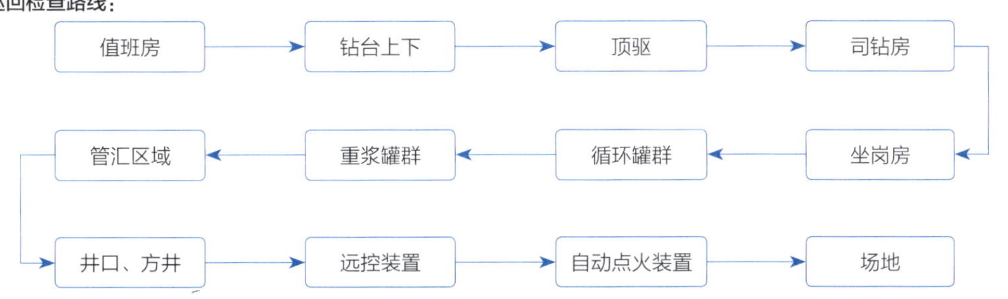

检查地点	检查项点	工作标准
值班房	工作日志、值班干部检察记录表、班组自查整改记录本、班组安全讲话记录、相关作业许可证的开据情况等	资料齐全，填写准确、清洁、及时，无漏填内容
钻台上下	底座拉筋及销子	销子别针齐全，拉筋无变形、弯曲
	司控台	气源压力、管汇压力、储能器压力显示正常；各操作手柄标识清晰、安装剪切，全封手柄
	梯子、栏杆、坡道、逃生装置	安装牢固，通行畅通无障碍，逃生装置灵活好用
	标志牌	标志牌安装牢固且清晰醒目
	气动绞车	气动绞车固定牢固、刹车可靠，绳子排列整齐，磨损断丝在标准范围
	液压猫头	绳子有无断丝、标准
	节流管汇控制箱	张贴最大关井套压表，表内参数准确且适用于当前井况，各项压力正常，节流阀开度正确，检查节控箱内有无“跑、冒、滴、漏”现象
	B型吊钳	各锁销齐全，钳尾绳连接标准且无断丝
	井口附近	检查是否有小物件在井口旁，起下管柱期间是否安装刮泥器，井口操作是否安装防掉板
	液压钳	检查作业人员是否按照规定扭矩上扣，人员站位是否正确，液压钳尾绳是否长度合适且固定牢靠，相关配件是否存在松动情况，是否存在漏油情况

续表

检查地点	检查项点	工作标准
顶驱	导轨的固定情况	顶驱导轨按标准与井架及扭拒梁连接，销子及别针齐全
	电缆的固定与磨损情况	电缆两端分别固定于顶驱和井架上，固定牢靠且无摩擦、缠绕
	水龙带	水龙带两端用直径不小于15.9mm的保险绳分别固定在鹅颈管连接支架上和井架拉筋上
司钻房	悬重表	指针正常，指示参数正常
	泵压表	循环期间泵压表显示压力正常
	扭矩表	旋转作业期间扭矩读数正常，井下无异常
	监控装置	对摄像头监控情况进行检查
坐岗房	坐岗记录	坐岗记录灌、返压井液量正常，检查罐内液面情况；检查岗位人员是否在岗，是否准时、准确填写坐岗报表
	液面监测仪	监测仪正常工作
	气防设施	在岗人员硫化氢监测仪、空气呼吸器齐全、满足使用需要
	通信设施	相关通信设施正常工作
循环罐群	压井液性能	对循环罐内使用井浆的性能进行检查，看其是否满足设计要求
	压井液量	地面循环罐内的压井液量满足设计要求
	维护、保养情况	对压井液的维护、保养记录进行检查，结合压井液性能的检测情况，判断是否需要对当前压井液进行调整
	液面报警装置	检查液面报警装置是否能正确使用
	标识	各个罐内的压井液密度和方量与标识牌的标注对应
重浆罐群	加重压井液性能	抽查加重压井液性能，看其是否满足设计要求
	加重压井液量	加重压井液量满足设计要求，以满足应急使用
	维护、保养情况	对加重压井液的维护、保养记录进行检查，结合压井液性能的检测情况，判断是否需要对当前压井液进行调整、维护
	导浆管线	检查是否有应急导浆管线能将重浆导入循环系统，确保应急条件下及时泵注至井筒
	标识	各罐的加重压井液密度和方量与标识牌的标注对应
管汇区域	井控通道	井口至节流管汇井控通道开启正常
	环空压力	监测管汇台技、表套压力
	闸阀	检查平板阀有无半开半关情况，开关牌标注与实际是否相符
	压力表	检查压力表是否正确安装且量程合适，是否过期
	保养	检查管汇区域是否存在锈蚀，维护、保养情况是否达标
井口、方井	环空压力	监测技、表套压力

续表

检查地点	检查项点	工作标准
井口、方井	防喷器组	检查标识是否正确，液控管线是否漏油，绷绳是否规范，手动锁紧装置是否安装规范并挂牌标注
	闸阀	检查油管头闸门开关状态与标识是否对应，是否半开半关
	方井	检查方井内有无冒泡、漏气情况
远控装置	远控房	检查储能器压力、管汇压力、气源压力是否符合要求，全封和剪切手柄是否安装限位装置，对应操作手柄是否标识，液压油液位高度是否足够，液控管线接头是否存在漏油情况，是否张贴井口装置高度示意图并标识半封闭关高度
	电路	远控系统电路实行专线控制，控制处标示明确
	平板阀液控箱	检查是否通电，各项压力是否正常，油箱液位高度是否达到要求，是否正确且无漏油情况
自动点火装置	自动点火装置	点火装置正常通电，绝缘手套配齐，绝缘胶皮铺垫，试开关点火装置能正常启动
场地	井场周边及环境	井场无油污、无易污染环境物品、无抛弃的废弃物或其他杂物，场地相关设备材料的摆放规范合理，不存在损坏材料或人员安全风险的可能性；检查是否有相关设备需要强化维护、保养

2. 交接班标准化操作规程

交接班标准化操作规程如表3-3所示。

表3-3 工程技术主管交接班标准化操作规程

工作内容	工作步骤	工作标准
每日检查	穿戴劳保用品	劳保用品穿戴齐全、规范
	对坐岗记录、各岗位人员情况、井控设施设备、环空压力情况、数据采集系统、井口防落物措施、井筒作业参数、压井液性能和数量进行检查	检查确保各部分无异常，检查合格率100%
	发现问题进行记录和分析，组织安排落实整改	问题反馈率100%
	向司钻、井口人员询问当班作业情况，是否有疑问或者异常现象，并及时制定处理措施，同时向试油（气）队队长反应情况	实时掌握现场生产情况，出现问题解决问题，同时对下一步将要进行的施工进行计划、准备
	填写值班干部值班表	根据检查的情况填写干部值班表
参加班前会	检查完，至值班房参加班前会	班前会参加率100%
	对检查出的问题落实整改对象	整改对象落实率100%
	下达当班作业任务书，明确当班施工内容及各岗位责任划分；重点施工环节必须有针对性地作出技术交底	施工信息准确无误、参数精确，作业严谨同时具有可操作性，确保各作业人员明确自身的工作内容、职责

续表

工作内容	工作步骤	工作标准
参加班前会	针对当班的工作内容进行危害分析，做好风险评价并制定防范措施	危害分析全面，措施制定得当
参加班后会	对当班作业任务完成情况进行检查和总结，对本班出现的违章行为、未遂事件、事故隐患提出批评，做出处理意见，对好的做法、遵章守纪的职工提出表扬	班后会参加率100%，总结内容具体、全面

3. 施工作业标准化操作规程

1）施工准备标准化操作规程

配合施工队伍（流程设备入场）标准化操作规程如表3-4所示。

表3-4　工程技术主管配合施工队伍（流程设备入场）标准化操作规程

工作内容	工作步骤	工作标准
室内准备	编制领料单	根据设计和踏勘情况制定领料单
	文案准备	编制入场申请、施工进度计划、流程安装设计图

试油（气）流程安装标准化操作规程如表3-5所示。

表3-5　工程技术主管试油（气）流程安装标准化操作规程

工作内容	工作步骤	工作标准
试油（气）流程安装	安全技术交底	详细说明流程结构及功能
	流程连接	指导、监控班组按照设计和规范安装地面流程

试油（气）流程固定标准化操作规程如表3-6所示。

表3-6　工程技术主管试油（气）流程固定标准化操作规程

工作内容	工作步骤	工作标准
试油（气）流程固定	技术安全交底	详细说明流程固定位置和方式
	流程固定	指导、监控班组按照设计和规范安装地面流程
	资料录取	记录管汇台规格型号、流程结构及固定方式等

信息化设备安装调试标准化操作规程如表3–7所示。

表3–7 工程技术主管信息化设备安装调试标准化操作规程

工作内容	工作步骤	工作标准
信息化设备安装调试	配合信息化设备安装调试	设备安装地点应确保现场视频能够清晰、连续、全天候传至设计的位置；满足数据采集系统要求

2）开工验收标准化操作规程

开工验收标准化操作规程如表3–8所示。

表3–8 工程技术主管开工验收标准化操作规程

工作内容	工作步骤	工作标准
甲方开工验收	验收	符合试油（气）设计要求；符合《试油（气）开工验收实施细则》以及各甲方单位开工验收规定；符合其他相关规程规范、制度、管理规定
	资料录取	记录验收日期、验收单位、验收人员、存在问题、整改情况、整改人、整改日期
复查	整改	对查出的问题进行整改，对暂时不能整改的，及时采取防范措施
	复查	对开工验收检查的问题进行复查

3）工具准备标准化操作规程

油管、短节、变扣准备标准化操作规程如表3–9所示。

表3–9 工程技术主管油管、短节、变扣准备标准化操作规程

工作内容	工作步骤	工作标准
油管准备	油管架摆放	指导、监控班组按规范摆放油管架
	调拨清单核实、证件检查	确认合格证是否有效
	油管摆放、外观检查	指导、监控班组按规范摆放油管架
	数量核实	对照调拨清单核实油管数量、规格、型号
	丝扣清洗、检查	指导、监控班组清洁丝扣，检查管材有无弯曲、腐蚀、裂缝、孔洞和螺纹损坏
	编号	监控班组对油管正确编号
	丈量	按规范与班组共同丈量管材
	油管通径	指导、监控班组对油管逐根通径
	数据记录	检查编号、长度、扣型、壁厚、外径、钢级（含硫化氢井要确认防硫级别）
短节准备	调拨清单核实，证件检查，外观检查	检查合格证是否有效；检查完好度，不合格短节应特殊标识，分开摆放
	数量核实	对照调拨清单核实短节数量、规格、型号，不同钢级和壁厚的短节不能混杂堆放

续表

工作内容	工作步骤	工作标准
短节准备	丝扣清洗、检查	保证丝扣和密封端面的清洁，检查短节有无弯曲、腐蚀、裂缝、孔洞和螺纹损坏
	编号	不同规格短节分别编号
	丈量	使用10m以上的钢卷尺，丈量3次，累计复核误差每1000m应不大于0.2m
	短节通径	按设计和规范要求对短节逐根通径
	数据记录	记录编号、长度、扣型、壁厚、外径、钢级（含硫化氢井要确认防硫级别）
变扣准备	调拨清单核实，证件检查，外观检查	检查合格证是否有效，检查完好度，不合格变扣应特殊标识、分开摆放
	数量核实	对照调拨清单核实变扣数量、规格、型号，不同扣型的变扣不能混杂堆放
	丝扣清洗、检查	保证丝扣和密封端面的清洁，检查变扣有无弯曲、腐蚀、裂缝、孔洞和螺纹损坏
	标识	不同规格变扣分别标识
	丈量	使用10m以上的钢卷尺，丈量3次，累计复核误差每1000m应不大于0.2m
	通径确认	按设计和规范要求确认变扣通径及内倒角情况
	数据记录	记录编号、长度、扣型、壁厚、外径、钢级（含硫化氢井要确认防硫级别）

通井规准备标准化操作规程如表3-10所示。

表3-10 工程技术主管通井规准备标准化操作规程

工作内容	工作步骤	工作标准
通井规准备	准备通井规	督查设备管理员准备与设计相符的通井规，通井规外径应小于套管内径6~8mm，其长度不小于800mm
	检查	确认到场资料（合格证、检测报告等）是否齐全、有效
	丈量	丈量获得长度（有效长度）、外径、内径（水眼）、扣型等参数
配通井管柱	根据设计要求编制管柱结构数据表	数据表包含入井序号、工具名称、场地编号、工具规格、扣型、单根长度、下入深度、立柱编号、生产厂家、钢级、外径、内径、壁厚；同时注明回接筒、射孔井段、人工井底深度

刮管器准备标准化操作规程如表3-11所示。

表3-11 工程技术主管刮管器准备标准化操作规程

工作内容	工作步骤	工作标准
刮管器准备	准备刮管器	督查设备管理员准备与设计相符的刮管器
	检查	确认到场资料（合格证、检测报告等）是否齐全、有效，刮刀弹簧是否灵活
	丈量	拍照，获得长度、刮刀伸出最大外径、刮刀收缩外径及内径（水眼）、扣型等参数

续表

工作内容	工作步骤	工作标准
配刮管管柱	编制管柱结构数据表	数据表包含入井序号、工具名称、场地编号、工具规格、扣型、单根长度、下入深度、立柱编号、生产厂家、钢级、外径、内径、壁厚，同时注明封隔器预坐封井段、射孔井段、人工井底、套管回接筒、套管悬挂器

射孔枪准备标准化操作规程如表3-12所示。

表3-12 工程技术主管射孔枪准备标准化操作规程

工作内容	工作步骤	工作标准
下枪准备	上报射孔需求申请	根据设计确定射孔参数，说明下枪时间，与射孔队建立联系，确定入场节点
	射孔枪到场后现场准备	根据设计核实到场射孔枪合格证、长度、枪型、弹型、弹量、孔密、相位角、起爆方式等参数，核实排枪图，编制管柱数据表（注明回接筒、射孔井段、人工井底深度）
	地面组枪	核实射孔管柱所需要的变扣接头、筛管以及调整短节准备情况
	安全技术交底	明确详细的射孔管柱数据表、下枪至起枪全过程作业步骤及各方岗位职责、各环节技术要点及相关操作
配射孔管柱	根据设计要求编制管柱结构数据表	数据表包含入井序号、工具名称、场地编号、工具规格、扣型、单根长度、下入深度、立柱编号、生产厂家、钢级、外径、内径、壁厚；同时注明回接筒、射孔井段、人工井底深度

封隔器准备标准化操作规程如表3-13所示。

表3-13 工程技术主管封隔器准备标准化操作规程

工作内容	工作步骤	工作标准
封隔器准备	上报工具需求申请	根据设计确定工具参数，说明下工具时间，与工具方建立联系，确定入场节点
	工具到场后现场准备	根据设计要求核实到场工具检验报告，以及规格、型号、长度、扣型、外径、内径、工作压力、工作温度、破裂盘设置参数、销钉个数、球的材质和外径等参数，核实完井管柱所需要的变扣接头准备情况；编制管柱数据表（注明回接筒、射孔井段、人工井底深度）
	地面组工具、试压	监控工具方地面组工具，试压合格
	安全技术交底	根据工具方操作手册对班组和各作业单位交底，明确详细的完井管柱数据表、下工具至起工具全过程作业步骤及各方岗位职责、各环节技术要点及相关操作风险提示
配封隔器管柱	根据设计要求编制管柱结构数据表	数据表包含入井序号、工具名称、场地编号、工具规格、扣型、单根长度、下入深度、立柱编号、生产厂家、钢级、外径、内径、壁厚，同时注明回接筒、射孔井段、人工井底深度

油嘴准备标准化操作规程如表3-14所示。

表3-14　工程技术主管油嘴准备标准化操作规程

工作内容	工作步骤	工作标准
油嘴准备	核实领料单	核实油嘴数量与领料单是否相符
	丝扣清洗、外观检查	保证丝扣和密封端面的清洁，检查完好度，不合格油嘴应特殊标识、分开摆放
	测量、标记	使用卡尺丈量油嘴大小并记录，依大小顺序摆放

桥塞准备标准化操作规程如表3-15所示。

表3-15　工程技术主管桥塞准备标准化操作规程

工作内容	工作步骤	工作标准
桥塞准备	上报工具需求申请	根据设计确定工具参数，说明下工具时间，与工具方建立联系，确定入场节点
	工具到场后现场准备	检查工具方人员持证，签订安全环保协议，督促工具方落实安全措施、规范作业；根据设计要求核实到场工具检验报告及规格、型号、长度、扣型、外径、内径、工作压力、工作温度、销钉个数、球的材质和外径等参数，核实所需要的变扣接头准备情况并拍照；编制管柱数据表
	地面组工具	督促工具方规范作业
	安全技术交底	根据工具方操作手册对班组和各作业单位交底，明确详细的管柱数据表、下工具至坐封全过程作业步骤及各方岗位职责、各环节技术要点及相关操作风险提示
配桥塞管柱	根据设计要求编制管柱结构数据表	数据表包含入井序号、工具名称、场地编号、工具规格、扣型、单根长度、下入深度、立柱编号、生产厂家、钢级、外径、内径、壁厚，并注明回接筒、射孔井段、人工井底深度

孔板准备标准化操作规程如表3-16所示。

表3-16　工程技术主管孔板准备标准化操作规程

工作内容	工作步骤	工作标准
孔板准备	核实领料单	核实孔板数量与领料单是否相符
	清洗，外观检查	保证孔板外观清洁，检查完好度，不合格孔板应特殊标识、分开摆放
	测量、标记	使用卡尺丈量孔板大小并记录，依大小顺序摆放

4）起下管柱标准化操作规程

下油管单根标准化操作规程如表3-17所示。

表3-17 工程技术主管下油管单根标准化操作规程

工作内容	工作步骤	工作标准
下油管单根	下达任务书、风险提示	向班组和各作业单位详细传达施工步骤、各岗位职责、技术要求、关键参数以及井控、安全、环保风险及控制措施
	油管上钻台、通径、对扣、引扣、上扣、下管柱	指导、监控班组按规范进行油管上钻台、通径、对扣、引扣、上扣、下管柱
	井控坐岗	监控专人井控坐岗，及时巡查
	资料录取	录取下油管单根起止时间、深度、遇阻、遇卡情况等

起油管单根标准化操作规程如表3-18所示。

表3-18 工程技术主管起油管单根标准化操作规程

工作内容	工作步骤	工作标准
起油管单根	下达任务书、风险提示	指导、监控班组按规范起管柱，起钻操作要平稳，严禁猛提、猛放，速度控制在15~20m/min（已揭开产层的井，在油气层和顶部以上300m井段内起钻速度不得超过0.5m/s），油管编号正确；做好井口防落物遮盖措施
	起油管单根、卸扣、甩下钻台	要求操作人员紧密配合专人指挥，做好危险区域警戒，严禁进入危险区域；人员远离正在移动的管材，下放管材时控制速度，平稳操作，捆绑牢靠，防止管材脱落
	井控坐岗	监控专人井控坐岗、灌浆，及时巡查，严格执行井控管理制度，每提10~15根油管向井内灌满一次压井液
	资料录取	录取起油管单根起止时间、深度、遇阻、遇卡情况等

下钻杆单根标准化操作规程如表3-19所示。

表3-19 工程技术主管下钻杆单根标准化操作规程

工作内容	工作步骤	工作标准
下钻杆单根	下达任务书、风险提示，钻杆上钻台、通径	要求操作人员紧密配合专人指挥，做好危险区域警戒，严禁进入危险区域；人员远离正在移动的管材，特别要防止通径规从出口端落出伤人，上提管材时控制速度，平稳操作，捆绑牢靠，防止管材脱落
	对扣、引扣、上扣	对扣后使用引扣工具引扣，采用液压钳按规定压力值上扣
	下钻杆	要求操作人员作业时平稳操作，管柱下放速度控制为不大于20m/min，下到距离设计位置100m时，下放速度不大于10m/min；若中途遇阻，悬重下降控制不超过30kN，并平稳活动管柱、循环冲洗（对已揭开产层的井，下入井内的大直径工具在通过射孔井段时，下放速度应不大于5m/min）
	井控坐岗	监控专人井控坐岗、灌浆，及时巡查，严格执行井控管理制度，每提10~15根油管向井内灌满一次压井液
	资料录取	录取作业起止时间、钻杆类型、规格、根数、作业深度等

起钻杆单根标准化操作规程如表3-20所示。

表3-20　工程技术主管起钻杆单根标准化操作规程

工作内容	工作步骤	工作标准
起钻杆单根	下达任务书、风险提示	指导、监控班组按规范起单根，起钻操作要平稳，严禁猛提、猛放，速度控制在15~20m/min（已揭开产层的井，在油气层和顶部以上300m井段内起钻速度不得超过0.5m/s），油管编号正确；做好井口防落物遮盖措施
	起管柱	要求操作人员紧密配合专人指挥，做好危险区域警戒，严禁进入危险区域；人员远离正在移动的管材，下放管材时控制速度，平稳操作，捆绑牢靠，防止管材脱落
	卸扣、甩下钻台	监控专人井控坐岗、灌浆，及时巡查，严格执行井控管理制度，每提10~15根油管向井内灌满一次压井液
	井控坐岗	录取起油管单根起止时间、深度、遇阻、遇卡情况等

下油管立柱标准化操作规程如表3-21所示。

表3-21　工程技术主管下油管立柱标准化操作规程

工作内容	工作步骤	工作标准
下油管立柱	下达任务书、风险提示，上提立柱，移动至井口	要求操作人员紧密配合，做好危险区域警戒，严禁进入危险区域；人员远离正在移动的管材，特别要防止通径规从出口端落出伤人，平稳操作
	对扣、引扣、上扣	要求对扣后使用引扣工具引扣，采用液压钳按规定扭矩值上扣
	下油管	要求作业时平稳操作，管柱下放速度控制为不大于20m/min，下到距离设计位置100m时，下放速度不大于10m/min；若中途遇阻，悬重下降控制不超过30kN，并平稳活动管柱、循环冲洗（对已揭开产层的井，下入井内的大直径工具在通过射孔井段时，下放速度应不大于5m/min）
	井控坐岗	监控专人井控坐岗、灌浆，及时巡查，严格执行井控管理制度，每提10~15根油管向井内灌满一次压井液
	资料录取	录取起油管立柱起止时间、深度、遇阻、遇卡情况等

起油管立柱标准化操作规程如表3-22所示。

表3-22　工程技术主管起油管立柱标准化操作规程

工作内容	工作步骤	工作标准
起油管立柱	下达任务书、风险提示	指导、监控班组按规范起立柱，起钻操作要平稳，严禁猛提、猛放，速度控制在15~20m/min（已揭开产层的井，在油气层和顶部以上300m井段内起钻速度不得超过0.5m/s），油管编号正确；做好井口防落物遮盖措施
	起管柱	要求操作人员紧密配合专人指挥，做好危险区域警戒，严禁进入危险区域；人员远离正在移动的管材，下放管材时控制速度，平稳操作，捆绑牢靠，防止管材脱落

续表

工作内容	工作步骤	工作标准
起油管立柱	卸扣、移动至钻杆盒	监控专人井控坐岗、灌浆，及时巡查，严格执行井控管理制度，每提10~15根油管向井内灌满一次压井液
	井控坐岗	录取起油管立柱起止时间、深度、遇阻、遇卡情况等

下钻杆立柱标准化操作规程如表3-23所示。

表3-23 工程技术主管下钻杆立柱标准化操作规程

工作内容	工作步骤	工作标准
下钻杆立柱	下达任务书、风险提示，上提立柱、移动至井口	要求操作人员紧密配合，做好危险区域警戒，严禁进入危险区域；人员远离正在移动的管材，特别要防止通径规从出口端落出伤人，平稳操作
	对扣、引扣、上扣	要求对扣后使用引扣工具引扣，采用液压钳按规定扭矩值上扣
	下钻杆	要求作业时应平稳操作，管柱下放速度控制为不大于20m/min，下到距离设计位置100m时，下放速度不大于10m/min；若中途遇阻，悬重下降控制不超过30kN，并平稳活动管柱、循环冲洗（对已揭开产层的井，下入井内的大直径工具在通过射孔井段时，下放速度应不大于5m/min）
	井控坐岗	监控专人井控坐岗、灌浆，及时巡查，严格执行井控管理制度，每提10~15根油管向井内灌满一次压井液
	资料录取	录取起钻杆立柱起止时间、深度、遇阻、遇卡情况等

起钻杆立柱标准化操作规程如表3-24所示。

表3-24 工程技术主管起钻杆立柱标准化操作规程

工作内容	工作步骤	工作标准
起钻杆立柱	下达任务书、风险提示	指导、监控班组按规范起立柱，起钻操作要平稳，严禁猛提、猛放，速度控制在15~20m/min（已揭开产层的井，在油气层和顶部以上300m井段内起钻速度不得超过0.5m/s），油管编号正确；做好井口防落物遮盖措施
	起管柱	要求操作人员紧密配合专人指挥，做好危险区域警戒，严禁进入危险区域；人员远离正在移动的管材，下放管材时控制速度，平稳操作，捆绑牢靠，防止管材脱落
	卸扣、移动至钻杆盒	监控专人井控坐岗、灌浆，及时巡查，严格执行井控管理制度，每提10~15根油管向井内灌满一次压井液
	井控坐岗	录取起油管立柱起止时间、深度、遇阻、遇卡情况等

下连续油管标准化操作规程如表3-25所示。

表3-25　工程技术主管下连续油管标准化操作规程

工作内容	工作步骤	工作标准
连油作业准备	上报连油作业需求申请	根据设计确定连油作业参数，说明作业时间，与连油队建立联系，确定入场节点
	连油队到场后现场准备	检查连油队人员持证、队伍资质，签订安全环保协议，督促连油队落实安全措施规范作业
	安全技术交底	明确详细的井内管柱数据和井筒情况，核实设计中关键参数，连油作业全过程作业步骤及各方岗位职责，各环节技术要点，以及相关操作风险提示
连油作业	过程监控	配合连油作业
	资料录取	记录设备类型、作业类型、作业深度、作业时间

起连续油管标准化操作规程如表3-26所示。

表3-26　工程技术主管起连续油管标准化操作规程

工作内容	工作步骤	工作标准
起连续油管	过程监控	配合连油作业
	资料录取	记录设备类型、作业类型、作业深度、作业时间

5）拆装井口标准化操作规程

拆防喷器标准化操作规程如表3-27所示。

表3-27　工程技术主管拆防喷器标准化操作规程

工作内容	工作步骤	工作标准
拆防喷器	下达任务书、风险提示	向班组和各作业单位详细传达施工步骤、各岗位职责、技术要求、关键参数及注意事项，以及井控、安全、环保风险及控制措施
	JSA分析（“三高井”）	从技术、管理、个体防护等方面制定控制措施，明确各作业步骤执行人和责任人
	拆防喷器	拆卸防喷器组期间全程做好井口防落物遮盖措施；泄压，拆液压管线及连接弯头，安装丝堵；放尽防喷器组内压井液，其他人员撤离到安全区域，专人指挥，拆掉井口装置附件；搭建操作平台、拆卸防喷器螺栓，专人指挥吊出防喷器（不允许两个及以上封井器连在一起拆卸）；拆卸后的防喷器钢圈槽、螺栓、螺帽等应清洗干净，涂抹黄油，螺栓螺帽配套存放；拆除的液压管线接头进行包裹保护后入库排放
	井控坐岗	监控专人坐岗，严格执行井控管理制度
	资料录取	记录防喷器规格型号等

装防喷器标准化操作规程如表3-28所示。

表3-28 工程技术主管装防喷器标准化操作规程

工作内容	工作步骤	工作标准
装防喷器	下达任务书、风险提示	向班组和各作业单位详细传达施工步骤、各岗位职责、技术要求、关键参数及注意事项，以及井控、安全、环保风险及控制措施
	JSA分析（“三高井”）	从技术、管理、个体防护等方面制定控制措施，明确各作业步骤执行人和责任人
	装防喷器	作业全程专人指挥，顶丝退出完全，清理法兰钢圈槽，确认钢圈入槽，附件设施安装固定、调试、标识到位，全程做好井口防落物遮盖措施
	井控坐岗	巡查专人坐岗，严格执行井控管理制度
	资料录取	记录防喷器规格型号等

拆采气树标准化操作规程如表3-29所示。

表3-29 工程技术主管拆采气树标准化操作规程

工作内容	工作步骤	工作标准
拆采气树	下达任务书、风险提示	向班组和各作业单位详细传达施工步骤、各岗位职责、技术要求、关键参数及注意事项，以及井控、安全、环保风险及控制措施
	JSA分析（“三高井”）	从技术、管理、个体防护等方面制定控制措施，明确各作业步骤执行人和责任人
	拆采气树	要求拆卸采气树期间全程做好井口防落物遮盖措施
	井控坐岗	巡查专人坐岗，严格执行井控管理制度
	资料录取	记录采气树规格型号等

装采气树标准化操作规程如表3-30所示。

表3-30 工程技术主管装采气树标准化操作规程

工作内容	工作步骤	工作标准
装采气树	下达任务书、风险提示	向班组和各作业单位详细传达施工步骤、各岗位职责、技术要求、关键参数及注意事项，以及井控、安全、环保风险及控制措施
	JSA分析（“三高井”）	从技术、管理、个体防护等方面制定控制措施，明确各作业步骤执行人和责任人
	装采气树	操作时注意拍照、采气树型号、闸门个数、油管悬挂器型号（上、下部扣型）、生产厂家、材料级别、工作压力
	井控坐岗	专人坐岗，严格执行井控管理制度
	资料录取	记录采气树规格型号等

6）试压作业标准化操作规程

全井筒试压标准化操作规程如表3-31所示。

表3-31 工程技术主管全井筒试压标准化操作规程		
工作内容	工作步骤	工作标准
全井筒试压	试压需求申请	明确试压井号、试压日期、地理位置、试压部位和压力、联系人和联系方式
	技术安全交底	详细说明试压介质、试压区域、试压值、稳压时间，进行JSA分析，办理相关作业许可
	准备	圈闭试压区域，提前落实好试压时的供水、供电、供气
	试压	按设计进行试压，核实试压曲线
	资料录取	记录并检查试压时间、试压设备、试压介质、试压对象、试压压力、稳压时间、压降情况是否合格
	井控坐岗	专人坐岗，严格执行井控管理制度

试油（气）流程试压标准化操作规程如表3-32所示。

表3-32 工程技术主管试油（气）流程试压标准化操作规程		
工作内容	工作步骤	工作标准
试油（气）流程试压	试压需求申请	明确试压井号、试压日期、地理位置、试压部位和压力、联系人和联系方式
	技术安全交底	详细说明试压介质、试压区域、试压值、稳压时间，进行JSA分析，办理相关作业许可
	试压	按设计进行试压，核实试压曲线
	资料录取	记录并检查试压时间、试压设备、试压介质、试压对象、试压压力、稳压时间、压降情况是否合格

采气树主副密封试压标准化操作规程如表3-33所示。

表3-33 工程技术主管采气树主副密封试压标准化操作规程		
工作内容	工作步骤	工作标准
采气树主副密封试压	试压需求申请	明确试压井号、试压日期、地理位置、试压部位和压力、联系人和联系方式
	技术安全交底	详细说明试压介质、试压区域、试压值、稳压时间，进行JSA分析，办理相关作业许可
	试压	按设计进行试压，核实试压曲线
	资料录取	记录并检查试压时间、试压设备、试压介质、试压对象、试压压力、稳压时间、压降情况是否合格

防喷器试压标准化操作规程如表3-34所示。

表3-34 工程技术主管防喷器试压标准化操作规程

工作内容	工作步骤	工作标准
防喷器试压	试压需求申请	明确试压井号、试压日期、地理位置、试压部位和压力、联系人和联系方式
	技术安全交底	详细说明试压介质、试压区域、试压值、稳压时间，进行JSA分析，办理相关作业许可
	准备	圈闭试压区域，提前落实好试压时的供水、供电、供气
	试压	按设计进行试压，核实试压曲线
	资料录取	记录并检查试压时间、试压设备、试压介质、试压对象、试压压力、稳压时间、压降情况是否合格
	井控坐岗	专人坐岗，严格执行井控管理制度

7）通刮作业标准化操作规程

通井标准化操作规程如表3-35所示。

表3-35 工程技术主管通井标准化操作规程

工作内容	工作步骤	工作标准
组通井规	下达任务书、风险提示	向班组和各作业单位详细传达施工步骤、各岗位职责、技术要求、关键参数及注意事项，以及井控、安全、环保风险及控制措施
	编制管柱结构数据表	根据设计要求，编制管柱结构数据表（包含入井序号、工具名称、场地编号、工具规格、扣型、单根长度、下入深度、立柱编号、生产厂家、钢级、外径、内径、壁厚等，注明回接筒、射孔井段、人工井底深度）
起通井规	检查通井规	检查通井规本体有无刮痕并描述、拍照

刮管标准化操作规程如表3-36所示。

表3-36 工程技术主管刮管标准化操作规程

工作内容	工作步骤	工作标准
组刮管器	下达任务书、风险提示	向班组和各作业单位详细传达施工步骤、各岗位职责、技术要求、关键参数及注意事项，以及井控、安全、环保风险及控制措施
	编制管柱结构数据表	根据设计要求，编制管柱结构数据表（包含入井序号、工具名称、场地编号、工具规格、扣型、单根长度、下入深度、立柱编号、生产厂家、钢级、外径、内径、壁厚等，注明回接筒、射孔井段、人工井底深度）
刮管	资料录取	记录刮管起止时间、刮管井段、刮管次数、阻卡情况
起刮管器	检查刮管器	检查刮管器本体有无刮痕，刮刀是否正常并描述、拍照
	资料录取	工具描述

通井、刮管联作标准化操作规程如表3-37所示。

表3-37　工程技术主管通井、刮管联作标准化操作规程

工作内容	工作步骤	工作标准
组工具	下达任务书、风险提示	向班组和各作业单位详细传达施工步骤、各岗位职责、技术要求、关键参数及注意事项，以及井控、安全、环保风险及控制措施
	编制管柱结构数据表	根据设计要求，编制管柱结构数据表（包含入井序号、工具名称、场地编号、工具规格、扣型、单根长度、下入深度、立柱编号、生产厂家、钢级、外径、内径、壁厚等，注明回接筒、射孔井段、人工井底深度）
通井、刮管联作	资料录取	记录作业起止时间、作业井段、作业次数、阻卡情况
起工具	检查工具	检查刮管器本体有无刮痕，刮刀是否正常并描述，检查通井规本体有无刮痕并描述、拍照
	资料录取	工具描述

8）探人工井底标准化操作规程

探人工井底标准化操作规程如表3-38所示。

表3-38　工程技术主管探人工井底标准化操作规程

工作内容	工作步骤	工作标准
探人工井底	收集人工井底预测深度资料	参考工程设计（施工设计），获得人工井底数据，确认有无套变、落鱼等井况
	了解井筒液体性能	落实井筒液体静止时间，判断沉淀导致软遇阻、遇阻、堵塞水眼的可能性
	下管柱探人工井底	缓慢下放管柱探底，若井筒液体长时间静止，则需要开泵下探
	复探人工井底	旁站监控实探人工井底操作；监控钻（修）井队探人工井底时吨位变化及次数；当遇到人工井底悬重下降10~20kN时，重复两次，使探得人工井底深度误差不大于0.5m
	井控坐岗	巡查专人坐岗，严格执行井控管理制度
	资料录取	记录探测方式、施工序号、探测序号、指重表变化、探测深度，确定人工井底深度

9）循环作业标准化操作规程

循环压井液标准化操作规程如表3-39所示。

表3-39　工程技术主管循环压井液标准化操作规程

工作内容	工作步骤	工作标准
循环压井液准备	循环设备、供浆管线检查	确认循环设备工作状态正常，供浆管线无渗无漏

续表

工作内容	工作步骤	工作标准
循环压井液准备	压井液性能检查	确认压井液性能符合设计要求
	检查井口装置、节流压井系统工作状态	确认闸门开关正确、循环通道畅通
开泵循环	设备、井筒验通	验通排量小于300L/min，直到出口正常返浆
	过程监控	泵压应根据循环设备工作压力、井筒承压能力中最低值确定；进行泵压、排量、进（出）口液体性能监控及循环管线巡查；验证循环设备有效排量；揭开产层的含硫化氢井应采用泥气分离器脱气，出口点燃长明火
	井控坐岗	专人坐岗，严格执行井控管理制度，进出口密度差不大于0.02g/cm^3
	测油气上窜速度（含硫化氢井）	按设计、标准测油气上窜速度（第一次射开油气层后起钻前、长时间静止后起钻前、起钻前至下一次下入井底循环间隔时间较长、井筒压井介质变化、前一次起下作业发生严重气侵）；油气上窜速度小于30m/h
	资料录取	记录循环液名称、类型、密度、黏度、用量、pH值、循环时间、方式、排量、泵压、出口液量、排出液性能描述等

洗井标准化操作规程如表3-40所示。

表3-40　工程技术主管洗井标准化操作规程

工作内容	工作步骤	工作标准
洗井准备	循环设备、供浆管检查	确认循环设备工作状态正常，供浆管线无渗无漏
	洗井液性能检查	确认压井液性能符合设计要求
	检查井口装置、节流压井系统工作状态	确认闸门开关正确、循环通道畅通
洗井	过程监控	施工连续，排量、泵压和洗井时间执行工具方要求，洗井排出的污水进入废液罐，做好环境保护工作
	资料录取	记录洗井液名称（性能）、洗井深度、洗井方式、泵压、排量、洗井液用量、返出描述、洗井时间、洗井设备

压井标准化操作规程如表3-41所示。

表3-41　工程技术主管压井标准化操作规程

工作内容	工作步骤	工作标准
压井准备	安全技术交底	编制压井方案，并对各作业单位交底，包括压井方式、压井介质、压井参数预测表等
	下达任务书、风险提示	根据压井方案要求，向班组和各作业单位详细传达施工步骤、各岗位职责、技术要求、关键参数及注意事项，以及井控、安全、环保风险及控制措施

续表

工作内容	工作步骤	工作标准
压井准备	循环设备、供浆管线检查	确认循环设备工作状态正常，供液管线无渗无漏
	压井液性能检查	压井液性能符合设计要求
	检查井口装置工作状态	确认闸门开关正确、压井通道畅通
压井	设备、井筒验通	验通排量小于300L/min，直到出口正常返浆
	过程监控	回压监测、进出口液量计算（判断溢流或者漏失）等防止井下事故发生，进（出）口液体性能监控及管线巡查，混浆外排时防止污染（及时转运）；采用泥气分离器脱气，出口点燃长明火
	资料录取	记录压井液名称（性能）、压井深度、压井方式、泵压、排量、压井液用量、返出描述、隔离液量、压井时间、压井设备

替浆标准化操作规程如表3–42所示。

表3–42　工程技术主管替浆标准化操作规程

工作内容	工作步骤	工作标准
替浆准备	下达任务书、风险提示	根据工具方操作手册要求，向班组和各作业单位详细传达施工步骤、各岗位职责、技术要求、关键参数及注意事项，以及井控、安全、环保风险及控制措施
	循环设备、供浆管线检查	确认循环设备工作状态正常，供浆管线无渗无漏
	替浆液性能检查	确认替浆液性能符合设计要求
	检查井口装置工作状态	确认闸门开关正确、替浆通道畅通
替浆	设备、井筒验通	验通排量小于300L/min，直到出口正常返浆
	过程监控	确保施工连续，排量、泵压和作业时间执行工具方要求，做好废液收集工作；揭开产层的含硫化氢井应采用泥气分离器脱气，出口点燃长明火
	资料录取	记录替浆液名称（性能）、替浆深度、原浆名称（性能）、替浆方式、泵压、排量、替浆用量、返出描述、隔离液量、替浆时间、替浆设备

10）射孔标准化操作规程

下射孔枪标准化操作规程如表3–43所示。

表3–43　工程技术主管下射孔枪标准化操作规程

工作内容	工作步骤	工作标准
下射孔枪	下达任务书、风险提示	向班组和各作业单位详细传达施工步骤、各岗位职责、技术要求、关键参数及注意事项，以及井控、安全、环保风险及控制措施

续表

工作内容	工作步骤	工作标准
下射孔枪	射孔枪上钻台	操作人员紧密配合专人指挥，做好危险区域警戒，严禁进入危险区域；人员远离正在移动的枪体，上提时控制速度，平稳操作，捆绑牢靠，防止脱落
	对扣、引扣、上扣	对扣后使用引扣工具引扣，采用液压钳或手工具按规定扭矩值上扣；做好井口防落物遮盖措施
	下枪（管柱）	射孔枪入井拍照，监控射孔队同位素标记位置满足设计要求；下射孔管柱时要平稳操作，严防顿钻、溜钻，下管柱速度控制在30根/h，若中途出现遇阻悬重下降超过20kN等异常情况时，立即通知试油（气）队技术员及射孔队，根据射孔队要求进行处理；入井油管、短节逐根通径，通不过的油管不得入井；入井工具及各种短节、变丝接头都必须通径，登记入册；下油管时应有人专门记录，按设计管柱顺序入井
	井控坐岗	专人坐岗，严格执行井控管理制度
	资料录取	记录入井序号、工具名称、场地编号、工具规格、扣型、单根长度、下入深度、立柱编号、生产厂家、钢级、外径、内径、壁厚；监控射孔队资料录入情况

测井定位标准化操作规程如表3-44所示。

表3-44 工程技术主管测井定位标准化操作规程

工作内容	工作步骤	工作标准
测井定位	准备	场地和井口满足测井要求，进行井控、安全、环保提示（含硫化氢井电缆、工具必须防硫，配备硫化氢防护设施）
	测井定位	提供井筒内情况和管柱情况参数（管柱内径、台阶情况、井斜、丈量定位短节深度、各工具长度）；严禁跨越电缆、无关人员不得进入测井区域
	井控坐岗	专人坐岗，严格执行井控管理制度

调整管柱标准化操作规程如表3-45所示。

表3-45 工程技术主管调整管柱标准化操作规程

工作内容	工作步骤	工作标准
调整管柱	计算调整短节长度	允许射孔深度误差在0.2m以内
	下入调整管柱	要求加在管柱上部的调整短节抗拉安全系数大于1.8，其余强度、内径至少与下部油管一致
	井控坐岗	专人坐岗，严格执行井控管理制度
	资料收集	记录工程深度、测井校深、伸长量、理论调整深度、实际调整深度

启爆标准化操作规程如表3–46所示。

表3–46　工程技术主管启爆标准化操作规程

工作内容	工作步骤	工作标准
射孔准备	射孔液准备（加压射孔）	射孔液性能、用量满足设计要求（加压射孔）
	监测准备	震动监测仪和压力监测仪处于工作状态
	加压设备准备	加压装置及管线满足加压要求
	关井口	关闭井口，倒换加压和泄压通道
启爆	射孔	根据设计和射孔队要求的方式及参数启爆；人员远离高压区域
	监测	震动、压力监测，判断是否引爆
	资料录取	记录启爆设备型号、压降情况、启爆时间、震动情况、压力曲线波动、实射井段、设计井段
	井控坐岗	专人坐岗，严格执行井控管理制度

验枪标准化操作规程如表3–47所示。

表3–47　工程技术主管验枪标准化操作规程

工作内容	工作步骤	工作标准
验枪	验枪	起出管柱后检查射孔枪发射率并拍照，若射孔弹发射率低于95%，应重新组下补射孔管柱进行补射孔
	卸枪	做好井口防落物遮盖措施，注意人员站位，防止人身伤害
	资料录取	记录射孔弹发射率

11）完井作业标准化操作规程

下完井工具标准化操作规程如表3–48所示。

表3–48　工程技术主管下完井工具标准化操作规程

工作内容	工作步骤	工作标准
下完井工具	下达任务书、风险提示	向班组和各作业单位详细传达施工步骤、各岗位职责、技术要求、关键参数及注意事项，以及井控、安全、环保风险及控制措施
	工具上钻台	操作人员紧密配合专人指挥，做好危险区域警戒，严禁进入危险区域；人员远离正在移动的工具，控制上提速度，平稳操作，捆绑牢靠，防止脱落
	对扣、引扣、上扣	对扣后使用引扣工具引扣，采用液压钳或手工具按规定扭矩值上扣；做好井口防落物遮盖措施

续表

工作内容	工作步骤	工作标准
下完井工具	下完井管柱	工具入井拍照，检查封隔器完好状态及破裂盘、循环孔状态等是否满足设计要求；下完井管柱时要平稳操作，严防顿钻、溜钻，下管柱速度控制、遇阻吨位、连接要求、异常处理按照工具方操作手册执行；入井工具及各种短节、变丝接头都必须通径，登记入册；下油管时应有人专门记录，按设计管柱顺序入井（针对合金油管完井作业，下入过程对微压痕、气密封施工质量进行监控，确保油管本体牙痕、卡瓦卡管稳固、扭矩值曲线标准、油管逐根气密检验压力合格）
	井控坐岗	专人坐岗，严格执行井控管理制度
	资料录取	记录入井序号、工具名称、场地编号、规格、扣型、单根长度、下入深度、立柱编号、生产厂家、钢级、外径、内径、壁厚

坐挂油管悬挂器标准化操作规程如表3-49所示。

表3-49 工程技术主管坐挂油管悬挂器标准化操作规程

工作内容	工作步骤	工作标准
坐油管悬挂器	清洁悬挂器	保证悬挂器丝扣及本体清洁
	检查丝扣、外观	检查确保丝扣、密封圈完好，本体无损伤，内通径（内倒角）满足设计要求
	连接双公、提升短节	对扣后使用引扣工具引扣，按规定扭矩值上扣
	入座	悬挂器居中，缓慢下放入座，与井口装置无碰撞或磨损
顶顶丝	顶顶丝	采用手工具上紧顶丝，观察顶丝全部进入油管悬挂器上部斜坡面卡住，上紧备帽

12）工具操作标准化操作规程

坐封封隔器标准化操作规程如表3-50所示。

表3-50 工程技术主管坐封封隔器标准化操作规程

工作内容	工作步骤	工作标准
坐封封隔器	投球、送球	核实球的材质和外径、投球方式，送球排量、泵压执行工具方要求
	打压坐封	根据工具方操作手册打压坐封
	资料录取	记录球的材质和外径、投球方式、施工设备、泵压、排量、送球液量、作业时间、逐级稳压情况、环空返液情况，判断是否坐封

验封标准化操作规程如表3-51所示。

表3-51 工程技术主管验封标准化操作规程

工作内容	工作步骤	工作标准
验封	验封	根据工具方操作手册要求环空补压验封
	泄压	验封合格后，根据工具方操作手册要求泄压
	资料录取	记录施工设备、泵压、排量、作业时间、逐级稳压情况、验封压力、验封是否合格、泄压压力

开滑套标准化操作规程如表3-52所示。

表3-52 工程技术主管开滑套标准化操作规程

工作内容	工作步骤	工作标准
开滑套	投球、送球	核实球的材质和外径、投球方式，送球排量、泵压执行工具方要求
	打压开滑套	根据工具方操作手册打开滑套
	资料录取	记录球的材质和外径、投球方式、施工设备、泵压、排量、送球液量、作业时间、逐级稳压情况、环空返液情况，判断是否开启成功

坐封桥塞标准化操作规程如表3-53所示。

表3-53 工程技术主管坐封桥塞标准化操作规程

工作内容	工作步骤	工作标准
坐封、丢手	投球、送球	核实球的材质和外径、投球方式，送球排量、泵压执行工具方要求
	打压坐封、丢手	根据工具方操作手册打压坐封、丢手
	资料录取	记录球的材质和外径、投球方式、施工设备、泵压、排量、送球液量、作业时间、逐级稳压情况、环空返液情况、坐封丢手情况

13）酸化压裂标准化操作规程

配合酸化压裂准备标准化操作规程如表3-54所示。

表3-54 工程技术主管配合酸化压裂准备标准化操作规程

工作内容	工作步骤	工作标准
措施准备	井口准备	四脚固定硬支撑，酸化压裂通道准备，井口交接给酸化压裂队
	场地准备	预留场地满足酸化压裂要求
	供水准备	酸化压裂用水的水质、水量符合要求
	外围准备	针对含硫化氢井或者需要疏散的井，上报疏散报告、环境监测及应急监护申请

配合酸化压裂施工标准化操作规程如表3–55所示。

表3-55 工程技术主管配合酸化压裂施工标准化操作规程

工作内容	工作步骤	工作标准
施工对接会	施工对接	核实前期准备工作是否已经完毕，且满足施工条件（含硫化氢井还需确认疏散工作已完毕，环境监测、应急监护已就位）
	安全技术交底	向班组和各作业单位详细传达施工步骤、各岗位职责、技术要求、关键参数及注意事项，以及井控、安全、环保风险及控制措施
	取样留存	取样留存
配合酸化压裂施工	施工过程配合	应急情况下进行试油（气）流程操作、采气树紧固，施工过程持续供液
	资料录取	记录措施类型、措施层段、措施时间、注入方式、球的材质和外径、投球方式、施工设备、泵压、排量、入地液量、酸量、砂量（平均砂比）、纤维量、液氮量、破裂压力、开启滑套压力

配合酸化压裂队撤场标准化操作规程如表3–56所示。

表3-56 工程技术主管配合酸化压裂队撤场标准化操作规程

工作内容	工作步骤	工作标准
配合酸化压裂队撤场	监控施工过程	监控酸化压裂队撤场期间做好液体回收工作
	井口交接	井口交接回试油（气）队

恢复流程、井口标准化操作规程如表3–57所示。

表3-57 工程技术主管恢复流程、井口标准化操作规程

工作内容	工作步骤	工作标准
流程恢复	恢复井口	操作风险提示，落实防范措施
	压力监测	至一级管汇，监测压力（油压、套压、技套压、表套压）

14）排液标准化操作规程

排液标准化操作规程如表3–58所示。

表3-58 工程技术主管排液标准化操作规程

工作内容	工作步骤	工作标准
开井前准备	安全技术交底	讲明开井程序、控压要求，检查远程压力监测、实时传输系统是否正常，供电网络是否正常，备好开井工具、用具，确认消防设施、设备准备情况，落实有效的应急

续表

工作内容	工作步骤	工作标准
开井前准备	安全技术交底	防范措施；排液期间定时检查油嘴堵头刺蚀情况，损坏的油嘴、堵头、阀门要立即更换，出砂后进行加密检查并采用小油嘴控制排砂；放喷时最大压降一般控制在气层压力的30%~50%
	风险提示	关注风险：排液期间冰堵、刺漏、油套窜通、点火困难、压力容器故障（通道倒换错误、设备泄漏）、有毒害气体泄漏
	检查人员及工具准备	督查油嘴规格及数量，计量工具及操作工具，检查人员劳保是否佩戴齐全（含硫化氢井当班人员配备气防设施）
	检查油、套压表	检查确认井口油、套压安装高于井口压力量程1/3的压力表；检查、确认数据采集、传输系统及视频系统正常运行
	确定排液通道	组织检查井口、管汇、放喷管线及备用放喷管线是否通道畅通，放喷口点火设施是否就位
	安装油嘴	按照设计要求安装油嘴，酸化压裂排液待裂缝闭合后根据井口压力变化情况逐渐换大油嘴加速排液，尽快将酸化压裂液排出，安排当班人员在放喷管线及备用放喷管线处安装合适的油嘴
排液	指挥井口开井	指挥开井操作，遵循“先内后外”的原则，平稳操作，严禁猛开，确保打开的阀门均处于全开状态
	指挥开管汇闸阀	指挥打开装有油嘴的主放喷管线管汇闸阀，监控操作人员规范操作
	检查排液情况	监控数采系统数据，检查当班人员资料记录，检查液量测定及估算瞬时产气量数据，根据地层及完井情况，告知当班人员压力控制范围，安排压返液拉运处理；计算返排率大于40%时，取水样检测氯根
	安排管线倒换，制定更换制度	根据现场情况，安排倒换放喷管线，确定控制方式，安排泄压、敞井，督导更换油嘴、录像
	资料录取	督促确保当班人员记录的资料有开井时间、操作项目、油压、套压、工作制度、瞬时产气量、瞬时产液量、瞬时产油量、温度等，及时整理当日资料及生产信息并汇报

15）气举标准化操作规程

气举标准化操作规程如表3-59所示。

表3-59　工程技术主管气举标准化操作规程

工作内容	工作步骤	工作标准
膜制氮（液氮）气举	联系施工队伍	根据施工节点，联系施工队伍入场
	技术交底	组织现场施工人员交底前期排液情况、井内情况，以及气举全过程作业步骤及各方岗位职责，并进行各环节技术要点及相关操作风险提示，气举作业方对试油（气）方交底；安排HSSE管理员监控气举车辆摆放；安排技术员组织各岗位人员配合气举，控制防喷排液
	督导气举排液作业	指定管汇台到井口的泵注流程；安排HSSE管理员检查泵注管线，监控泵注车至管汇台管线试压、泄压、拆管线离场；督导打开泵注流程及排液流程后开始气举，举通后控制放喷，确认停泵、泄压（对泵注管线进行确认，明确泄压管线出口并泄压），关闸门气举管线一侧闸阀；安排HSSE管理员回抽污水

续表

工作内容	工作步骤	工作标准
膜制氮（液氮）气举	资料录取	要求当班人员协助技术员收集整理以下数据：助排措施设备、作业方式、作业时间、作业参数、油套压变化情况、返排液量、产气量

16）求产标准化操作规程

临界速度流量计求产标准化操作规程如表3-60所示。

表3-60 工程技术主管临界速度流量计求产标准化操作规程

工作内容	工作步骤	工作标准
求产	求产准备	进入求产程序确认，纯气井放喷气流呈青烟色，点火火焰根部呈天蓝色时可进行求产；含水气井在同一制度下连续3天测水量及氯根分析结果接近，可进行求产；页岩气井放喷排液时，地层返排液量连续4h低于10m^3/h且呈现逐渐减少趋势，可以进入测试求产程序；间歇自喷井采用定时定压求产，非自喷井采用测流压法、提捞法、抽汲法等求产；准备实施求产的器具有游标卡尺、油嘴、临界速度流量计、孔板、6MPa精密压力表（或压力变送器）、温度计（温度变送器）、250mm活动扳手、管钳等；测量油嘴、孔板及安装并录视频；做JSA分析；憋压管线刺漏；测试废水渗漏是否污染环境；若流程管线未及时保温冰堵、地层出砂，则砂堵；若作业人员防护不到位，则可能发生有毒有害气体中毒
	通道确认、督导工作制度确认	督导安装工作制度（孔板应光洁度高，无伤痕，无毛刺，安装时喇叭口朝下游方向，孔板应加铅密封垫，孔板直径为油嘴直径的2~2.5倍），核实通道（逐一确认求产通道及通道对应油嘴，孔板安装到位，确保求产通道倒换正确无误），检查仪器仪表（各类传感器、压力表读值、计量准确无误，校核求产数据系统传输信号准确无误），确认放喷池初始空高
	求产	指导开测试管管线汇阀门，关放喷管线，开始求产，要求当班人员每30min记录一次压力，定期巡检井口到喷口设备设施，进行产量计算，公式为： $$q_g = \frac{1896.67d^2(P_{uf}+0.101)}{\sqrt{\gamma_g Z T_{uf}}};$$ 稳定求产的标准如下： ①气产量≥10×10^{4}m^3/d时，井口压力与产量连续稳定8h以上； ②2×10^{4}m^3/d≤气产量＜10×10^{4}m^3/d时，井口压力与产量连续稳定12h以上； ③气产量＜2×10^{4}m^3/d时，井口压力与产量连续稳定16h以上； 稳定工作制度生产压差控制在地层压力的20%以内，井口压力变化范围小于0.1MPa，产量波动范围小于10%
	资料录取	记录求产时间、油嘴\孔板直径，每个工作制度的产气、油、水量及日产气、油、水量，累计产气、油、水量，每个工作制度的流动压力、温度、油压、套压

垫圈流量计求产标准化操作规程如表3-61所示。

表3-61 工程技术主管垫圈流量计求产标准化操作规程

工作内容	工作步骤	工作标准
求产	求产准备	求产方式确定（小于8000m^{3}时采用临界速度流量计求产），求产制度确定，物资材料准备，参与JSA分析

续表

工作内容	工作步骤	工作标准
求产	通道确认、督导安装工作制度	督导安装工作制度（孔板应光洁度高、无伤痕、无毛刺，安装时嗽叭口朝下游方向，孔板应加铅密封垫），核实U形管水柱是否在零位，核实通道（逐一确认求产通道及通道对应油嘴、孔板安装到位，确保求产通道倒换正确无误），检查仪器仪表（各类传感器、压力表读值、计量准确无误，校核求产数据系统传输信号准确无误），确认放喷池初始空高
	求产	产量计算，公式为：$q_g = 2.94d^2\sqrt{\dfrac{h_w}{T\gamma_g}}$； 稳定求产的标准为：气产量＜$2\times10^4m^3/d$时，井口压力与产量连续稳定16h以上，稳定工作制度生产压差控制在地层压力的20%以内，井口压力变化范围小于0.1MPa，产量波动范围小于10%
	资料录取	记录求产时间、油套压、孔板直径、产气量、产水量及日产气、水量，累计产气、水量

双波纹管差压流量计求产标准化操作规程如表3-62所示。

表3-62　工程技术主管双波纹管差压流量计求产标准化操作规程

工作内容	工作步骤	工作标准
求产	求产准备、JSA分析	求产方式确定，求产制度确定，物资材料准备，参与JSA分析
	通道确认、核实工作制度	核实通道，检查仪器仪表（各类传感器、压力表读值及计量准确无误，校核确保求产数据系统传输信号准确无误），核实求产工作制度并记录
	求产	产量计算，公式为：$q_g = KHPF_zF_t$； 稳定求产的标准如下： ①气产量≥$10\times10^4m^3/d$时，井口压力与产量连续稳定8h以上； ②$2\times10^4m^3/d$≤气产量＜$10\times10^4m^3/d$时，井口压力与产量连续稳定12h以上； ③气产量＜$2\times10^4m^3/d$时，井口压力与产量连续稳定16h以上； 稳定工作制度生产压差控制在地层压力的20%以内，井口压力变化范围小于0.1MPa，产量波动范围小于10%
	资料录取	记录求产时间、油嘴直径，每个工作制度的产气、油、水量及日产气、油、水量，累计产气、油、水量，每个工作制度的流动压力、温度、油压、套压，气体流量计算常数、差压指示格数、静压指示格数、气体偏差系数校正值、温度校正系数

丹尼尔流量计求产标准化操作规程如表3-63所示。

表3-63　工程技术主管丹尼尔流量计求产标准化操作规程

工作内容	工作步骤	工作标准
求产	求产准备、JSA分析	确定求产方式，确定求产制度，准备物资材料，参与JSA分析

续表

工作内容	工作步骤	工作标准
求产	通道确认、督导安装工作制度	核实通道（逐一确认求产通道及通道对应油嘴、孔板安装到位，确保求产通道倒换正确无误），检查仪器仪表（各类传感器、压力表读值及计量准确无误，校核求产数据系统传输信号准确无误），安装工作制度（孔板应光洁度高，无伤痕，无毛刺，安装时嗽叭口朝下游方向，孔板应加铅密封垫），确认放喷池初始空高
	求产	产量计算，公式为：$q=\sqrt{h_w \times f_z \times 145 \times c}$ 稳定求产的标准如下： ①气产量≥10×10^{4}m^3/d时，井口压力与产量连续稳定8h以上； ②2×10^{4}m^3/d≤气产量＜10×10^{4}m^3/d时，井口压力与产量连续稳定12h以上； ③气产量＜2×10^{4}m^3/d时，井口压力与产量连续稳定16h以上； 稳定工作制度生产压差控制在地层压力的20%以内，井口压力变化范围小于0.1MPa，产量波动范围小于10%
	资料录取	记录求产时间、油嘴直径，每个工作制度的产气、油、水量及日产气、油、水量，累计产气、油、水量，每个工作制度的流动压力、温度、油压、套压，差压、静压、平均流动系数

系统测试标准化操作规程如表3-64所示。

表3-64 工程技术主管系统测试标准化操作规程

工作内容	工作步骤	工作标准
系统测试	系统测试准备、JSA分析	求产方式确定，选择4~5个工作制度进行开井测试，测试产量由小到大递增，稳定试井之前或之后应做压力恢复试井，准确计算地层压力；按相应求产方式准备求产物资，拍照，参与JSA分析
	通道确认、督导安装工作制度	核实通道（逐一确认求产通道及通道对应油嘴，孔板安装到位，确保求产通道倒换正确无误），检查仪器仪表（各类传感器、压力表读值，计量准确无误，校核求产数据系统传输信号准确无误），督导安装工作制度（孔板应光洁度高，无伤痕，无毛刺，安装时嗽叭口朝下流方向，孔板应加铅密封垫），确认放喷池初始空高
	系统测试	要求当班人员规范操作： ①缓慢导入求产通道，导入过程中密切观察管汇压力变化情况，放喷口注意观察火势情况，导入正常后缓慢关闭通道； ②求产过程中定时巡查井口装置、管汇区域、放喷管线是否存在渗漏等情况，并汇报巡查情况； ③定时记录井口压力、流量计压力情况及喷口火焰情况，若压力异常及时倒换通道检查油嘴、孔板； ④求产通道、管汇区域实行封闭式管理，作业人员必须穿戴齐全劳保用品，佩戴齐全安全防护用品（监测仪、空气呼吸器等）；严禁正对考克泄压孔，应避开泄压孔侧位观察；数据录取要定时与机械压力表进行数据对比，防止数据差距过大而导致求产数据不准确
	资料录取	参照各求产方式收集资料

17）取样标准化操作规程

取水样标准化操作规程如表3-65所示。

表3-65　工程技术主管取水样标准化操作规程

工作内容	工作步骤	工作标准
取水样	取样准备	在求产稳定期间安排取水样，根据取样方式安排设备管理员准备相关设施及工具
	取样、配送样品	对于含硫气井，佩戴正压式空气呼吸器，指导、监控班组按规范操作取样，安排人员在72h内送样到化验单位
	资料录取及样品标签记录	填写标签（取样井号、层位、井段、取样时间、取样地点、样品名称、取样单位、取样人、分析化验项目要求），确保标签无损，防止标签脱落

含硫井取气样标准化操作规程如表3–66所示。

表3-66　工程技术主管含硫井取气样标准化操作规程

工作内容	工作步骤	工作标准
含硫井钢瓶取气样	取样准备	要求取样人员正确穿戴劳保用品，熟悉操作步骤、风险源辨识及环境因素评价，并制定风险消减措施，明确逃生方向，填写派工单；安排设备管理员准备取样器具
	取样、配送样品	对于含硫气井，佩戴正压式空气呼吸器，指导、监控班组按规范操作取样，两人操作，HSSE管理员监护，取样压力为2~4MPa，若压力不足则增加取样瓶数，安排人员72h内送样到化验单位
	资料录取及样品标签记录	填写标签（取样井号、层位、井段、取样时间、取样地点、样品名称、样品压力、取样单位、取样人、分析化验项目要求），确保标签无损，防止标签脱落，注明“该样品含有硫化氢”

取气样标准化操作规程如表3–67所示。

表3-67　工程技术主管取气样标准化操作规程

工作内容	工作步骤	工作标准
排水法取样	取样准备	求产稳定期间取样，要求设备管理员准备取样器材
	取样、配送样品	指导、监控班组按规范操作取样，每个工作制度至少取样两支，安排人员72h内送样到化验单位
	资料录取	填写标签（取样井号、层位、井段、取样日期、取样地点、样品名称、取样单位、取样人、分析化验项目要求），确保标签无损，防止标签脱落

18）测压标准化操作规程

测压标准化操作规程如表3–68所示。

表3-68　工程技术主管测压标准化操作规程

工作内容	工作步骤	工作标准
测压	联系试井队进场	根据施工节点，联系试井队伍按时进场

续表

工作内容	工作步骤	工作标准
测压	测井队到场后现场准备	督促测井队落实安全措施规范作业；根据设计要求核实相关参数，交接井口
	安全技术交底、JSA分析	落实测压项目（测静压、静温、压力回复），明确详细的井内管柱情况、下工具至起出工具全过程作业步骤、各方岗位职责、各环节技术要点及相关操作风险提示，督导班组人员按时记录井口压力
	配合下入工具、监控施工	安排人员监控测井队开关井作业，安装设备（检查防喷器、防喷管、防喷盒压力级别，按试压规程要求对防喷器、防喷盒进行试压），工具串结构，控制钢丝绳下放速度，泄压，拆设备；严禁跨越电缆，无关人员不得进入测井区域（含硫井作业人员需配备气防器具）
	资料收集	根据测井报告收集相关参数

19）测压力恢复曲线标准化操作规程

测压力恢复曲线标准化操作规程如表3-69所示。

表3-69 工程技术主管测压力恢复曲线标准化操作规程

工作内容	工作步骤	工作标准
关井测压力恢复曲线（压力恢复试井）	下压力计测压力恢复曲线	参照测压作业程序，下压力计测压力恢复曲线，油井和气、水同产井从测流压开始测至井底压力恢复
	井口关井测压力恢复曲线	求产结束后，用精密压力表关井测压力恢复数据，督导班组人员按先密后疏原则记录井口压力：开始按1min记录3个点，3min记录3个点，10min记录3个点，然后每30min记录1个点，到恢复缓慢后适当延长记录点间隔时间
	资料录取	记录层位、层段、记录时间、操作项目、井口油压、套压等

20）转层标准化操作规程

注塞标准化操作规程如表3-70所示。

表3-70 工程技术主管注塞标准化操作规程

工作内容	工作步骤	工作标准
打水泥塞准备	上报注塞需求申请	根据设计确定注塞参数，说明注塞时间，与固井队建立联系，及时取样、实验（配伍性满足），确定入场节点
	安全技术交底	明确详细的注塞管柱数据和井筒承压情况，核实注塞设计关键参数与固井队准备情况是否相符，提示注塞全过程作业步骤及各方岗位职责、各环节技术要点及相关操作风险，并参与相关工作
打水泥塞	过程监控	监控固井队根据注塞设计步骤，执行参数（实时将注塞施工泵压、排量、累计注入量告知坐岗人员，核实返浆量），留存取水泥浆样（测水泥浆密度是否达到设计），控制作业时间（从配水泥浆开始到反洗井结束的时间应小于水泥浆初凝时间的70%），精准计算顶替量，指挥井队上提油管反洗，再上提油管高度保证安全（上提管柱至预计水泥塞面100m以上）
	井控坐岗	督促专人坐岗，严格执行井控管理制度

续表

工作内容	工作步骤	工作标准
打水泥塞	资料录取	记录注塞设备、各步骤参数（作业时间、步骤名称、液体性质、密度、方量、泵压、排量）
候凝	过程监控	按设计要求关井憋压或敞井候凝
	井控坐岗	专人坐岗，严格执行井控管理制度
	资料录取	记录候凝时间、压力变化
探塞面	探塞面	指挥井队下钻加钻压5~10kN探塞面3次，深度误差在0.5m范围内，上提管柱反洗验通
	井控坐岗	安排专人坐岗，严格执行井控管理制度
	资料录取	记录探测方式、施工序号、探测序号、指重表变化、探测深度、塞面深度

填砂标准化操作规程如表3-71所示。

表3-71　工程技术主管填砂标准化操作规程

工作内容	工作步骤	工作标准
填砂准备	上报材料需求申请	根据设计确定填砂参数（针对地层疏松易漏失井，应堵漏后选择合适泵压进行填砂作业，并适量考虑填砂富余量），确定材料到场节点
	安全技术交底	明确详细的填砂管柱数据，核实填砂设计关键参数、填砂全过程作业步骤、各方岗位职责、各环节技术要点及相关操作风险提示，参与JSA分析
填砂施工	填砂施工	根据填砂设计步骤（下填砂管柱并探原始砂面，当油管或下井工具下至距油层上界30m时，下放速度应小于1.2m/min，以悬重下降10~20kN时认为遇砂面，连探3次，并记录砂面位置），执行参数，计算填砂量（填砂尾管提至离设计砂面50m以上，开泵循环正常后开始填砂），保证上提高度安全（上提管柱至预计砂塞面100m以上）
	井控坐岗	专人坐岗，严格执行井控管理制度
	资料录取	记录时间、方式、填砂液名称、性质、液量、泵压、排量、返出物描述、累计砂量、填砂井段、厚度、顶替情况
静止沉砂	过程监控	按设计要求关井或敞井沉砂
	井控坐岗	专人坐岗，严格执行井控管理制度
	资料录取	沉砂时间
探砂面	探砂面	加钻压10~20kN探砂面3次，深度误差在0.5m范围内，取最浅深度为砂面深度
	井控坐岗	专人坐岗，严格执行井控管理制度
	资料录取	记录探测方式、施工序号、探测序号、指重表变化、探测深度，确定砂面深度

下电缆桥塞标准化操作规程如表3–72所示。

表3–72 工程技术主管下电缆桥塞标准化操作规程

工作内容	工作步骤	工作标准
下电缆桥塞准备	上报下电缆桥塞需求申请	根据设计确定作业参数，说明下电缆桥塞时间，与测井队建立联系，确定入场节点
	测井队到场后现场准备	检查测井队人员持证、队伍资质，督促测井队落实安全措施规范作业；根据设计要求核实关键参数、检测报告、合格证；丈量入井工具，记录工具串结构并检查（桥塞与送进工具相连接时一定要按顺序装配，并将桥塞上紧到与转换接头坐封套没有间隙为止，以防止松动而影响封力的传递）
	安全技术交底	明确全过程作业步骤、各方岗位职责、各环节技术要点及相关操作风险提示，参与JSA分析
下电缆桥塞	过程监控	工具入井拍照，监控测井队规范作业（电缆送进时速度不允许过快，或忽快忽慢，以免造成电缆打扭或桥塞遇阻事故；一般下入速度不大于60m/min，在要达到预定的深度时，要把下入速度降低，而慢慢地下到预定的深度以下几米的位置；经检查下井的深度准确无误后，再将桥塞提至预定深度）
	井控坐岗	专人坐岗，严格执行井控管理制度
	资料录取	记录桥塞规格型号、下入深度、坐封情况

下机械桥塞标准化操作规程如表3–73所示。

表3–73 工程技术主管下机械桥塞标准化操作规程

工作内容	工作步骤	工作标准
下桥塞	下达任务书、风险提示	向班组和各作业单位详细传达施工步骤、各岗位职责、技术要求、关键参数、注意事项，以及井控、安全、环保风险及控制措施；丈量入井工具、记录工具串结构并检查（桥塞与辅助工具各锥度扣是否松动，平扣和固定螺钉是否松脱，卡瓦是否破裂，脱筒是否损坏，上下锥体缸套、丢手剪钉是否安装正确，伸缩加力器能否伸缩自如）
	工具上钻台	操作人员紧密配合专人指挥，做好危险区域警戒，严禁进入危险区域；人员远离正在移动的工具，上提控制速度，操作平稳，捆绑牢靠，尾部系牵引绳，防止脱落
	对扣、引扣、上扣	对扣后使用引扣工具引扣，采用液压钳或手工具按规定扭矩上扣；做好井口防落物遮盖措施
	下管柱	工具入井拍照，检查桥塞、送放工具完好状态，满足设计要求；下管柱时要平稳操作，严防顿钻、溜钻，下管柱时控制速度，遇阻吨位、连接要求、异常处理按照工具方操作手册执行；入井工具及各种短节、变丝接头都必须通径，登记入册；下油管时应有人专门记录，按设计管柱顺序入井
	井控坐岗	专人坐岗，严格执行井控管理制度
	资料录取	记录入井序号、工具名称、场地编号、规格、扣型、单根长度、下入深度、立柱编号、生产厂家、钢级、外径、内径、壁厚
坐封、丢手	投球、送球	核实球的材质和外径，投球方式，送球排量、泵压执行工具方要求
	打压坐封、丢手	根据工具方操作手册打压坐封（桥塞坐封位置要避开套管接箍）、丢手
	资料录取	记录球的材质和外径、投球方式、施工设备、泵压、排量、送球液量、作业时间、逐级稳压情况、环空返液情况、坐封丢手情况

泵送桥塞标准化操作规程如表3-74所示。

表3-74 工程技术主管泵送桥塞标准化操作规程

工作内容	工作步骤	工作标准
泵送桥塞准备	泵送桥塞需求申请	根据施工节点，与测井队、工具方、酸化压裂车建立联系，确定入场时间
	测井队到场后现场准备	督促测井队落实安全措施规范作业；根据设计要求核实关键参数、检测报告、合格证；丈量入井工具、记录工具串结构并检查（桥塞与送进工具相连接时一定要按顺序装配，并将桥塞上紧到与转换接头坐封套没有间隙为止，以防止松动而影响封力的传递）
	安全技术交底	明确全过程作业步骤、各方岗位职责、各环节技术要点及相关操作风险提示，参与JSA分析
泵送桥塞	过程监控	监控测井队、酸化压裂车规范作业
	资料录取	记录桥塞规格型号、下入深度、坐封情况，工具入井拍照

21）流程离场标准化操作规程

流程离场标准化操作规程如表3-75所示。

表3-75 工程技术主管流程离场标准化操作规程

工作内容	工作步骤	工作标准
试油（气）流程材料出场	拆卸设备、材料	安排设备管理员监控班组进行流程验通（释放圈闭压力）、冲洗，拆卸
	文案准备	编制出场申请

22）接井标准化操作规程

接井标准化操作规程如表3-76所示。

表3-76 工程技术主管接井标准化操作规程

工作内容	工作步骤	工作标准
接井前检查	场地检查	确保场地、方井及放喷池无污染、无杂物，井场平整无杂物，清污分离沟完整无堵塞，边坡无垮塌
	井口检查	确保井口试压合格无渗漏，配件及资料齐全，井口干净无油污
接井	接井	现场签字确认交接

23）交井标准化操作规程

交井标准化操作规程如表3-77所示。

表3-77 工程技术主管交井标准化操作规程

工作内容	工作步骤	工作标准
交井	井口检查	确保井口试压合格无渗漏，配件及资料齐全
	室内准备	制作交接井书

第三节 应急处置标准化操作规程

应急处置标准化操作规程如表3-78所示。

表3-78 工程技术主管应急处置标准化操作规程

事故类型	处置程序
火灾	（1）高声呼喊“着火了”，切断总电源，若为初期火灾，则立即使用灭火器进行灭火； （2）预判火势难以控制时，立即撤离现场，向现场钻（修）井队求救，拨打“119”求救； （3）向试油（气）队应急组组长报告
人身伤害	（1）发现时高声呼喊或立即报告试油（气）队应急组组长； （2）若为电击伤，在保证安全的前提下，切断电源，让伤者断离带电体； （3）若为酸、碱等化学品所致的伤，用清水冲洗10~15min； （4）若伤者外伤出血或骨折，进行止血、包扎处置；若伤者有呼吸或心跳，则令其平躺，向井队医生求救或拨打“120”向就近医院求救； （5）若无心跳和呼吸，立即组织进行人工呼吸和心肺复苏抢救，向钻（修）井队医生求救或拨打“120”向就近医院求救；按程序报告，协调组织抢救； （6）若为烧伤，立即脱离致伤场所，灭掉伤员身上的火，立即进行处理与抢救
强烈油气侵、井漏、溢流、井涌	待令，听从试油（气）队应急组组长安排
井喷	撤离到安全地点待令，听从试油（气）队应急组组长安排
硫化氢泄露	立即穿戴正压式空气呼吸器撤离到安全地点，待令
地震	（1）在钻台、泥浆罐上就近倚靠在有抓扶的地方，若在营房附近则立即进入（若营房存在滑坡风险则应迅速到泥浆罐或现场指定的开阔紧急集合点）； （2）结束后赶到现场紧急集合点，接受试油（气）队应急组组长安排
食物中毒	（1）高声呼喊或立即报告试油（气）队应急组组长； （2）若伤者神志清醒、能够配合，可先设法引吐、催吐：用手指压舌根或用缠上纱布的筷子刺激咽喉后壁或舌根，使患者引发呕吐；然后给患者饮温水300~500mL，反复进行引吐，直至吐出物已是清水为止； （3）对心跳、呼吸停止者，要及时进行心肺复苏抢救，同时向钻（修）井队医生求救或拨打“120”向就近医院求救
中暑	（1）发现后高声呼喊，向周围人员求助，将患者移至清凉处，报告试油（气）队应急组组长； （2）让患者躺下或坐下，解开上衣纽扣，并抬高下肢； （3）用凉的湿毛巾敷前额和躯干，或用大的湿毛巾、湿的床单等把患者包起来，用电风扇或手扇动以促其降温； （4）让神志清醒的患者喝清凉的饮料或淡盐水； （5）如果患者病情无好转，应立即送医院急救

续表

<table>
<tr><th>事故类型</th><th colspan="3">处置程序</th></tr>
<tr><td>山体滑坡、洪灾</td><td colspan="3">（1）切断电源，高声呼喊，立即撤离到安全地点；
（2）通知其余员工，听从试油（气）队应急组组长安排</td></tr>
<tr><td>暴力恐怖袭击</td><td colspan="3">（1）发现可疑暴力恐怖分子或听到暴恐警报时，若在生活区，则向营区负责人报告，提醒现场人员，立即进入庇护房；
（2）听到井场的暴恐警报信号响起，立即穿戴好防暴用具，奔向钻台，听从钻（修）井队统一安排处置</td></tr>
<tr><td>应急汇报程序</td><td colspan="3">一旦发生突发事件，按以下顺序进行报告（严重情况下可以越级上报）： 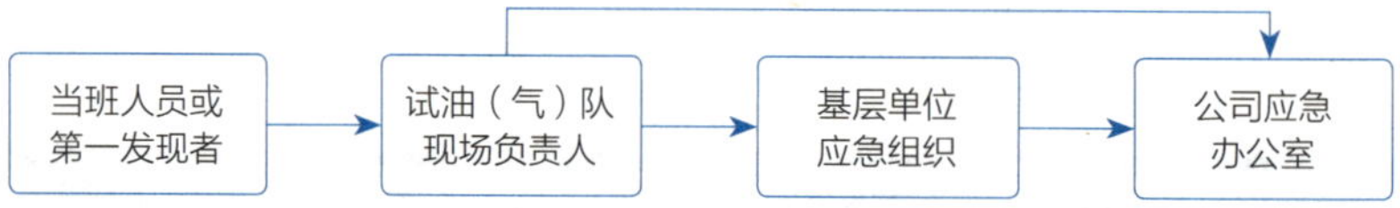
当班人员或第一发现者 → 试油（气）队现场负责人 → 基层单位应急组织 → 公司应急办公室
（试油（气）队现场负责人 → 公司应急办公室）</td></tr>
<tr><td>岗位主要安全风险</td><td>井喷及井喷失控、机械伤害、起重伤害、物体打击、火灾、爆炸、触电、噪声、中毒、其他伤害</td><td>岗位主要危险物质</td><td>原油、天然气、硫化氢、钻井液处理剂</td></tr>
</table>

应急联络电话：

公司应急办公室电话；甲方应急办公室电话；就近医院电话；急救电话：120；火警电话：119；公安报警电话：110

第四章 试油（气）队HSSE管理员岗位操作标准

第一节 岗位描述

1. 岗位说明

试油（气）队HSSE管理员岗位说明如表4-1所示。

表4-1 HSSE管理员岗位说明

项目		主要内容
工作概述		负责本队的HSSE管理日常工作，做好安全生产责任制落实、安全教育、应急管理、隐患排查治理、环境保护、职业健康、事故处理等工作
上岗条件	教育程度	高中及以上学历
	从业资格	持有有效的井控培训合格证、HSSE管理培训合格证、硫化氢防护技术证、安全资格证
	技能等级	具有中国石化相关单位认证的中级及以上专业技术职务任职资格
	辅助技能	（1）熟悉本单位HSSE管理体系及有关的法律法规，并对本单位生产经营特点和生产工艺流程有一定程度的了解； （2）掌握消防、防灾、应急等HSSE知识，具备较强的安全管理能力； （3）具有一定的组织协调和语言文字表达能力； （4）能够熟练使用办公软件
	工作经历	具有3年以上现场试（油）气工作经历
	职业道德	爱岗敬业、勇于奉献、团结协作、遵章守纪
	身体素质	身体健康，心理素质良好，能适应野外施工工作
岗位关系	纵向关系	（1）接受队长、指导员的直接领导； （2）接受安全等相关部门的工作指导； （3）对本队各班组上岗人员进行安全监督和管理
	横向关系	（1）与本队副队长、技术员、设备管理员等有协作关系； （2）对试油（气）作业配合施工队伍有监督关系
岗位职责	工作职责	（1）贯彻执行国家方针、政策、法律、法规、行业标准、规程规范和上级的各项制度； （2）协助试油（气）队队长做好试油（气）队的安全、环保管理工作，负责编制本队运输管理办法；

续表

项目		主要内容
岗位职责	工作职责	（3）负责落实试油（气）队HSSE体系运行的日常管理、监督工作； （4）负责完成试油（气）队各类安全工作报表、总结、汇报材料的上报、收集、整理、反馈； （5）负责建立健全试油（气）队安全、环保台账和HSSE运行记录；协助试油（气）队队长组织开展各类安全环保自检自查工作，针对安全隐患提出整改措施，并组织整改； （6）负责开展试油（气）队各类安全活动，组织员工安全培训； （7）负责本队运输安全的管理，定期对车辆进行安全监督检查； （8）负责试油（气）队的安全设施管理； （9）负责协助试油（气）队队长编制试油（气）队安全技术措施计划和隐患整改方案，开展隐患排查治理和危险源辨识工作，制定治理防范措施；协助试油（气）队进行各类安全、环保事故（工程、机械设备、工伤、交通、环保）的调查、分析、处理、上报工作； （10）贯彻执行HSSE管理体系； （11）完成领导交办的其他工作
	安全职责	（1）制止违章作业并及时报告； （2）参与作业现场及施工过程风险评价，制定风险控制措施，并监督落实； （3）参与新员工岗前“三级”安全教育；按照年度HSSE培训计划开展培训，每季度进行一次职业卫生培训； （4）负责井控安全监督管理工作，参与井控检查； （5）做好动火作业、受限空间作业、起重作业、临时用电等直接作业环节的监督管理工作； （6）督促并参与本队各项应急演练工作，详细记录演练情况； （7）发生事故时，及时了解情况，维护好现场，救护伤员，并向现场负责人报告； （8）自觉遵守本属地所涉及的各项HSSE规章制度和岗位操作规程；负责本属地的日常巡回检查，对属地内的安全隐患进行排查及处理，视情况及时上报； （9）负责对进入属地人员进行安全提示
岗位工作内容		（1）认真进行关键环节危害识别和JSA风险分析，落实防护措施； （2）开展本队的各种安全活动，负责安全活动记录，提出改进安全工作意见和建议；参与班前安全讲话及班后安全总结； （3）负责本队劳动防护用品、各种防护器具及灭火器材等的日常管理工作； （4）负责对本队交接班、岗位巡检、劳动防护用品、职业卫生、环境保护、消防器材、危险化学品、气防设施、安全用电、防雷、防火、防爆、防中毒、防洪防汛等进行日常监督检查，发现不安全因素，督促责任人落实整改； （5）健全完善HSSE管理基础资料台账，做到齐全、准确、规格化； （6）负责对属地内的设备、设施等进行日常维护及保养； （7）带头并监督本班人员正确穿戴劳保用品； （8）发生事故，按预案处理，积极抢救，保护现场并详细记录； （9）贯彻井控、硫化氢防护措施，积极响应应急预案演练
工作权限		（1）对HSSE工作有监督管理权； （2）对现场人员有安全教育指导权； （3）对现场“三违”有制止权、处罚权
工作考核	考核关系	（1）接受所在基层单位、公司人力资源部门、技术装备、生产安全等部门的工作考核； （2）参与对本试油（气）队人员工作的考核
	考核依据	对照《试油（气）队岗位操作手册》，按照公司、基层单位相关考核办法进行考核

2. 工艺流程

试油（气）队HSSE管理员工作工艺流程如图4-1所示。

图 4－1 HSSE管理员工作工艺流程

第二节　岗位标准化操作规程

1. 巡回检查标准化操作规程

巡回检查标准化操作规程如表4-2所示。

表4-2　HSSE管理员巡回检查标准化操作规程

操作前准备：

（1）按照要求穿好劳动保护用品；

（2）准备好所用工具

巡回检查路线：

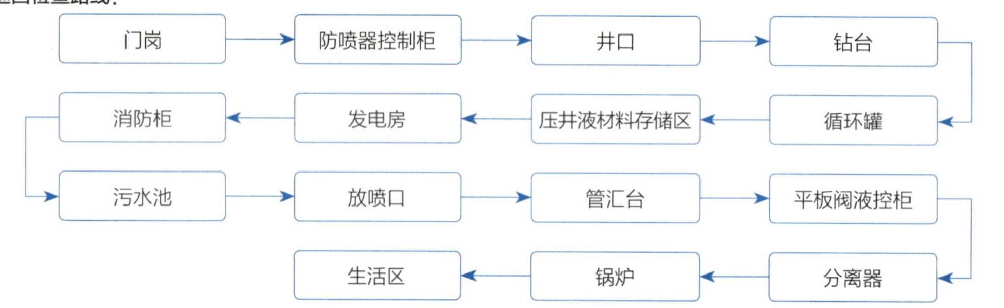

检查地点	检查项点	工作标准
门岗	标识牌	标识牌安装顺序符合规定且清洁，符合《井下作业现场标准化布局指南》要求
	门岗房	门岗房清洁、安全帽悬挂标准；有阻火罩、外来人员（车辆）登记表，专人负责门岗；配备有毒有害气体检测仪
	手摇式报警器	手摇式报警器能正常工作
	门栏杆安装	门栏杆已安装，标识规范、清洁
	硫化氢警示牌	硫化氢警示牌朝向大门外、警示色正确
	防空警报器	大功率电动报警器能正常工作，开关安装在室外，设置报警器使用规定
	门岗人员	门岗人员在岗，清楚当班情况及现场作业人员，能正确对外来人员进行安全告知
防喷器控制柜	仪表	仪表齐全、完好、读数准确，且在效验有效期内
	气源	气源压力符合要求（0.65~0.8MPa）
	控制阀及手柄	气控阀手柄齐全，复位良好（有锁紧装置），显示牌显示正确
	连接管缆	管缆连接正确，无漏气
	周边环境	无障碍物，操作方便
井口	井口探头	井口探头位置合理，高度合适
	脚踏板	脚踏板稳固、牢靠
	排风扇	接线正规，接地良好，开关灵活好用

续表

检查地点	检查项点	工作标准
钻台	内防喷工具	内防喷工具数量符合设计要求，摆放位置合理，标识清楚
	防喷单根	防喷单根满足当前工况
	旋塞	旋塞处于常开状态，回压阀处于顶开状态，旋塞扳手放置到位
	气防设施	按要求配备空气呼吸器，压力符合要求
	吊卡	吊卡经常保养，开关灵活
	液压钳	尾绳大小、固定符合规范，液压钳灵活好用
	井口防落物	防落物措施到位
循环罐	梯子、栏杆、脚踏板、踏板过道、标志牌	罐梯子安装稳固，上端两侧分别用保险链拴挂在循环罐体上；脚踏板完好，无开焊、破损、变形，梯子两边栏杆安装牢靠，踏板牢靠无孔洞，安全警示牌清晰且悬挂到位
	线路地线	各线路连接正规，接地良好，电线无老化、开裂
	管线及保险绳	管线应用游任连接可靠，无刺漏现象，两端保险绳用标准卡子卡牢
	液面报警器	固定牢固，标杆上、下活动灵活无阻卡；报警灵敏，警示灯完好，电路走向无阻碍；浮球完好无损坏，与标杆连接牢固；标杆刻度清晰；线路连接正规，上、下方浮动灵活，位置调节合适，声光报警可靠
	石粉罐	摆放平稳，安全阀、压力表定期校验，在有效期之内，且灵活好用
压井液材料存储区	摆放及标识	材料分开摆放，防雨，标识正确
	配置	加重剂、除硫剂、其他材料按设计要求储备
	灭火器	配备灭火器,灭火器有效并定期检查
	化学品	化学品有化学品标识和警示标识
	油污	场地无漏油和油污
发电房	仪表线路	仪表齐全、准确、完好，内铺绝缘胶皮并放置绝缘手套，接地线牢固
	配电盘	配电盘闸刀接线正规，有防爆和漏电保护装置
	线路	分路、分输集中控制于发电房，线路正规，具有保护装置或采用防爆电路，采用“一机一闸一保护”
	标识	安装开关控制对象标识及相关警示标识
	接地	接地可靠
消防柜	灭火器	灭火器数量及类型符合SY/T 6610—2005中相关规定，均处于有效期内，本体完好；干粉灭火器压力值在正常范围内，二氧化碳灭火器称重符合要求，挂有检查标签（生产、启用日期明确，每月检查两次并记录），装有手把轴销及别针（铅封），喷管完好
	消防水带	消防水龙带按规范摆放，接头齐全
	应急照明	应急照明完好且防爆
	消防沙	消防沙数量符合要求，且干燥、疏松

续表

检查地点	检查项点	工作标准
消防柜	辅助消防设施	辅助消防设施数量按标准配备，本体完好，严禁挪作他用
污水池	警示标识	按规范设置警示标识
	圈闭	对污水池四周进行圈闭，悬挂警示标识
	墙体	墙体无裂缝，无渗漏现象；污水池空高低于安全空高
放喷口	警示标识	按规范设置警示标识
	圈闭	对放喷池四周进行圈闭
	墙体	墙体无裂缝，无渗漏现象；空高低于安全空高
管汇台	试压	按施工设计试压合格
	管汇闸门	管汇闸门开关灵活，无半开状态，闸门开关标识正确
	固定	地脚螺栓和钢质压板固定紧固、无松动
	压力表	压力表灵敏，量程满足施工要求，未过期
	油嘴、堵头	油嘴、堵头根据施工情况安装到位
	通道	合理设置井控常开通道，且通道通畅
平板阀液控柜	仪表	仪表齐全、完好，且在有效期内
	压力	储能器压力、控制压力、气源压力符合规定；供气压力符合要求，管路畅通，压力准确
	控制阀及手柄	控制阀手柄齐全、复位良好（有锁紧装置），显示牌显示正确
	连接管缆	管缆连接正确，无漏气；管缆放置位置避免有尖锐物件刺穿或重物挤压
	辅助用电	辅助用电工作正常，设备按标准进行接地，接地检测值合格
分离器	管线连接及固定	仪表齐全、灵敏、准确，各部位连接正确，管线连接低进高出，油、气、水安全阀出口管线接到放喷口并用刚性固定
	控制装置	分离器有液位显示和控制装置，有气样、水样取样截止阀和与取样管线匹配的出口接头
	检测	分离器应检测合格，分离器上使用的压力表、安全阀应检定合格，并在有效期内
	距离	分离器距井口应不小于30m
锅炉	各项显示	锅炉有进出口温度、压力显示，提供资质检测报告
	供热能力	供热能力满足设计要求
	检测及使用	加热炉必须定期进行测厚、无损探伤等检验且试压合格；点火、加热系统能正常工作，温度计和液位计显示正确，并有使用、检验和试压记录
生活区	用电	生活区用电无漏电、搭铁现象
	液化气	液化气管线无破裂、漏气现象
	厨师	厨师卫生符合要求（穿工作装）
	消防设施	消防设施已配备，且有效

续表

检查地点	检查项点	工作标准
生活区	卫生	生活区设备、设施、场地干净
	生活污水	生活污水定期进行拉运，无外排现象

2. 交接班标准化操作规程

1）接班标准化操作规程

接班标准化操作规程如表4–3所示。

表4–3 HSSE管理员接班标准化操作规程

工作内容	工作步骤	工作标准	风险提示
接班前检查	穿戴劳保用品	劳保用品穿戴齐全、规范	若劳保用品穿戴不齐，则容易发生人身伤害事故
	按要求对安全设施、气防设施、消防器材、关键要害部位、保险装置、污水池等进行检查	安全设施、气防设施、消防器材、关键要害部位、保险装置、污水池等检查率100%	若设施检查遗漏，有问题不能及时发现，则可能导致应急情况下无法使用；若关键要害部位检查遗漏，则容易将安全隐患扩大
	发现问题反馈给队长或值班干部落实整改	问题反馈率100%	若发现的问题未反馈，交班不能及时整改，存在隐患，则易发生事故
	询问、了解设备及井下情况	了解当前施工、设备、井下情况，做到心中有数，有计划地开展工作	若对施工情况了解不清，则可能会造成设备损坏或井下复杂状况
参加班前会	接班后检查完，至值班房参加班前会	参加率100%	不参加班前会，将不了解工作情况，容易导致发生事故
	汇总各岗检查问题，同时落实整改对象	汇总落实率100%	若汇总不全，无法统筹安排本班工作，则易发生事故；若不落实整改对象，则无法高效地完成问题整改
	针对当班的工作内容进行危害分析，做好风险评价并制定防范措施	危害分析全面；防范措施制定得当，工作分配必须具体、明确；记录齐全准确	若不进行危害分析，则易导致安全事故；若防范措施制定没有针对性，则易导致员工无法正确防范当班风险；若分配不具体，则会导致怠工、误工；若记录不齐全，则不符合资料存档规范
	传达上级文件和相关安全会议内容并督促落实	当前重要文件传达率100%	若传达上级文件和相关安全会议内容不及时，则易导致上级安排的安全任务无法持续实施，员工不了解当前的安全形势

2）交班标准化操作规程

交班标准化操作规程如表4–4所示。

表4-4 HSSE管理员交班标准化操作规程

工作内容	工作步骤	工作标准	风险提示
参加班后会	对当班的安全生产情况进行总结，对本班出现的违章行为、未遂事件、事故隐患提出批评，做出处理意见，对好的做法、遵章守纪好的职工提出表扬	参加率100%，总结内容具体、全面	若不参加班后会，则本班工作无人讲评，问题、经验不能及时总结

3. 施工作业标准化操作规程

1）现场踏勘标准化操作规程

现场踏勘标准化操作规程如表4-5所示。

表4-5 HSSE管理员现场踏勘标准化操作规程

工作内容	工作步骤	工作标准
道路踏勘	道路踏勘	记录沿途需要注意的部位，进场道路存在的风险；了解井场周边环境、所在地工农关系，确保安全生产正常运行
井场踏勘	检测井场环保状况	测量周边永久性公共设施与井口、放喷池等的安全距离，记录井场周边的防火防爆、逃生等措施（将存在的风险及措施报甲方批复）；实测放喷池、污水池容积能否满足后期施工需求

2）施工准备标准化操作规程

配合施工队伍（流程设备入场）标准化操作规程如表4-6所示。

表4-6 HSSE管理员配合施工队伍（流程设备入场）标准化操作规程

工作内容	工作步骤	工作标准
室内准备	资料准备	准备单井HSSE资料
	参与制定搬迁计划	参加搬迁作业会，详细分析搬迁作业安全环保风险及实控制措施
	领取消（气）防设施	按设计和规范要求配备消防器材、防爆排风扇、风向标等（含硫化氢井配备检验合格的正压式空气呼吸器、硫化氢报警仪等气防设施，数量应符合设计要求）
试油（气）流程材料进场	搬迁运输	对危险路段设置警示标识，与配合方签订安全环保协议、交叉作业书；对驾驶员（含运输承包商）进行风险技术交底，搬迁运输期间检查措施落实情况
	吊装	严格按照吊装作业许可管理规定作业

试油（气）流程安装标准化操作规程如表4-7所示。

表4-7 HSSE管理员试油（气）流程安装标准化操作规程

工作内容	工作步骤	工作标准
试油（气）流程安装	安全技术交底	详细分析安装作业安全环保风险，检查、落实控制措施

续表

工作内容	工作步骤	工作标准
试油（气）流程安装	居民调查，文案准备	建立单井HSSE资料，编制施工现场应急处置方案并报当地政府和上级安全部门审查备案（含硫井将安全注意事项、撤离程序等告知1.5km范围内的人员，对井口周边500m范围内的居民进行调查并登记；防硫化氢应急处置方案应报当地县、乡政府审查和备案）

试油（气）流程固定标准化操作规程如表4-8所示。

表4-8 HSSE管理员试油（气）流程固定标准化操作规程

工作内容	工作步骤	工作标准
试油（气）流程固定	参加安全技术交底	详细分析固定作业安全环保风险，检查、落实控制措施
	消（气）防设施安装、调试	规范安装用电设备、营房等接地线并检测阻值合格；放喷口附近、井场内、应急集合点、井场入口等处设置风向标；消防设施摆放到位（含硫井安装固定式硫化氢监测系统，应能同时发出声光报警，安装声级不低于135dB的防空报警器，确保整个作业区域的人员都能听到；硫化氢监测传感器应安装在方井、管汇台、分离器、放喷口、液循环罐、司钻或操作员位置、井场工作室及其他硫化氢可能聚集的区域；在喇叭口、振动筛处安装可燃气体监测传感器；在放喷池安装二氧化硫监测传感器）
	标识牌安装	大门、场内标识牌内容及时更新、安装到位

信息化设备安装调试标准化操作规程如表4-9所示。

表4-9 HSSE管理员信息化设备安装调试标准化操作规程

工作内容	工作步骤	工作标准
信息化设备安装调试	配合信息化设备安装调试	确保现场视频能够清晰、连续、全天候地传至设计的位置

3）开工验收标准化操作规程

开工验收标准化操作规程如表4-10所示。

表4-10 HSSE管理员开工验收标准化操作规程

工作内容	工作步骤	工作标准
申请开工验收	开工验收准备	现场达到开工验收条件
	申请开工验收	申请开工验收
甲方开工验收	验收	达到试油（气）设计要求，《试油（气）开工验收实施细则》及各甲方单位开工验收规定，以及其他相关规程规范、制度、管理规定等
	资料录取	记录验收日期、验收单位、验收人员、存在问题、整改情况、整改人、整改日期

续表

工作内容	工作步骤	工作标准
复查	整改	对查出的问题进行整改，对暂时不能整改的，及时组织采取防范措施
	复查	对开工验收检查出的问题进行复查

4）工具准备标准化操作规程

油管、短节、变扣准备标准化操作规程如表4–11所示。

表4–11　HSSE管理员油管、短节、变扣准备标准化操作规程

工作内容	工作步骤	工作标准
油管准备	油管架摆放	督促圈闭吊装区域，确保作业环境符合安全要求，防护措施落实到位；监控吊装过程严禁违章作业，防止无关人员进入警戒区；油管上严禁堆放重物或人员行走
	丝扣清洗检查	做好防油污措施，防止污染环境
	油管通径	圈闭危险区域，严禁无关人员进入危险区域；提示人员远离正在移动的管材，特别是通径规出口端
短节准备	丝扣清洗检查	做好防油污措施，防止污染环境
变扣准备	丝扣清洗检查	做好防油污措施，防止污染环境

射孔枪准备标准化操作规程如表4–12所示。

表4–12　HSSE管理员射孔枪准备标准化操作规程

工作内容	工作步骤	工作标准
下枪准备	射孔枪到场后进行现场准备工作	检查射孔队伍资质、人员持证情况，签订安全环保协议，督促射孔队落实安全措施、规范作业（含硫井按规范配备气防器具）
	地面组枪	严禁使用非防爆通信设备，禁止无关人员进入圈闭区域

封隔器准备标准化操作规程如表4–13所示。

表4–13　HSSE管理员封隔器准备标准化操作规程

工作内容	工作步骤	工作标准
封隔器准备	工具到场后进行现场准备工作	检查工具方人员持证情况，签订安全环保协议，检查工具方安全措施落实情况
	试压	圈闭试压区域，严禁人员进入；督促工具方按作业许可要求作业（含硫化氢井作业人员应配备气防器具）

桥塞准备标准化操作规程如表4–14所示。

表4–14 HSSE管理员桥塞准备标准化操作规程

工作内容	工作步骤	工作标准
桥塞准备	工具方到场后进行现场准备工作	检查工具方人员持证情况、队伍资质，签订安全环保协议，落实安全措施，规范作业

油嘴准备标准化操作规程如表4–15所示。

表4–15 HSSE管理员油嘴准备标准化操作规程

工作内容	工作步骤	工作标准
油嘴准备	丝扣清洗	做好防油污措施，防止污染环境

孔板准备标准化操作规程如表4–16所示。

表4–16 HSSE管理员孔板准备标准化操作规程

工作内容	工作步骤	工作标准
孔板准备	丝扣清洗	做好防油污措施，防止污染环境

5）起下管柱标准化操作规程

下油管单根标准化操作规程如表4–17所示。

表4–17 HSSE管理员下油管单根标准化操作规程

工作内容	工作步骤	工作标准
下油管单根	油管上钻台、通径	操作人员紧密配合专人指挥，做好危险区域警戒，严禁进入危险区域；人员远离正在移动的管材，特别是通径规出口端，防止通径规落出伤人；平稳上提管材，捆绑牢靠，防止管材脱落
	下油管	钻台作业人员注意站位，清理钻台面、防止跌倒，维修液压钳时要切断动力源，防止机械伤害

起油管单根标准化操作规程如表4–18所示。

表4–18 HSSE管理员起油管单根标准化操作规程

工作内容	工作步骤	工作标准
起油管单根	起油管	钻台作业人员注意站位，清理钻台面、防止跌倒，维修液压钳时要切断动力源，防止机械伤害
	卸扣、甩下钻台	操作人员紧密配合专人指挥，做好危险区域警戒，严禁进入危险区域；人员远离正在移动的管材，平稳下放管材，捆绑牢靠，防止管材脱落

下钻杆单根标准化操作规程如表4–19所示。

表4–19　HSSE管理员下钻杆单根标准化操作规程

工作内容	工作步骤	工作标准
下钻杆单根	钻杆上钻台、通径	操作人员紧密配合专人指挥，做好危险区域警戒，严禁进入危险区域；人员远离正在移动的管材，特别是通径规出口端，防止通径规落出伤人；平稳上提管材，捆绑牢靠，防止管材脱落
	下钻杆	钻台作业人员注意站位，清理钻台面、防止跌倒，维修液压钳时要切断动力源，防止机械伤害

起钻杆单根标准化操作规程如表4–20所示。

表4–20　HSSE管理员起钻杆单根标准化操作规程

工作内容	工作步骤	工作标准
起钻杆单根	起钻杆	钻台作业人员注意站位，清理钻台面、防止跌倒，维修液压钳时要切断动力源，防止机械伤害
	卸扣、甩下钻台	操作人员紧密配合专人指挥，做好危险区域警戒，严禁进入危险区域；人员远离正在移动的管材，平稳下放管材，捆绑牢靠，防止管材脱落

下油管立柱标准化操作规程如表4–21所示。

表4–21　HSSE管理员下油管立柱标准化操作规程

工作内容	工作步骤	工作标准
下油管立柱	上提立柱、移动至井口	操作人员紧密配合，做好危险区域警戒，严禁进入危险区域；人员远离正在移动的管材，特别要防止通径规从出口端落出伤人，平稳操作
	下油管	钻台作业人员注意站位，清理钻台面、防止跌倒，维修液压钳时要切断动力源，防止机械伤害

起油管立柱标准化操作规程如表4–22所示。

表4–22　HSSE管理员起油管立柱标准化操作规程

工作内容	工作步骤	工作标准
起油管立柱	起管柱	钻台作业人员注意站位，清理钻台面、防止跌倒，维修液压钳时要切断动力源，防止机械伤害
	卸扣、移动至钻杆盒	操作人员紧密配合专人指挥，做好危险区域警戒，严禁进入危险区域；人员远离正在移动的管材，平稳操作

下钻杆立柱标准化操作规程如表4–23所示。

表4–23 HSSE管理员下钻杆立柱标准化操作规程

工作内容	工作步骤	工作标准
下钻杆立柱	上提立柱、移动至井口	操作人员紧密配合，做好危险区域警戒，严禁进入危险区域；人员远离正在移动的管材，特别要防止通径规从出口端落出伤人，平稳操作
	下钻杆	钻台作业人员注意站位，清理钻台面、防止跌倒，维修液压钳时要切断动力源，防止机械伤害

起钻杆立柱标准化操作规程如表4–24所示。

表4–24 HSSE管理员起钻杆立柱标准化操作规程

工作内容	工作步骤	工作标准
起钻杆立柱	起管柱	钻台作业人员注意站位，清理钻台面、防止跌倒，维修液压钳时要切断动力源，防止机械伤害
	卸扣、移动至钻杆盒	操作人员紧密配合专人指挥，做好危险区域警戒，严禁进入危险区域；人员远离正在移动的管材，平稳操作

下连续油管标准化操作规程如表4–25所示。

表4–25 HSSE管理员下连续油管标准化操作规程

工作内容	工作步骤	工作标准
连油作业准备	连油队到场后进行现场准备工作	检查连油队人员持证情况、队伍资质，签订安全环保协议，督促连油队落实安全措施、规范作业
连油作业	过程监控	做好设备巡查，防止“跑、冒、滴、漏”污染环境（含硫井作业人员配备气防器具）

起连续油管标准化操作规程如表4–26所示。

表4–26 HSSE管理员起连续油管标准化操作规程

工作内容	工作步骤	工作标准
起连续油管	过程监控	做好设备巡查，防止“跑、冒、滴、漏”污染环境（含硫井作业人员配备气防器具）

6）拆装井口标准化操作规程

拆防喷器标准化操作规程如表4–27所示。

表4-27　HSSE管理员拆防喷器标准化操作规程

工作内容	工作步骤	工作标准
拆防喷器	督促开具作业许可，开展JSA分析（“三高井”）	分析危害因素，从技术、管理、个体防护等方面制定控制措施，明确各作业步骤执行人和责任人；作业票签字及审批手续齐全，附有JSA安全分析
	拆防喷器	做好井口防落物遮盖措施，无关人员撤离到安全区域，作业人员注意站位，防止人身伤害

装防喷器标准化操作规程如表4-28所示。

表4-28　HSSE管理员装防喷器标准化操作规程

工作内容	工作步骤	工作标准
装防喷器	督促开具作业许可，开展JSA分析（“三高井”）	分析危害因素，从技术、管理、个体防护等方面制定控制措施，明确各作业步骤执行人和责任人；作业票签字及审批手续齐全，附有JSA安全分析
	装防喷器	做好井口防落物遮盖措施，无关人员撤离到安全区域，作业人员注意站位，防止人身伤害

拆采气树标准化操作规程如表4-29所示。

表4-29　HSSE管理员拆采气树标准化操作规程

工作内容	工作步骤	工作标准
拆采气树	督促开具作业许可，开展JSA分析（“三高井”）	分析危害因素，从技术、管理、个体防护等方面制定控制措施，明确各作业步骤执行人和责任人；作业票签字及审批手续齐全，附有JSA安全分析
	拆采气树	做好井口防落物遮盖措施，无关人员撤离到安全区域，作业人员注意站位，防止人身伤害

装采气树标准化操作规程如表4-30所示。

表4-30　HSSE管理员装采气树标准化操作规程

工作内容	工作步骤	工作标准
装采气树	督促开具作业许可，开展JSA分析（“三高井”）	分析危害因素，从技术、管理、个体防护等方面制定控制措施，明确各作业步骤执行人和责任人；作业票签字及审批手续齐全，附有JSA安全分析
	装采气树	做好井口防落物遮盖措施，无关人员撤离到安全区域，作业人员注意站位，防止人身伤害

7）试压标准化操作规程

全井筒试压标准化操作规程如表4-31所示。

表4-31 HSSE管理员全井筒试压标准化操作规程

工作内容	工作步骤	工作标准
全井筒试压	参加安全技术交底	与配合方签订安全环保协议，详细分析试压作业安全环保风险并检查控制措施落实情况
	督促开具作业许可，开展JSA分析	作业票签字及审批手续齐全，JSA安全分析全面
	过程监控	圈闭试压区域，核实确保作业环境符合安全要求、防护措施落实到位；监控试压过程，严禁违章作业，防止无关人员进入警戒区

试油（气）流程试压标准化操作规程如表4-32所示。

表4-32 HSSE管理员试油（气）流程试压标准化操作规程

工作内容	工作步骤	工作标准
试油（气）流程试压	参加安全技术交底	与配合方签订安全环保协议，详细分析试压作业安全环保风险并检查控制措施落实情况
	督促开具作业许可，开展JSA分析	作业票签字及审批手续齐全，JSA安全分析全面
	过程监控	圈闭试压区域，核实确保作业环境符合安全要求、防护措施落实到位；监控试压过程，严禁违章作业，防止无关人员进入警戒区

采气树主副密封试压标准化操作规程如表4-33所示。

表4-33 HSSE管理员采气树主副密封试压标准化操作规程

工作内容	工作步骤	工作标准
采气树主副密封试压	参加安全技术交底	与配合方签订安全环保协议，详细分析试压作业安全环保风险并检查控制措施落实情况
	督促开具作业许可，开展JSA分析	作业票签字及审批手续齐全，JSA安全分析全面
	过程监控	圈闭试压区域，核实确保作业环境符合安全要求、防护措施落实到位；监控试压过程严禁违章作业，防止无关人员进入警戒区

防喷器试压标准化操作规程如表4-34所示。

表4-34 HSSE管理员防喷器试压标准化操作规程

工作内容	工作步骤	工作标准
防喷器试压	参加安全技术交底	与配合方签订安全环保协议，详细分析试压作业安全环保风险并检查控制措施落实情况

续表

工作内容	工作步骤	工作标准
防喷器试压	督促开具作业许可，开展JSA分析	作业票签字及审批手续齐全，JSA安全分析全面
	过程监控	圈闭试压区域，核实确保作业环境符合安全要求、防护措施落实到位；监控试压过程严禁违章作业，防止无关人员进入警戒区

8）循环作业标准化操作规程

循环压井液标准化操作规程如表4–35所示。

表4-35　HSSE管理员循环压井液标准化操作规程

工作内容	工作步骤	工作标准
循环压井液	过程监控	做好高压区域圈闭、警示，防止无关人员进入高压区域；巡查循环设备、管线，防止压井液渗漏污染环境

洗井标准化操作规程如表4–36所示。

表4-36　HSSE管理员洗井标准化操作规程

工作内容	工作步骤	工作标准
洗井	过程监控	做好高压区域圈闭、警示，防止无关人员进入高压区域；巡查循环设备、管线，防止洗井液渗漏污染环境；记录洗井产生的污水量，建立环保台账，及时组织治理单位转运

压井标准化操作规程如表4–37所示。

表4-37　HSSE管理员压井标准化操作规程

工作内容	工作步骤	工作标准
压井	过程监控	做好高压区域圈闭、警示，防止无关人员进入高压区域；巡查循环设备、管线，防止压井液渗漏污染环境

替浆标准化操作规程如表4–38所示。

表4-38　HSSE管理员替浆标准化操作规程

工作内容	工作步骤	工作标准
替浆	过程监控	做好高压区域圈闭、警示，防止无关人员进入高压区域；巡查循环设备、管线，防止替浆液渗漏污染环境；记录替浆产生的污水量，建立环保台账，及时组织治理单位转运

9）射孔标准化操作规程

下射孔枪标准化操作规程如表4-39所示。

表4-39 HSSE管理员下射孔枪标准化操作规程

工作内容	工作步骤	工作标准
下射孔枪	射孔枪上钻台	操作人员紧密配合专人指挥，做好危险区域警戒，严禁进入危险区域；人员远离正在移动的枪体，控制上提速度，平稳操作，捆绑牢靠，防止脱落
	下枪	做好井口防落物遮盖措施，钻台作业人员注意站位，清理钻台面、防止跌倒

测井定位标准化操作规程如表4-40所示。

表4-40 HSSE管理员测井定位标准化操作规程

工作内容	工作步骤	工作标准
测井定位	测井定位	严禁跨越电缆，禁止无关人员进入测井区域

启爆标准化操作规程如表4-41所示。

表4-41 HSSE管理员启爆标准化操作规程

工作内容	工作步骤	工作标准
启爆	加压射孔	人员远离高压区域

验枪标准化操作规程如表4-42所示。

表4-42 HSSE管理员验枪标准化操作规程

工作内容	工作步骤	工作标准
验枪	验枪	做好井口防落物遮盖措施，注意人员站位，防止人身伤害

10）完井作业标准化操作规程

下完井工具标准化操作规程如表4-43所示。

表4-43 HSSE管理员下完井工具标准化操作规程

工作内容	工作步骤	工作标准
下完井工具	工具上钻台	操作人员紧密配合专人指挥，做好危险区域警戒，严禁进入危险区域；人员远离正在移动的工具，控制上提速度，平稳操作，捆绑牢靠，防止脱落
	下工具	做好井口防落物遮盖措施，钻台作业人员注意站位，清理钻台面、防止跌倒

坐挂油管悬挂器标准化操作规程如表4–44所示。

表4–44　HSSE管理员坐挂油管悬挂器标准化操作规程

工作内容	工作步骤	工作标准
坐油管悬挂器	清洁悬挂器	做好防油污措施，防止污染环境
	入座	做好井口防落物遮盖措施

11）工具操作标准化操作规程

坐封封隔器标准化操作规程如表4–45所示。

表4–45　HSSE管理员坐封封隔器标准化操作规程

工作内容	工作步骤	工作标准
坐封封隔器	打压坐封	做好高压区域警示，防止无关人员进入高压区域

验封标准化操作规程如表4–46所示。

表4–46　HSSE管理员验封标准化操作规程

工作内容	工作步骤	工作标准
验封	验封	做好高压区域警示，防止无关人员进入高压区域

开滑套标准化操作规程如表4–47所示。

表4–47　HSSE管理员开滑套标准化操作规程

工作内容	工作步骤	工作标准
开滑套	开滑套	做好高压区域警示，防止无关人员进入高压区域

坐封桥塞标准化操作规程如表4–48所示。

表4–48　HSSE管理员坐封桥塞标准化操作规程

工作内容	工作步骤	工作标准
坐封桥塞、丢手	坐封桥塞、丢手	做好高压区域警示，防止无关人员进入高压区域

12）酸化压裂标准化操作规程

配合酸化压裂准备标准化操作规程如表4–49所示。

表4-49 HSSE管理员配合酸化压裂准备标准化操作规程

工作内容	工作步骤	工作标准
配合酸化压裂准备	外围准备	检查酸化压裂队伍资质、人员持证情况，与酸化压裂队签订安全环保责任书；含硫井或者需要疏散的井，提前上报疏散报告、环境监测及应急监护申请

配合酸化压裂施工标准化操作规程如表4-50所示。

表4-50 HSSE管理员配合酸化压裂施工标准化操作规程

工作内容	工作步骤	工作标准
施工对接会	施工对接	确认含硫井或需要疏散井居民疏散工作已完毕，环境监测、应急监护已就位；通信畅通、防护设施到位
配合酸化压裂施工	施工过程配合	做好高压区域警示，防止无关人员进入高压区域；做好酸化压裂设备防污染措施；检查各配合方防护设施到位情况

配合酸化压裂队撤场标准化操作规程如表4-51所示。

表4-51 HSSE管理员配合酸化压裂队撤场标准化操作规程

工作内容	工作步骤	工作标准
配合酸化压裂队撤场	监控施工过程	检查酸化压裂队撤场期间废液回收工作开展情况

恢复流程、井口标准化操作规程如表4-52所示。

表4-52 HSSE管理员恢复流程、井口标准化操作规程

工作内容	工作步骤	工作标准
恢复流程	恢复井口	安全带高挂低用，落实安全防护措施

13）排液标准化操作规程

排液标准化操作规程如表4-53所示。

表4-53 HSSE管理员排液标准化操作规程

工作内容	工作步骤	工作标准
开井前准备	圈闭高压作业区	对井口、管汇等高压危险区域进行圈闭
	检查人员、设备安全设施	含硫井：开启防爆风扇；作业人员进入危险区域必须佩戴空气呼吸器，两人一组；各岗位防护设施到位；有毒有害气体监测设备调试合格，并绘制布点图，专人监控；组织巡查，核实放喷口人员疏散情况；苏打水、防酸服、毛巾分发到位
	督导人员安全操作	监督操作人员在开关阀门、拆装油嘴、油嘴套丝堵时侧站操作

上·四

续表

工作内容	工作步骤	工作标准
排液	管线巡查	排液流程、放喷口、污水回抽管线等无油污外溢，无环境污染
	资料录取	记录返排液量，建立环保台账

14）气举标准化操作规程

气举标准化操作规程如表4-54所示。

表4-54 HSSE管理员气举标准化操作规程

工作内容	工作步骤	工作标准
开井前准备	检查人员、设备安全设施	检查气举队人员持证情况，签订安全环保协议，督促气举队落实安全措施规范作业；含硫井开启防爆风扇；作业人员进入危险区域必须佩戴好空气呼吸器，两人一组；各岗位防护设施到位；有毒有害气体监测设备调试合格，并绘制布点图，专人监控；组织巡查，核实放喷口人员疏散情况；苏打水、防酸服、毛巾分发到位
	圈闭高压作业区	监控对井口、管汇等高压危险区域进行圈闭、车辆摆放及试压：①根据现场实际情况合理摆放，气举车距井口10~15m，距储油罐、发电组30m以上；②两车间距控制为2~3m；③应设置安全通道；④作业现场在易漏油部件处做好接油措施； 监控安装及管线试压：①高压管件严格执行半年一检，检查其探伤、测厚报告；②确保在榔头逐个敲击由壬连接管线的时候对面无人及重要设备，采用缠绕安全绳（直径不小于6mm）固定泵注管线；③试压前，对施工区域进行圈闭、警戒；④对气举管线进行试压，试压压力为工作压力的1.5倍，稳压30min不刺不漏为合格；⑤泄压时，人员站位正确
	督导人员安全操作	监督操作人员在开关阀门、拆装油嘴、油嘴套、丝堵时侧站操作
气举排液	管线巡查	排液流程、放喷口、污水回抽管线等无油污外溢，无环境污染
	资料录取	记录返排液拉运量，建立环保台账

15）求产标准化操作规程

求产标准化操作规程如表4-55所示。

表4-55 HSSE管理员求产标准化操作规程

工作内容	工作步骤	工作标准
求产 （或系统测试）	求产准备	检查气防（有毒有害气体监测仪、可燃气体监测仪、空气呼吸器等）、消防设施、设备是否准备充分，准备点火装置（检查自动点火装置是否通电，能否点燃；检查、调试远程礼花弹，确保礼花弹射程适当；检查柴油长明火是否摆放、固定到位）
	管线巡查	确保求产（系统测试井）流程、放喷口、污水回抽管线等无油污外溢，无环境污染；作业人员必须穿戴齐全劳动保护用品，佩戴齐全安全防护用品（监测仪、空气呼吸器等）；严禁正对考克泄压孔，应避开泄压孔侧位观察
	资料录取	记录返排液拉运量，建立环保台账

16）取气样标准化操作规程

取气样标准化操作规程如表4-56所示。

表4-56 HSSE管理员取气样标准化操作规程

工作内容	工作步骤	工作标准
取气样	取气样	监控含硫井取样人员穿戴好劳保用品，佩戴正压式空气呼吸器及硫化氢监测仪，两人作业，做好安全监护，监控取样人员防护用品穿戴、站位、泄压情况，结束后盖紧钢瓶，装安全盖帽；含硫样品禁止存放在密闭空间、人员聚集区

17）测压标准化操作规程

测压标准化操作规程如表4-57所示。

表4-57 HSSE管理员测压标准化操作规程

工作内容	工作步骤	工作标准
测压（测流压、测静压、实测压力恢复）	测井队到场后进行现场准备工作	检查试井队人员持证、队伍资质情况，签订安全环保协议，督促测井队落实安全措施、规范作业（含硫井气测井队作业人员配备气防器具），组织JSA分析、施工区域划分、各种警示标识摆放工作
	作业过程	监控试井队直接作业环节施工（吊装、试压、高空作业等），严禁跨越电缆，禁止无关人员进入作业区域

18）转层标准化操作规程

注塞标准化操作规程如表4-58所示。

表4-58 HSSE管理员注塞标准化操作规程

工作内容	工作步骤	工作标准
注塞	准备工作	检查固井队人员持证情况、队伍资质，签订安全环保协议，督促固井队落实安全措施、规范作业，参与技术交底
	过程监控	做好高压区域圈闭，禁止无关人员进入
	资料录取	记录返出液，建立环保台账

填砂标准化操作规程如表4-59所示。

表4-59 HSSE管理员填砂标准化操作规程

工作内容	工作步骤	工作标准
填砂	施工准备	井口防爆风扇准备到位
	过程监控	清理钻台面、防止跌倒；监控返出污水回抽至污水罐
	资料录取	记录返出液，建立环保台账

下电缆桥塞标准化操作规程如表4-60所示。

表4-60　HSSE管理员下电缆桥塞标准化操作规程

工作内容	工作步骤	工作标准
下电缆桥塞	测井队到场后进行现场准备工作	检查测井队人员持证情况、队伍资质，签订安全环保协议，督促测井队落实安全措施规范作业（含硫井气测井队作业人员配备气防器具）；划分施工区域，摆放各种警示标识
	作业过程监控	监控测井队直接作业环节（火工器材作业等）施工，严禁交叉作业，严禁跨越电缆，禁止无关人员进入作业区域

下机械桥塞标准化操作规程如表4-61所示。

表4-61　HSSE管理员下机械桥塞标准化操作规程

工作内容	工作步骤	工作标准
下机械桥塞	工具上钻台	监控人员规范操作，做好危险区域警戒，严禁进入危险区域；督导人员远离正在移动的工具，控制上提速度，平稳操作，捆绑牢靠，防止脱落
	下工具安全措施	做好井口防落物遮盖措施，钻台作业人员注意站位，清理钻台面、防止跌倒

泵送桥塞标准化操作规程如表4-62所示。

表4-62　HSSE管理员泵送桥塞标准化操作规程

工作内容	工作步骤	工作标准
泵送桥塞	准备工作	检查测井队人员持证情况、队伍资质，签订安全环保协议，督促测井队落实安全措施规范作业（含硫井气测井队作业人员配备气防器具）；划分施工区域，摆放各种警示标识
	作业过程监控	监控测井队直接作业环节（火工器材作业等）施工，严禁交叉作业，严禁跨越电缆，禁止无关人员进入作业区域

19）流程离场标准化操作规程

流程离场标准化操作规程如表4-63所示。

表4-63　HSSE管理员流程离场标准化操作规程

工作内容	工作步骤	工作标准
撤场准备	参加JSA分析	组织JSA分析危害因素，从技术、管理、个体防护等方面制定控制措施，明确各作业步骤执行人和责任人
	拆卸设备、材料	监控、确保拆卸期间做好安全防护，落实防污染措施

续表

工作内容	工作步骤	工作标准
试油（气）流程材料出场	吊装	严格按照吊装作业许可管理规定作业，执行HSSE“十不吊”：吊绳打结不吊，超负荷不吊，被吊物件埋在地里不吊，手势不清不吊，绳股不齐或绳不紧好不吊，无人指挥不吊，斜拉不吊，吊物上面站人不吊，起重用具未经检查或有缺陷不吊，起重作业和吊物下面有人不吊

20）接井标准化操作规程

接井标准化操作规程如表4-64所示。

表4-64 HSSE管理员接井标准化操作规程

工作内容	工作步骤	工作标准
接井前检查	场地检查	场地、方井及放喷池无污染、无杂物；井场平整无杂物，清污分离沟完整无堵塞，边坡无垮塌

21）交井标准化操作规程

交井标准化操作规程如表4-65所示。

表4-65 HSSE管理员交井标准化操作规程

工作内容	工作步骤	工作标准
交井前准备	场地准备	与钻后治理单位签订安全环保协议，核实钻后治理工作量，督促钻后治理单位及时开展工作（含硫井治理期间做好硫化氢防护）；钻后治理单位拆除流程基墩，清理场地、方井、放喷池、污水池

第三节 应急处置标准化操作规程

应急处置标准化操作规程如表4-66所示。

表4-66 HSSE管理员应急处置标准化操作规程

事故类型	处置程序
火灾	（1）高声呼喊“着火了”，切断总电源，火灾初期，立即使用灭火器进行灭火； （2）预判火势难以控制时，立即撤离现场，向现场钻（修）井队求救，拨打“119”求救；向试油（气）队应急组组长报告
人身伤害	（1）高声呼喊或立即报告试油（气）队应急组组长； （2）如是电击伤，在保证安全的前提下，切断电源，让伤者断开带电体； （3）若为酸、碱等化学品所致的伤，用清水冲洗10~15min； （4）若伤者外伤出血或骨折，进行止血、包扎处置；若伤者有呼吸或心跳，则令其平躺，向井队医生求救或拨打“120”向就近医院求救；

续表

<table>
<tr><th>事故类型</th><th colspan="3">处置程序</th></tr>
<tr><td>人身伤害</td><td colspan="3">（5）若无心跳和呼吸，则立即组织进行人工呼吸和心肺复苏抢救，向钻（修）井队医生求救或拨打“120”向就近医院求救；按程序报告，协调组织抢救；
（6）若为烧伤，则立即脱离致伤场所，灭掉伤员身上的火，立即进行处理与抢救</td></tr>
<tr><td>强烈油气侵、井漏、溢流、井涌</td><td colspan="3">待令，听从试油（气）队应急组组长安排</td></tr>
<tr><td>井喷</td><td colspan="3">撤离到安全地点待令，听从试油（气）队应急组组长安排</td></tr>
<tr><td>硫化氢泄漏</td><td colspan="3">立即穿戴正压式空气呼吸器撤离到安全地点，待令</td></tr>
<tr><td>地震</td><td colspan="3">（1）若在钻台、泥浆罐上，则就近倚靠在有抓扶地方，若在营房附近则立即进入（若营房存在滑坡风险则应迅速到泥浆罐或现场指定的开阔紧急集合点）；
（2）结束后赶到现场紧急集合点，接受试油（气）队应急组组长安排</td></tr>
<tr><td>食物中毒</td><td colspan="3">（1）高声呼喊或立即报告试油（气）队应急组组长；
（2）若伤者神志清醒、能够配合，可先设法引吐、催吐：用手指压舌根或用缠上纱布的筷子刺激咽喉后壁或舌根，引发呕吐；然后给伤者饮温水300~500mL；反复进行引吐，直至吐出物已是清水为止；
（3）对心跳、呼吸停止者，要及时进行心肺复苏抢救，同时向钻（修）井队医生求救或拨打“120”向就近医院求救</td></tr>
<tr><td>中暑</td><td colspan="3">（1）高声呼喊，向周围人员求助，将患者移至清凉处，报告试油（气）队应急组组长；
（2）让患者躺下或坐下，解开上衣钮扣，并抬高下肢；
（3）用凉的湿毛巾敷前额和躯干，或用大的湿毛巾、湿的床单等把患者包起来，用电风扇或手扇动以促其降温；
（4）让神志清楚的患者喝清凉的饮料，如果患者呼吸及吞咽均无困难，可以喝淡盐水；
（5）如果患者病情无好转，应立即送医院急救</td></tr>
<tr><td>山体滑坡、洪灾</td><td colspan="3">（1）切断电源，高声呼喊，立即撤离到安全地点；
（2）通知其余员工，听从试油（气）队应急组组长安排</td></tr>
<tr><td>暴力恐怖袭击</td><td colspan="3">（1）发现可疑暴力恐怖分子或听到暴恐警报时，若在生活区，则向营区负责人报告，提醒现场人员，立即进入庇护房；
（2）听到井场的暴恐警报信号响起后，立即穿戴好防暴用具，奔向钻台，听从钻（修）井队统一安排处置</td></tr>
<tr><td>应急汇报程序</td><td colspan="3">一旦发生突发事件，按以下顺序进行报告（严重情况下可以越级上报）： 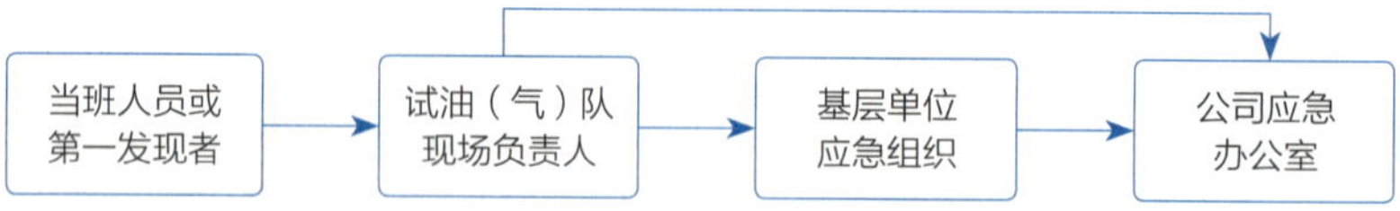
当班人员或第一发现者 → 试油（气）队现场负责人 → 基层单位应急组织 → 公司应急办公室
（试油（气）队现场负责人 → 公司应急办公室）</td></tr>
<tr><td>岗位主要安全风险</td><td>井喷及井喷失控、机械伤害、起重伤害、物体打击、火灾、爆炸、触电、噪声、中毒、其他伤害</td><td>岗位主要危险物质</td><td>原油、天然气、硫化氢、钻井液处理剂</td></tr>
<tr><td colspan="4">应急联络电话：
公司应急办公室电话；甲方应急办公室电话；就近医院电话；急救电话：120；火警电话：119</td></tr>
</table>

第五章 试油（气）队设备管理员岗位操作标准

第一节 岗位描述

1. 岗位说明

试油（气）队设备管理员岗位说明如表5-1所示。

表5-1 设备管理员岗位说明

项目		主要内容
工作概述		全面负责现场设备的到场清点、检验、验收及物资设备使用、日常维护及保养、物资消耗及物资回收工作
上岗条件	教育程度	高中及以上学历
	从业资格	持有有效的井控培训合格证、HSSE管理培训合格证、硫化氢防护技术证
	技能等级	具有中国石化相关单位认证的中级及以上专业技术职务任职资格
	辅助技能	（1）熟悉锅炉、热交换器、分离器、管汇台、配电柜、点火装置、现场流程等试（油）气相关设备的性能、结构、工作原理、操作和保养方法； （2）掌握一定的设备维修技能； （3）具有一定的组织协调和语言文字表达能力； （4）能够使用办公软件
	工作经历	具有三年以上现场试（油）气工作经历
	职业道德	爱岗敬业、勇于奉献、团结协作、遵章守纪
	身体素质	身体健康，心理素质良好，能适应野外施工工作
岗位关系	纵向关系	接受队长、书记的直接领导，值班干部的业务指导
	横向关系	与锅炉、热交换器、分离器、管汇台、配电柜、点火装置、现场流程、入井油管、入井工具、计量罐的操作人员及配合单位具有协作关系
岗位职责	工作职责	（1）贯彻执行国家方针、政策、法律、法规、行业标准、规程、规范和各项制度； （2）负责起草本队设备物资管理办法和细则，召开设备物资管理例会，组织开展设备检查、评比、考核工作； （3）负责本队物资、资料管理工作，上报各类总结、报告和报表，传达上级有关精神，并负责监督实施； （4）负责本队设备使用、维护、保养的管理工作，编制相关的设备技术报告、维修保养计划，并负责监督实施；

上·五

续表

项目		主要内容
岗位职责	工作职责	(5)负责本队物资使用管理工作，编制本队采购计划，管理本队仓库； (6)负责现场设备物资管理的监督、检查、指导、验收工作，规范现场设备物资的使用和保养，参与设备故障判断和处理； (7)负责本队设备物资相关培训工作； (8)参与设备事故的调查、处理工作； (9)贯彻执行HSSE管理体系； (10)完成领导交办的其他工作
	安全职责	(1)贯彻执行国家安全生产方针、政策、法律、法规、标准、规范和各项安全生产规章制度，有权制止违章作业并及时报告； (2)参加班组安全例会、风险评价、应急演练等安全活动，落实设备安全防范措施； (3)协助队长做好职工的设备安全操作培训工作； (4)负责做好设备的巡回检查、维护保养工作； (5)负责特种设备、安全设施、井控设备的维护、保养、定期检验等工作，并建立动态检验台账； (6)发生设备安全事故时，及时了解情况，维护好现场，救护伤员，并及时向现场负责人报告； (7)自觉遵守本属地所涉及的各项HSSE规章制度和岗位操作规程； (8)负责本属地的日常巡回检查，对属地内的安全隐患进行排查及处理，视情况及时上报； (9)负责对属地内的设备、设施等进行日常维护及保养； (10)负责对进入属地人员进行安全提示； (11)负责召开设备专项会，交代作业主要工序和重点作业环节中的设备使用风险，并落实防护措施
岗位工作内容		(1)认真学习并贯彻执行各级职能部门制定的物资设备管理的制度、条例、指令和规程规范，接受队设备管理员的业务指导，做好本队的物资设备管理工作； (2)监督现场设备管理责任制定及执行情况，同时妥善保存设备管理责任书、备查； (3)负责定期召开现场物资设备管理例会，并形成会议记录； (4)建立现场所有设备及材料的台账、卡片和技术档案，切实作到账、卡、物相符，各种资料齐全，各项记录准确、完整，及时、准确掌握设备的技术状况和维护、保养、运行情况； (5)按要求做好现场所有设备及材料的动态管理，清楚各类物资设备的存放地点及库存数量，做到心中有数； (6)认真填写各级各类物资设备报表，交分队长审核合格后按时上报； (7)督促指导各班组人员认真做好各类物资设备的日常维护、保养和清洁工作，并形成检查、整改记录； (8)督促指导各班组人员认真填写设备运转、维护、保养记录，做到设备运转资料齐全、准确、清晰，并定期复查； (9)组织各班组人员做好仓库及露天防硫材料与非防硫材料的分类码放、标识工作，做到码放整齐，标识清楚、准确； (10)会同基层队技术员进行到场物资设备的清点、检验（验收），及时收集产品原始资料（包括产品合格证、产品质量证明、使用说明书等），并妥善保管、备查； (11)填写转场材料清单，同时须带齐设备原始资料及台账记录，认真清点，并由驾驶员共同签字确认； (12)按要求进行库存清查统计，及时掌握各类物资设备的库存情况，发现不足应及时通报分队长进行妥善解决，保证施工顺利进行； (13)发生设备和与设备有关事故，及时向物资设备主管部门报告，参加设备和有关事故的调查、分析； (14)参与和配合上级主管部门组织的各类物资设备验收和检查工作，并按照整改要求安排相关责任人进行整改，及时反馈整改结果； (15)协助队长做好职工的设备安全操作培训工作； (16)负责做好设备的巡回检查、维护、保养，发生设备安全事故时，及时了解情况，维护好现场，救护伤员，并及时向现场负责人报告； (17)自觉遵守本属地所涉及的各项HSSE规章制度和岗位操作规程；

续表

项目		主要内容
岗位工作内容		（18）负责本属地的日常巡回检查，对属地内的安全隐患进行排查及处理，视情况及时上报； （19）组织班组人员对设备的使用、维护、保养规程规范进行培训学习，并参与考核； （20）在生产任务和物资设备管理工作不相冲突时，完成队长交办的其他工作
工作权限		（1）对违章指挥有拒绝权，对违章操作有制止权及处罚建议权； （2）对班组人员工作有监督权； （3）对本岗位突发情况有先行处置权
工作考核	考核关系	（1）接受所在基层单位、公司人力资源部门及技术装备、生产安全等部门的工作考核； （2）参与对本试油（气）队人员工作的考核
	考核依据	对照《试油（气）队岗位操作手册》，按照公司、基层单位相关考核办法进行考核

2. 工艺流程

试油（气）队设备管理员工作工艺流程如图5–1所示。

- 现场踏勘
  - 道路踏勘
  - 井场踏勘
- 设备材料进场
  - 安装试油（气）流程
  - 固定试油（气）流程
  - 试油（气）流程试压
- 开工验收
- 射孔作业
  - 射孔准备
  - 下射孔管柱
  - 测井定位及调整
  - 加压射孔
  - 敞井观察
  - 循环压井液
  - 起射孔枪、验枪
- 通井作业
  - 通井准备
  - 下通井管柱
  - 探人工井底
  - 循环压井液
  - 起通井管柱
- 刮管作业
  - 刮管准备
  - 下刮管管柱
  - 刮管作业
  - 循环压井液
  - 起刮管管柱
- 完井作业
  - 工具准备
  - 下完井管柱
  - 拆防喷器
  - 装采气树
  - 井口试压
  - 替浆、洗井
  - 坐封封隔器、验封
- 措施作业
  - 措施准备
  - 配合措施施工
  - 酸化压裂队撤场

图5–1 设备管理员工作工艺流程

图5-1　设备管理员工作工艺流程（续）

3. 工作流程

试油（气）队设备管理员工作流程如图5-2所示。

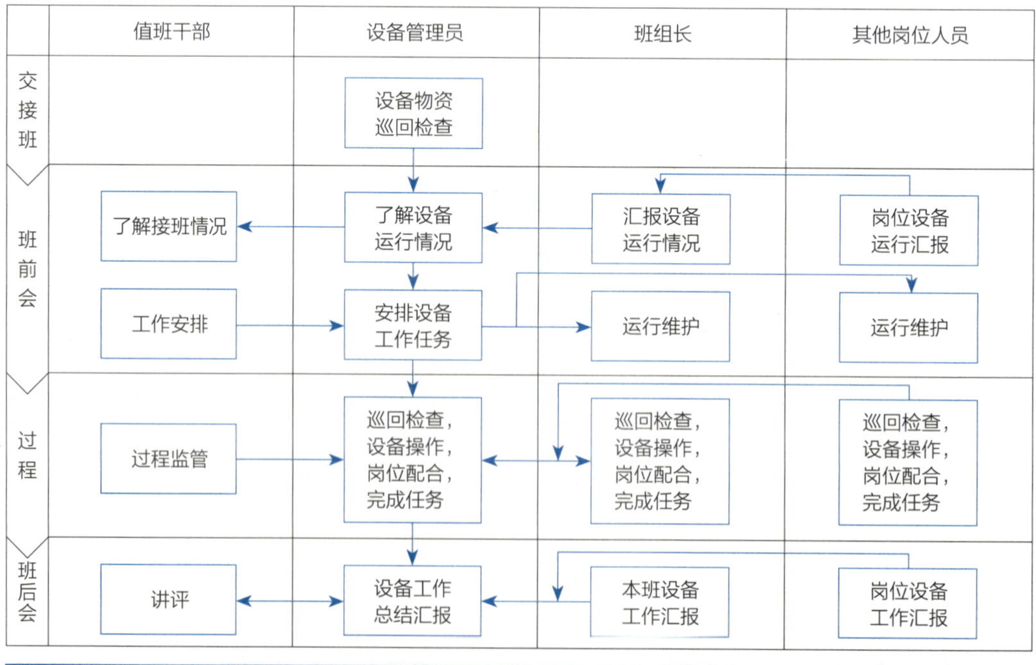

图5-2　设备管理员工作流程

第二节 岗位标准化操作规程

1. 巡回检查标准化操作规程

巡回检查标准化操作规程如表5-2所示。

表5-2 设备管理员巡回检查标准化操作规程

巡回检查路线：

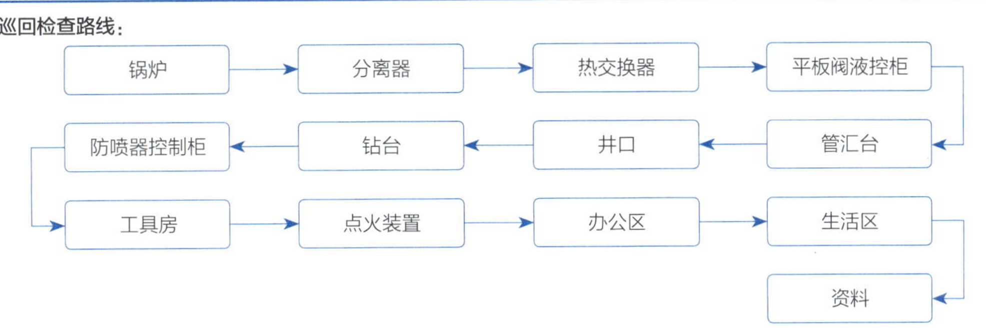

检查地点	检查项点	工作标准	风险提示	风险规避措施
锅炉	（1）进油接口、蒸汽管道、给水管路、排污管路； （2）烟室门开关，烟气通道； （3）给水设备，储水罐液面、锅炉内水位； （4）进油调节阀开度及送风挡板开度； （5）程序控制器； （6）控制锅炉供水泵	（1）进油接口、蒸汽管道、给水管路、排污管路必须完整，蒸汽管道、排污管道应固定，蒸汽管道外必须用石棉带缠绕两层； （2）烟室门开关灵活，烟气通道畅通； （3）给水设备正常，储水罐液面在最高位，锅炉内水位应在极限低水位以上； （4）进油调节阀开度及送风挡板开度在低负荷位置； （5）程序控制器必须在零位； （6）控制锅炉供水泵的开关按钮处于“自动”位置	（1）若锅炉内压力异常升高引起爆炸，则可能导致人员伤亡； （2）若锅炉供气管道破裂，则可能导致人员被蒸汽烫伤	（1）开阀门时不能用杠杆加延长手柄强行打开排污阀，或者用榔头敲击排污阀； （2）遇到异常情况锅炉自动停炉时必须要等到清除故障后方可继续进行； （3）锅炉操作人员必须要有司炉证和水处理证； （4）锅炉周围必须要拉警戒线，严禁无关人员入内； （5）定期对锅炉进行检测
分离器	（1）分离器入口与下游数据头； （2）分离器进出口管线； （3）仪表空气系统； （4）数据采集系统； （5）分离器上的各阀门	（1）检查分离器的液位控制阀、液位控制器、气动排液阀等仪器、仪表开关是否灵活好用，并作好记录，根据工艺要求随时调整分离器的工作情况； （2）确保巴顿三笔记录仪电池已安装，或时钟	（1）若硫化氢气体泄漏，则可能导致人员中毒； （2）若带压操作不当，则可能导致人员伤亡； （3）分离器超压爆炸	（1）流程安装完毕后必须进行试压，试压时须严格按照相关安全规程操作，并认真按照规定填写试压记录，妥善保存； （2）安全阀要定期检验，保证开启灵活，严密不漏； （3）严格按照压力容器相关

续表

检查地点	检查项点	工作标准	风险提示	风险规避措施
分离器		已“上劲”，去掉笔尖的保护帽； （3）进分离器的球阀处于关闭状态； （4）排液球阀总开关处于常开状态； （5）定期打开清洁口清洗排污，以免分离物结块，造成出口堵塞； （6）对分离器及其安全附件（安全保护装置）应按要求定期送至经授权的检验部门检验，合格后方可投入使用		管理规定定期进行压力容器检测； （4）不能随意拆卸、调整安全阀，严禁带压检修分离器； （5）定期检查分离器及其外接管线，确保其安全、可靠； （6）定时巡检温度计、压力表和液位计，并做好记录；根据工艺要求随时调整分离器的工作情况； （7）应安装接地线缆，有防雷击措施； （8）操作人员经设备使用单位培训并考试合格后方可上岗
热交换器	（1）热交换器进出口管线； （2）仪表气源系统； （3）热交换器上的各阀门	（1）检查热交换器的液位控制阀、液位控制器、气动排液阀等仪器、仪表开关是否灵活好用，并作好记录，根据工艺要求随时调整热交换器的工作情况； （2）进热交换器的球阀处于关闭状态； （3）排液球阀总开关处于常开状态； （4）定期打开清洁口清洗排蒸凝水； （5）对热交换器及其安全附件（安全保护装置）应按要求定期送至经授权的检验部门检验，合格后方可投入使用	（1）若硫化氢气体泄漏，则可能导致人员中毒； （2）若带压操作不当，则可能导致人员伤亡； （3）热交换器超压爆炸	（1）流程安装完毕后必须进行试压，试压时须严格按照相关安全规程操作，并认真按照规定填写试压记录，妥善保存； （2）安全阀要定期检验，保证开启灵活，严密不漏； （3）严格按照压力容器相关管理规定定期进行压力容器检测； （4）不能随意拆卸、调整安全阀，严禁带压检修分离器； （5）定期检查热交换器及其外接管线，确保其安全、可靠； （6）定时巡检温度计、压力表和液位计，并做好记录；根据工艺要求随时调整热交换器的工作情况； （7）应安装接地线缆，有防雷击措施； （8）操作人员经设备使用单位培训并考试合格后方可上岗
平板阀液控柜	（1）电源； （2）压力表； （3）压力； （4）油位； （5）标示	（1）将电源开关扳至右侧开位，启动电动机，确认系统正常打压； （2）油位不低于油箱容积的2/3，油品无变质；	（1）若压力表量程不符合要求，表盘不清洁、密封损坏，则可能造成无法正常使用；	（1）定期检验、检查； （2）及时保养

续表

检查地点	检查项点	工作标准	风险提示	风险规避措施
平板阀液控柜		（3）规范安装接地保护装置； （4）油路及电路管线连接正确且畅通、牢固； （5）储能器充氮压力正常； （6）侧门工具箱无积水，底座无积水、油污	（2）若漏油造成环境污染，则液控柜不能正常使用； （3）若仪表损坏、读数不准确，则易造成判断错误，影响使用	
管汇台	（1）润滑情况； （2）紧固情况； （3）配件； （4）操作情况； （5）标示	（1）整洁，无锈蚀、积水、油污或残留水泥块，检查管汇与底座的钢性连接有无锈蚀、裂痕； （2）各连接螺栓及闸阀丝杆均匀涂抹润滑油脂，对闸阀操作机构及阀腔加注润滑油脂； （3）各丝扣（截止阀、压力表等）、法兰连接牢固，无泄漏，底座固定牢靠； （4）各闸阀配件（护罩、手轮、黄油嘴、注脂孔等）齐全、完好； （5）各闸阀、截止阀开关灵活，润滑到位，压力表指示正常，并处于有效验期； （6）检查设备及配件铭牌是否被油漆覆盖，流程标识是否唯一、准确、清楚； （7）检查备用截止阀是否作防渗、防积水处理	（1）若硫化氢气体泄漏，则可能导致人员中毒； （2）若带压操作不当，则可能导致人员伤亡； （3）若人员站位、配合不当，则可能造成人员伤亡； （4）若设备和工具损坏、未正确使用工具、则可能导致人员伤害	（1）加强技能培训和过程监控； （2）对现场员工进行培训，提高其责任意识及操作技能，选用完好材料，有轻微损伤的物资应及时修复达标后再使用
井口	（1）井口工具； （2）液压钳； （3）内防喷工具； （4）防喷器	（1）管线连接牢固，密封完好，无渗漏； （2）内防喷工具完好，开关灵活； （3）井口周边无杂物； （4）液压钳完好； （5）吊卡各部件完好； （6）防喷器及四通各部件完好	（1）井口落物可造成卡钻； （2）液压钳损坏则不能正常起下钻； （3）吊卡损坏可造成管组掉落； （4）液压钳尾绳损坏可导致人员伤亡； （5）井筒内出现异常情况不能及时关井可导致人员伤亡	（1）管缆放置位置避免有尖锐物件刺穿或重物挤压； （2）如有障碍物应及时清理，开关状态标示清楚； （3）钢丝绳套栓挂牢固、人员站位正确，使用推拉杆或牵引绳； （4）作业时，监督班组人员穿戴齐全劳保用品，岗位配合作业时，做好配合，做到“三不伤害”； （5）各控制开关及时检修更换，确保证正常使用； （6）保证管路畅通、压力准确

续表

检查地点	检查项点	工作标准	风险提示	风险规避措施
钻台	(1)照明情况; (2)井口工具; (3)液压钳; (4)内防喷工具; (5)空气呼吸器; (6)灭火器; (7)防爆风扇; (8)司钻操作台; (9)指重表; (10)扭矩仪	(1)管线连接牢固,密封完好,无渗漏; (2)内防喷工具完好,开关灵活; (3)井口周边无杂物; (4)液压钳完好; (5)吊卡各部件完好; (6)仪表齐全、完好; (7)气源压力符合要求(0.65~0.8MPa); (8)气控阀手柄齐全,复位良好(有锁紧装置); (9)管缆连接正确,无漏气; (10)无障碍物,操作方便; (11)仪器灵敏、准确,记录仪工作正常	(1)井口落物造成卡钻; (2)液压钳损坏不能正常起下钻; (3)吊卡损坏造成管组掉落; (4)液压钳尾绳损坏导致人员伤亡; (5)井筒内出现异常情况不能及时关井,易导致人员伤亡、设备损坏; (6)仪表损坏、读数不准确,易造成判断错误,影响使用; (7)气源压力不符,容易导致仪器不能正常操控; (8)气控阀存在问题,容易导致操控失灵; (9)管缆漏气,容易导致压力显示错误,影响正常操作; (10)周边有障碍物,易影响仪器正常操控; (11)照明不好会影响正常工作	(1)管缆放置位置避免有尖锐物件刺穿或重物挤压; (2)如有障碍物应及时清理,开关状态应标示清楚; (3)钢丝绳套栓挂牢固、人员站位正确,使用推拉杆或牵引绳; (4)人员作业时,监督班组人员穿戴齐全劳保用品,岗位配合作业时,做好配合,做到"三不伤害"; (5)各控制开关及时检修更换,确保正常使用; (6)保证供气压力符合要求,管路畅通,压力准确; (7)定期送检,确保设备完好; (8)检查气控阀各部位状况并进行试用,确保符合要求,显示牌显示正确; (9)管缆摆放位置应避免有尖锐物件刺穿或重物挤压
防喷器控制柜	(1)仪表; (2)气源; (3)控制阀及手柄; (4)气源、电源; (5)周边环境	(1)仪表齐全、完好并在有效期内; (2)气源压力符合要求(0.65~0.8MPa);控制压力为21MPa; (3)气控阀手柄齐全,复位良好(有锁紧装置); (4)管缆连接正确,无漏气、漏油现象; (5)液压油箱的有效容积应大于蓄能器组可用液量,有足够大的通气孔,液压油无变质现象; (6)蓄能器压力按厂家说明书充压合格,有超压保护装置	(1)仪表损坏、读数不准确,易造成判断错误,影响使用; (2)气源压力不符,易导致不能正常操控; (3)气控阀存在问题易导致操控失灵; (4)管缆漏气,易导致压力显示错误,影响正常操作; (5)周边有障碍物,会影响及时正常操控; (6)控制压力不符,易导致仪器不能正常操控; (7)三位四通阀存有问题,易导致操控失灵;	(1)人员作业时,监督班组人员穿戴齐全劳保用品,岗位配合作业时,做好配合,做到"三不伤害"; (2)各控制开关及时检修更换,保证正常使用; (3)保证供气压力符合要求,管路畅通,压力准确; (4)定期送检,确保设备完好; (5)检查阀各部位状况并进行试用,确保符合要求,显示牌显示正确; (6)管缆摆放位置应避免有尖锐物件刺穿或重物挤压

续表

检查地点	检查项点	工作标准	风险提示	风险规避措施
防喷器控制柜			（8）蓄能器超压保护装置损坏，易导致防喷器不能正常开关； （9）蓄能器超压保护装置损坏导致压力超高，会造成人员伤亡	
工具房	（1）清洁卫生； （2）工具房内工具及其他材料的摆放； （3）照明； （4）标示	（1）保持工具房的整洁、干燥和室内、外的环境卫生； （2）根据物品的不同种类及特性，分类摆放，合理有序； （3）如实登记库房实物账，经常清查、盘点库存物资，做到账、卡、物相符； （4）消耗或报废的材料必须上报材料管理员，并建立台账； （5）做好出入库登记：物品出库要有领用人签字，入库物品要及时登记入账，并认真验收物品的数量、名称、有效期，并且与发票仔细核对； （6）做好库房的安全措施，忌易燃、易爆品进入仓库，严禁烟火； （7）物品摆放时应考虑忌光、忌热、防潮等，防止损坏； （8）保证仓库内过道畅通，物品堆放整齐，并用标签标明； （9）工具房所有材料定期保养，由当班班组完成，并认真填写材料维护、保养记录	（1）工具房是否整洁、卫生会影响视觉效果； （2）物品混合摆放会导致物品的损坏； （3）账、卡、物记录不一致会影响现场施工进度； （4）现场消耗材料没得到及时补充会导致部分工作不能及时完成； （5）照明不好会造成无法及时、准确地选用工具，且可能导致人员伤害； （6）工具房内工具不及时保养会影响现场施工进度	（1）保持工具房的整洁、干燥和室内、外的环境卫生； （2）物品分类摆放； （3）定期对工具进行盘点登记； （4）消耗材料提前计划； （5）账、卡内容及时更新
点火装置	（1）电源； （2）点火杆； （3）高压管； （4）陶瓷管易损件	（1）外观整洁，无锈蚀、油垢或残留水泥块； （2）各零部件齐全完好、连接牢固； （3）电源连接正确、牢固，有绝缘保护； （4）高压线管连接端无松动，与分配盒连接接零、安全，安装牢固；	（1）高压线管连接端松动，与分配盒连接不安全，安装不牢固，会造成人身伤害事故，导致点火装置不能正常工作； （2）无绝缘保护会导致人身伤害事故	（1）各零部件齐全完好、连接牢固； （2）电源连接正确、牢固，有绝缘保护； （3）定期检查设备； （4）高压线管连接端无松动，与分配盒连接接零、安全，安装牢固； （5）供电电压稳定；

上·五

续表

检查地点	检查项点	工作标准	风险提示	风险规避措施
点火装置		(5)供电电压正常; (6)电源指示灯工作正常; (7)点火杆调节器工作正常，点火架无变形; (8)各开关控制对象连接正确; (9)观察孔玻片洁净，便于正常观察，点火正常; (10)点火头、波纹管、陶瓷管等易损件齐全、完好; (11)设备未使用时切断电源，电缆无老化、磨损、裸露现象	及设备损坏; (3)高压管线连接松动会导致点火装置不能正常工作; (4)电压不稳，会导致设备损坏，不能使用; (5)点火杆、点火支架变形会导致不能正常工作; (6)电缆线老化、磨损、裸露会导致漏电窜电，造成人员伤亡、设备损坏	(6)电源及各指示灯工作正常; (7)点火装置区域设置警戒线; (8)定期对电源进线检查; (9)非岗位人员严谨操作设备; (10)发生触电，立刻断电进行救援，视情况决定是否拨打“120”求救或送医院治疗; (11)若自动点火装置点火失效，则立即进行人工点火或采用礼花弹点火
办公区	(1)各办公室、会议室; (2)周边环境; (3)地线	(1)保持办公区各房屋整洁和室内、外的环境卫生; (2)资料分类摆放; (3)室外周边无杂物; (4)房间内部不能私拉乱接电线及插线板; (5)各房屋地线接地合格	(1)电源连接不正确，易导致人员伤亡、设备烧毁; (2)房屋地线接地不合格，会产生静电伤人; (3)资料混乱易导致资料丢失	(1)电源连接正确、牢固，有绝缘保护; (2)房间内部不能私拉乱接电线及插线板; (3)发生触电，立刻断电进行救援，视其情况决定是否拨打“120”求救或送医院治疗
生活区	(1)餐车; (2)厨房; (3)住宿房; (4)周边环境; (5)用电设施; (6)厨房内煤气或柴油	(1)保持餐车内整洁和内、外的环境卫生; (2)餐车内无杂物; (3)室外周边无杂物、杂草; (4)房间内部不能私拉乱接电线及插线板; (5)各房屋地线接地合格; (6)电源连接正确、牢固，有绝缘保护	(1)餐车内卫生差会可能导致人员食物中毒; (2)房屋地线接地不合格会产生静电伤人; (3)电源连接不正确，易导致人员伤亡、设备烧毁; (4)煤气、柴油泄漏，易导致人员伤亡、火灾、设备烧毁	(1)定期对生活区进行检查监督; (2)安排专人对生活区定时定期进行卫生清洁; (3)定期对电源进线检查; (4)非岗位人员严禁操作设备; (5)发生触电，立刻断电进行救援，视其情况决定是否拨打“120”求救或送医院治疗; (6)房间内部不能私拉乱接电线及插线板
资料	(1)合格证; (2)各个报表; (3)运行保养记录; (4)设备台账	(1)各个物资设备报告齐全、在有效期内; (2)各个报表及设备台账与实物一一对应; (3)每班及时更新设备运行保养记录	(1)账、物记录不一致会影响现场施工进度; (2)设备台账未及时更新并与实物一一对应，现场材料没得到及时补充，会导致部分工作不能及时完成	(1)消耗材料提前计划; (2)账、卡及时更新，方便提前计划材料; (3)定时、定人、定期对现场设备进行巡检并做好记录

2. 交接班标准化操作规程

1）接班标准化操作规程

接班标准化操作规程如表5-3所示。

表5-3 设备管理员接班标准化操作规程

工作内容	工作步骤	工作标准	风险提示
班前检查	穿戴劳保用品	劳保用品穿戴齐全、规范	若劳保用品穿戴不齐，则容易发生人身伤害事故
	按接班要求进行接班前的检查	设备、工具检查率100%	若设备检查遗漏，有问题不能及时发现，则可能导致使用过程中发生故障，耽误生产
	发现问题反馈给队长	问题反馈率100%	若发现的问题未反馈，交班不能及时整改，设备带病工作，则易发生事故
	询问、了解设备及井下情况	了解当前施工、设备、井下情况，做到心中有数	若对施工情况了解不清，则可能会造成设备损坏或井下复杂状况
参加班前会	接班后检查完，至值班房参加班前会	参加率100%	若不参加班前会，将不了解工作情况，则易导致发生事故或人员伤害
	汇总各岗、各设备检查情况	汇总率100%	若汇总不全，无法统筹安排本班工作，则易导致事故
	接收队长当班作业指令及注意事项	危害分析全面；工作分配必须具体、明确；记录齐全、准确	若不进行危害分析，则易导致安全事故；若分配不具体，则会导致怠工、误工；若记录不齐全，则不符合资料存档规范
接班	进行岗位交接	及时到位，对井下情况、设备全面交接	若不能及时到位，造成上班司钻超长工作、疲劳工作，则易导致事故；若交接不全面，则可能导致使用过程中发生故障，耽误生产
	检查各岗、各设备检查情况	对照相关标准仔细检查，发现问题及时处理	若组织生产时忽视安全，则可能会导致人员安全意识淡薄，发生伤害事故

2）交班标准化操作规程

交班标准化操作规程如表5-4所示。

表5-4 设备管理员交班标准化操作规程

工作内容	工作步骤	工作标准	风险提示
交班	交清本班设备运转情况及当前施工情况	施工情况、设备、工具状况交接清楚率100%	若设备交接有遗漏、交接不清，则易发生故障，耽误生产
	对提出的问题进行整改	职责、能力范围以内的问题整改率100%	若问题整改不全，遗留隐患，则易导致误工或事故
参加班后会	交班后，至值班房参加班后会，具体总结、分析本班工作情况	总结内容具体、全面	若不参加班后会，本班工作无人讲评，则问题、经验不能及时总结

3. 施工作业标准化操作规程

1）现场踏勘标准化操作规程

现场踏勘标准化操作规程如表5-5所示。

表5-5　设备管理员现场踏勘标准化操作规程

工作内容	工作步骤	工作标准
道路踏勘	道路踏勘	记录沿途需要注意的部位（如转弯角、电线架高、道路桥梁、隧道）能否承受通过修井机，特别应考虑满足抢险车辆的通行
井场踏勘	检测井口装置、节流压井装置情况	详细检查钻台高度与后期防喷器安装距离是否存在冲突，钻台与井口之间是否存在偏心，是否易造成油管头内部密封面损坏；收集井口装置及方井、节流管汇数据，确认套管头和采气井口、套管头和防喷器尺寸数据；确认与井队节流、压井管汇相匹配的转换法兰；明确井队钻具扣型及内防喷工具扣型，检查应急压井系统的准备情况

2）施工准备标准化操作规程

配合施工队伍（流程设备入场）标准化操作规程如表5-6所示。

表5-6　设备管理员配合施工队伍（流程设备入场）标准化操作规程

工作内容	工作步骤	工作标准
室内准备	制定搬迁计划	参与搬迁作业会，详细说明搬迁中设备运输需要注意的事项
	领料	根据编制的领料单领取材料，清点材料数量，核对材料的材质、性能
	检查	上井设备部件、附件、安全装置、护罩等应齐全、完好，不得缺损、变形，且固定牢靠
试油（气）流程材料进场	卸车	严格按照吊装作业许可管理规定作业，对易损设备进行保护
	摆放	按照预定计划位置摆放设备

试油（气）流程安装标准化操作规程如表5-7所示。

表5-7　设备管理员试油（气）流程安装标准化操作规程

工作内容	工作步骤	工作标准
试油（气）流程安装	安全技术交底	详细说明流程材料结构及性能
	流程连接	按要求及标准进行试油（气）流程安装,做到“平、稳、正、全、牢”；发放及回收地面流程安装工具
	检查	检查油嘴套与油嘴配套情况，以及各设备运行状态

信息化设备安装调试标准化操作规程如表5-8所示。

表5-8 设备管理员信息化设备安装调试标准化操作规程

工作内容	工作步骤	工作标准
信息化设备安装调试	配合信息化设备安装调试	确保现场视频能够清晰、连续、全天候地传至设计的位置；满足数据采集系统的要求

3）开工验收标准化操作规程

开工验收标准化操作规程如表5-9所示。

表5-9 设备管理员开工验收标准化操作规程

工作内容	工作步骤	工作标准
甲方开工验收	验收	达到试油（气）设计要求；《试油（气）开工验收实施细则》及各甲方单位开工验收规定，以及其他相关规程规范、制度、管理规定等
	资料录取	记录验收日期、验收单位、验收人员、存在问题、整改情况、整改人、整改日期
复查	整改	对查出的问题进行整改，对暂时不能整改的，及时组织采取防范措施
	复查	对开工验收检查出的问题进行复查

4）工具准备标准化操作规程

油管、短节、变扣准备标准化操作规程如表5-10所示。

表5-10 设备管理员油管、短节、变扣准备标准化操作规程

工作内容	工作步骤	工作标准
油管准备	监控班组按规范摆放油管架	油管架摆放：下方搭建围堰；三点支撑；离地高度不小于30cm；垫杠材料的硬度应不高于管材硬度，油管10根一组并按顺序编号；油管上严禁堆放重物或人员行走；油管重叠最多不超过5层；若为镍基合金油管，则需要在油管架上进行软铺垫
	调拨清单核实、证件检查	核实合格证是否有效
	外观检查	检查完好度，不合格油管应特殊标识，分开摆放
	数量核实	对照调拨清单核实油管数量、规格、型号，不同钢级和壁厚的管材不能混杂堆放
	监控丝扣清洗检查	确保丝扣和密封端面清洁，检查管材有无弯曲、腐蚀、裂缝、孔洞和螺纹损坏
	准备通径规	按设计和规范要求准备合格的通径规
短节准备	证件检查	核实合格证是否有效
	外观检查	检查完好度，不合格短节应特殊标识，分开摆放
	数量核实	对照调拨清单核实短节数量、规格、型号，不同钢级和壁厚的管材不能混杂堆放

续表

工作内容	工作步骤	工作标准
短节准备	监控丝扣清洗检查	确保丝扣和密封端面的清洁，检查管材有无弯曲、腐蚀、裂缝、孔洞和螺纹损坏
	准备通径规	按设计和规范要求准备合格的通径规
变扣准备	证件检查	核实合格证是否有效
	外观检查	检查完好度，不合格变扣应特殊标识，分开摆放
	数量核实	对照调拨清单核实变扣数量、规格、型号，不同材质变扣不能混杂堆放
	丝扣清洗检查	确保丝扣和密封端面的清洁，检查变扣有无腐蚀、裂缝、孔洞和螺纹损坏

通井规准备标准化操作规程如表5-11所示。

表5-11　设备管理员通井规准备标准化操作规程

工作内容	工作步骤	工作标准
通井规准备	根据设计要求准备通井规	通井规外径应小于套管内径6~8mm，其长度大于或等于800mm（设计有特殊要求的，以设计为准）
	检查	检查通井规资料（合格证、检测报告等）是否齐全有效

刮管器准备标准化操作规程如表5-12所示。

表5-12　设备管理员刮管器准备标准化操作规程

工作内容	工作步骤	工作标准
刮管器准备	准备刮管器	根据设计要求准备相应规格刮管器
	检查	检查到场资料（合格证、检测报告等）是否齐全有效，刮刀弹簧是否灵活，螺钉是否紧固
	准备通径规	按设计和规范要求准备合格的通径规

射孔枪准备标准化操作规程如表5-13所示。

表5-13　设备管理员射孔枪准备标准化操作规程

工作内容	工作步骤	工作标准
下枪准备	施工前检查	提升设备、井控设备、“三吊一卡”、指重表及记录仪等满足施工需要
	准备通径规	按设计和规范要求准备合格的通径规、变扣接头、筛管、短节

封隔器准备标准化操作规程如表5-14所示。

表5-14 设备管理员封隔器准备标准化操作规程

工作内容	工作步骤	工作标准
封隔器准备	材料准备	按设计和规范要求准备合格的通径规；核实带封隔器管柱所需要的短节及变扣接头；确保有第三方检测并调试合格的扭矩仪
	施工前检查	提升设备、井控设备、“三吊一卡”、指重表及记录仪等满足施工需要

桥塞准备标准化操作规程如表5-15所示。

表5-15 设备管理员桥塞准备标准化操作规程

工作内容	工作步骤	工作标准
桥塞准备	材料准备	按设计和规范要求准备合格的通径规；核实带桥塞管柱所需要的短节及变扣接头
	施工前检查	提升设备、井控设备、“三吊一卡”、指重表及记录仪等满足施工需要

5）起下管柱标准化操作规程

下油管单根标准化操作规程如表5-16所示。

表5-16 设备管理员下油管单根标准化操作规程

工作内容	工作步骤	工作标准
下油管单根	过程监控	入井油管保持螺纹清洁，连接前均匀地在外螺纹上涂抹密封脂，使用液压钳按规定扭矩值上扣

起油管单根标准化操作规程如表5-17所示。

表5-17 设备管理员起油管单根标准化操作规程

工作内容	工作步骤	工作标准
起油管单根	施工前检查	提升设备、井控设备、“三吊一卡”、指重表及记录仪等满足施工需要
	丝扣检查	检查油管丝扣磨损度

下钻杆单根标准化操作规程如表5-18所示。

表5-18 设备管理员下钻杆单根标准化操作规程

工作内容	工作步骤	工作标准
下钻杆单根	过程监控	入井钻杆保持螺纹清洁，连接前均匀地在外螺纹上涂抹密封脂，使用液压钳按规定压力值上扣

起钻杆单根标准化操作规程如表5-19所示。

表5-19　设备管理员起钻杆单根标准化操作规程

工作内容	工作步骤	工作标准
起钻杆单根	施工前检查	提升设备、井控设备、“三吊一卡”、指重表及记录仪等满足施工需要
	丝扣检查	检查钻杆丝扣磨损度

下油管立柱标准化操作规程如表5-20所示。

表5-20　设备管理员下油管立柱标准化操作规程

工作内容	工作步骤	工作标准
下油管立柱	过程监控	入井油管保持螺纹清洁，连接前均匀地在外螺纹上涂抹密封脂，使用液压钳按规定扭矩值上扣

起油管立柱标准化操作规程如表5-21所示。

表5-21　设备管理员起油管立柱标准化操作规程

工作内容	工作步骤	工作标准
起油管立柱	施工前检查	提升设备、井控设备、“三吊一卡”、指重表及记录仪等满足施工需要
	丝扣检查	检查油管丝扣磨损度

下钻杆立柱标准化操作规程如表5-22所示。

表5-22　设备管理员下钻杆立柱标准化操作规程

工作内容	工作步骤	工作标准
下钻杆立柱	过程监控	入井钻杆保持螺纹清洁，连接前均匀地在外螺纹上涂抹密封脂，使用液压钳按规定压力值上扣

起钻杆立柱标准化操作规程如表5-23所示。

表5-23　设备管理员起钻杆立柱标准化操作规程

工作内容	工作步骤	工作标准
起钻杆立柱	施工前检查	提升设备、井控设备、“三吊一卡”、指重表及记录仪等满足施工需要
	丝扣检查	检查钻杆丝扣磨损度

6）拆装井口标准化操作规程

拆防喷器标准化操作规程如表5–24所示。

表5–24 设备管理员拆防喷器标准化操作规程

工作内容	工作步骤	工作标准
拆防喷器	工具准备	拆除工具，送放变扣准备
	过程监控	坐挂前顶丝退出到位，提升设备、井控设备、“三吊一卡”、指重表及记录仪等满足施工需要，拆卸防喷器组期间全程做好井口防落物遮盖措施；泄压，拆液压管线及连接弯头，安装丝堵；专人指挥，拆掉井口装置附件；搭建操作平台、拆卸防喷器螺栓，专人指挥吊出防喷器（不允许两个及以上封井器连在一起拆卸或外拉）；拆卸后的防喷器钢圈槽、螺栓、螺帽等应清洗干净，涂抹黄油，螺栓、螺帽配套存放；拆除的液压管线接头维护、保养后，入库存放

装防喷器标准化操作规程如表5–25所示。

表5–25 设备管理员装防喷器标准化操作规程

工作内容	工作步骤	工作标准
装防喷器	过程监控	顶丝退出完全，法兰钢圈槽清理干净，确认钢圈入槽，螺栓紧固可靠，附件设施安装固定、调试、标识到位，全程做好井口防落物遮盖措施

拆采气树标准化操作规程如表5–26所示。

表5–26 设备管理员拆采气树标准化操作规程

工作内容	工作步骤	工作标准
拆采气树	物资准备	手工具（敲击扳手、榔头、管钳、活动扳手等）、清洗物资（毛巾、清洗液）、更换件（钢圈）准备充分
	施工前检查	提升设备、井控设备、“三吊一卡”、指重表及记录仪等满足施工需要
	过程监控	确认各连接部位螺栓已拆除，做好井口防落物措施

装采气树标准化操作规程如表5–27所示。

表5–27 设备管理员装采气树标准化操作规程

工作内容	工作步骤	工作标准
装采气树	工具准备	清洗材料、钢圈、油管悬挂器密封用件
	过程监控	检查钢圈槽、钢圈，顶丝、备冒锁紧到位，油管悬挂器密封件完好，连接螺栓紧固可靠

7）试压标准化操作规程

全井筒试压标准化操作规程如表5-28所示。

表5-28 设备管理员全井筒试压标准化操作规程

工作内容	工作步骤	工作标准
全井筒试压	JSA分析、技术安全交底	明确说明试压介质、试压区域、试压值、稳压时间，进行JSA分析，办理相关作业许可
	试压准备	提前落实试压时的供水、供电、供气等工作

试油（气）流程试压标准化操作规程如表5-29所示。

表5-29 设备管理员试油（气）流程试压标准化操作规程

工作内容	工作步骤	工作标准
试油（气）流程试压	JSA分析、技术安全交底	明确说明试压介质、试压区域、试压值、稳压时间，进行JSA分析，办理相关作业许可
	试压准备	提前落实试压时的供水、供电、供气、试压油嘴及试压堵头等工作

防喷器试压标准化操作规程如表5-30所示。

表5-30 设备管理员防喷器试压标准化操作规程

工作内容	工作步骤	工作标准
防喷器试压	JSA分析、技术安全交底	明确说明试压介质、试压区域、试压值、稳压时间，进行JSA分析，办理相关作业许可
	试压准备	提前落实试压时的供水、供电、供气、试压变扣等工作

8）通刮作业标准化操作规程

通井标准化操作规程如表5-31所示。

表5-31 设备管理员通井标准化操作规程

工作内容	工作步骤	工作标准
组通井规	施工前检查	提升设备、井控设备、“三吊一卡”、指重表及记录仪等满足施工需要
	准备通径规	按设计和规范要求准备合格的通径规
	组通井规	按规定扭矩连接工具
起通井规	检查通井规	检查通井规本体和丝扣状况

刮管标准化操作规程如表5-32所示。

表5-32 设备管理员刮管标准化操作规程

工作内容	工作步骤	工作标准
组刮管器	施工前检查	提升设备、井控设备、“三吊一卡”、指重表及记录仪等满足施工需要
	组刮管器	按规定扭矩连接工具
起刮管器	检查刮管器	检查刮管器本体、刮刀、丝扣等状况

通井、刮管联作标准化操作规程如表5-33所示。

表5-33 设备管理员通井、刮管联作标准化操作规程

工作内容	工作步骤	工作标准
组工具	施工前检查	提升设备、井控设备、“三吊一卡”、指重表及记录仪等满足施工需要
	准备通径规	按设计和规范要求准备合格的通径规
	组通井规、刮管器	按规定扭矩连接工具
起工具	检查通井规	检查通井规本体、丝扣及刮管器本体、刮刀、丝扣等的状况

9）循环作业标准化操作规程

循环压井液标准化操作规程如表5-34所示。

表5-34 设备管理员循环压井液标准化操作规程

工作内容	工作步骤	工作标准
循环压井液准备	施工前检查	循环设备处于正常工作状态
	备用材料检查	堵漏压井材料符合设计要求
开泵循环	过程监控	循环结束后清洗管汇循环通道

洗井标准化操作规程如表5-35所示。

表5-35 设备管理员洗井标准化操作规程

工作内容	工作步骤	工作标准
洗井准备	施工准备	抽水泵及回抽管线准备到位
	施工前检查	洗井设备处于正常工作状态
洗井	过程监控	洗井结束后清洗管汇循环通道

压井标准化操作规程如表5-36所示。

表5-36 设备管理员压井标准化操作规程

工作内容	工作步骤	工作标准
压井准备	施工准备	抽水泵及回抽管线准备到位
	施工前检查	压井设备处于正常工作状态，压井材料及备用材料满足施工需要
压井	过程监控	压井结束后清洗管汇循环通道

替浆标准化操作规程如表5-37所示。

表5-37 设备管理员替浆标准化操作规程

工作内容	工作步骤	工作标准
替浆准备	施工准备	抽水泵及回抽管线准备到位
	施工前检查	替浆设备处于正常工作状态
替浆	过程监控	替浆结束后清洗管汇循环通道

10）射孔标准化操作规程

射孔标准化操作规程如表5-38所示。

表5-38 设备管理员射孔标准化操作规程

工作内容	工作步骤	工作标准
射孔准备	射孔前准备	提前落实好射孔时的供液、供电、供气工作
启爆	过程监控	供液设备满足施工需要

11）完井作业标准化操作规程

下完井工具标准化操作规程如表5-39所示。

表5-39 设备管理员下完井工具标准化操作规程

工作内容	工作步骤	工作标准
下完井工具	过程监控	扭矩仪记录正常，入井油管、工具保持螺纹清洁，连接前均匀地在外螺纹上涂抹密封脂，使用液压钳按规定扭矩值上扣，做好井口防落物遮盖措施

坐挂油管悬挂器标准化操作规程如表5-40所示。

表5-40 设备管理员坐挂油管悬挂器标准化操作规程

工作内容	工作步骤	工作标准
坐油管悬挂器	清洁悬挂器	保证悬挂器丝扣及本体清洁
	检查丝扣、外观	确保丝扣、密封圈完好；本体无损伤；内通径（内倒角）满足设计要求
	连接双公、提升短节	对扣后使用引扣工具引扣，按规定扭矩值上扣
	入座	悬挂器居中，缓慢下放入座，与井口装置无碰撞、磨损
紧顶丝	紧顶丝	采用手工具上紧顶丝，观察（手触摸）确保顶丝全部进入油管悬挂器上部斜坡面并卡住，上紧备帽

12）工具操作标准化操作规程

坐封封隔器标准化操作规程如表5-41所示。

表5-41 设备管理员坐封封隔器标准化操作规程

工作内容	工作步骤	工作标准
坐封封隔器	施工准备	准备抽水泵及管线，做好回抽污水准备
	施工前检查	坐封设备处于正常工作状态

验封标准化操作规程如表5-42所示。

表5-42 设备管理员验封标准化操作规程

工作内容	工作步骤	工作标准
验封	施工前检查	验封设备处于正常工作状态

开滑套标准化操作规程如表5-43所示。

表5-43 设备管理员开滑套标准化操作规程

工作内容	工作步骤	工作标准
开滑套	施工前检查	开滑套设备处于正常工作状态

坐封桥塞标准化操作规程如表5-44所示。

表5-44 设备管理员坐封桥塞标准化操作规程

工作内容	工作步骤	工作标准
坐封、丢手	施工准备	准备抽水泵及管线，做好回抽污水准备
	施工前检查	坐封设备处于正常工作状态

13）酸化压裂标准化操作规程

酸化压裂准备标准化操作规程如表5-45所示。

表5-45 设备管理员酸化压裂准备标准化操作规程

工作内容	工作步骤	工作标准
配合酸化压裂准备	物资准备	井口装置采用四脚固定硬支撑架；落实用电、用水情况，根据措施改造规模准备抽水泵及回抽管线；通信、照明设备满足施工需要

配合酸化压裂施工标准化操作规程如表5-46所示。

表5-46 设备管理员配合酸化压裂施工标准化操作规程

工作内容	工作步骤	工作标准
施工对接会	参加施工对接	参加施工对接会，对前期准备情况进行对接
	参加安全技术交底	对本组负责的区域进行交底
配合酸化压裂施工	施工过程配合	检查供水设备，确保供水设备满足施工要求，负责液控阀的远程操作、维护，在紧急情况下快速关闭或开启远程液控阀

14）排液标准化操作规程

排液标准化操作规程如表5-47所示。

表5-47 设备管理员排液标准化操作规程

工作内容	工作步骤	工作标准
开井前准备	物资准备	检查油、套压表等计量器具的规格、型号、量程、校验日期，准备油嘴与工具配套、游标卡尺、管钳［36in（1in≈2.54cm）、48in］、钢卷尺、管钳加力杆等；检查抽水泵、压力表、管汇、固定式节流阀、针阀、堵头、长明火燃料等
排液	监控排液	检查备用物资设备（油嘴、堵头、油嘴套、点火材料、短节等）是否满足施工要求；检查管汇、阀门、固定式节流阀、堵头、弯头等是否完好，检查设备设施工作状态，对报废、受损物资进行登记并分别存放，在操作人员更换油嘴时协助录像

15）求产标准化操作规程

求产标准化操作规程如表5-48所示。

表5-48 设备管理员求产标准化操作规程

工作内容	工作步骤	工作标准
求产（或系统测试）	材料准备	油嘴、孔板（应光洁度高、无伤痕、无毛刺，孔板应加铅密封垫）、温度计、压力表、数采系统（各类传感器、压力表读值、计量准确无误，校核求产数据系统传输信号准确无误）等准备齐全

续表

工作内容	工作步骤	工作标准
求产（或系统测试）	设备调试、操作	各设备设施（流量计、水套炉、分离器、热交换器、数采系统等）调试到位，工作状态正常

16）取样标准化操作规程

取样标准化操作规程如表5-49所示。

表5-49 设备管理员取样标准化操作规程

工作内容	工作步骤	工作标准
取水样	取样准备	取样玻璃瓶、取样桶准备到位（含硫井取样人员佩戴正压式空气呼吸器及硫化氢监测仪，两人作业）
钢瓶法取气样	取样准备	准备取样器具：250mm、200mm活动扳手各一把，钢瓶两支（两端有截止阀，一端为堵头，一端为三通、压力表及堵头），取样管线（两端为活动接头），生料带，细纱布，装有清水的取样桶等
排水法取气样	取样准备	准备500mL的干净的细口玻璃瓶（含密封塞）两个，250mm活动扳手一把，双公接头一支，取样胶管一根，生料带，装有清水的取样桶一个

17）转层标准化操作规程

注塞标准化操作规程如表5-50所示。

表5-50 设备管理员注塞标准化操作规程

工作内容	工作步骤	工作标准
打水泥塞	物资设备准备	根据固井队要求准备供水设备与管线；参与技术交底、JSA分析
	施工前检查	确保循环设备、提升设备、液压钳、井控设备、“三吊一卡”、指重表及记录仪等满足施工需要，全程做好井口防落物遮盖措施

填砂标准化操作规程如表5-51所示。

表5-51 设备管理员填砂标准化操作规程

工作内容	工作步骤	工作标准
填砂	材料准备	根据设计组织填砂材料（针对地层疏松易漏失井，应堵漏后选择合适泵压进行填砂作业，并适当考虑填砂富余量）、井场应备有两倍或以上井筒容积干净的携砂液
	施工前检查	电潜泵、泵车等泵注设备性能应满足施工要求，提升设备、液压钳、井控设备、“三吊一卡”、指重表及记录仪、循环系统等应满足施工需要

18）流程离场标准化操作规程

流程离场标准化操作规程如表5-52所示。

表5-52　设备管理员流程离场标准化操作规程

工作内容	工作步骤	工作标准
撤场准备	拆卸准备	拆卸工具准备到位，组织流程验通（释放圈闭压力），冲洗测试流程及设备
	拆卸设备、流程	拆卸设备、流程，分类摆放、整理清点
试油（气）流程材料出场	装车、卸车	分类装车、卸车
	回队材料交接	与物资设备管理人员交接设备、工具及测试流程材料，填写消耗单与转场单，归还设备相关资料；租赁工具（内防喷工具、防喷器、通井规、刮管器、变扣等）归还至租赁处

19）接井标准化操作规程

接井标准化操作规程如表5-53所示。

表5-53　设备管理员接井标准化操作规程

工作内容	工作步骤	工作标准
接井前检查	井口检查	井口装置配件及资料齐全

20）交井标准化操作规程

交井标准化操作规程如表5-54所示。

表5-54　设备管理员交井标准化操作规程

工作内容	工作步骤	工作标准
交井前准备	物资交接	对甲方供应物资进行整理、清点、交接

第三节　应急处置标准化操作规程

应急处理标准化操作规程如表5-55所示。

表5-55　设备管理员应急处置标准化操作规程

事故类型	处置程序
火灾	（1）高声呼喊“着火了”，切断总电源，火灾初期，立即使用灭火器进行灭火； （2）预判火势难以控制时，立即撤离现场，向现场钻（修）井队求救，拨打“119”求救；向试油（气）队应急组组长报告

续表

事故类型	处置程序
人身伤害	（1）高声呼喊或立即报告试油（气）队应急组组长； （2）如是电击伤，在保证安全的前提下，切断电源，让伤者断开带电体； （3）若为酸、碱等化学品所致的伤，用清水冲洗10~15min； （4）若伤者外伤出血或骨折，进行止血、包扎处置；若伤者有呼吸或心跳，则令其平躺，向井队医生求救或拨打“120”向就近医院求救； （5）若无心跳和呼吸，则立即组织进行人工呼吸和心肺复苏抢救，向钻（修）井队医生求救或拨打“120”向就近医院求救；按程序报告，协调组织抢救； （6）若为烧伤，则立即脱离致伤场所，灭掉伤员身上的火，立即进行处理与抢救
强烈油气侵、井漏、溢流、井涌	待令，听从试油（气）队应急组组长安排
井喷	撤离到安全地点待令，听从试油（气）队应急组组长安排
硫化氢泄漏	立即穿戴正压式空气呼吸器撤离到安全地点，待令
地震	（1）若在钻台、泥浆罐上，则就近倚靠在有抓扶地方，若在营房附近则立即进入（若营房存在滑坡风险则应迅速到泥浆罐或现场指定的开阔紧急集合点）； （2）结束后赶到现场紧急集合点，接受试油（气）队应急组组长安排
食物中毒	（1）高声呼喊或立即报告试油（气）队应急组组长； （2）若伤者神志清醒、能够配合，可先设法引吐、催吐：用手指压舌根或用缠上纱布的筷子刺激咽喉后壁或舌根，引发呕吐；然后给伤者饮温水300~500mL;反复进行引吐，直至吐出物已是清水为止； （3）对心跳、呼吸停止者，要及时进行心肺复苏抢救，同时向钻（修）井队医生求救或拨打“120”向就近医院求救
中暑	（1）高声呼喊，向周围人员求助，将患者移至清凉处，报告试油（气）队应急组组长； （2）让患者躺下或坐下，解开上衣钮扣，并抬高下肢； （3）用凉的湿毛巾敷前额和躯干，或用大的湿毛巾、湿的床单等把患者包起来，用电风扇或手扇动以促其降温； （4）让神志清楚的患者喝清凉的饮料，如果患者呼吸及吞咽均无困难，可以喝淡盐水； （5）如果患者病情无好转，应立即送医院急救
山体滑坡、洪灾	（1）切断电源，高声呼喊，立即撤离到安全地点； （2）通知其余员工，听从试油（气）队应急组组长安排
暴力恐怖袭击	（1）发现可疑暴力恐怖分子或听到暴恐警报时，若在生活区，则向营区负责人报告，提醒现场人员，立即进入庇护房； （2）听到井场的暴恐警报信号响起后，立即穿戴好防暴用具，奔向钻台，听从钻（修）井队统一安排处置
应急汇报程序	一旦发生突发事件，按以下顺序进行报告（严重情况下可以越级上报）： 当班人员或第一发现者 → 试油（气）队现场负责人 → 基层单位应急组织 → 公司应急办公室

续表

事故类型	处置程序		
岗位主要安全风险	井喷及井喷失控、机械伤害、起重伤害、物体打击、火灾、爆炸、触电、噪声、中毒、其他伤害	岗位主要危险物质	原油、天然气、硫化氢、钻井液处理剂

应急联络电话：
公司应急办公室电话；甲方应急办公室电话；就近医院电话；急救电话：120；火警电话：119

第六章 试油（气）队班长岗位操作标准

第一节 岗位描述

1. 岗位说明

试油（气）队班长岗位说明如表6-1所示。

表6-1 班长岗位说明

项目		主要内容
工作概述		全面负责班组的生产组织和管理，包括班前布置、作业中检查和班后总结等；负责操作生产设备，落实班组的防范措施；负责生产设备、安全设施、消防设施和急救器具的管理工作；负责班组人员的技能培训、安全操作，监管第三方作业人员安全操作；根据生产进度提前领取施工工具及物资，协助技术员收集资料
上岗条件	教育程度	高中及以上学历
	从业资格	持有有效的井控培训合格证、HSSE管理培训合格证、硫化氢防护技术证
	技能等级	具有中国石化相关单位认证的中级及以上专业技术职务任职资格
	辅助技能	（1）熟悉试（油）气工艺流程、施工工序，并对相关规程规范有一定的了解； （2）具有较强的班组管理和协调能力
	工作经历	具有三年以上现场试（油）气工作经历
	职业道德	爱岗敬业、勇于奉献、团结协作、遵章守纪
	身体素质	（1）视力、听觉、嗅觉正常，非色盲人员； （2）四肢活动不受限； （3）身体健康，能够适应夜间值班； （4）非恐高症患者，能够在钻台作业

续表

项目		主要内容
岗位关系	纵向关系	接受技术员的直接领导，接受值班干部业务指导；与本班组内各岗位有领导与被领导关系
	横向关系	与钻（修）井队、修井队、泥浆公司等配合单位具有协作关系
岗位职责	工作职责	（1）贯彻执行党和国家方针、政策、法律、法规、行业标准、规程规范和上级的各项制度； （2）负责现场技术工人生产安排、思想动态、交接班组织、现场巡查及现场日常管理工作； （3）作为现场负责人时，负责现场的生产、安全环保管理及信息跟踪反馈； （4）针对施工设计和作业进度提报施工用各类工具、物资需求及信息反馈； （5）负责现场试油（气）物资设备的使用、调试、维护、保养； （6）负责现场试油（气）技能操作安全； （7）负责现场HSSE巡回检查； （8）协助现场技术员监管第三方操作安全； （9）协助现场技术员收集、记录资料； （10）负责技术工人的技能操作培训及安全培训； （11）完成领导交办的其他工作任务
	安全职责	（1）贯彻执行国家安全生产方针、政策、法律、法规、标准、规范和上级的各项安全生产规章制度，有权制止违章作业并及时报告； （2）带头并督促本班人员严格执行安全技术操作规程，落实本班组的安全防范措施，确保本班安全、清洁生产； （3）认真进行安全检查，督促本班岗位员工巡回检查，发现问题及时处理，班组无法处理的隐患，及时向现场负责人汇报； （4）负责本班生产设备、安全设施、消防设施和急救器具的检查维护工作，使其经常保持完好状态并正常运行； （5）带头并督促本班人员，上岗必须正确佩戴和使用劳动保护用品，能熟练使用和维护安全防护设施、消防器材和急救器具，做到“三不伤害”； （6）组织全班人员认真开展风险评价、事故预案演练和岗位技术练兵活动，负责对本班新工人进行上岗前的安全教育； （7）负责落实班组安全措施，有权制止和纠正“三违”现象，对危害生命安全和身体健康的行为，有权批评和向上级报告； （8）结合生产实际，坚持做好班前布置、班中检查和班后总结工作，确保安全生产； （9）正确分析、判断和处理各种事故苗头，把事故消灭在萌芽状态；在发生事故时，按事故预案正确处理，积极组织抢救，保护现场，并做好详细记录
岗位工作内容		（1）操作责任： ①执行交、接班制度； ②按照循环检查路线、项点进行详细检查； ③负责主要设备的操作，进行隐患排查并制定防范措施，与班组人员配合完成现场踏勘、室内准备、现场准备、试油（气）施工等作业； ④发生溢流、井涌、井喷时负责操作井口至试油（气）管汇设备，与其他单位配合完成关井作业； ⑤掌握管具结构、井下工具性能、压井液参数等技术状况； ⑥及时掌握管汇台、清水泵、发电机、加热炉、分离器等设备的运行状况； ⑦正确判断井下情况；

续表

项目		主要内容
岗位工作内容		⑧严格按照试油（气）工程设计施工，发现问题及时汇报； ⑨先行解决本岗位突发情况，并及时汇报； ⑩按时审查井控坐岗记录并签字； ⑪按时正确记录井口压力并签字； ⑫完成技术员临时安排给本岗位的其他任务。 （2）生产组织责任： ①参加班前会，了解生产状况，接收作业指令； ②严格按照生产作业指令组织班组生产运行； ③严格按照安全操作规程组织班组生产操作； ④协调班组岗位分工； ⑤检查巡回检查制、交接班制、设备维修保养制的执行情况； ⑥监管配合方的安全、环保作业； ⑦组织班组人员完成搬迁、安装、设备拆卸等作业； ⑧带领班组人员严格执行各项规章制度； ⑨组织班组人员完成现场技术员安排的其他工作； ⑩参加班后会，总结本班工作。 （3）管理责任： ①抓好班组管理和建设； ②及时掌握本班人员的思想状况，做好思想引导，就相关问题及时和政工员沟通； ③应用新工艺、新技术、新设备； ④协助本队领导做好其他管理工作。 （4）安全责任： ①组织班组严格执行HSSE的各项规定； ②检查各岗位HSSE工作情况，资料记录情况，发现不安全因素及时处理，处理不了的采取防范措施，并及时上报； ③组织班组人员参加应急预案演练； ④带头并监督班组人员正确使用劳动防护用具； ⑤正确使用和维护安全防护设施、消防器材和急救器具； ⑥制止和纠正“三违现象”； ⑦对突发事故进行处理，及时汇报，保护现场并详细记录； ⑧组织做好作业前的风险分析及应急措施； ⑨承担本班组内的机械、设备、人身安全责任，以及第三方人员的安全责任
工作权限		（1）对违章指挥有拒绝权，对违章操作有制止权； （2）对班组人员有管理权； （3）对班组人员有考核权； （4）对本岗位突发情况有先行处置权
工作考核	考核关系	（1）接受本队的工作考核； （2）对本班组人员进行业绩考核
	考核依据	对照《试油（气）队岗位操作手册》，按照公司、基层单位相关考核办法进行考核

2. 工艺流程

试油（气）队班长工作工艺流程如图6-1所示。

- 现场踏勘
  - 道路踏勘
  - 井场踏勘
- 设备材料进场
  - 安装试油（气）流程
  - 固定试油（气）流程
  - 试油（气）流程试压
- 开工验收
- 通井作业
  - 通井准备
  - 下通井管柱
  - 探人工井底
  - 循环压井液
  - 起通井管柱
- 射孔作业
  - 射孔准备
  - 下射孔管柱
  - 测井定位及调整
  - 加压射孔
  - 敞井观察
  - 循环压井液
  - 起射孔枪、验枪
- 刮管作业
  - 刮管准备
  - 下刮管管柱
  - 刮管作业
  - 循环压井液
  - 起刮管管柱
- 完井作业
  - 工具准备
  - 下完井管柱
  - 拆防喷器
  - 装采气树
  - 井口试压
  - 替浆、洗井
  - 坐封封隔器、验封
- 措施作业
  - 措施准备
  - 配合措施施工
  - 酸化压裂队撤场
- 压后排液
  - 油嘴控制排液
  - 针阀控制排液
  - 关井
  - 气举
  - 取样
- 试井作业
  - 试油（气）求产
  - 测流温、流压
  - 系统测试
  - 测压力恢复
  - 测静温、静压
- 转层作业
  - 压井
  - 拆采气树
  - 装防喷器并试压
  - 起原井管柱
  - 打水泥塞
  - 填砂转层
  - 电缆桥塞转层
  - 机械桥塞转层
  - 全井筒试压
- 其他作业
  - 连油作业
  - 泵送桥塞
- 结束离场
- 交接井

图6-1　班长工作工艺流程

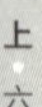

3. 工作流程

试油（气）队班长工作流程如图6-2所示。

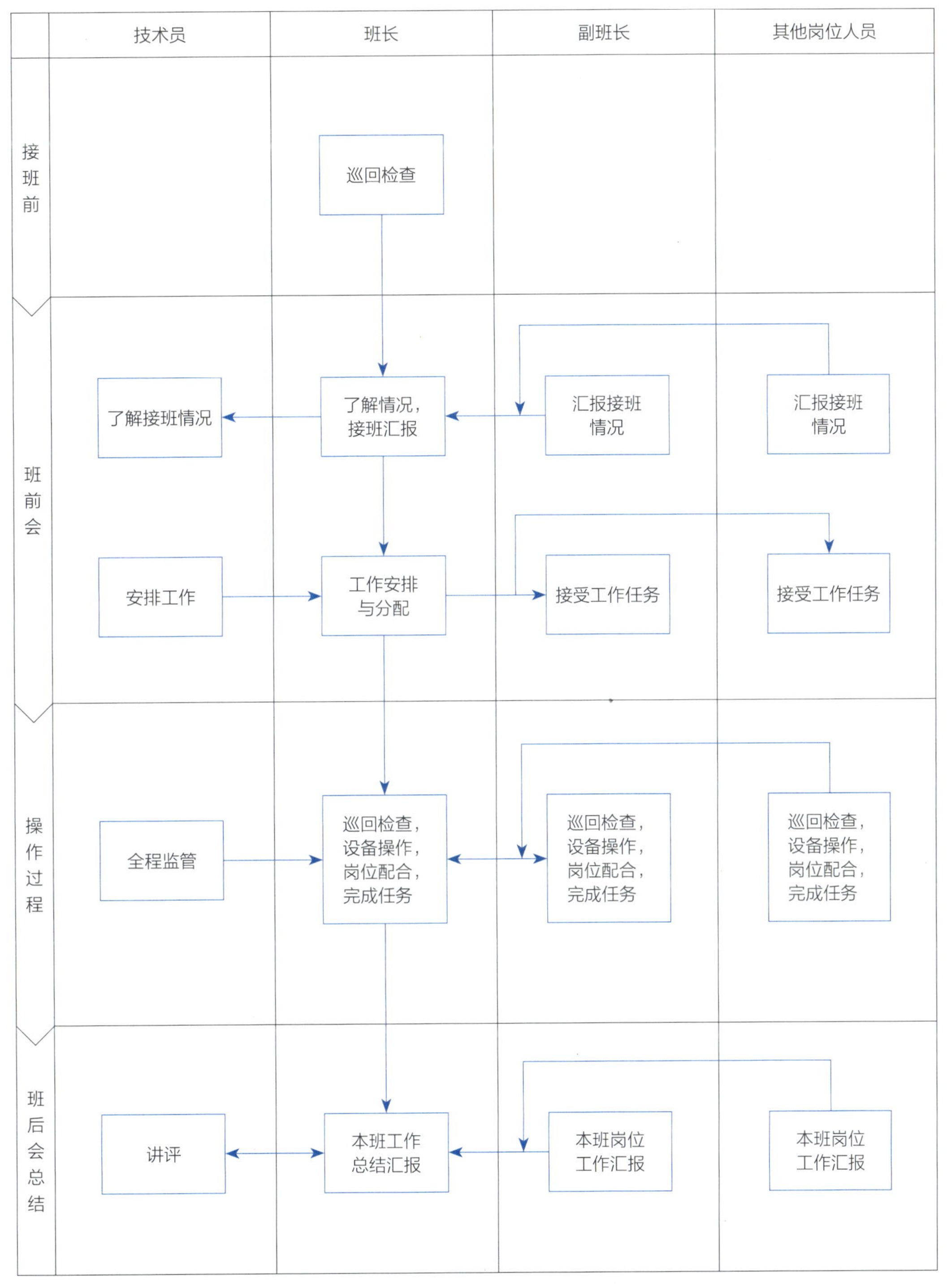

图6-2 班长工程流程

第二节 岗位标准化操作规程

1. 巡回检查标准化操作规程

井筒作业阶段巡回检查标准化操作规程如表6-2所示。

表6-2 班长井筒作业阶段巡回检查标准化操作规程

巡回检查路线：

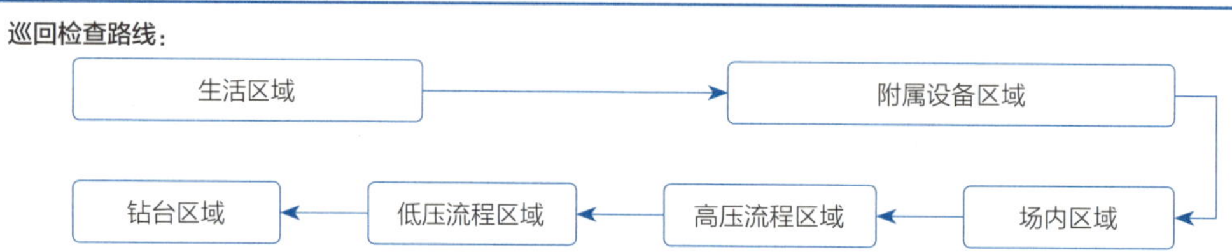

检查地点	检查项点	工作标准	风险提示	风险规避措施
生活区域	接地线，活动房摆放情况，活动房卫生情况，灭火器、医药箱、发电机	（1）活动房、发电机安装接地线，并定期巡查； （2）活动房按规范摆放； （3）活动房干净、整洁； （4）灭火器定期检查； （5）医药箱按标准配备药品，且药品在有效期内，有发放记录； （6）活动房发电机定期保养，填写保养记录	检查不到位，易造成人员触电和环境污染	（1）定期对活动房发电机接地线阻进行检查； （2）落实活动房发电机值班制度，由属地管理者监督执行
附属设备区域	垃圾处理情况、油品房、配电柜、灭火器、加油枪滤网	（1）工业垃圾、生活垃圾分类存放； （2）油品房下垫上盖，油料分类； （3）灭火器具有检验合格证，按规定检测（每半月检测一次）； （4）配电柜前铺设绝缘胶皮，配电柜开关处标明控制对象，由持电工证人员进行操作、检查、维修； （5）发电机加油枪安装滤网	检查不齐全，易造成人员触电和环境污染	（1）严格执行活动房发电机总包管理办法，加强巡查，及时发现，及时处理； （2）发电机现场开展“消项”管理回头看，严禁违反“消项”管理内容的操作
场内区域	门岗、设备运转情况、安全通道，防洪、防汛设施	（1）门岗人员在岗，外来人员必进行安全告知及作业风险提示，进出车辆必须安装阻火器； （2）设备具有接油措施，场内严禁“跑、冒、漏、滴”； （3）场内带电设备必须安装接地线，并定期检测； （4）安全通道标识清晰； （5）防汛沟无堵塞	违规操作可能导致人身伤害（触电、雷击等）、环境污染、火灾爆炸	（1）严格执行总包管理办法，加强巡查，出现问题及时发现、及时处理； （2）定期对带电设备进行电阻检测； （3）现场开展“消项”管理回头看，严禁违反“消项”管理内容的操作
高压流程区域	井口、油嘴套、锅炉、热交换器	（1）检查流程须满足射孔、酸化压裂、放喷、正反循环压井、排液、求产、紧急泄压及保温等要求； （2）压力表等仪器仪表须在有效检测校	违规操作可能导致高压伤人、环境污染，火灾爆炸	（1）严格执行总包管理办法，加强巡查，出现问题及时发现，及时处理；

上·六

续表

检查地点	检查项点	工作标准	风险提示	风险规避措施
高压流程区域		验期内，检测标签粘贴在表壳2点方向，压力表安装朝向一致，便于观察（表盘不能朝天或朝地）；压力表应至少安装一支量程大于或等于设备额定压力值的压力表，在排液期间根据实际情况进行调整选用，关压恢、求产等工序应采用精密压力表；井口表套/技套压力表应采用井下适用量程压力表（不宜过大）；施工作业处于关井状态时，须关闭在井口，严禁将压力关至流程承压； （3）液控管线连接牢固，不刺、不漏、不受挤压，且有防碾压措施；液压油油位处于1/3~2/3刻度线处，液压油无变质现象；液控柜处于待压状态（系统压力为21MPa，工作压力为10.5MPa）； （4）管汇台闸门全开全关、标示清楚且试压合格； （5）方井污水及时抽取，采气树开关标识清晰，高压区域按规范要求设有警戒标识，留有逃生通道； （6）流程卡板固定牢靠； （7）防喷器组固定牢靠； （8）老井挖潜作业时，井口配备防暴风扇		（2）现场开展“消项”管理回头看，严禁违反“消项”管理内容的操作
低压流程区域	油嘴套、分离器、放喷池	（1）分离器安全阀在检测有效期内； （2）卡板、地锚固定牢靠； （3）低压流程区域警戒标识清楚； （4）放喷池安有风向标，放喷池无渗漏，定期巡查并在交接办记录上体现	违规操作可能导致人身伤害，环境污染	（1）加强巡查，出现问题及时发现，及时处理； （2）定时校检安全阀
钻台区域	钻机、循环罐	（1）旋塞阀、回压凡尔等内防喷工具扣型、数量与设计相符，标识到位，开关灵活，内防喷工具及操作手柄摆放在指定位置，便于取用；同时，和尚头、截止阀及压力表连接、摆放到位，且仪器仪表工作正常，处于有效检验期内； （2）防喷单根与防喷器胶芯、井内管柱扣型相匹配，且连接摆放到位； （3）旋塞阀处于开启状态，每班有维护保养记录； （4）司控台与远程控制台气源压力差不能高于0.5MPa； （5）液控管线连接牢固，不刺、不漏、不受挤压，且有防碾压措施；液压油油位处于1/3~2/3刻度线处，液	违规操作可能导致井喷失控、人身伤害、火灾爆炸、环境污染	（1）严格执行各级开工验收程序，确保达到开工标准及要求； （2）严格落实交接班管理制度； （3）加强巡查，出现问题及时发现，及时处理

上·六

续表

检查地点	检查项点	工作标准	风险提示	风险规避措施
钻台区域		压油无变质现象；液控柜处于待压状态（蓄能器压力达到21MPa，管汇压力达到10.5MPa，气源压力不低于0.8MPa）； （6）液压钳调试合格； （7）钻（修）机安装指重记录仪； （8）钻台设有风向表，具备安全逃生通道； （9）循环罐安装防暴风扇，各类电器设备安装接地线； （10）沉砂池设有警戒标识		

酸化压裂准备阶段巡回检查标准化操作如表6-3所示。

表6-3　班长酸化压裂准备阶段巡回检查标准化操作规程

巡回检查路线：

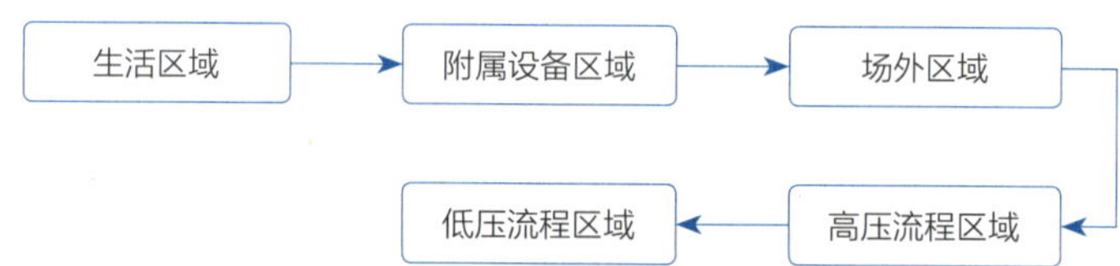

检查地点	检查项点	工作标准	风险提示	风险规避措施
生活区域	接地线、活动房摆放、活动房卫生情况、灭火器、医药箱、发电机	（1）活动房、发电机安装接地线，并定期巡查； （2）活动房按规范进行摆放； （3）活动房干净、整洁； （4）灭火器定期检查； （5）医药箱按标准配备药品，且药品在有效期内，有发放记录； （6）活动房发电机定期保养，填写保养记录	检查不到位，易造成人员触电和环境污染	（1）定期对活动房发电机接地线阻进行检查； （2）落实活动房发电机值班制度，由属地管理者监督执行
附属设备区域	垃圾处理情况、油品房、配电柜、灭火器、加油枪滤网	（1）工业垃圾、生活垃圾分类存放； （2）油品房下垫上盖，油料分类； （3）灭火器具有检验合格证，按规定检测（每半月检测一次）； （4）配电柜前铺设绝缘胶皮，配电柜开关标明控制对象，由持电工证人员进行操作、检查、维修； （5）发电机加油枪安装滤网	检查不齐全，易造成人员触电和环境污染	（1）严格执行活动房发电机严格执行总包管理办法，加强巡查，及时发现，及时处理； （2）活动房发电机现场开展“消项”管理回头看，严禁违反”消项”管理内容的操作
场外区域	外围警戒、门岗	（1）外围警戒，严禁无关人员进入井场内； （2）酸化压裂期间监督压裂队按要求执行门岗制度，进行安全告知和风险提示	非工作人员进入井场，易造成人员伤害	严格执行总包管理办法，加强巡查，出现问题及时发现、及时处理

续表

检查地点	检查项点	工作标准	风险提示	风险规避措施
高压流程区域	井口、油嘴套、锅炉及热交换区域	（1）确定酸化压裂期间的排砂管线； （2）检查确保流程管线倒换正确，且流程畅通； （3）压力表量程低于压裂施工压力时，应关闭截止阀，防止超压爆表； （4）井口表套/技套闸阀应处于开启状态，防止憋压； （5）确保流程液控系统运行正常； （6）高压区域警戒标识清楚； （7）监控场内环保问题	违规操作可能导致高压伤人、环境污染	（1）酸化压裂期间，严禁进入高压区域； （2）施工前确保液控柜电路液压油油位处于1/3~2/3刻度线处，液压油无变质现象；液控柜处于待压状态（系统压力为21MPa，工作压力为10.5MPa）
低压流程区域	油嘴套、分离器、放喷池	（1）分离器安全阀在检测有效期内； （2）卡板、地锚固定牢靠； （3）低压流程区域警戒标识清楚； （4）放喷池安有风向标，放喷池无渗漏，定期巡查并在交接办记录上体现； （5）清水泵、管线准备齐全	违规操作可能导致人身伤害、环境污染	（1）严格执行总包管理办法，出现问题及时发现、及时处理； （2）定时校检安全阀

放喷、测试阶段（含试采）巡回检查标准化操作规程如表6-4所示。

表6-4 班长放喷、测试阶段（含试采）巡回检查标准化操作规程

巡回检查路线：

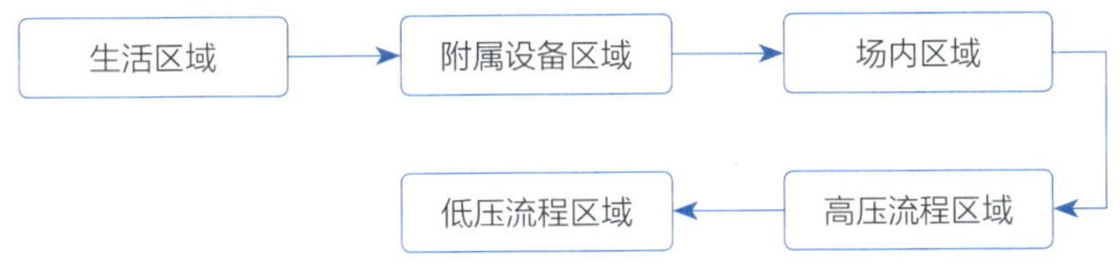

检查地点	检查项点	工作标准	风险提示	风险规避措施
生活区域	接地线、活动房摆放、活动房卫生情况、灭火器、医药箱、发电机	（1）活动房、发电机安装接地线，并定期巡查； （2）活动房按规范摆放； （3）活动房干净、整洁； （4）灭火器定期检查； （5）医药箱按标准配备药品，且药品在有效期内，有发放记录； （6）活动房发电机定期保养、填写保养记录	检查不到位，易造成人员触电和环境污染	（1）定期对活动房发电机接地线阻进行检查； （2）落实活动房发电机值班制度，由属地管理者监督执行
附属设备区域	垃圾处理情况、油品房、灭火器、配电柜、加油枪滤网	（1）工业垃圾、生活垃圾分类存放； （2）油品房下垫上盖，油料分类； （3）灭火器具有检验合格证，按规定检测（每半个月检测一次）； （4）配电柜前铺设绝缘胶皮，配电柜开关标明控制对象，由持电工证人员进行操作、检查、维修； （5）发电机加油枪安装滤网	检查不齐全，易造成人员触电和环境污染	（1）严格执行活动房发电机严格执行总包管理办法，加强巡查，及时发现，及时处理； （2）活动房发电机现场开展“消项”管理回头看，严禁违反“消项”管理内容的操作

续表

检查地点	检查项点	工作标准	风险提示	风险规避措施
场内区域	门岗、设备运转情况、安全通道，防洪、防汛设施	（1）门岗人员在岗，外来人员必进行安全告知及作业风险提示，进出车辆必须安装阻火器；（2）设备具有接油措施，场内严禁“跑、冒、漏、滴”；（3）场内带电设备必须安装接地线，并定期检测；（4）安全通道标识清晰；（5）防汛沟无堵塞	违规操作可能导致人身伤害（触电、雷击等）、环境污染、火灾爆炸	（1）严格执行总包管理办法，加强巡查，出现问题及时发现、及时处理；（2）定期对带电设备进行电阻检测；（3）现场开展“消项”管理回头看，严禁违反“消项”管理内容的操作
高压流程区域	井口、油嘴套、锅炉、热交换器	（1）酸化压裂排液砂堵等；（2）流程无刺漏，管汇台闸门处于正确工作状态；（3）井口至管汇台设置警戒标识；（4）专人值班，严禁脱岗、溜岗；（5）分离器、锅炉、热交换器正常	违规操作可能导致高压伤人、环境污染、火灾爆炸	（1）严格执行总包管理办法，加强巡查，出现问题及时发现、及时处理；（2）严格按照综合大队排液管理标准执行相关操作
低压流程区域	油嘴套、分离器、放喷池	（1）分离器安全阀在检测有效期内；（2）卡板、地锚固定牢靠；（3）低压流程区域警戒标识清楚；（4）放喷池安有风向标，放喷池无渗漏，定期巡查并在交接记录上体现；（5）清水泵、管线准备齐全	违规操作可能导致人身伤害，放喷池压返液未及时拉运会造成环境污染	（1）加强巡查，出现问题及时发现、及时处理；（2）定时校检安全阀；（3）定期拉运放喷池压返液

2. 交接班标准化操作规程

1）接班标准化操作规程

接班标准化操作规程如表6–5所示。

表6–5　班长接班标准化操作规程

工作内容	工作步骤	工作标准	风险提示
班前检查	穿戴劳保用品	劳保用品穿戴齐全、规范	若劳保用品穿戴不齐，则容易发生人身伤害事故
	按接班要求进行接班前的检查	设备、工具检查率100%	若设备检查遗漏，有问题不能及时发现，则可能导致使用过程中发生故障，耽误生产
	发现问题反馈给交班班长	问题反馈率100%	若发现的问题未反馈，交班不能及时整改，设备带病工作，则易发生事故
	询问、了解设备及井下情况和各区域状态	了解当前施工、设备、井下情况，做到心中有数	若对施工情况了解不清或对区域状态不明确，则可能会造成设备损坏、井下复杂状况或HSSE事故
参加班前会	巡回检查后，至值班房参加班前会	参加率100%	若不参加班前会，不了解工作情况，则容易导致质量、安全事故

续表

工作内容	工作步骤	工作标准	风险提示
参加班前会	汇总各岗检查情况	汇总率100%	若汇总不全，对岗位区域隐患排查不到位，则易发生事故
	接收技术员当班作业指令及注意事项，组织班组人员对作业内容进行JSA分析，安排本班具体施工任务	JSA分析全面；工作分配必须具体、明确；记录齐全、准确	若不进行JSA分析，则易导致安全事故；若分配不具体，则会导致怠工、误工；若记录不齐全，则不符合资料存档规范
接班	各自按班前会指定的岗位，进行岗位交接	及时到位，对井下情况、设备全面交接	若不能及时到位，造成超时工作，疲劳工作，则易导致事故；若设备交接不全面，则易导致设备发生故障，耽误生产
	组织班内人员进行施工	组织生产时要兼顾安全	若组织生产时忽视安全，则可能会导致人员安全意识淡薄，发生伤害事故

2）交班标准化操作规程

交班标准化操作规程如表6–6所示。

表6–6 班长交班标准化操作规程

工作内容	工作步骤	工作标准	风险提示
交班	交清本班设备运转情况及当前施工情况	施工情况、设备、工具状况交接清楚率100%	若设备交接有遗漏、交接不清，则易发生故障，耽误生产
	对接班班长提出的问题进行整改	职责、能力范围以内的问题整改率100%	若问题整改不全，遗留隐患，则易导致误工或事故
参加班后会	交班后至值班房参加班后会，具体总结、分析本班情况	总结内容具体、全面	若不参加班后会，本班工作无人讲评，则问题、经验不能及时总结

3. 施工作业标准化操作规程

1）施工准备标准化操作规程

配合施工队伍（流程设备入场）标准化操作规程如表6–7所示。

表6–7 班长配合施工队伍（流程设备入场）标准化操作规程

工作内容	工作步骤	风险提示	风险规避措施
室内准备	协助领料，核实材料数量和规格	若材料材质与领料单实际不符，易影响后期施工	确认实际领料与需求一致
	制定搬迁计划，进行JSA分析	若不清楚搬迁作业安排、要求及注意事项，易导致人身伤害、设备损坏	参与制定搬迁计划，进行JSA分析，提出合理化建议

续表

工作内容	工作步骤	风险提示	风险规避措施
试油（气）流程材料进场	进行人员组织、分工	若班组人员组织、分工不明确，施工混乱，易导致人身伤害、设备损坏	作业过程中人员组织、分工明确，指定责任人
	开展吊、卸作业	若未严格执行“十不吊”，则易导致吊装事故	严格执行下述标准：①信号指挥不明，违章指挥或夜间无照明不准吊；②吊具不符合要求，吊物捆扎不牢、不平衡不准吊；③吊物质量不明或超负荷不准吊；④散物捆扎不牢或物料装放过满不准吊；⑤作业危险区域人员未撤离，吊物上有人或浮物不准吊；⑥埋在地下的物品不准吊；⑦安全装置失灵或安全防护装置失灵不准吊；⑧易燃易爆、化学腐蚀等危险物品没有防护措施不准吊；⑨棱刃物与钢丝绳直接接触、无保护措施不准吊；⑩起重机与周围设备、输电线路距离不够，以及六级以上大风天气不准吊
	检查、确认井口装置、井场安全环保等现场情况	若未检查确认井口装置、井场安全环保等情况，易导致未能及时发现现场存在的问题，给后期试油（气）留下隐患	及时确认井口装置、井场安全环保等现场情况，发现问题及时上报处理或采取规避措施

试油（气）流程安装标准化操作规程如表6-8所示。

表6-8　班长试油（气）流程安装标准化操作规程

工作内容	工作步骤	风险提示	风险规避措施
试油（气）流程安装	接受安全技术交底	若未接受安全技术交底，不清楚作业内容及注意事项，易导致人身伤害、设备损坏	接受安全技术交底，清楚工作任务安排
	对班组员工分工	若班组人员组织、分工不明确，施工混乱，易导致人身伤害、设备损坏	作业过程中人员组织、分工明确，指定责任人
	按规范安装流程	若不熟悉相关规范要求，易造成工程质量、安全环保事故	严格按规范执行，地面流程安装做到横平竖直，放喷管线不安装小于120° 的钢质弯头；同时，尽量做到管汇台距井口不小于10m，放喷口距井口不小于75m，拐弯处采用加厚耐冲蚀优质管材；硬接触处用胶皮垫好，防止管线抖动摩擦产生火花发生危险；安装油嘴套、流量计及管线时应检查有无油嘴、孔板、堵塞物，应保证管线畅通；检查各阀门的开关灵活性，确保转动无卡阻现象；放喷管线尽量平直，放喷口应安装燃烧筒，安装位置位于当地常风向的下风向，且垂直向上，并具有安全点火条件，同时避免污染农田

试油（气）流程固定标准化操作规程如表6-9所示。

表6-9 班长试油（气）流程固定标准化操作规程

工作内容	工作步骤	风险提示	风险规避措施
试油（气）流程固定	接受安全技术交底	若未接受安全技术交底，不清楚作业内容及注意事项，易导致人身伤害、设备损坏	接受安全技术交底，清楚工作任务安排
	对班组员工分工	若班组人员组织、分工不明确，施工混乱，易导致人身伤害、设备损坏	作业过程中人员组织、分工明确，指定责任人
	按规范固定流程	若不熟悉相关规范要求，易造成工程质量、安全环保事故	严格按规范执行：地面流程采用地锚、膨胀螺杆或水泥基墩固定；固定位置为：管汇台、放喷口、各弯管处，平直管线固定间隔距离为10~15m；水泥基墩尺寸为长不小于0.8m，宽不小于0.6m，深不小于0.8m，放喷口距离水泥基墩边缘不大于0.5m，喷口垂直向上，管线悬空处应垫实，流程管线间距不小于0.1m

2）开工验收标准化操作规程

开工验收标准化操作规程如表6-10所示。

表6-10 班长开工验收标准化操作规程

工作内容	工作步骤	风险提示	风险规避措施
开工验收	确保现场达到开工验收条件	若现场存在较大问题，则未通过开工验收（不予开工）	遵守试油（气）设计要求，《试油（气）开工验收实施细则》及各甲方单位开工验收规定，以及其他相关规程规范、制度、管理规定

3）工具准备标准化操作规程

油管、短节、变扣准备标准化操作规程如表6-11所示。

表6-11 班长油管、短节、变扣准备标准化操作规程

工作内容	工作步骤	风险提示	风险规避措施
油管准备	油管架、油管摆放	若油管架、油管未按规范摆放，易导致油管摆放不稳、滑落、损坏	油管架三点支撑；离地高度不小于30cm；垫杠材料的硬度应不高于管材硬度；油管重叠最多不超过五层（若为镍基合金油管，需要在油管架上进行软铺垫），排放整齐，油管上严禁堆放重物和人员行走；不同型号油管不能混杂摆放
	丝扣清洁、检查	若未发现存在质量问题的管材，使其误入井内，易造成工程质量事故	检查油管有无弯曲、腐蚀、裂缝、孔洞和螺纹损坏，不合格管材应特殊标识并分开摆放；保证丝扣和密封端面的清洁
	进行油管编号、丈量	若油管编号、丈量错误，易使作业复杂化，甚至造成工程质量事故	不同规格油管分别正确编号，再次核实；使用10m以上的钢卷尺，丈量3次，累计复核误差每1000m应不大于0.2m

续表

工作内容	工作步骤	风险提示	风险规避措施
短节准备	短节摆放	若短节未按规范摆放，易导致短节摆放不稳，滑落、损坏	短节分类整齐摆放，不同规格型号短节不能混杂摆放
	丝扣清洁、检查	若未发现存在质量问题的管材，使其误入井内，易造成工程质量事故	检查短节有无弯曲、腐蚀、裂缝、孔洞和螺纹损坏，不合格管材应特殊标识并分开摆放；保证丝扣和密封端面的清洁
	短节编号、丈量	若短节编号、丈量错误，易使作业复杂化，甚至造成工程质量事故	不同规格短节分别正确编号，再次核实；使用10m以上的钢卷尺，丈量3次，累计复核误差每1000m应不大于0.2m
变扣准备	变扣摆放	若变扣未按规范摆放，易导致变扣摆放不稳、滑落、损坏	变扣分类整齐摆放，不同规格型号短节不能混杂摆放
	丝扣清洁、检查	若未发现存在质量问题的管材，使其误入井内，易造成工程质量事故	检查变扣扣型，扣型与标识相符
	变扣标识、丈量	若变扣扣型标识、丈量错误，易使作业复杂化，甚至造成工程质量事故	不同规格变扣分别正确编号，再次核实；使用10m以上的钢卷尺，丈量3次，累计复核误差每1000m应不大于0.2m

通井规准备标准化操作规程如表6-12所示。

表6-12　班长通井规准备标准化操作规程

工作内容	操作步骤	风险提示	风险规避措施
通井规准备	清洗、保养、摆放	若未按规范摆放，易导致通井规摆放不稳，滑落、损坏（丝扣损坏、本体出现划痕）	不同工具分类整齐摆放，下垫上盖；通井规戴好护丝

刮管器准备标准化操作规程如表6-13所示。

表6-13　班长刮管器准备标准化操作规程

工作内容	操作步骤	风险提示	风险规避措施
刮管器准备	清洗、保养、摆放	（1）若未按规范摆放，易导致变扣摆放不稳，滑落、损坏；（2）若保养不到位，易导致刮管器上部旋转接头无法转动，刮管器弹簧刀片松紧度异常	（1）不同工具分类整齐摆放，下垫上盖；（2）刮管器戴好护丝；加强活动部位保养、检查，确保旋转接头转动灵活，弹簧刀片正常弹起

射孔枪准备标准化操作规程如表6-14所示。

表6-14　班长射孔枪准备标准化操作规程

工作内容	操作步骤	风险提示	风险规避措施
下枪准备	射孔枪到场后开展现场准备工作	若射孔队现场组枪、吊装作业过程中，人员误入危险区域，易导致人身伤害；若变扣接头、筛管及调整短节未准备到位，易影响生产时效	禁止进入射孔队圈闭区域；提前核实、落实射孔管柱所需要的变扣接头、筛管以及调整短节准备情况
	安全技术交底	若未接受安全技术交底，不清楚作业内容及注意事项，易导致人身伤害、设备损坏	接受安全技术交底，清楚工作任务安排及注意事项

封隔器准备标准化操作规程如表6-15所示。

表6-15　班长封隔器准备标准化操作规程

工作内容	操作步骤	风险提示	风险规避措施
封隔器准备	封隔器到场后开展现场准备工作	若工具现场组装、吊装作业过程中，人员误入危险区域，易导致人身伤害；若变扣接头、短节未准备到位，易影响生产时效	禁止进入工具方圈闭区域；提前核实、落实封井管柱所需要的变扣接头、短节准备情况
	安全技术交底	若未接受安全技术交底，不清楚作业内容及注意事项，易导致人身伤害、设备损坏	接受安全技术交底，清楚工作任务安排及注意事项

桥塞准备标准化操作规程如表6-16所示。

表6-16　班长桥塞准备标准化操作规程

工作内容	操作步骤	风险提示	风险规避措施
桥塞准备	桥塞到场后开展现场准备工作	若桥塞现场组装、吊装作业过程中，人员误入危险区域，易导致人身伤害；若变扣接头、短节未准备到位，易影响生产时效	禁止进入桥塞方圈闭区域；提前核实、落实桥塞管柱所需要的变扣接头、短节准备情况
	安全技术交底	若未接受安全技术交底，不清楚作业内容及注意事项，易导致人身伤害、设备损坏	接受安全技术交底，清楚工作任务安排及注意事项

油嘴准备标准化操作规程如表6-17所示。

表6-17　班长油嘴准备标准化操作规程

工作内容	工作步骤	风险提示	风险规避措施
油嘴准备	核实领料单；丝扣清洗、外观检查	若油嘴数量不够，大小与要求不符，则丝扣易损坏，无法使用	核对油嘴数量、大小，检查确保丝扣完好，确保用量满足施工要求

孔板准备标准化操作规程如表6-18所示。

表6-18　班长孔板准备标准化操作规程

工作内容	工作步骤	风险提示	风险规避措施
孔板准备	核实领料单；清洗、外观检查	若孔板数量不够，大小与要求不符，则本体易损坏，无法使用	核对孔板数量、大小，检查确保本体完好，确保用量满足施工要求

4）起下管柱标准化操作规程

下油管单根标准化操作规程如表6-19所示。

表6-19　班长下油管单根标准化操作规程

工作内容	工作步骤	风险提示	风险规避措施
下油管单根	接受任务书	若未接受任务书，不清楚作业内容及注意事项，易导致工程事故	执行任务书，清楚工作任务安排及注意事项
	施工前检查	若施工前未检查施工设备，施工过程中设备出现故障或事故，易导致人身伤害、工程事故	确保设备处于正常工作状态（进行提升设备、井控设备、“三吊一卡”等检查）
	油管上钻台	若管材上钻台过程中脱落或与其他硬物碰撞，易砸伤人员和损坏设备	操作人员紧密配合，专人指挥，做好危险区域警戒，严禁进入危险区域，人员远离正在移动的管材，管材戴好护丝、牵尾绳，上提时控制速度，平稳操作，捆绑牢靠，防止管材脱落、碰撞
	通径	若通径工具不合格，或不能发现不合格管材，易导致后期油管内作业不成功；若通径操作不正确，易导致人身伤害	管材通径操作执行Q_XN 1024—2017《油管和套管通径操作规程》
	对扣、引扣、上扣、下管柱	若管材上扣前未引扣，易导致错扣损坏；若上扣扭矩值不符合要求，易损坏管材或造成井下事故；若井口操作不当，易造成井下落物；若下钻速度控制不当，损坏管柱、井筒及井口设备，易诱发事故；若液压钳使用不正确，易造成人身伤害	管材对扣后使用引扣工具引扣，采用液压钳按设计规定扭矩值上扣；做好井口防落物措施；通井时平稳操作，管柱下放速度不大于20m/min，接近回接筒、造斜点及设计井深时，下放速度不大于5m/min，若中途遇阻，悬重下降控制不超过30kN（对已揭开产层的井，在通过射孔井段时，速度应不大于5m/min）；正确使用液压钳
	井控坐岗	若未严格执行井控坐岗制度，未及时发现溢流显示，易造成井控事故	专人坐岗，严格执行井控管理制度《井控管理实施细则》

起油管单根标准化操作规程如表6-20所示。

表6-20　班长起油管单根标准化操作规程

工作内容	工作步骤	风险提示	风险规避措施
起油管单根	接受任务书	若未接受任务书，不清楚作业内容及注意事项，易导致工程事故	执行任务书，清楚工作任务安排及注意事项

续表

工作内容	工作步骤	风险提示	风险规避措施
起油管单根	施工前检查	若施工前未检查施工设备，施工过程中设备出现故障或事故，易导致人身伤害、工程事故	确保设备处于正常工作状态（进行提升设备、井控设备、“三吊一卡”等检查）
	起油管单根	若未按规范作业、控制起管柱速度、正确编号，易导致工程质量、人身伤害事故	起管柱时平稳操作，速度控制在15~20m/min，起井下工具和最后几根油管时，提升速度要不大于5m/min，防止碰坏井口、拉断拉弯油管或井下工具；起管柱过程中，随时观察并记录管柱有无砂堵、腐蚀及偏磨等情况；正确编号
	检查油管并编号	若未检查通井规，则无法发现通井规出现了损伤等情况，近而无法发现井筒出现异常	及时检查出井的通井规，发现本体损伤等情况及时汇报
	井控坐岗	若未严格执行井控坐岗制度，未及时发现溢流显示，易造成井控事故	专人坐岗，灌浆，严格执行井控管理制度

下钻杆单根标准化操作规程如表6-21所示。

表6-21 班长下钻杆单根标准化操作规程

工作内容	工作步骤	风险提示	风险规避措施
下钻杆单根	接受任务书	若未接受任务书，不清楚作业内容及注意事项，易导致工程事故	执行任务书，清楚工作任务安排及注意事项
	施工前检查	若施工前未检查施工设备，施工过程中设备出现故障或事故，易导致人身伤害、工程事故	确保设备处于正常工作状态（进行提升设备、井控设备、“三吊一卡”等检查）
	钻杆上钻台	若管材上钻台过程中脱落或与其他硬物碰撞，易砸伤人员和损坏设备	操作人员紧密配合，专人指挥，做好危险区域警戒，严禁进入危险区域，人员远离正在移动的管材，管材戴好护丝、牵尾绳，上提时控制速度，平稳操作，捆绑牢靠，防止管材脱落、碰撞
	通径	若通径工具不合格，或不能发现不合格管材，易导致后期油管内作业不成功；若通径操作不正确，易导致人身伤害	管材通径操作执行Q_XN 1024—2017《油管和套管通径操作规程》
	对扣、引扣、上扣、下管柱	若管材上扣前未引扣，易导致错扣损坏；若上扣扭矩值不符合要求，易损坏管材或造成井下事故；若井口操作不当，易造成井下落物；若下钻速度控制不当，损坏管柱、井筒及井口设备，易诱发事故；若液压钳使用不正确，易造成人身伤害	管材对扣后使用引扣工具引扣，采用液压钳按设计规定扭矩值上扣；做好井口防落物措施；通井时平稳操作，管柱下放速度不大于20m/min，接近回接筒、造斜点及设计井深时，下放速度不大于5m/min，若中途遇阻，悬重下降控制不超过30kN（对已揭开产层的井，在通过射孔井段时，速度应不大于5m/min）；正确使用液压钳
	井控坐岗	若未严格执行井控坐岗制度，未及时发现溢流显示，易造成井控事故	专人坐岗，严格执行井控管理制度《井控管理实施细则》

起钻杆单根标准化操作规程如表6-22所示。

表6-22　班长起钻杆单根标准化操作规程

工作内容	工作步骤	风险提示	风险规避措施
起钻杆单根	接受任务书	若未接受任务书，不清楚作业内容及注意事项，易导致工程事故	执行任务书，清楚工作任务安排及注意事项
	施工前检查	若施工前未检查施工设备，施工过程中设备出现故障或事故，易导致人身伤害、工程事故	确保设备处于正常工作状态（进行提升设备、井控设备、“三吊一卡”等检查）
	起钻杆单根	若未按规范作业、控制起管柱速度、正确编号，易导致工程质量、人身伤害事故	起管柱时平稳操作，速度控制在15~20m/min，起井下工具和最后几根油管时，提升速度要不大于5m/min，防止碰坏井口、拉断拉弯油管或井下工具；起管柱过程中，随时观察并记录管柱有无砂堵、腐蚀及偏磨等情况；正确编号
	检查钻杆并编号	若未检查通井规，则无法发现通井规出现了损伤等情况，近而无法发现井筒出现异常	及时检查出井的通井规，发现本体损伤等情况及时汇报
	井控坐岗	若未严格执行井控坐岗制度，未及时发现溢流显示，易造成井控事故	专人坐岗，灌浆，严格执行井控管理制度

下油管立柱标准化操作规程如表6-23所示。

表6-23　班长下油管立柱标准化操作规程

工作内容	工作步骤	风险提示	风险规避措施
下油管立柱	接受任务书	若未接受任务书，不清楚作业内容及注意事项，易导致工程事故	执行任务书，清楚工作任务安排及注意事项
	施工前检查	若施工前未检查施工设备，施工过程中设备出现故障或事故，易导致人身伤害、工程事故	确保设备处于正常工作状态（进行提升设备、井控设备、“三吊一卡”等检查）
	通径	若通径工具不合格，或不能发现不合格管材，易导致后期油管内作业不成功；若通径操作不正确，易导致人身伤害	管材通径操作执行Q_XN 1024—2017《油管和套管通径操作规程》
	对扣、引扣、上扣、下管柱	若管材上扣前未引扣，易导致错扣损坏；若上扣扭矩值不符合要求，易损坏管材或造成井下事故；若井口操作不当，易造成井下落物；若下钻速度控制不当，损坏管柱、井筒及井口设备，易诱发事故；若液压钳使用不正确，易造成人身伤害	管材对扣后使用引扣工具引扣，采用液压钳按设计规定扭矩值上扣；做好井口防落物措施；通井时平稳操作，管柱下放速度不大于20m/min，接近回接筒、造斜点及设计井深时，下放速度不大于5m/min，若中途遇阻，悬重下降控制不超过30kN（对已揭开产层的井，在通过射孔井段时，速度应不大于5m/min）；正确使用液压钳
	井控坐岗	若未严格执行井控坐岗制度，未及时发现溢流显示，易造成井控事故	专人坐岗，严格执行井控管理制度《井控管理实施细则》

起油管立柱标准化操作规程如表6-24所示。

表6-24 班长起油管立柱标准化操作规程

工作内容	工作步骤	风险提示	风险规避措施
起油管立柱	接受任务书	若未接受任务书，不清楚作业内容及注意事项，易导致工程事故	执行任务书，清楚工作任务安排及注意事项
	施工前检查	若施工前未检查施工设备，施工过程中设备出现故障或事故，易导致人身伤害、工程事故	确保设备处于正常工作状态（进行提升设备、井控设备、“三吊一卡”等检查）
	起油管立柱	若未按规范作业、控制起管柱速度、正确编号，易导致工程质量、人身伤害事故	起管柱时平稳操作，速度控制在15~20m/min，起井下工具和最后几根油管时，提升速度要不大于5m/min，防止碰坏井口、拉断拉弯油管或井下工具；起管柱过程中，随时观察并记录管柱有无砂堵、腐蚀及偏磨等情况；正确编号
	检查油管并编号	若未检查油管，则无法发现油管出现了损伤等情况，近而无法发现井筒出现异常	及时检查出井的刮管器，发现本体损伤等情况及时汇报
	井控坐岗	若未严格执行井控坐岗制度，未及时发现溢流显示，易造成井控事故	专人坐岗，灌浆，严格执行井控管理制度

下钻杆立柱标准化操作规程如表6-25所示。

表6-25 班长下钻杆立柱标准化操作规程

工作内容	工作步骤	风险提示	风险规避措施
下钻杆立柱	接受任务书	若未接受任务书，不清楚作业内容及注意事项，易导致工程事故	执行任务书，清楚工作任务安排及注意事项
	施工前检查	若施工前未检查施工设备，施工过程中设备出现故障或事故，易导致人身伤害、工程事故	确保设备处于正常工作状态（进行提升设备、井控设备、“三吊一卡”等检查）
	通径	若通径工具不合格，或不能发现不合格管材，易导致后期油管内作业不成功；若通径操作不正确，易导致人身伤害	管材通径操作执行Q_XN 1024—2017《油管和套管通径操作规程》
	对扣、引扣、上扣、下管柱	若管材上扣前未引扣，易导致错扣损坏；若上扣扭矩值不符合要求，易损坏管材或造成井下事故；若井口操作不当，易造成井下落物；若下钻速度控制不当，损坏管柱、井筒及井口设备，易诱发事故；若液压钳使用不正确，易造成人身伤害	管材对扣后使用引扣工具引扣，采用液压钳按设计规定扭矩值上扣；做好井口防落物措施；通井时平稳操作，管柱下放速度不大于20m/min，接近回接筒、造斜点及设计井深时，下放速度不大于5m/min，若中途遇阻，悬重下降控制不超过30kN（对已揭开产层的井，在通过射孔井段时，速度应不大于5m/min）；正确使用液压钳
	井控坐岗	若未严格执行井控坐岗制度，未及时发现溢流显示，易造成井控事故	专人坐岗，严格执行井控管理制度《井控管理实施细则》

上·六

起钻杆立柱标准化操作规程如表6–26所示。

表6–26 班长起钻杆立柱标准化操作规程

工作内容	工作步骤	风险提示	风险规避措施
起钻杆立柱	接受任务书	若未接受任务书，不清楚作业内容及注意事项，易导致工程事故	执行任务书，清楚工作任务安排及注意事项
	施工前检查	若施工前未检查施工设备，施工过程中设备出现故障或事故，易导致人身伤害、工程事故	确保设备处于正常工作状态（进行提升设备、井控设备、“三吊一卡”等检查）
	起钻杆立柱	若未按规范作业、控制起管柱速度、正确编号，易导致工程质量、人身伤害事故	起管柱时平稳操作，速度控制在15~20m/min，起井下工具和最后几根油管时，提升速度要不大于5m/min，防止碰坏井口、拉断拉弯油管或井下工具；起管柱过程中，随时观察并记录管柱有无砂堵、腐蚀及偏磨等情况；正确编号
	检查油管并编号	若未检查钻杆，则无法发现钻杆出现了损伤等情况，近而无法发现井筒出现异常	及时检查出井的刮管器，发现本体损伤等情况及时汇报
	井控坐岗	若未严格执行井控坐岗制度，未及时发现溢流显示，易造成井控事故	专人坐岗，灌浆，严格执行井控管理制度

5）拆装井口标准化操作规程

拆防喷器标准化操作规程如表6–27所示。

表6–27 班长拆防喷器标准化操作规程

工作内容	工作步骤	风险提示	风险规避措施
工作准备	接受任务书、安全技术交底	若未接受任务书、安全技术交底，不清楚作业内容及注意事项，易导致工程事故	执行任务书和安全技术交底，清楚工作任务安排及注意事项
	施工前检查	施工前未检查施工设备，施工过程中设备出现故障或事故，易导致人身伤害、工程事故	确保设备处于正常工作状态（进行提升设备、吊装设备设施、井控设备、“三吊一卡”等检查）
	申请开具作业许可证（“三高井”）	若未申请作业许可证并执行，易导致人身伤害、设备损坏	申请作业许可证，批准后严格按照其中的安全预防措施执行
拆防喷器	拆防喷器	若不熟悉拆防喷器相关规范要求，易造成工程质量、安全环保事故	拆卸防喷器组期间全程做好井口防落物遮盖措施；泄压，拆液压管线及连接弯头，安装丝堵；放尽防喷器组内压井液，其他人员撤离到安全区域，专人指挥，拆掉井口装置附件；搭建操作平台、拆卸防喷器螺栓，专人指挥吊出防喷器（不允许两个及以上封井器连在一起拆卸或外拉）；拆卸后的防喷器钢圈槽、螺栓、螺帽等应清洗干净，涂抹黄油，螺栓、螺帽配套存放；拆除的液压管线接头进行包裹保护后入库排放

续表

工作内容	工作步骤	风险提示	风险规避措施
拆防喷器	井控坐岗	若未严格执行井控坐岗制度，未及时发现溢流显示，易造成井控事故	专人坐岗，严格执行井控管理制度

装防喷器标准化操作规程如表6-28所示。

表6-28 班长装防喷器标准化操作规程

工作内容	工作步骤	风险提示	风险规避措施
装防喷器	装防喷器	若不熟悉装防喷器相关规范要求，易造成工程质量、安全环保事故	作业全程专人指挥，顶丝退出完全，清理法兰钢圈槽，确认钢圈入槽，附件设施安装固定、调试、标识到位，全程做好井口防落物遮盖措施
	井控坐岗	若未严格执行井控坐岗制度，未及时发现溢流显示，易造成井控事故	专人坐岗，严格执行井控管理制度

拆采气树标准化操作规程如表6-29所示。

表6-29 班长拆采气树标准化操作规程

工作内容	工作步骤	风险提示	风险规避措施
工作准备	接受任务书、安全技术交底	若未接受任务书、安全技术交底，不清楚作业内容及注意事项，易导致工程事故	执行任务书和安全技术交底，清楚工作任务安排及注意事项
	施工前检查	施工前未检查施工设备，施工过程中设备出现故障或事故，易导致人身伤害、工程事故	确保设备处于正常工作状态（进行提升设备、吊装设备设施、井控设备、“三吊一卡”等检查）
	申请开具作业许可证（“三高井”）	若未申请作业许可证并执行，易导致人身伤害、设备损坏	申请作业许可证，批准后严格按照其中的安全预防措施执行
拆采气树	拆采气树	若拆采气树过程中未做好井口防落物措施，易造成井下落物	全过程做好井口防落物遮盖措施
	井控坐岗	若未严格执行井控坐岗制度，未及时发现溢流显示，易造成井控事故	专人坐岗，严格执行井控管理制度

装采气树标准化操作规程如表6-30所示。

表6-30 班长装采气树标准化操作规程

工作内容	工作步骤	风险提示	风险规避措施
装采气树	装采气树	若不熟悉装采气树相关规范要求，易造成工程质量、安全环保事故	安装采气树时，把钢圈槽和钢圈清洗干净，缓慢下放吻合法兰，防止碰损钢圈，确保所有螺栓对角上紧，两端余扣相同，采气树手轮方向一致，在一个垂直平面；井口螺栓受力应均匀，螺栓两端倒角底面应高于螺母平面

续表

工作内容	工作步骤	风险提示	风险规避措施
装采气树	井控坐岗	若未严格执行井控坐岗制度，未及时发现溢流显示，易造成井控事故	专人坐岗，严格执行井控管理制度

6）试压标准化操作规程

全井筒试压标准化操作规程如表6–31所示。

表6–31　班长全井筒试压标准化操作规程

工作内容	工作步骤	风险提示	风险规避措施
全井筒试压	申请开具作业许可证	若未申请作业许可证并执行操作，易导致人身伤害、设备损坏	申请作业许可证，批准后严格按照其中的安全预防措施执行
	接受安全技术交底	若未接受安全技术交底，不清楚作业内容及注意事项，易导致人身伤害、设备损坏	接受安全技术交底，清楚工作任务安排
	试压	若未按设计规范要求试压，易造成工程质量和安全环保事故	严格按照设计试压要求试压

试油（气）流程试压标准化操作规程如表6–32所示。

表6–32　班长试油（气）流程试压标准化操作规程

工作内容	工作步骤	风险提示	风险规避措施
试油（气）流程试压	申请开具作业许可证	若未申请作业许可证并执行操作，易导致人身伤害、设备损坏	申请作业许可证，批准后严格按照其中的安全预防措施执行
	接受安全技术交底	若未接受安全技术交底，不清楚作业内容及注意事项，易导致人身伤害、设备损坏	接受安全技术交底，清楚工作任务安排
	试压	若未按设计规范要求试压，易造成工程质量和安全环保事故	严格按照设计试压要求试压

采气树主副密封试压标准化操作规程如表6–33所示。

表6–33　班长采气树主副密封试压标准化操作规程

工作内容	工作步骤	风险提示	风险规避措施
采气树主副密封试压	申请开具作业许可证	若未申请作业许可证并执行操作，易导致人身伤害、设备损坏	申请作业许可证，批准后严格按照其中的安全预防措施执行
	安全技术交底	若未接受安全技术交底，不清楚作业内容及注意事项，易导致人身伤害、设备损坏	接受安全技术交底，清楚工作任务安排
	试压	若未按设计规范要求试压，易造成工程质量和安全环保事故	严格按照设计试压要求试压

防喷器试压标准化操作规程如表6-34所示。

表6-34 班长防喷器试压标准化操作规程

工作内容	工作步骤	风险提示	风险规避措施
防喷器试压	申请开具作业许可证	若未申请作业许可证并执行操作，易导致人身伤害、设备损坏	申请作业许可证，批准后严格按照其中的安全预防措施执行
	接受安全技术交底	若未接受安全技术交底，不清楚作业内容及注意事项，易导致人身伤害、设备损坏	接受安全技术交底，清楚工作任务安排
	试压	若未按设计规范要求试压，易造成工程质量和安全环保事故	严格按照设计试压要求试压

7）通刮作业标准化操作规程

通井标准化操作规程如表6-35所示。

表6-35 班长通井标准化操作规程

工作内容	工作步骤	风险提示	风险规避措施
组通井管柱	接受任务书	若未接受任务书，不清楚作业内容及注意事项，易导致工程事故	执行任务书，清楚工作任务安排及注意事项
	施工前检查	若施工前未检查施工设备，施工过程中设备出现故障或事故，易导致人身伤害、工程事故	确保设备处于正常工作状态（进行提升设备、井控设备、“三吊一卡”等检查）
	工具上钻台	若管材上钻台过程中脱落或与其他硬物碰撞，易砸伤人员和损坏设备	操作人员紧密配合，专人指挥，做好危险区域警戒，严禁进入危险区域，人员远离正在移动的管材，管材戴好护丝、牵尾绳，上提时控制速度，平稳操作，捆绑牢靠，防止管材脱落、碰撞
	通径	若通径工具不合格，不能有效发现不合格管材，易导致后期油管内作业不成功；若通径操作不正确，易导致人身伤害	管材通径操作执行Q_XN 1024—2017《油管和套管通径操作规程》
	对扣、引扣、上扣、下管柱	若管材上扣前未引扣，易导致错扣损坏；若上扣扭矩值不符合要求，易损坏管材或造成井下事故；若井口操作不当，易造成井下落物；若下钻速度控制不当，易损坏管柱、井筒及井口设备，诱发事故；若液压钳使用不正确，易造成人身伤害	管材对扣后使用引扣工具引扣，采用液压钳按设计规定扭矩值上扣；做好井口防落物措施通井时平稳操作，管柱下放速度不大于20m/min，接近回接筒、造斜点及设计井深时，下放速度不大于5m/min，若中途遇阻，悬重下降控制不超过30kN（对已揭开产层的井，在通过射孔井段时，速度应不大于5m/min）；正确使用液压钳
	井控坐岗	若未严格执行井控坐岗制度，未及时发现溢流显示，易造成井控事故	专人坐岗，严格执行井控管理制度《井控管理实施细则》

续表

工作内容	工作步骤	风险提示	风险规避措施
起通井规	起通井规	若未按规范作业、控制起管柱速度、正确编号，易导致工程质量、人身伤害事故	起管柱平稳操作，速度控制为15~20m/min，起井下工具和最后几根油管时，提升速度要不大于5m/min，防止碰坏井口、拉断拉弯油管或井下工具；起管柱过程中，随时观察并记录管柱有无砂堵、腐蚀及偏磨等情况；正确编号
	检查通井规	若未检查通井规，则无法发现通井规出现了损伤等情况，近而无法发现井筒出现异常	及时检查出井的通井规，发现本体损伤等情况及时汇报
	井控坐岗	若未严格执行井控坐岗制度，未及时发现溢流显示，易造成井控事故	专人坐岗，灌浆，严格执行井控管理制度

刮管标准化操作规程如表6-36所示。

表6-36　班长刮管标准化操作规程

工作内容	工作步骤	风险提示	风险规避措施
组刮管管柱	接受任务书	若未接受任务书，不清楚作业内容及注意事项，易导致工程事故	执行任务书，清楚工作任务安排及注意事项
	施工前检查	若施工前未检查施工设备，施工过程中设备出现故障或事故，易导致人身伤害、工程事故	确保设备设施处于正常工作状态（检查提升设备、井控设备、“三吊一卡”等）
	工具上钻台	若工具上钻台过程中脱落或与其他硬物碰撞，易砸伤人员和损坏设备	操作人员紧密配合，专人指挥，做好危险区域警戒，严禁进入危险区域，人员远离正在移动的工具，管材戴好护丝、牵尾绳，上提时控制速度，平稳操作，捆绑牢靠，防止工具脱落、碰撞
	通径	若通径工具不合格，不能有效发现不合格管材，易导致后期油管内作业不成功；若通径操作不正确，易导致人身伤害	管材通径操作执行Q_XN 1024—2017《油管和套管通径操作规程》
	对扣、引扣、上扣、下管柱	若管材上扣前未引扣，易导致错扣损坏；若上扣扭矩值不符合要求，易损坏管材或造成井下事故；若井口操作不当，易造成井下落物；若下钻速度控制不当，易损坏管柱、井筒及井口设备，诱发事故；若液压钳使用不正确，易造成人身伤害	管材对扣后使用引扣工具引扣，采用液压钳按设计规定扭矩值上扣；做好井口防落物措施；通井时平稳操作，管柱下放速度不大于20m/min，接近回接筒、造斜点及设计井深时，下放速度不大于5m/min，若中途遇阻，悬重下降控制不超过30kN（对已揭开产层的井，在通过射孔井段时，速度应不大于5m/min）；正确使用液压钳
	井控坐岗	若未严格执行井控坐岗制度，未及时发现溢流显示，易造成井控事故	专人坐岗，严格执行井控管理制度《井控管理实施细则》

续表

工作内容	工作步骤	风险提示	风险规避措施
起刮管管柱	起刮管管柱	若未按规范作业、控制起管柱速度、正确编号，易导致工程质量、人身伤害事故	起管柱平稳操作，速度控制为15~20m/min，起井下工具和最后几根油管时，提升速度要不大于5m/min，防止碰坏井口、拉断拉弯油管或井下工具；起管柱过程中，随时观察并记录管柱有无砂堵、腐蚀及偏磨等情况；正确编号
	检查刮管器	若未检查刮管器，则无法发现刮管器出现了损伤等情况，近而无法发现井筒出现异常	及时检查出井的刮管器，发现本体损伤等情况及时汇报
	井控坐岗	若未严格执行井控坐岗制度，未及时发现溢流显示，易造成井控事故	专人坐岗，灌浆，严格执行井控管理制度

通井、刮管联作标准化操作规程如表6-37所示。

表6-37 班长通井、刮管联作标准化操作规程

工作内容	工作步骤	风险提示	风险规避措施
组通井、刮管联作管柱	接受任务书	若未接受任务书，不清楚作业内容及注意事项，易导致工程事故	执行任务书，清楚工作任务安排及注意事项
	施工前检查	若施工前未检查施工设备，施工过程中设备出现故障或事故，易导致人身伤害、工程事故	确保设备设施处于正常工作状态（进行提升设备、井控设备、“三吊一卡”等检查）
	工具上钻台	若工具上钻台过程中脱落或与其他硬物碰撞，易砸伤人员和损坏设备	操作人员紧密配合，专人指挥，做好危险区域警戒，严禁进入危险区域，人员远离正在移动的工具，管材戴好护丝、牵尾绳，上提时控制速度，平稳操作，捆绑牢靠，防止工具脱落、碰撞
	通径	若通径工具不合格，不能有效发现不合格管材，易导致后期油管内作业不成功；若通径操作不正确，易导致人身伤害	管材通径操作执行Q_XN 1024—2017《油管和套管通径操作规程》
	对扣、引扣、上扣、下管柱	若管材上扣前未引扣，易导致错扣损坏；若上扣扭矩值不符合要求，易损坏管材或造成井下事故；若井口操作不当，易造成井下落物；若下钻速度控制不当，易损坏管柱、井筒及井口设备，诱发事故；若液压钳使用不正确，易造成人身伤害	管材对扣后使用引扣工具引扣，采用液压钳按设计规定扭矩值上扣；做好井口防落物措施；通井时平稳操作，管柱下放速度不大于20m/min，接近回接筒、造斜点及设计井深时，下放速度不大于5m/min，若中途遇阻，悬重下降控制不超过30kN（对已揭开产层的井，在通过射孔井段时，速度应不大于5m/min）；正确使用液压钳
	井控坐岗	若未严格执行井控坐岗制度，未及时发现溢流显示，易造成井控事故	专人坐岗，严格执行井控管理制度《井控管理实施细则》

续表

工作内容	工作步骤	风险提示	风险规避措施
起通井、刮管联作管柱	起通井、刮管联作管柱	若未按规范作业、控制起管柱速度、正确编号，易导致工程质量、人身伤害事故	起管柱时平稳操作，速度控制为15~20m/min，起井下工具和最后几根油管时，提升速度要不大于5m/min，防止碰坏井口、拉断拉弯油管或井下工具；起管柱过程中，随时观察并记录管柱有无砂堵、腐蚀及偏磨等情况；正确编号
	检查刮管器	若未检查通井规、刮管器，则无法发现通井规、刮管器出现了损伤等情况，近而无法发现井筒出现异常	及时检查出井的通井规、刮管器，发现本体损伤等情况及时汇报
	井控坐岗	若未严格执行井控坐岗制度，未及时发现溢流显示，易造成井控事故	专人坐岗，灌浆，严格执行井控管理制度

8）探人工井底标准化操作规程

探人工井底标准化操作规程如表6-38所示。

表6-38　班长探人工井底标准化操作规程

工作内容	工作步骤	风险提示	工作标准
探人工井底	探人工井底	若未按规范探塞面,水泥塞被破坏、管柱被掩埋、管内部被水泥堵塞，易造成工程质量事故	加压5~10kN探塞面3次，深度误差在0.5m以内，上提管柱洗井
	井控坐岗	若未严格执行井控坐岗制度，未及时发现溢流显示，易造成井控事故	专人坐岗，严格执行井控管理制度

9）循环作业标准化操作规程

循环压井液标准化操作规程如表6-39所示。

表6-39　班长循环压井液标准化操作规程

工作内容	工作步骤	风险提示	风险规避措施
施工准备	检查循环通道	若未倒换井口及循环管线闸门，未确认通道畅通，易造成工程质量、安全环保、人身伤害事故	确认各闸门开关正确、循环通道畅通
开泵循环	设备、井筒验通	若未验通就大排量循环，易导致管线或井内憋压，甚至刺穿，造成工程质量、安全环保、人身伤害事故	先以小于300L/min的排量验通，直到出口正常返浆，再提高排量
	过程监控	若循环过程中未及时巡检，未发现管线或闸门刺漏、气体溢出等异常情况，易造成安全环保、人身伤害事故	循环过程中对泵压、排量、进出口液体性能进行监控及循环管线巡查；验证循环设备有效排量；揭开产层的含硫气井应采用泥气分离器脱气，出口点燃长明火
	井控坐岗	若未严格执行井控坐岗制度，未及时发现溢流显示，易造成井控事故	专人坐岗，严格执行井控管理制度

续表

工作内容	工作步骤	风险提示	风险规避措施
开泵循环	测油气上窜速度	若未测油气上窜速度，未掌控安全作业时间，易造成井控事故	按设计、标准测油气上窜速度（第一次射开油气层后起钻前，长时间静止后起钻前，起钻前至下一次下入井底循环间隔时间较长，井筒压井介质变化，前一次起下作业发生严重气侵）；油气上窜速度小于30m/h

洗井标准化操作规程如表6-40所示。

表6-40 班长洗井标准化操作规程

工作内容	工作步骤	风险提示	风险规避措施
洗井	过程监控	若洗井过程中未及时巡检，未发现管线或闸门刺漏、气体溢出等异常情况，易造成安全环保、人身伤害事故	监控泵压、排量执行工具方要求，减小对工具损伤，防止工具提前工作，确保供液排量达到要求，连续施工；进出口液体性能监控及管线巡查到位，排出的污水进入废液罐，做好环境保护工作

压井标准化操作规程如表6-41所示。

表6-41 班长压井标准化操作规程

工作内容	工作步骤	风险提示	风险规避措施
施工准备	接受任务书、安全技术交底	若未接受任务书、安全技术交底，不清楚作业内容及注意事项，易导致工程事故	执行任务书，清楚工作任务安排及注意事项
	检查压井通道	若未倒换井口及压井管线闸门，未确认通道畅通，易造成工程质量、安全环保、人身伤害事故	确认各闸门开关正确、压井通道畅通
压井	设备、井筒验通	若未验通就大排量循环，易导致管线或井内憋压，甚至刺穿，造成工程质量、安全环保、人身伤害事故	先以小于300L/min的排量验通，直到出口正常返浆，再提高排量
	过程监控	若压井过程中未及时巡检，未发现管线或闸门刺漏、气体溢出等异常情况，施工不连续，易造成工程质量、安全环保、人身伤害事故	监控泵压、排量执行压井方案（或工具方）要求，确保供液排量达到要求，连续施工；做好回压监测、进出口液量计算（判断溢流或者漏失）等防止井下事故发生；进出口液体性能监控及管线巡查到位，混浆外排时防止污染（及时转运）；采用泥气分离器脱气，出口点燃长明火

替浆标准化操作规程如表6–42所示。

表6–42　班长替浆标准化操作规程

工作内容	工作步骤	风险提示	风险规避措施
施工准备	接受任务书、安全技术交底	若未接受任务书、安全技术交底，不清楚作业内容及注意事项，易导致工程事故	执行任务书，清楚工作任务安排及注意事项
	检查循环通道	若未倒换井口及循环管线闸门，未确认通道畅通，易造成工程质量、安全环保、人身伤害事故	确认各闸门开关正确、循环通道畅通
替浆	设备、井筒验通	若未验通就大排量循环，导致管线或井内憋压，甚至刺穿，易造成工程质量、安全环保、人身伤害事故	先以小于300L/min的排量验通，直到出口正常返浆，再提高排量
	过程监控	若循环过程中未及时巡检，未发现管线或闸门刺漏、气体溢出等异常情况，施工不连续，易造成工程质量、安全环保、人身伤害事故	监控泵压、排量执行工具方要求，减小对工具损伤，防止工具提前工作，确保供液排量达到要求，连续施工；进出口液体性能监控及管线巡查到位，混浆外排时防止污染（及时转运）；采用泥气分离器脱气，出口点燃长明火

10）射孔标准化操作规程

下射孔枪标准化操作规程如表6–43所示。

表6–43　班长下射孔枪标准化操作规程

工作内容	工作步骤	风险提示	风险规避措施
下射孔枪	施工前检查	若施工前未检查施工设备，施工过程中设备出现故障或事故，易导致人身伤害、工程事故	确保设备处于正常工作状态（进行提升设备、井控设备、“三吊一卡”等检查）
	工具上钻台	若管材上钻台过程中脱落或与其他硬物碰撞，易砸伤人员和损坏设备	操作人员紧密配合，专人指挥，做好危险区域警戒，严禁进入危险区域，人员远离正在移动的管材，管材戴好护丝、牵尾绳，上提时控制速度，平稳操作，捆绑牢靠，防止管材脱落、碰撞
	通径	若通径工具不合格，不能有效发现不合格管材，易导致后期油管内作业不成功；若通径操作不正确，易导致人身伤害	管材通径（含油管、短节、变扣）操作执行Q_XN 1024—2017《油管和套管通径操作规程》
	对扣、引扣、上扣、下管柱	若管材上扣前未引扣，易导致错扣损坏；若上扣扭矩值不符合要求，易损坏管材或造成井下事故；若井口操作不当，易造成井下落物或射孔枪意外起爆；若下钻速度控制不当，易损坏管柱、井筒及井口设备，诱发事故；若液压钳使用不正确，易造成人身伤害	管材对扣后使用引扣工具引扣，采用手工具或液压钳按设计规定扭矩值上扣；监控射孔队同位素标记位置满足设计要求；做好井口防落物措施；下管柱时平稳操作，管柱下放速度控制为30根/h，接近回接筒、造斜点及设计井深时，下放速度不大于5m/min（对已揭开产层的井，在通过射孔井段时，速度应不大于5m/min），若中途出现遇阻悬重下降超过20kN等异常情况时，立即汇报，根据射孔队要求进行处理；正确使用液压钳
	井控坐岗	若未严格执行井控坐岗制度，未及时发现溢流显示，易造成井控事故	专人坐岗，严格执行井控管理制度

测井定位标准化操作规程如表6–44所示。

表6–44 班长测井定位标准化操作规程

工作内容	工作步骤	风险提示	风险规避措施
测井定位	测井准备	若预留场地和井口不满足测井要求，易影响测井操作	收拾、归顺现场，确保预留场地和井口满足测井需要
	测井定位	若人员误入测井危险区域，易导致人身伤害	禁止跨越电缆，进入测井圈闭的危险区域
	井控坐岗	若未严格执行井控坐岗制度，未及时发现溢流显示，易造成井控事故	专人坐岗，严格执行井控管理制度

调整管柱标准化操作规程如表6–45所示。

表6–45 班长调整管柱标准化操作规程

工作内容	工作步骤	风险提示	风险规避措施
调整管柱	调整管柱	若调整短节规格型号不满足要求，易导致管柱断脱，造成工程质量事故	按技术员要求正确取用调整短节（要求加在管柱上部的调整短节抗拉安全系数大于1.8，其余强度、内径至少与下部油管一致）
	井控坐岗	若未严格执行井控坐岗制度，未及时发现溢流显示，易造成井控事故	专人坐岗，严格执行井控管理制度

启爆标准化操作规程如表6–46所示。

表6–46 班长启爆标准化操作规程

工作内容	工作步骤	风险提示	风险规避措施
射孔准备	射孔液准备	若未准备合格的射孔液，或液量不足，易导致射孔失败，造成工程质量事故	准备的射孔液及液量（供液排量）满足射孔要求；
	检查加压通道	若未倒换井口及加压管线闸门，未确认通道畅通，易造成工程质量、安全环保、人身伤害事故	确认各闸门开关正确、加压通道畅通
启爆	井控坐岗	若未严格执行井控坐岗制度，未及时发现溢流显示，易造成井控事故	专人坐岗，严格执行井控管理制度

验枪标准化操作规程如表6–47所示。

表6–47 班长验枪标准化操作规程

工作内容	工作步骤	风险提示	风险规避措施
验枪	验枪	若未检查射孔弹发射率，易造成作业误判，导致工程质量事故	在井口及时检查射孔弹发射率，发现发射率未达到100%则立即将枪下入井内，汇报，待射孔队到场处理

续表

工作内容	工作步骤	风险提示	风险规避措施
验枪	井控坐岗	若未严格执行井控坐岗制度，未及时发现溢流显示，易造成井控事故	专人坐岗，灌浆，严格执行井控管理制度

11）完井作业标准化操作规程

下完井管柱标准化操作规程如表6–48所示。

表6–48 班长下完井管柱标准化操作规程

工作内容	工作步骤	风险提示	工作标准
下完井管柱准备	工具到场后开展现场准备工作	若现场组装工具、吊装作业过程中，人员误入危险区域，易导致人身伤害；若变扣接头、短节未准备到位，易影响生产时效	禁止进入工具方圈闭区域；提前核实、落实完井管柱所需要的变扣接头、短节准备情况
	安全技术交底	若未接受安全技术交底，不清楚作业内容及注意事项，易导致人身伤害、设备损坏	接受安全技术交底，清楚工作任务安排及注意事项
下完井管柱	施工前检查	若施工前未进行施工设备检查，施工过程中设备出现故障或事故，易导致人身伤害、工程事故	确保设备处于正常工作状态（进行提升设备、井控设备、“三吊一卡”等检查）
	工具上钻台	若工具上钻台过程中脱落或与其他硬物碰撞，易砸伤人员和损坏设备	操作人员紧密配合，专人指挥，做好危险区域警戒，严禁进入危险区域，人员远离正在移动的工具，工具戴好护丝、牵尾绳，上提时控制速度，平稳操作，捆绑牢靠，防止工具脱落、碰撞
	通径	若通径工具不合格，不能有效发现不合格管材，易导致后期油管内作业不成功；若通径操作不正确，易导致人身伤害	管材通径（含油管、短节、变扣）操作执行Q_XN 1024—2017《油管和套管通径操作规程》
	对扣、引扣、上扣、下管柱	若管材上扣前未引扣，易导致错扣损坏；若上扣扭矩值不符合要求，易损坏管材或造成井下事故；若井口操作不当，易造成井下落物；若下钻速度控制不当，易损坏管柱、井筒及井口设备，诱发事故；若液压钳使用不正确，易造成人身伤害	管材对扣后使用引扣工具引扣，采用手工具或液压钳按设计规定扭矩值上扣；做好井口防落物措施；下管柱时平稳操作，管柱下放速度控制要求及遇阻处置，执行工具方操作手册；正确使用液压钳
	井控坐岗	若未严格执行井控坐岗制度，未及时发现溢流显示，易造成井控事故	专人坐岗，严格执行井控管理制度

坐挂油管悬挂器标准化操作规程如表6–49所示。

表6–49 班长坐挂油管悬挂器标准化操作规程

工作内容	工作步骤	风险提示	风险规避措施
坐油管悬挂器	清洁悬挂器	若顶丝未退完，油管悬挂器坐入顶丝，易损坏顶丝、悬挂器	丈量顶丝退出长度，确认顶丝完全退出

续表

工作内容	工作步骤	风险提示	风险规避措施
坐油管悬挂器	检查丝扣、外观		
	连接双公、提升短节		
	入座		
顶顶丝	松备帽	若备帽未松，易导致顶丝顶不到位	紧顶丝前检查备帽
	顶顶丝	若顶丝未顶到位，易导致其他事故	丈量顶丝退出长度，确认顶丝完全退出，下入悬挂器后确认方入量到位
	紧备帽	若备帽未紧到位，易导致其他事故	检查备帽

12）工具操作标准化操作规程

坐封封隔器标准化操作规程如表6-50所示。

表6-50 班长坐封封隔器标准化操作规程

工作内容	工作步骤	风险提示	风险规避措施
施工准备	接受任务书、安全技术交底	若未接受任务书、安全技术交底，不清楚作业内容及注意事项，易导致工程事故	执行任务书，清楚工作任务安排及注意事项
	检查循环通道	若未倒换井口及循环管线闸门，未确认通道畅通，易造成工程质量、安全环保、人身伤害事故	确认各闸门开关正确、循环通道畅通
坐封封隔器	设备、井筒验通	若未验通就大排量循环，易导致管线或井内憋压，甚至刺穿，造成工程质量、安全环保、人身伤害事故	先以小于300L/min的排量验通，直到出口正常返浆，再提高排量
	投球、送球	若投球操作方式错误，易导致球未能到位，造成工程质量事故	投球前确认清理干净清蜡闸门内部的黄油等黏性物，关闭1#、4#主闸，打开清蜡闸门，投球，关闭清蜡闸门，打开4#主闸，球掉落后关闭4#主闸，打开1#主闸，候球后再开泵送球
	打压坐封	若未执行工具方操作手册加压坐封，易造成工程质量事故	严格执行工具方操作手册

验封标准化操作规程如表6-51所示。

表6-51 班长验封标准化操作规程

工作内容	工作步骤	风险提示	风险规避措施
验封	验封、泄压	若未执行工具方操作手册验封、泄压，易造成工程质量事故	严格执行工具方操作手册

坐封桥塞标准化操作规程如表6–52所示。

表6–52 班长坐封桥塞标准化操作规程

工作内容	工作步骤	风险提示	风险规避措施
下电缆桥塞准备	施工准备	若预留场地和井口不满足下电缆桥塞要求，易影响后续施工	收拾、归顺现场，确保预留场地和井口满足下电缆桥塞要求
	作业过程	若人员误入绳缆危险区域，易导致人身伤害	禁止跨越绳缆，或进入测井圈闭的危险区域

13）酸化压裂标准化操作规程

酸化压裂准备标准化操作规程如表6–53所示。

表6–53 班长酸化压裂准备标准化操作规程

工作内容	工作步骤	风险提示	风险规避措施
配合酸化压裂准备	井口、场地、供水准备	若井口支撑、场地环境、供水质水量不满足措施要求，易影响后续施工	核实准备工作已按要求完成，满足措施施工条件
	安全技术交底	若未接受安全技术交底，不清楚作业内容及注意事项，易导致人身伤害、设备损坏	接受安全技术交底，清楚工作任务安排及注意事项

配合酸化压裂施工标准化操作规程如表6–54所示。

表6–54 班长配合酸化压裂施工标准化操作规程

工作内容	工作步骤	风险提示	风险规避措施
配合酸化压裂施工	施工过程配合	若未及时配合酸化压裂队处理施工异常情况，易造成工程质量事故	人员在岗，及时配合酸化压裂队操作试油（气）流程、紧固采气树等，施工过程持续供液

配合酸化压裂队撤场标准化操作规程如表6–55所示。

表6–55 班长配合酸化压裂队撤场标准化操作规程

工作内容	工作步骤	风险提示	风险规避措施
配合酸化压裂队撤场	监控施工过程	若酸化压裂队拆管线产生污水污染场地，易造成环保事故	监控酸化压裂队撤场期间做好液体回收工作

恢复流程、井口标准化操作规程如表6–56所示。

表6–56 班长恢复流程、井口标准化操作规程

工作内容	工作步骤	风险提示	风险规避措施
恢复流程	恢复井口	若未按规范操作，易导致人身伤害事故	按照试油（气）流程安装标准操作
	压力监测		

14）排液标准化操作规程

油嘴控制开井排液标准化操作规程如表6–57所示。

表6–57 班长油嘴控制开井排液标准化操作规程

工作内容	工作步骤	风险提示	风险规避措施
开井前准备	接受任务书、安全技术交底	若未接受任务书、安全技术交底，不清楚作业内容及注意事项，易导致工程事故	执行任务书，清楚工作任务安排及注意事项
开井排液	点燃长明火，通道确认，制度确认，开井排液	若未严格执行设计和任务书排液及控压要求，未及时巡检发现流程刺漏、冰堵、串通并处理，管线倒换错误，人员站位操作不合理，易造成工程质量事故、安全环保事故、人身伤害事故	严格执行设计和任务书要求的开井制度、控压要求，准备好备用油嘴制度；人员分工明确（指挥、数据采集、快速控制、管汇、点火、外围警戒、应急救援、环境监测），操作站位合理，巡检发现异常及时汇报、处置
	资料记录	若未准确记录排液期间压力、返液量、产气量等情况，易导致对作业误判，造成工程质量事故	准确记录时间、操作项目、井口油压及套压、产气量、产液量、产油量、温度、工作制度等参数

针阀控制开井排液标准化操作规程如表6–58所示。

表6–58 班长针阀控制开井排液标准化操作规程

工作内容	工作步骤	风险提示	风险规避措施
开井前准备	接受任务书、安全技术交底	若未接受任务书、安全技术交底，不清楚作业内容及注意事项，易导致工程事故	执行任务书，清楚工作任务安排及注意事项
开井排液	点燃长明火，通道确认，制度确认，开井排液	若未严格执行设计和任务书排液及控压要求，未及时巡检发现流程刺漏、冰堵、串通并处理，管线倒换错误，人员站位操作不合理，易造成工程质量事故、安全环保事故、人身伤害事故	严格执行设计和任务书要求的开井制度、控压要求，准备好备用油嘴制度；人员分工明确（指挥、数据采集、快速控制、管汇、点火、外围警戒、应急救援、环境监测），操作站位合理，巡检发现异常及时汇报、处置
	资料记录	若未准确记录排液期间压力、返液量、产气量等情况，易导致对作业误判，造成工程质量事故	准确记录时间、操作项目、井口油压及套压、产气量、产液量、产油量、温度、工作制度等参数

油嘴控制泄压标准化操作规程如表6-59所示。

表6-59　班长油嘴控制泄压标准化操作规程

工作内容	工作步骤	风险提示	风险规避措施
油嘴控制泄压	泄压通道确认	可能发生泄压通道堵塞	泄压前检查泄压通道
	泄压	若泄压速度过快，易导致地面管线刺漏、井筒压力瞬间产生较大波动，损坏设备	控制泄压速度，缓慢泄压

针阀控制泄压标准化操作规程如表6-60所示。

表6-60　班长针阀控制泄压标准化操作规程

工作内容	工作步骤	风险提示	风险规避措施
针阀控制泄压	泄压通道确认	可能发生泄压通道堵塞	泄压前检查泄压通道
	泄压	若泄压速度过快，易导致地面管线刺漏、井筒压力瞬间产生较大波动，损坏设备	控制泄压速度，缓慢泄压

敞井标准化操作规程如表6-61所示。

表6-61　班长敞井标准化操作规程

工作内容	工作步骤	风险提示	风险规避措施
敞井	敞井	可能发生敞井通道或出口堵塞	提前确认敞井通道及敞井出口
	观察	若观察时间不够，对井内情况误判，易造成井控事故；若地层流体进入井内，与压井液混合产生沉淀，易造成工程质量事故	根据设计或实际情况确定观察时间和方式，间歇活动管柱避免沉淀卡钻
	井控坐岗	若未严格执行井控坐岗制度，未及时发现溢流显示，易造成井控事故	专人坐岗，灌浆，严格执行井控管理制度

关井标准化操作规程如表6-62所示。

表6-62　班长关井标准化操作规程

工作内容	工作步骤	风险提示	风险规避措施
关井	关井	若关井闸门倒换错误，易造成工程质量事故	确认闸门开关正确，泄掉余气
	资料记录	若未按规定时间记录压力等参数，易造成工程质量事故	严格按设计要求及时记录压力等参数

15）气举标准化操作规程

气举标准化操作规程如表6-63所示。

表6-63 班长气举标准化操作规程

工作内容	工作步骤	风险提示	风险规避措施
膜制氮/液氮气举	安全技术交底	若未接受安全技术交底，不清楚作业内容及注意事项，易导致人身伤害、设备损坏	接受安全技术交底，清楚工作任务安排及注意事项
	资料记录	若未准确记录气举期间压力、返液量等情况，易导致对作业误判，造成工程质量事故	准确记录气举期间压力、返液量等参数，及时汇报

16）求产标准化操作规程

临界速度流量计求产标准化操作规程如表6-64所示。

表6-64 班长临界速度流量计求产标准化操作规程

工作内容	工作步骤	风险提示	风险规避措施
求产准备	执行任务书，参与JSA分析，清楚工作任务安排及注意事项	若未接受任务书、安全技术交底、JSA分析，不清楚作业内容及注意事项，易导致工程事故	执行任务书、参加JSA分析，清楚工作任务安排及注意事项
	严格按工具说明书安装设备：①检查各通道闸阀开关灵活程度，确保后续倒换闸阀的先后顺序；②明确安装工作制度（孔板应光洁度高，无伤痕，无毛刺，安装时嗽叭口朝下流方向，孔板应加铅密封垫，孔板直径为油嘴直径的2~2.5倍）；③逐一确认求产通道及通道对应油嘴、孔板安装到位，确保求产通道倒换正确无误；④确认放喷池初始空高；⑤确认求产通道上的各类传感器及压力表读值、计量准确无误，校核确保求产数据系统传输信号准确无误	若孔板安装错误，导致求产数据误差，易造成工程质量事故	严格按工具说明书安装设备，确认正确
求产	求产：①缓慢导入求产通道，导入过程中密切观察管汇压力变化情况，放喷口注意观察火势情况，导入正常后缓慢关闭通道；②定时记录井口压力及流量计压力情况及喷口火焰情况，若压力异常则及时倒换通道检查油嘴、孔板；③求产通道、管汇区域实行封闭式管理，作业人员必须穿戴齐全劳动保护用品，佩戴齐全安全防护用品（监测仪、空气呼吸器等）；严禁正对考克泄压孔，应避开泄压孔侧位观察；录取数据时要定时与机械压力表进行数据对比，防止因数据差距过大导致求产数据不准确	若未严格执行设计和任务书求产及控压要求，未及时巡检发现流程刺漏、冰堵、串通并进行处理，管线倒换错误、人员站位操作不合理，易造成工程质量事故、安全环保事故、人身伤害事故	严格执行设计和任务书要求的求产制度、控压要求，准备好备用制度；人员分工明确（指挥、数据采集、快速控制、管汇、点火、外围警戒、应急救援、环境监测），操作站位合理，巡检发现异常及时汇报、处置
	资料录取	若未准确记录求产期间压力、产量等情况，易导致对作业误判，造成工程质量事故	准确记录时间、操作项目、井口油压及套压、产气量、产液量、产油量、温度、工作制度等参数

垫圈流量计求产标准化操作规程如表6–65所示。

表6–65　班长垫圈流量计求产标准化操作规程

工作内容	工作步骤	风险提示	风险规避措施
求产准备	接受任务书，安全技术交底，JSA分析	若未接受任务书、安全技术交底、JSA分析，不清楚作业内容及注意事项，易导致工程事故	执行任务书、参与JSA分析，清楚工作任务安排及注意事项
	安装求产设备：①检查各通道闸阀开关灵活程度，确保后续倒换闸阀的先后顺序；②明确安装工作制度（孔板应光洁度高，无伤痕，无毛刺，安装时喇叭口朝下流方向，孔板应加铅密封垫）；③逐一确认求产通道及通道对应孔板安装到位，确保求产通道倒换正确无误；④确认放喷池初始空高；⑤确认求产通道上的各类传感器、压力表读值、计量准确无误，校核求产数据系统传输信号准确无误	若求产设备安装错误，易导致求产数据误差，造成工程质量事故	严格按工具说明书安装设备，确认正确
求产	求产：①缓慢导入求产通道，导入过程中密切观察管汇压力变化情况，注意观察放喷口火势情况，导入正常后缓慢关闭通道；②定时记录井口压力及流量计压力情况及喷口火焰情况，若压力异常则及时倒换通道检查孔板；③求产通道、管汇区域实行封闭式管理，作业人员必须穿戴齐全劳动保护用品，佩戴齐全安全防护用品（监测仪、空气呼吸器等）	若未严格执行设计和任务书求产及控压要求，未及时巡检发现流程刺漏、冰堵、串通并处理，管线倒换错误、人员站位操作不合理，易造成工程质量事故、安全环保事故、人身伤害事故	严格执行设计和任务书要求的求产制度、控压要求，准备好备用制度；人员分工明确（指挥、数据采集、快速控制、管汇、点火、外围警戒、应急救援、环境监测），操作站位合理，巡检发现异常及时汇报、处置
	资料录取	若未准确记录求产期间压力、产量等情况，易导致对作业误判，造成工程质量事故	准确记录时间、操作项目、井口油压及套压、产气量、产液量、产油量、温度、工作制度等参数

双波纹管差压流量计求产标准化操作规程如表6–66所示。

表6–66　班长双波纹管差压流量计求产标准化操作规程

工作内容	工作步骤	风险提示	风险规避措施
求产准备	接受任务书、安全技术交底、JSA分析	若未接受任务书、安全技术交底、JSA分析，不清楚作业内容及注意事项，易导致工程事故	执行任务书、参与JSA分析，清楚工作任务安排及注意事项
	安装求产设备	若求产设备安装错误，易导致求产数据误差，造成工程质量事故	严格按工具说明书安装设备，确认正确
求产	求产：①缓慢导入求产通道，导入过程中密切观察管汇压力变化情况，导入正常后缓慢关闭通道；②定时记录井口压力及流量计压力情况，若压力异常则及时倒换通道检查孔板；③求产通道、管汇区域实行封	若未严格执行设计和任务书求产及控压要求，未及时巡检发现流程刺漏、冰堵、串通并处理，管线倒换错误、人员站位操作不合理，易造成工程质量事故、安全环保事故、人身伤害事故	严格执行设计和任务书要求的求产制度、控压要求，准备好备用制度；人员分工明确（指挥、数据采集、快速控制、管汇、外围警戒、应急救援、环境监测），操作站位合理，巡检发现异常及时汇报、处置

续表

工作内容	工作步骤	风险提示	风险规避措施
求产	闭式管理，作业人员必须穿戴齐全劳动保护用品，佩戴齐全安全防护用品（监测仪、空气呼吸器等）		
	资料录取	若未准确记录求产期间压力、产量等情况，易导致对作业误判，造成工程质量事故	准确记录时间、操作项目、井口油压及套压、产气量、产液量、产油量、温度、工作制度等参数

丹尼尔流量计求产标准化操作规程如表6-67所示

表6-67 班长丹尼尔流量计求产标准化操作规程

工作内容	工作步骤	风险提示	风险规避措施
求产准备	接受任务书、安全技术交底、JSA分析	若未接受任务书、安全技术交底、JSA分析，不清楚作业内容及注意事项，易导致工程事故	执行任务书、参与JSA分析，清楚工作任务安排及注意事项
	安装求产设备	若求产设备安装错误，易导致求产数据误差，造成工程质量事故	严格按工具说明书安装设备，确认正确
求产	求产：①缓慢导入求产通道，导入过程中密切观察管汇压力变化情况，放喷口注意观察火势情况，导入正常后缓慢关闭通道；②定时记录井口压力及流量计压力情况及喷口火焰情况，若压力异常则及时倒换通道检查油嘴、孔板；③求产通道、管汇区域实行封闭式管理，作业人员必须穿戴齐全劳动保护用品，佩戴齐全安全防护用品（监测仪、空气呼吸器等）；严禁正对考克泄压孔，应避开泄压孔侧位观察；录取数据时要定时与机械压力表进行数据核对	若未严格执行设计和任务书求产及控压要求，未及时巡检发现流程刺漏、冰堵、串通并处理，管线倒换错误、人员站位操作不合理，易造成工程质量事故、安全环保事故、人身伤害事故	严格执行设计和任务书要求的求产制度、控压要求，准备好备用制度；人员分工明确（指挥、数据采集、快速控制、管汇、点火、外围警戒、应急救援、环境监测），操作站位合理，巡检发现异常时及时汇报、处置
	资料录取	若未准确记录求产期间压力、产量等情况，易导致对作业误判，造成工程质量事故	准确记录时间、操作项目、井口油压及套压、产气量、产液量、产油量、温度、工作制度等参数

系统测试标准化操作规程如表6-68所示。

表6-68 班长系统测试标准化操作规程

工作内容	工作步骤	风险提示	风险规避措施
系统测试	系统测试求产方式、更换工作制度求产、	若未严格执行设计和任务书系统测试及控压要求，未及时巡检发现	严格执行设计和任务书要求的系统测试制度、控压要求，准备好备用制度；进行JSA

续表

工作内容	工作步骤	风险提示	风险规避措施
系统测试	能见求产作业程序、JSA分析	流程刺漏、冰堵、串通并处理，管线倒换错误、人员站位操作不合理，易造成工程质量事故、安全环保事故、人身伤害事故	分析，人员分工明确（指挥、数据采集、快速控制、管汇、点火、外围警戒、应急救援、环境监测），操作站位合理，巡检发现异常及时汇报、处置
	资料录取	若未准确记录系统测试期间压力、产量等情况，易导致对作业误判，造成工程质量事故	准确记录系统测试时间、操作项目、井口油压及套压、产气量、产液量、产油量、温度、工作制度等参数

17）取样标准化操作规程

取水样标准化操作规程如表6–69所示。

表6–69　班长取水样标准化操作规程

工作内容	工作步骤	风险提示	风险规避措施
取水样	取样时，一人缓慢控制分离器排污阀，一人通过分离器排污管线在计量罐用取样桶接样水样，分装两支玻璃瓶及塑料瓶，每瓶样不少于500mL；含硫井须佩戴正压式空气呼吸器及硫化氢监测仪	飞溅液体含腐蚀性酸液或碱液及有毒有害气体，会导致人身伤害事故	取样时正确穿戴劳保及防护用品

含硫井取气样标准化操作规程如表6–70所示。

表6–70　班长含硫井取气样标准化操作规程

工作内容	工作步骤	风险提示	风险规避措施
取样准备	劳保穿戴整齐，佩戴空气呼吸器、硫化氢监测仪、防护手套，熟悉操作步骤，明确逃生方向	若不穿戴劳保用品易造成挤、碰伤；硫化氢含量过高时，易造成硫化氢中毒	按规定穿戴劳保用品，含硫井佩戴正压式空气呼吸器及硫化氢监测仪
	检查钢瓶是否完好，三通的防硫压力表、两端截止阀、堵头等配件是否齐全，准备一桶清水，250mm、250mm扳手各一把，不锈钢直角双公接头一只，高压取样管一根	若工具不全，易造成取样程序中断，可能引发意外	工具准备齐全
	现场必须两人操作，专人监护，根据现场风向标，辨别风向，站上风口位置	若未按标准操作，易造成人身伤害和设备损坏	明确操作人员和监护人，按标准操作
钢瓶取样	安排一人持稳钢瓶，出口浸没于清水中，缓慢打开取样阀门，控制压力，排尽取样接头到钢瓶中的空气	若排空不尽，混有空气，易影响检测数据准确性	按要求完成排空工序
	指示操作钢瓶人员关闭钢瓶出口段三通截止阀，观察压力，操作出口端控制阀取样，通常取样的压力控制为2~3MPa,关闭钢瓶出口截止阀，然后关闭取样阀，最后关闭钢瓶进口截止阀；打开分离器截止阀拷克泄压，取下钢瓶	若进气阀门、出气阀门未关严，易造成气体泄漏伤人	关严进、出气阀门

续表

工作内容	工作步骤	风险提示	风险规避措施
钢瓶取样	取样结束后，取样钢瓶两端闸门要浸没水中，检验是否漏气，5min不漏为合格，然后两端安装丝堵	若压力未泄完，易造成设施不稳致使人员伤害	压力泄尽完成后再实施后续工作
	按以上步骤取两支样后，拆除双公接头，清理现场，将取样桶的水倒入放喷池	若不检验是否漏气，可能导致丝扣密封不严，在运输过程中引发人员中毒	按要求检查钢瓶及各配件处有无渗漏
贴标签	粘牢标签，保持干净；收拾、擦拭工具，清理现场		

取气样标准化操作规程如表6-71所示。

表6-71 班长取气样标准化操作规程

工作内容	工作步骤	风险提示	风险规避措施
取样准备	按照技术人员要求，测试油（气）流通道的管汇台或上流压力表处取样	若未接受任务书，不清楚作业内容及注意事项，不熟悉相关规范要求，易导致人身伤害事故	执行任务书和取样作业指导书，清楚工作任务安排及注意事项
	关压力表截止阀，打开泄压孔泄压至“0”处，可多次泄压清洗取样通道	泄压时可能造成人员伤害	操作人员侧站泄压，泄压孔处禁止有人员站立
	拆卸压力表；安装双公接头（取样压力较高时，为保证密封效果，可加铜垫或缠绕生料带），紧固后再套上胶管线，再紧固	若接头密封不严，刺漏，易造成人员伤害	按要求上紧接头
取气样	取玻璃瓶放入装有清水的桶中，灌满清水	若水未灌满，混有空气，易造成检测数据不准确	水桶盛装足够的水，灌满取气瓶，倒置时瓶底无空段、无气泡
	拿住胶管线出口，置入水中	若无人控制胶管，开阀放气时会乱摆伤人	安排人员控制好胶管
	缓慢打开截止阀，释放天然气，冲洗取样管道空气清洁通道数秒	若不冲洗胶管，样品会含空气，易造成检测数据不准确	一定按要求完成排空工序
	配合人员把胶管伸入装满清水并倒置的瓶的底部，待水排出约3/4时，取出胶管，水中装上塞子，取出取样瓶倒置存放，重复上述步骤取备用气样	若取气量不足，可能会影响检测，若取气量过多，会因为运输过程中的震荡造成气体泄漏及空气进入	取气量合适
	取样后，关闭截止阀，拆卸接头及胶管线，正确安装压力表，收拾取样器具	若截止阀不严密，泄压孔关闭，上压力表时会憋压伤人	截止阀关闭严密，打开泄压孔，安装好压力表后，关闭泄压孔，开截止阀
贴标签	粘牢标签，保持干净；收拾、擦拭工具，清理现场		

18）测压标准化操作规程

测压标准化操作规程如表6–72所示。

表6–72　班长测压标准化操作规程

工作内容	工作步骤	风险提示	风险规避措施
测压（流压、静压、压力恢复）	记录井口压力，监控井口状态	若区域划分不清、未隔离，人员误入绳缆危险区域，易导致人身伤害	划分各自施工区域并隔离，严禁交叉作业，禁止跨越绳缆，进入试井圈闭的危险区域

19）关井测压力恢复曲线标准化操作规程

关井测压力恢复曲线标准化操作规程如表6–73所示。

表6–73　班长关井测压力恢复曲线标准化操作规程

工作内容	工作步骤	风险提示	风险规避措施
关井测压力恢复（压恢试井）	关井：井口压力记录采取先密后疏的原则，关完井后开始按每1min记录3个点，每3min记录3个点，每10min记录3个点，然后每30min记录一个点，到恢复缓慢后适当延长记录点时间	若关井闸门倒换错误，易造成工程质量事故	确认闸门开关正确，泄掉余气（关井至井口）
	资料记录	若未按规定时间记录压力等参数，易造成工程质量事故	严格按设计要求及时记录（填写井口压力记录表和点平板采集数据）压力等参数

20）转层标准化操作规程

注塞标准化操作规程如表6–74所示。

表6–74　班长注塞标准化操作规程

工作内容	工作步骤	风险提示	风险规避措施
打水泥塞	接受任务书、安全技术交底、JSA分析	若未接受任务书、安全技术交底、JSA分析，不清楚作业内容及注意事项，易导致工程事故	执行任务书，参与安全技术交底、JSA分析，清楚工作任务安排及注意事项
	过程监控	若未按注塞设计要求施工，易造成工程质量事故	监控固井队注塞施工、取样留存（测水泥浆密度）。督促钻修井队配合固井施工（供清水或泥浆、起油管等）
	井控坐岗	若未严格执行井控坐岗制度，未及时发现溢流显示，易造成井控事故	专人坐岗，严格执行井控管理制度
候凝	井控坐岗	若未严格执行井控坐岗制度，未及时发现溢流显示，易造成井控事故	专人坐岗，严格执行井控管理制度

续表

工作内容	工作步骤	风险提示	风险规避措施
候凝	资料录取	若未准确记录候凝期间压力情况，易导致对作业误判，造成工程质量事故	准确记录时间、压力等参数
探塞面	监控钻修井队加钻压5～10kN探塞面3次，深度误差在0.5m范围内，上提管柱反洗井（洗出油管内水泥浆）	若未按规范探塞面,水泥塞被破坏、管柱被掩埋、管内部被水泥堵塞，易造成工程质量事故	监控探塞面指重表吨位变化，探测次数，查看喷口出液状态
	井控坐岗	若未严格执行井控坐岗制度，未及时发现溢流显示，易造成井控事故	专人坐岗，严格执行井控管理制度

填砂标准化操作规程如表6-75所示。

表6-75 班长填砂标准化操作规程

工作内容	工作步骤	风险提示	风险规避措施
填砂施工	接受任务书、安全技术交底	若未接受任务书、安全技术交底，不清楚作业内容及注意事项，易导致工程事故	执行任务书，清楚工作任务安排及注意事项
	填砂：投砂时，匀速、均匀投入，中途不能停泵；如停泵，则立即停止投砂，恢复后先用泵冲至环空正常返液后再继续投砂	若未按设计要求填入砂量，填砂速度过快，未及时活动管柱或顶替，易造成工程质量事故	严格按设计填入砂量，控制填砂速度避免形成砂桥，发现砂流缓慢后立即停止填砂，及时活动管柱（若油管内砂堵则采用试挤、或提管柱逐根通径的方式解堵塞）、顶替（投砂完毕后，需连续冲水，冲水量不小于填砂管柱的内容积），上提油管至理论砂面100m以上
	井控坐岗	若未严格执行井控坐岗制度，未及时发现溢流显示，易造成井控事故	专人坐岗，严格执行井控管理制度
静止沉砂	井控坐岗	若未严格执行井控坐岗制度，未及时发现溢流显示，易造成井控事故	专人坐岗，严格执行井控管理制度
	资料录取	若未准确记录沉砂期间压力、井口情况，易导致对作业误判，造成工程质量事故	准确记录时间、压力、井口情况等
探砂面	探砂面：监控加钻压10～20kN探砂面3次，深度误差在0.5m范围内，取最浅深度为砂面深度	若未按规范探砂面，可能无法满足后期作业要求	监控探砂面深度
	井控坐岗	若未严格执行井控坐岗制度，未及时发现溢流显示，易造成井控事故	专人坐岗，严格执行井控管理制度

下电缆桥塞标准化操作规程如表6-76所示。

表6-76　班长下电缆桥塞标准化操作规程

工作内容	工作步骤	风险提示	风险规避措施
下电缆桥塞准备	施工准备、JSA分析	若预留场地和井口不满足下电缆桥塞要求，易影响后期操作	收拾、归顺现场，确保预留场地和井口满足下电缆桥塞要求、参与JSA分析
	作业过程	若区域划分不清、未隔离，人员误入绳缆危险区域，易导致人身伤害	划分区域，严禁交叉作业；督促钻修井队配合测井队施工准备（挂天滑轮、吊装桥塞等）；禁止跨越绳缆，或进入测井圈闭的危险区域

下机械桥塞标准化操作规程如表6-77所示。

表6-77　班长下机械桥塞标准化操作规程

工作内容	工作步骤	风险提示	风险规避措施
下工具准备	进行工具到场后现场准备工作	若现场组装工具、吊装作业过程中，人员误入危险区域，易导致人身伤害；若变扣接头、短节未准备到位，易影响生产时效	禁止进入工具方圈闭区域；提前核实、落实完井管柱所需要的变扣接头、短节准备情况
	接受任务书、安全技术交底	若未接受任务书、安全技术交底，不清楚作业内容及注意事项，易导致工程事故	执行任务书，清楚工作任务安排及注意事项
下桥塞	施工前检查	若施工前未对施工设备进行检查，施工过程中设备出现故障或事故，导致人身伤害、工程事故	确保设备处于正常工作状态（进行提升设备、井控设备、“三吊一卡”等检查）
	工具上钻台	若工具上钻台过程中脱落或与其他硬物碰撞，易砸伤人员和损坏设备	操作人员紧密配合，专人指挥，做好危险区域警戒，严禁进入危险区域，人员远离正在移动的工具，工具戴好护丝、牵尾绳，上提时控制速度，平稳操作，捆绑牢靠，防止工具脱落、碰撞
	通径	若通径工具不合格，不能有效发现不合格管材，易导致后期油管内作业不成功；若通径操作不正确，易导致人身伤害	管材通径（含油管、短节、变扣）操作执行Q_XN 1024—2017《油管和套管通径操作规程》
	对扣、引扣、上扣、下管柱	若管材上扣前未引扣，易导致错扣损坏；若上扣扭矩值不符合要求，易损坏管材或造成井下事故；若井口操作不当，易造成井下落物；若下钻速度控制不当，易损坏管柱、井筒及井口设备，诱发事故；若液压钳使用不正确，易造成人身伤害	管材对扣后使用引扣工具引扣，采用手工具或液压钳按设计规定扭矩值上扣；做好井口防落物措施；下管柱时平稳操作，管柱下放速度控制要求及遇阻处置，执行工具方操作手册；正确使用液压钳
	井控坐岗	若未严格执行井控坐岗制度，未及时发现溢流显示，易造成井控事故	专人坐岗，严格执行井控管理制度
坐封、丢手	检查循环通道	若未验通就大排量循环，导致管线或井内憋压，甚至刺穿，易造成工程质量、安全环保、人身伤害事故	先以小于300L/min的排量验通，直到出口正常返浆，再提高排量

续表

工作内容	工作步骤	风险提示	风险规避措施
坐封、丢手	投球、送球、打压坐封、丢手	若未执行工具方操作手册坐封、丢手，易造成工程质量事故	严格执行工具方操作手册

泵送桥塞标准化操作规程如表6-78所示。

表6-78 班长泵送桥塞标准化操作规程

工作内容	工作步骤	风险提示	风险规避措施
泵送桥塞	施工准备	若预留场地和井口不满足泵送桥塞作业要求，易对后期操作产生影响	收拾、归顺现场，确保预留场地和井口满足泵送桥塞作业要求
	作业过程	若人员误入泵送桥塞作业危险区域，易导致人身伤害	禁止进入泵送桥塞作业圈闭的危险区域

21）流程离场标准化操作规程

流程离场标准化操作规程如表6-79所示。

表6-79 班长流程离场标准化操作规程

工作内容	工作步骤	风险提示	风险规避措施
撤场准备	拆卸设备、材料	若流程泄压不彻底，部分管段中存在憋压、不畅情况，在拆卸过程中可能导致人身伤害	拆卸流程前先进行验通（释放圈闭压力）或冲洗后再拆卸
	参与制定搬迁计划、JSA分析	若不清楚搬迁作业安排、要求及注意事项，易导致人身伤害、设备损坏	参与制定搬迁计划、JSA分析，提出合理化建议
试油（气）流程材料出场	人员组织、分工	若班组人员组织、分工不明确，施工混乱，易导致人身伤害、设备损坏	作业过程中人员组织、分工明确，指定责任人
	吊、卸作业	若未严格执行“十不吊”，易导致吊装事故	严格执行：①信号指挥不明，违章指挥或夜间无照明不准吊；②吊具不符合要求，吊物捆扎不牢、不平衡不准吊；③吊物质量不明或超负荷不准吊；④散物捆扎不牢或物料装放过满不准吊；⑤作业危险区域人员未撤离，吊物上有人或浮物不准吊；⑥埋在地下的物品不准吊；⑦安全装置失灵或安全防护装置失灵不准吊；⑧易燃易爆、化学腐蚀等危险物品没有防护措施不准吊；⑨棱刃物与钢丝绳直接接触且无保护措施不准吊；⑩起重机与周围设备、输电线路距离不够，六级以上大风天气不准吊

22）交井标准化操作规程

交井标准化操作规程如表6-80所示。

表6-80　班长交井标准化操作规程

工作内容	工作步骤	风险提示	风险规避措施
交井前准备	组织人员对井场、方井进行清理，对井口装置进行清洁，达到交井条件	可能发生现场存在较大问题，未通过交井（不予交接）	现场执行《交接井标准及管理办法》以及其他相关规程规范、制度、管理规定等

第三节　应急处置标准化操作规程

应急处置标准化操作规程如表6-81所示。

表6-81　班长应急处置标准化规程

事故类型	处置程序
火灾	（1）高声呼喊“着火了”，切断总电源，火灾初期，立即使用灭火器进行灭火； （2）预判火势难以控制时，立即撤离现场，向现场钻（修）井队求救，拨打“119”求救；向试油（气）队应急组组长报告
人身伤害	（1）高声呼喊或立即报告试油（气）队应急组组长； （2）如是电击伤，在保证安全的前提下，切断电源，让伤者断开带电体； （3）若为酸、碱等化学品所致的伤，用清水冲洗10~15min； （4）若伤者外伤出血或骨折，进行止血、包扎处置；若伤者有呼吸或心跳，则令其平躺，向井队医生求救或拨打“120”向就近医院求救； （5）若无心跳和呼吸，则立即组织进行人工呼吸和心肺复苏抢救，向钻（修）井队医生求救或拨打“120”向就近医院求救；按程序报告，协调组织抢救； （6）若为烧伤，则立即脱离致伤场所，灭掉伤员身上的火，立即进行处理与抢救
强烈油气侵、井漏、溢流、井涌	待令，听从试油（气）队应急组组长安排
井喷	撤离到安全地点待令，听从试油（气）队应急组组长安排
硫化氢泄漏	立即穿戴正压式空气呼吸器撤离到安全地点，待令
地震	（1）若在钻台、泥浆罐上，则就近倚靠在有抓扶地方，若为营房附近则立即进入（若营房存在滑坡风险则应迅速到泥浆罐或现场指定的开阔紧急集合点）； （2）结束后赶到现场紧急集合点，接受试油（气）队应急组组长安排
食物中毒	（1）高声呼喊或立即报告试油（气）队应急组组长； （2）若伤者神志清醒、能够配合，可先设法引吐、催吐：用手指压舌根或用缠上纱布的筷子刺激咽喉后壁或舌根，引发呕吐；然后给伤者饮温水300~500mL;反复进行引吐，直至吐出物已是清水为止； （3）对心跳、呼吸停止者，要及时进行心肺复苏抢救，同时向钻（修）井队医生求救或拨打“120”向就近医院求救
中暑	（1）高声呼喊，向周围人员求助，将患者移至清凉处，报告试油（气）队应急组组长； （2）让患者躺下或坐下，解开上衣钮扣，并抬高下肢；

续表

<table>
<tr><th>事故类型</th><th colspan="3">处置程序</th></tr>
<tr><td>中暑</td><td colspan="3">（3）用凉的湿毛巾敷前额和躯干，或用大的湿毛巾、湿的床单等把患者包起来，用电风扇或手扇动以促其降温；
（4）让神志清楚的患者喝清凉的饮料，如果患者呼吸及吞咽均无困难，可以喝淡盐水；
（5）如果患者病情无好转，应立即送医院急救</td></tr>
<tr><td>山体滑坡、洪灾</td><td colspan="3">（1）切断电源，高声呼喊，立即撤离到安全地点；
（2）通知其余员工，听从试油（气）队应急组组长安排</td></tr>
<tr><td>暴力恐怖袭击</td><td colspan="3">（1）发现可疑暴力恐怖分子或听到暴恐警报时，若在生活区，则向营区负责人报告，提醒现场人员，立即进入庇护房；
（2）听到井场的暴恐警报信号响起后，立即穿戴好防暴用具，奔向钻台，听从钻（修）井队统一安排处置</td></tr>
<tr><td>应急汇报程序</td><td colspan="3">一旦发生突发事件，按以下顺序进行报告（严重情况下可以越级上报）：
当班人员或第一发现者 → 试油（气）队现场负责人 → 基层单位应急组织 → 公司应急办公室</td></tr>
<tr><td>岗位主要安全风险</td><td>井喷及井喷失控、机械伤害、起重伤害、物体打击、火灾、爆炸、触电、噪声、中毒、其他伤害</td><td>岗位主要危险物质</td><td>原油、天然气、硫化氢、钻井液处理剂</td></tr>
<tr><td colspan="4">应急联络电话：
公司应急办公室电话；甲方应急办公室电话；就近医院电话；急救电话：120；火警电话：119</td></tr>
</table>

第七章　试油（气）队试油（气）工岗位操作标准

第一节　岗位描述

1. 岗位说明

试油（气）队试油（气）工岗位说明如表7-1所示。

表7-1　试油（气）工岗位说明

项　目		主要内容
工作概述		负责本班组的试油（气）流程操作，监控钻（修）井队井筒作业，包括参加班前、班后会，试油（气）流程操作，负责本岗设备的日常检查、维护和管理，参与班组建设，服从班长对本岗位的绩效考核
上岗条件	教育程度	高中及以上学历
	从业资格	持有有效的井控培训合格证、HSSE管理培训合格证、硫化氢防护技术证
	技术等级	岗前培训合格
	辅助技能	（1）了解掌握试（油）气必会技能，熟悉试（油）气工序； （2）熟练使用各种防护用品； （3）具有一定的语言表达能力及理解能力
	工作经历	岗前培训合格
	职业道德	爱岗敬业、勇于奉献、团结协作、遵章守纪
	身体素质	（1）视力、听觉、嗅觉正常，非色盲人员； （2）四肢活动不受限； （3）身体健康，能够适应夜间值班； （4）非恐高症患者，能够在钻台作业
岗位关系	纵向关系	接受班长的直接领导，接受副班长业务指导；与本班组内各岗位间有互通关系
	横向关系	与班长、副班长及配合单位具有协作关系
岗位职责	工作职责	（1）贯彻执行国家方针、政策、法律、法规、行业标准、规程规范和上级的各项制度； （2）做好试油（气）工具的配套和出队施工前的准备工作； （3）做好试油（气）设备的维护、保养工作，确保现场施工中设备的正常运行； （4）现场施工时坚守工作岗位，认真执行安全操作规程； （5）负责试油（气）、井下工具的保养工作；

续表

项 目		主要内容
岗位职责	工作职责	（6）负责施工时本岗位区域的清洁卫生、环保工作； （7）负责施工时本岗位区域灭火器材的检查、使用工作； （8）负责本岗位巡回路线检查
	安全职责	（1）贯彻执行国家、行业HSSE相关法律、法规和本企业钻井作业安全工作规程、安全技术操作规程，遵守集团公司《员工守则》和《安全生产禁令》； （2）对本岗位的HSSE工作负直接责任； （3）正确穿戴劳保用品上岗作业，规范、熟练地使用各种安全工器具、防护用品和消防器材； （4）遵守操作规程，认真进行危害辨识和风险分析，落实风险防控措施； （5）不违章作业、不违反劳动纪律，自觉抵制违章指挥，纠正违章行为； （6）了解施工作业程序、要求及注意事项，在司钻的指导下，做好设备、工具、仪器、仪表的维护、保养和安装使用工作，确保设备设施、本质安全
岗位工作内容		（1）操作责任： ①执行交、接班制度； ②按照巡回检查路线、项点进行详细检查； ③负责试油（气）流程操作，监控钻（修）井队完成起放井架、组甩单根、起下钻等作业； ④发生溢流、井涌、井喷时负责试油（气）流程操作，配合完成关井作业； ⑤先行解决本岗位的突发情况，并及时汇报； ⑥完成司钻临时安排给本岗位的其他任务。 （2）生产组织责任： ①参加班前会，了解生产状况，接收司钻作业指令； ②严格按照生产作业指令执行生产运行操作； ③严格按照安全操作规程执行操作； ④严格按照巡回检查制、交接班制、设备维修保养制执行操作； ⑤配合司钻完成搬迁、安装、设备拆卸等程序； ⑥严格执行上级及本队各项规章制度； ⑦完成司钻安排的其他工作； ⑧参加班后会，对本岗工作进行总结。 （3）管理责任： ①参与本班班组管理和建设； ②参与班组业务学习； ③积极学习新工艺、新技术、新设备的应用。 （4）安全责任： ①参加班组HSSE活动； ②严格执行HSSE班组的各项规定； ③完成本岗位HSSE工作，资料记录齐全，发现不安全因素及时处理，处理不了的采取防范措施，及时上报； ④参加各项应急演练； ⑤正确使用劳动防护用具； ⑥熟练使用和维护安全防护设施、消防器材和急救器具； ⑦参与相关作业前的风险分析及防范措施执行
工作权限		（1）对违章指挥有拒绝权，对违章操作有制止权； （2）对本岗位突发情况有先行处置权
工作考核	考核关系	接受本队的工作考核
	考核依据	对照《试油（气）队岗位操作手册》，按照公司、基层单位相关考核办法进行考核

2. 工艺流程

试油（气）队试油（气）工工作工艺流程如图7-1所示。

图7-1　试油（气）工工作工艺流程

3. 工作流程

试油（气）队试油（气）工工作流程如图7-2所示。

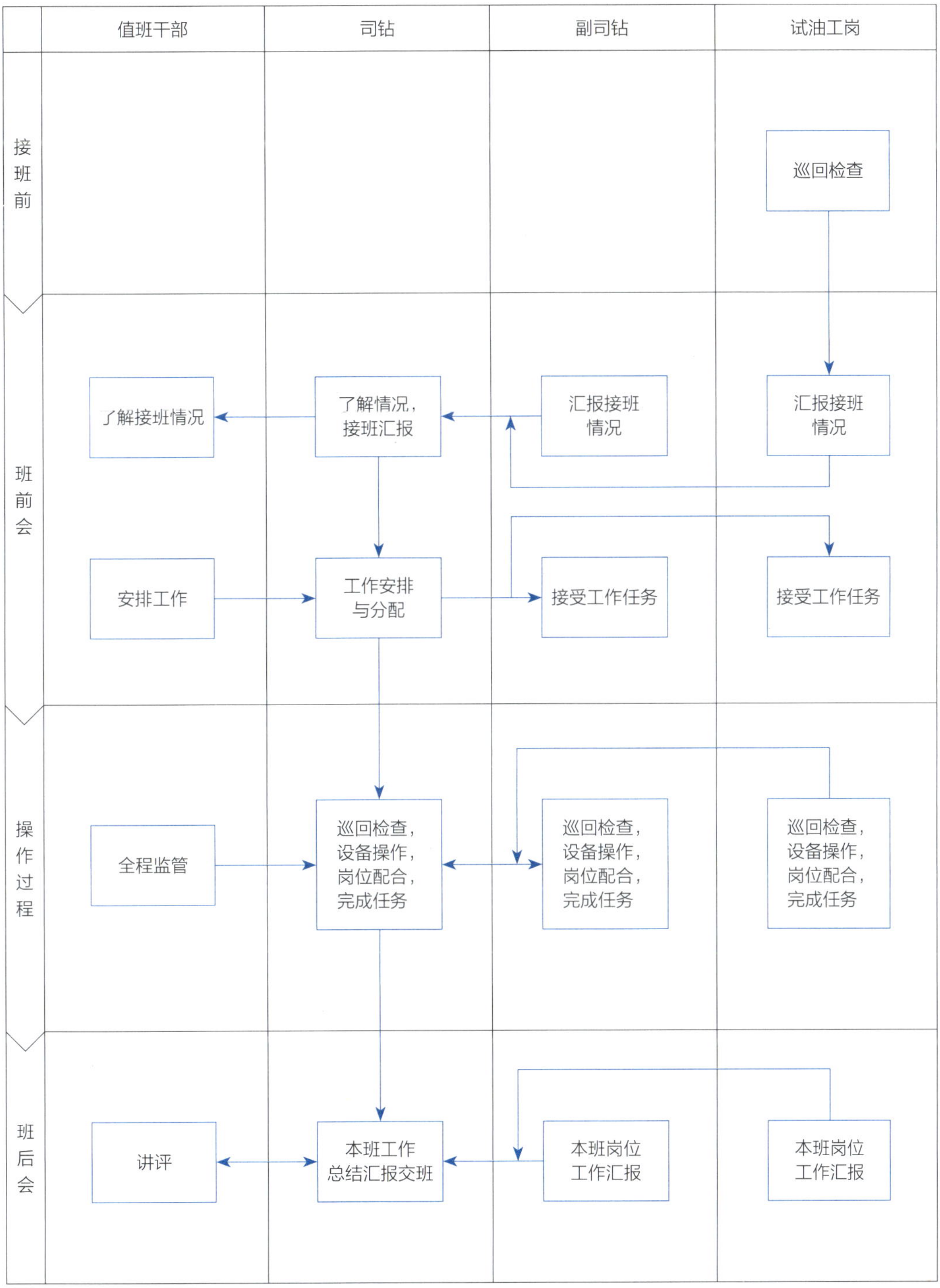

	值班干部	司钻	副司钻	试油工岗
接班前				巡回检查
班前会	了解接班情况	了解情况，接班汇报	汇报接班情况	汇报接班情况
	安排工作	工作安排与分配	接受工作任务	接受工作任务
操作过程	全程监管	巡回检查，设备操作，岗位配合，完成任务	巡回检查，设备操作，岗位配合，完成任务	巡回检查，设备操作，岗位配合，完成任务
班后会	讲评	本班工作总结汇报交班	本班岗位工作汇报	本班岗位工作汇报

图7-2 试油（气）工工作流程

第二节 岗位标准化操作规程

1. 巡回检查标准化操作规程

巡回检查标准化操作规程如表7–2所示。

表7–2 试油（气）工巡回检查标准化操作规程

巡回检查路线：

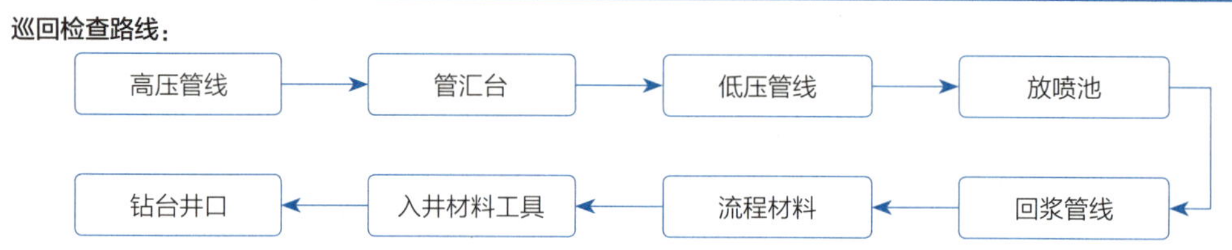

检查地点	工作标准	风险提示	风险规避措施
高压管线	按规范要求固定牢靠（下部用胶皮垫实，放喷池10m范围内不垫胶皮）；丝扣连接紧固；管线严禁弯曲；卡板与油管相匹配；不能被水泥掩埋	（1）若不垫胶皮，易震动产生火花； （2）若丝扣不密封，易渗漏； （3）管线弯曲易刺漏； （4）若卡板与油管不匹配，易震动产生火花	（1）卡板下垫胶皮； （2）确保丝扣连接紧固，无渗漏； （3）确保管线无弯曲； （4）卡板与油管匹配
管汇台	闸门开关灵活，处于全开或全关状态；油脂加注良好；连接螺栓齐全，与螺帽匹配，紧固，两端一余扣致；检测报告齐全；手轮带备帽，备用出口带好穿孔护丝；压力表和考克安装正确、压力表在检验合格期内且有标签；选择的压力表量程合理；压力表量程需根据开井排液实际情况选用；求产、关压恢复必须采用相应量程的精密压力表；所有压力表朝向必须一致，且表盘不能朝天、不能朝地	（1）若闸门开关不灵活，会增加开关时间； （2）若丝扣未上满，易造成脱扣； （3）若压力表安装不规范，压力读数不准确； （4）若压力表过期未检，易造成压力不准确； （5）若压力表量程不合理，易造成压力读取不准确	（1）确保闸门开关灵活，做好保养； （2）螺栓丝扣上满； （3）按标准安装压力表； （4）选择在检验期内的合格压力表； （5）确保压力在压力表量程的1/3~2/3范围内
低压管线	按规范要求固定牢靠（下部用胶皮垫实，放喷池10m范围内不垫胶皮）；丝扣连接紧固；管线严禁弯曲；卡板与油管相匹配；不能被水泥掩埋；低压转弯处使用不小于120° 的弯头	（1）若不垫胶皮，易震动产生火花； （2）若丝扣不密封，易渗漏；管线弯曲易刺漏； （3）若卡板与油管不匹配，易震动产生火花； （4）若转弯处使用小于120° 的弯头，易刺漏	（1）卡板下垫胶皮； （2）丝扣连接紧固，无渗漏；确保管线无弯曲； （3）确保卡板与油管匹配； （4）转弯处使用不小于120° 的弯头
放喷池	采用警戒线圈闭；确保无污水外溢；设置风向标（离地高3m）；设置长明火或其他点火方式	（1）若无警戒线，则人员等易掉落； （2）若无风向标，则无法判断风向	（1）设立警戒线； （2）设置风向标，便于观察风向
回浆管线	按规范要求固定牢靠（下部用胶皮垫实，放喷池10m范围内不垫胶皮）；丝扣连接紧固；管线严禁弯曲；卡板与油管相匹配	（1）若不垫胶皮，易震动产生火花； （2）若丝扣不密封，易渗漏； （3）管线弯曲易刺漏； （4）若卡板与油管不匹配，易震动产生火花	（1）卡板与下垫胶皮； （2）丝扣连接紧固，无渗漏； （3）管线无弯曲； （4）卡板与油管匹配

续表

检查地点	工作标准	风险提示	风险规避措施
流程材料	（1）工具摆放整齐； （2）材料按清单上标识确保完好齐全； （3）短节母扣一端对齐放置在短节架上（长度不够的应连接在一起，长度与下端一致）；护丝齐全，丝扣无锈蚀；油管放置法与短节一致；测试工具箱内材料整齐，完整丝扣保养良好；各类压力表禁止放在工具箱内	（1）若工具摆放不齐，则易用错； （2）若不进行标示，则易用错； （3）若油管、短接随意摆放，易造成丝扣损伤	（1）工具摆放整齐； （2）材料按清单上标识确保完好齐全； （3）油管、短接摆放整齐
入井材料工具	（1）分类摆放整齐； （2）做好遮盖等防护措施	（1）若不分离摆放，易造成入井顺序错误； （2）若不进行遮盖保护，易腐蚀	（1）分类摆放整齐； （2）做好遮盖等防护措施
钻台井口	（1）工具摆放整齐、无杂物； （2）台面卫生干净	（1）若摆放不整齐，易影响使用； （2）若台面脏乱，易滑倒伤人	（1）工具摆放整齐； （2）台面干净

2. 交接班标准化操作规程

1）接班标准化操作规程

接班标准化操作规程如表7–3所示。

表7–3 试油（气）工接班标准化操作规程

工作内容	工作步骤	工作标准	风险提示
班前检查	穿戴劳保用品	劳保用品穿戴齐全、规范	若劳保用品穿戴不齐，容易发生人身伤害事故
	按接班要求进行接班前的检查	设备、工具检查率100%	若设备检查遗漏，有问题不能及时发现，可能导致使用过程中发生故障，耽误生产
	发现问题反馈给交班井口工	问题反馈率100%	若发现的问题未反馈，交班不能及时整改，设备带病工作，易发生事故
	询问、了解设备及井下情况	了解当前施工设备、井下情况，做到心中有数	若对施工情况了解不清，可能会造成设备损坏或井下复杂状况
参加班前会	接班后检查完，至值班房参加班前会	参加率100%	若不参加班前会，将不了解工作情况，容易导致发生事故或人员伤害
	汇总本岗检查情况	汇总率100%	若汇总不全，导致司钻无法统筹安排本班工作，易发生事故
	接收司钻当班作业指令及注意事项，对本岗作业内容进行危害分析	危害分析全面；工作具体、明确	若不进行危害分析，易导致安全事故；若本岗作业分配不具体，会导致怠工、误工
接班	在井口，进行岗位交接	及时到位、对井口情况、设备全面交接	若不能及时到位，造成上一班超时工作，疲劳工作，则易导致事故；若交接不全面，则可能导致使用过程中发生故障，耽误生产

2）交班标准化操作规程

交班标准化操作规程如表7–4所示。

表7–4　试油（气）工交班标准化操作规程

工作内容	工作步骤	工作标准	风险提示
交班	交清井口设备运转情况	设备状况交接清楚率100%	若设备交接有遗漏、交接不清，易发生故障，耽误生产
	对接班井口工提出的问题进行整改	职责、能力范围以内的问题整改率100%	若问题整改不全，易导致误工或事故
参加班后会	交班后，至值班房参加班后会，具体总结、分析本班本岗工作情况	总结内容具体、全面	若不参加班后会，则本班本岗工作无人讲评，问题、经验不能及时总结

3. 施工作业标准化操作规程

1）施工准备标准化操作规程

配合施工队伍（流程设备入场）标准化操作规程如表7–5所示。

表7–5　试油（气）工配合施工队伍（流程设备入场）标准化操作规程

工作内容	工作步骤	风险提示	风险规避措施
室内准备	协助领料，核实材料数量和规格	若材料材质与领料单实际不符，易影响后期施工	确保实际领料与需求一致
	制定搬迁计划，进行JSA分析	若不清楚搬迁作业安排、要求及注意事项，易导致人身伤害、设备损坏	参与制定搬迁计划、JSA分析，提出合理化建议
试油（气）流程材料进场	吊、卸作业	若未严格执行“十不吊”，易导致吊装事故	严格执行：①信号指挥不明，违章指挥或夜间无照明不准吊；②吊具不符合要求，吊物捆扎不牢，不平衡不准吊；③吊物质量不明或超负荷不准吊；④散物捆扎不牢或物料装放过满不准吊；⑤作业危险区域人员未撤离，吊物上有人或浮物不准吊；⑥埋在地下的物品不准吊；⑦安全装置失灵或安全防护装置失灵不准吊；⑧易燃易爆、化学腐蚀等危险物品没有防护措施不吊；⑨棱刃物与钢丝绳直接接触无保护措施不准吊；⑩起重机与周围设备、输电线路距离不够，六级以上大风天气不准吊

试油（气）流程安装标准化操作规程如表7–6所示。

表7–6　试油（气）工试油（气）流程安装标准化操作规程

工作内容	工作步骤	风险提示	风险规避措施
试油（气）流程安装	接受安全技术交底	若未接受安全技术交底，不清楚作业内容及注意事项，易导致人身伤害、设备损坏	接受安全技术交底，清楚工作任务安排

续表

工作内容	工作步骤	风险提示	风险规避措施
试油（气）流程安装	按规范安装流程	若不熟悉相关规范要求，易造成工程质量、安全环保事故	严格按规范执行，地面流程安装做到横平竖直，放喷管线不安装小于120°的钢质弯头；尽量做到管汇台距井口不少于10m，放喷口距井口不少于75m，拐弯处采用加厚耐冲蚀优质管材；硬接触处用胶皮垫好，防止管线抖动摩擦产生火花并发生危险；安装油嘴套、流量计及管线时应检查有无油嘴、孔板、堵塞物，应保证管线畅通；检查确保各阀门的开关灵活，转动无卡阻现象；放喷管线尽量平直，放喷口应安装燃烧筒，安装位置位于当地常风向的下风向，且垂直向上，并具有安全点火条件，同时避免污染农田

试油（气）流程固定标准化操作规程如表7-7所示。

表7-7 试油（气）工试油（气）流程固定标准化操作规程

工作内容	工作步骤	风险提示	风险规避措施
试油（气）流程固定	接受安全技术交底	若未接受安全技术交底，不清楚作业内容及注意事项，易导致人身伤害、设备损坏	接受安全技术交底，清楚工作任务安排
	按规范固定流程	若不熟悉相关规范要求，易造成工程质量、安全环保事故	严格按规范执行，地面流程采用地锚、膨胀螺杆或水泥基墩固定；固定位置为管汇台、放喷口、各弯管处，平直管线固定间隔距离10~15m；水泥基墩尺寸为长不小于0.8m，宽不小于0.6m，深不小于0.8m，放喷口距离水泥基墩边缘不大于0.5m，喷口垂直向上，管线悬空处应垫实，流程管线间距不小于0.1m

2）开工验收标准化操作规程

开工验收标准化操作规程如表7-8所示。

表7-8 试油（气）工开工验收标准化操作规程

工作内容	工作步骤	风险提示	风险规避措施
开工验收	确保现场达到开工验收条件	若现场存在较大问题，则无法通过开工验收（不予开工）	操作符合试油（气）设计要求，《试油（气）开工验收实施细则》，各甲方单位的开工验收规定，以及其他相关规程规范、制度、管理规定等

3）工具准备标准化操作规程

油管、短节、变扣准备标准化操作规程如表7-9所示。

表7-9 试油（气）工油管、短节、变扣准备标准化操作规程

工作内容	工作步骤	风险提示	风险规避措施
油管准备	油管架、油管摆放	若油管架、油管未按规范摆放，易导致油管摆放不稳，滑落、损坏	油管架三点支撑；离地高度不小于30cm；垫杠材料的硬度应不高于管材硬度；油管重叠最多不超过五层（若为镍基合金油管，需要在油管架上进行软铺垫），排放整齐，油管上严禁堆放重物和人员行走；不同型号油管不能混杂摆放
	丝扣清洁、检查	若未发现存在质量问题的管材，使其误入井内，易造成工程质量事故	检查油管有无弯曲、腐蚀、裂缝、孔洞和螺纹损坏，不合格管材特殊标识的应分开摆放；保证丝扣和密封端面的清洁
	油管编号、丈量	若油管编号、丈量错误，易使作业复杂化，甚至造成工程质量事故	不同规格油管分别正确编号，并再次核实；使用10m以上的钢卷尺，丈量3次，累计复核误差每1000m应不大于0.2m
短节准备	短节摆放	若短节未按规范摆放，易导致短节摆放不稳、滑落、损坏	短节分类整齐摆放，不同规格型号短节不能混杂摆放，下垫上盖
	丝扣清洁、检查	若未发现存在质量问题的管材，使其误入井内，易造成工程质量事故	检查短节有无弯曲、腐蚀、裂缝、孔洞和螺纹损坏，不合格管材应特殊标识、分开摆放；保证丝扣和密封端面的清洁
	短节编号、丈量	若短节编号、丈量错误，易使作业复杂化，甚至造成工程质量事故	不同规格短节分别正确编号，并再次核实；使用10m以上的钢卷尺，丈量3次，累计复核误差每1000m应不大于0.2m
变扣准备	变扣摆放	若变扣未按规范摆放，易导致变扣摆放不稳，滑落、损坏	变扣分类整齐摆放，不同规格型号短节不能混杂摆放
	丝扣清洁、检查	若未发现存在质量问题的管材，使其误入井内，易造成工程质量事故	检查变扣扣型，确保扣型与标识相符
	变扣标识、丈量	若变扣扣型标识、丈量错误，易使作业复杂化，甚至造成工程质量事故	不同规格变扣分别正确编号，并再次核实；使用10m以上的钢卷尺，丈量3次，累计复核误差每1000m应不大于0.2m

通井规准备标准化操作规程如表7-10所示。

表7-10 试油（气）工通井规准备标准化操作规程

工作内容	工作步骤	风险提示	风险规避措施
通井规准备	清洗、保养、摆放	若未按规范摆放，易导致通井规摆放不稳、滑落、损坏（丝扣损坏、本体出现划痕）	不同工具分类整齐摆放，下垫上盖；通井规戴好护丝

刮管器准备标准化操作规程如表7-11所示。

表7-11 试油（气）工刮管器准备标准化操作规程

工作内容	工作步骤	风险提示	风险规避措施
刮管器准备	清洗、保养、摆放	若未按规范摆放，易导致变扣摆放不稳、滑落、损坏	不同工具分类整齐摆放，下垫上盖
		若保养不到位，易导致刮管器上部旋转接头无法转动，刮管器弹簧刀片松紧度异常	刮管器戴好护丝；加强活动部位保养、检查，确保旋转接头转动灵活，弹簧刀片正常弹起

射孔枪准备标准化操作规程如表7-12所示。

表7-12 试油（气）工射孔枪准备标准化操作规程

工作内容	工作步骤	风险提示	风险规避措施
下枪准备	射孔枪到场后进行现场准备工作	若射孔队现场组枪、吊装作业过程中，人员误入危险区域，易导致人身伤害；若变扣接头、筛管及调整短节未准备到位，易影响生产时效	禁止进入射孔队圈闭区域；提前核实、落实射孔管柱所需要的变扣接头、筛管及调整短节准备情况
	安全技术交底	若未接受安全技术交底，不清楚作业内容及注意事项，易导致人身伤害、设备损坏	接受安全技术交底，清楚工作任务安排及注意事项

封隔器准备标准化操作规程如表7-13所示。

表7-13 试油（气）工封隔器准备标准化操作规程

工作内容	工作步骤	风险提示	风险规避措施
封隔器准备	封隔器到场后进行现场准备工作	若工具现场组装、吊装作业过程中，人员误入危险区域，易导致人身伤害；若变扣接头、短节未准备到位，易影响生产时效	禁止进入工具方圈闭区域；提前核实、落实封井管柱所需要的变扣接头、短节准备情况
	安全技术交底	若未接受安全技术交底，不清楚作业内容及注意事项，易导致人身伤害、设备损坏	接受安全技术交底，清楚工作任务安排及注意事项

桥塞准备标准化操作规程如表7-14所示。

表7-14 试油（气）工桥塞准备标准化操作规程

工作内容	工作步骤	风险提示	风险规避措施
桥塞准备	桥塞到场后进行现场准备工作	若桥塞现场组装、吊装作业过程中，人员误入危险区域，易导致人身伤害；若变扣接头、短节未准备到位，易影响生产时效	禁止进入桥塞方圈闭区域；提前核实、落实桥塞管柱所需要的变扣接头、短节准备情况
	安全技术交底	若未接受安全技术交底，不清楚作业内容及注意事项，易导致人身伤害、设备损坏	接受安全技术交底，清楚工作任务安排及注意事项

油嘴准备标准化操作规程如表7-15所示。

表7-15　试油（气）工油嘴准备标准化操作规程

工作内容	工作步骤	风险提示	风险规避措施
油嘴准备	核实领料单；丝扣清洗、外观检查	若油嘴数量不够，大小与要求不符，丝扣损坏，则无法使用	核对油嘴数量、大小，检查丝扣完好，确保用量满足施工要求

孔板准备标准化操作规程如表7-16所示。

表7-16　试油（气）工孔板准备标准化操作规程

工作内容	工作步骤	风险提示	风险规避措施
孔板准备	核实领料单；清洗、外观检查	若孔板数量不够，大小与要求不符，本体损坏，则无法使用	核对孔板数量、大小，检查本体完好，确保用量满足施工要求

4）起下管柱标准化操作规程

下油管单根标准化操作规程如表7-17所示。

表7-17　试油（气）工下油管单根标准化操作规程

工作内容	工作步骤	风险提示	风险规避措施
下油管单根	接受任务书	若未接受任务书，不清楚作业内容及注意事项，易导致工程事故	执行任务书，清楚工作任务安排及注意事项
	施工前检查	若施工前未检查施工设备，施工过程中设备出现故障或事故，易导致人身伤害、工程事故	确保设备处于正常工作状态进行（进行提升设备、井控设备、“三吊一卡”等检查）
	油管上钻台	若管材上钻台过程中脱落或与其他硬物碰撞，易砸伤人员和损坏设备	操作人员紧密配合，专人指挥，做好危险区域警戒，严禁进入危险区域，人员远离正在移动的管材，管材戴好护丝、牵尾绳，上提时控制速度，平稳操作，捆绑牢靠，防止管材脱落、碰撞
	通径	若通径工具不合格，不能有效发现不合格管材，易导致后期油管内作业不成功；若通径操作不正确，易导致人身伤害	管材通径操作执行Q_XN 1024—2017《油管和套管通径操作规程》
	对扣、引扣、上扣、下管柱	若管材上扣前未引扣，易导致错扣损坏；若上扣扭矩值不符合要求，易损坏管材或造成井下事故；若井口操作不当，易造成井下落物；若下钻速度控制不当，易损坏管柱、井筒及井口	管材对扣后使用引扣工具引扣，采用液压钳按设计规定扭矩值上扣；做好井口防落物措施；通井时平稳操作，管柱下放速度不大于20m/min，接近回接筒、造斜点及设计井深时，下放速度不大于5m/min，若中途遇阻，

续表

工作内容	工作步骤	风险提示	风险规避措施
下油管单根	对扣、引扣、上扣、下管柱	设备，诱发事故；若液压钳使用不正确，易造成人身伤害	悬重下降控制不超过30kN（对已揭开产层的井，在通过射孔井段时，速度应不大于5m/min）；正确使用液压钳
	井控坐岗	若未严格执行井控坐岗制度，未及时发现溢流显示，易造成井控事故	专人坐岗，严格执行井控管理制度《井控管理实施细则》

起油管单根标准化操作规程如表7–18所示。

表7–18 试油（气）工起油管单根标准化操作规程

工作内容	工作步骤	风险提示	风险规避措施
起油管单根	接受任务书	若未接受任务书，不清楚作业内容及注意事项，易导致工程事故	执行任务书，清楚工作任务安排及注意事项
	施工前检查	若施工前未检查施工设备，施工过程中设备出现故障或事故，易导致人身伤害、工程事故	确保设备处于正常工作状态（进行提升设备、井控设备、“三吊一卡”等检查）
	起油管单根	若未按规范作业、控制起管柱速度、正确编号，易导致工程质量、人身伤害事故	起管柱时平稳操作，速度控制在15~20m/min，起井下工具和最后几根油管时，提升速度要不大于5m/min，防止碰坏井口、拉断拉弯油管或井下工具；起管柱过程中，随时观察并记录管柱有无砂堵、腐蚀及偏磨等情况；正确编号
	检查油管并编号	若未检查通井规，则无法发现通井规出现了损伤等情况，近而无法发现井筒出现异常	及时检查出井的通井规，发现本体损伤等情况及时汇报
	井控坐岗	若未严格执行井控坐岗制度，未及时发现溢流显示，易造成井控事故	专人坐岗，灌浆，严格执行井控管理制度

下钻杆单根标准化操作规程如表7–19所示。

表7–19 试油（气）工下钻杆单根标准化操作规程

工作内容	工作步骤	风险提示	风险规避措施
下钻杆单根	接受任务书	若未接受任务书，不清楚作业内容及注意事项，易导致工程事故	执行任务书，清楚工作任务安排及注意事项
	施工前检查	若施工前未检查施工设备，施工过程中设备出现故障或事故，易导致人身伤害、工程事故	确保设备处于正常工作状态（进行提升设备、井控设备、“三吊一卡”等检查）

续表

工作内容	工作步骤	风险提示	风险规避措施
下钻杆单根	钻杆上钻台	若管材上钻台过程中脱落或与其他硬物碰撞，易砸伤人员和损坏设备	操作人员紧密配合，专人指挥，做好危险区域警戒，严禁进入危险区域，人员远离正在移动的管材，管材戴好护丝、牵尾绳，上提时控制速度，平稳操作，捆绑牢靠，防止管材脱落、碰撞
	通径	若通径工具不合格，或不能发现不合格管材，易导致后期油管内作业不成功；若通径操作不正确，易导致人身伤害	管材通径操作执行Q_XN 1024—2017《油管和套管通径操作规程》
	对扣、引扣、上扣、下管柱	若管材上扣前未引扣，易导致错扣损坏；若上扣扭矩值不符合要求，易损坏管材或造成井下事故；若井口操作不当，易造成井下落物；若下钻速度控制不当，损坏管柱、井筒及井口设备，易诱发事故；若液压钳使用不正确，易造成人身伤害	管材对扣后使用引扣工具引扣，采用液压钳按设计规定扭矩值上扣；做好井口防落物措施；通井时平稳操作，管柱下放速度不大于20m/min，接近回接筒、造斜点及设计井深时，下放速度不大于5m/min，若中途遇阻，悬重下降控制不超过30kN（对已揭开产层的井，在通过射孔井段时，速度应不大于5m/min）；正确使用液压钳
	井控坐岗	若未严格执行井控坐岗制度，未及时发现溢流显示，易造成井控事故	专人坐岗，严格执行井控管理制度《井控管理实施细则》

起钻杆单根标准化操作规程如表7-20所示。

表7-20　试油（气）工起钻杆单根标准化操作规程

工作内容	工作步骤	风险提示	风险规避措施
起钻杆单根	接受任务书	若未接受任务书，不清楚作业内容及注意事项，易导致工程事故	执行任务书，清楚工作任务安排及注意事项
	施工前检查	若施工前未检查施工设备，施工过程中设备出现故障或事故，易导致人身伤害、工程事故	确保设备处于正常工作状态（进行提升设备、井控设备、“三吊一卡”等检查）
	起钻杆单根	若未按规范作业、控制起管柱速度、正确编号，易导致工程质量、人身伤害事故	起管柱时平稳操作，速度控制在15~20m/min，起井下工具和最后几根油管时，提升速度要不大于5m/min，防止碰坏井口、拉断拉弯油管或井下工具；起管柱过程中，随时观察并记录管柱有无砂堵、腐蚀及偏磨等情况；正确编号
	检查钻杆并编号	若未检查通井规，则无法发现通井规出现了损伤等情况，近而无法发现井筒出现异常	及时检查出井的通井规，发现本体损伤等情况及时汇报
	井控坐岗	若未严格执行井控坐岗制度，未及时发现溢流显示，易造成井控事故	专人坐岗，灌浆，严格执行井控管理制度

下油管立柱标准化操作规程如表7–21所示。

表7–21 试油（气）工下油管立柱标准化操作规程

工作内容	工作步骤	风险提示	风险规避措施
下油管立柱	接受任务书	若未接受任务书，不清楚作业内容及注意事项，易导致工程事故	执行任务书，清楚工作任务安排及注意事项
	施工前检查	若施工前未检查施工设备，施工过程中设备出现故障或事故，易导致人身伤害、工程事故	确保设备处于正常工作状态（进行提升设备、井控设备、“三吊一卡”等检查）
	通径	若通径工具不合格，或不能发现不合格管材，易导致后期油管内作业不成功；若通径操作不正确，易导致人身伤害	管材通径操作执行Q_XN 1024—2017《油管和套管通径操作规程》
	对扣、引扣、上扣、下管柱	若管材上扣前未引扣，易导致错扣损坏；若上扣扭矩值不符合要求，易损坏管材或造成井下事故；若井口操作不当，易造成井下落物；若下钻速度控制不当，损坏管柱、井筒及井口设备，易诱发事故；若液压钳使用不正确，易造成人身伤害	管材对扣后使用引扣工具引扣，采用液压钳按设计规定扭矩值上扣；做好井口防落物措施；通井时平稳操作，管柱下放速度不大于20m/min，接近回接筒、造斜点及设计井深时，下放速度不大于5m/min，若中途遇阻，悬重下降控制不超过30kN（对已揭开产层的井，在通过射孔井段时，速度应不大于5m/min）；正确使用液压钳
	井控坐岗	若未严格执行井控坐岗制度，未及时发现溢流显示，易造成井控事故	专人坐岗，严格执行井控管理制度《井控管理实施细则》

起油管立柱标准化操作规程如表7–22所示。

表7–22 试油（气）工起油管立柱标准化操作规程

工作内容	工作步骤	风险提示	风险规避措施
起油管立柱	接受任务书	若未接受任务书，不清楚作业内容及注意事项，易导致工程事故	执行任务书，清楚工作任务安排及注意事项
	施工前检查	若施工前未检查施工设备，施工过程中设备出现故障或事故，易导致人身伤害、工程事故	确保设备处于正常工作状态（进行提升设备、井控设备、“三吊一卡”等检查）
	起油管立柱	若未按规范作业、控制起管柱速度、正确编号，易导致工程质量、人身伤害事故	起管柱时平稳操作，速度控制在15~20m/min，起井下工具和最后几根油管时，提升速度要不大于5m/min，防止碰坏井口、拉断拉弯油管或井下工具；起管柱过程中，随时观察并记录管柱有无砂堵、腐蚀及偏磨等情况；正确编号
	检查油管并编号	若未检查油管，则无法发现油管出现了损伤等情况，近而无法发现井筒出现异常	及时检查出井的刮管器，发现本体损伤等情况及时汇报
	井控坐岗	若未严格执行井控坐岗制度，未及时发现溢流显示，易造成井控事故	专人坐岗，灌浆，严格执行井控管理制度

下钻杆立柱标准化操作规程如表7-23所示。

表7-23 试油（气）工下钻杆立柱标准化操作规程

工作内容	工作步骤	风险提示	风险规避措施
下钻杆立柱	接受任务书	若未接受任务书，不清楚作业内容及注意事项，易导致工程事故	执行任务书，清楚工作任务安排及注意事项
	施工前检查	若施工前未检查施工设备，施工过程中设备出现故障或事故，易导致人身伤害、工程事故	确保设备处于正常工作状态（进行提升设备、井控设备、“三吊一卡”等检查）
	通径	若通径工具不合格，或不能发现不合格管材，易导致后期油管内作业不成功；若通径操作不正确，易导致人身伤害	管材通径操作执行Q_XN 1024—2017《油管和套管通径操作规程》
	对扣、引扣、上扣、下管柱	若管材上扣前未引扣，易导致错扣损坏；若上扣扭矩值不符合要求，易损坏管材或造成井下事故；若井口操作不当，易造成井下落物；若下钻速度控制不当，损坏管柱、井筒及井口设备，易诱发事故；若液压钳使用不正确，易造成人身伤害	管材对扣后使用引扣工具引扣，采用液压钳按设计规定扭矩值上扣；做好井口防落物措施；通井时平稳操作，管柱下放速度不大于20m/min，接近回接筒、造斜点及设计井深时，下放速度不大于5m/min，若中途遇阻，悬重下降控制不超过30kN（对已揭开产层的井，在通过射孔井段时，速度应不大于5m/min）；正确使用液压钳
	井控坐岗	若未严格执行井控坐岗制度，未及时发现溢流显示，易造成井控事故	专人坐岗，严格执行井控管理制度《井控管理实施细则》

起钻杆立柱标准化操作规程如表7-24所示。

表7-24 试油（气）工起钻杆立柱标准化操作规程

工作内容	工作步骤	风险提示	风险规避措施
起钻杆立柱	接受任务书	若未接受任务书，不清楚作业内容及注意事项，易导致工程事故	执行任务书，清楚工作任务安排及注意事项
	施工前检查	若施工前未检查施工设备，施工过程中设备出现故障或事故，易导致人身伤害、工程事故	确保设备处于正常工作状态（进行提升设备、井控设备、“三吊一卡”等检查）
	起钻杆立柱	若未按规范作业、控制起管柱速度、正确编号，易导致工程质量、人身伤害事故	起管柱时平稳操作，速度控制在15~20m/min，起井下工具和最后几根油管时，提升速度要不大于5m/min，防止碰坏井口、拉断拉弯油管或井下工具；起管柱过程中，随时观察并记录管柱有无砂堵、腐蚀及偏磨等情况；正确编号
	检查油管并编号	若未检查钻杆，则无法发现钻杆出现了损伤等情况，近而无法发现井筒出现异常	及时检查出井的刮管器，发现本体损伤等情况及时汇报
	井控坐岗	若未严格执行井控坐岗制度，未及时发现溢流显示，易造成井控事故	专人坐岗，灌浆，严格执行井控管理制度

5）拆装井口标准化操作规程

拆防喷器标准化操作规程如表7–25所示。

表7–25 试油（气）工拆防喷器标准化操作规程

工作内容	工作步骤	风险提示	风险规避措施
工作准备	接受任务书，安全技术交底	若未接受任务书、安全技术交底，不清楚作业内容及注意事项，易导致工程事故	执行任务书和安全技术交底，清楚工作任务安排及注意事项
	施工前检查	施工前未检查施工设备，施工过程中设备出现故障或事故，易导致人身伤害、工程事故	确保设备处于正常工作状态（进行提升设备、吊装设备设施、井控设备、“三吊一卡”等检查）
	申请开具作业许可证（“三高井”）	若未申请作业许可证并执行，易导致人身伤害、设备损坏	申请作业许可证，批准后严格按照其中的安全预防措施执行
拆防喷器	拆防喷器	若不熟悉拆防喷器相关规范要求，易造成工程质量、安全环保事故	拆卸防喷器组期间全程做好井口防落物遮盖措施；泄压，拆液压管线及连接弯头，安装丝堵；放尽防喷器组内压井液，其他人员撤离到安全区域，专人指挥，拆掉井口装置附件；搭建操作平台、拆卸防喷器螺栓，专人指挥吊出防喷器（不允许两个及以上封井器连在一起拆卸或外拉）；拆卸后的防喷器钢圈槽、螺栓、螺帽等应清洗干净，涂抹黄油，螺栓、螺帽配套存放；拆除的液压管线接头进行包裹保护后入库排放
	井控坐岗	若未严格执行井控坐岗制度，未及时发现溢流显示，易造成井控事故	专人坐岗，严格执行井控管理制度

装防喷器标准化操作规程如表7–26所示。

表7–26 试油（气）工装防喷器标准化操作规程

工作内容	工作步骤	风险提示	风险规避措施
装防喷器	装防喷器	若不熟悉装防喷器相关规范要求，易造成工程质量、安全环保事故	作业全程专人指挥，顶丝退出完全，清理法兰钢圈槽，确认钢圈入槽，附件设施安装固定、调试、标识到位，全程做好井口防落物遮盖措施
	井控坐岗	若未严格执行井控坐岗制度，未及时发现溢流显示，易造成井控事故	专人坐岗，严格执行井控管理制度

拆采气树标准化操作规程如表7–27所示。

表7–27 试油（气）工拆采气树标准化操作规程

工作内容	工作步骤	风险提示	风险规避措施
工作准备	接受任务书，安全技术交底	若未接受任务书、安全技术交底，不清楚作业内容及注意事项，易导致工程事故	执行任务书和安全技术交底，清楚工作任务安排及注意事项

续表

工作内容	工作步骤	风险提示	风险规避措施
工作准备	施工前检查	施工前未检查施工设备，施工过程中设备出现故障或事故，易导致人身伤害、工程事故	确保设备处于正常工作状态（进行提升设备、井控设备、“三吊一卡”等检查）
	申请开具作业许可证（“三高井”）	若未申请作业许可证并执行，易导致人身伤害、设备损坏	申请作业许可证，批准后严格按照其中的安全预防措施执行
拆采气树	拆采气树	若拆采气树过程中未做好井口防落物措施，易造成井下落物	全过程做好井口防落物遮盖措施
	井控坐岗	若未严格执行井控坐岗制度，未及时发现溢流显示，易造成井控事故	专人坐岗，严格执行井控管理制度

装采气树标准化操作规程如表7-28所示。

表7-28　试油（气）工装采气树标准化操作规程

工作内容	工作步骤	风险提示	风险规避措施
装采气树	装采气树	若不熟悉装采气树相关规范要求，易造成工程质量、安全环保事故	安装采气树时，把钢圈槽和钢圈清洗干净，缓慢下放吻合法兰，防止碰损钢圈，确保所有螺栓对角上紧，两端余扣相同，采气树手轮方向一致，在一个垂直平面；井口螺栓受力应均匀，螺栓两端倒角底面应高于螺母平面
	井控坐岗	若未严格执行井控坐岗制度，未及时发现溢流显示，易造成井控事故	专人坐岗，严格执行井控管理制度

6）试压标准化操作规程

全井筒试压标准化操作规程如表7-29所示。

表7-29　试油（气）工全井筒试压标准化操作规程

工作内容	工作步骤	风险提示	风险规避措施
全井筒试压	申请开具作业许可证	若未申请作业许可证并执行操作，易导致人身伤害、设备损坏	申请作业许可证，批准后严格按照其中的安全预防措施执行
	接受安全技术交底	若未接受安全技术交底，不清楚作业内容及注意事项，易导致人身伤害、设备损坏	接受安全技术交底，清楚工作任务安排
	试压	若未按设计规范要求试压，易造成工程质量和安全环保事故	严格按照设计试压要求试压

试油（气）流程试压标准化操作规程如表7-30所示。

表7-30 试油（气）工试油（气）程试压标准化操作规程

工作内容	工作步骤	风险提示	风险规避措施
试油（气）流程试压	申请开具作业许可证	若未申请作业许可证并执行操作，易导致人身伤害、设备损坏	申请作业许可证，批准后严格按照其中的安全预防措施执行
	接受安全技术交底	若未接受安全技术交底，不清楚作业内容及注意事项，易导致人身伤害、设备损坏	接受安全技术交底，清楚工作任务安排
	试压	若未按设计规范要求试压，易造成工程质量和安全环保事故	严格按照设计试压要求试压

采气树主副密封试压标准化操作规程如表7-31所示。

表7-31 试油（气）工采气树主副密封试压标准化操作规程

工作内容	工作步骤	风险提示	风险规避措施
采气树主副密封试压	申请开具作业许可证	若未申请作业许可证并执行操作，易导致人身伤害、设备损坏	申请作业许可证，批准后严格按照其中的安全预防措施执行
	安全技术交底	若未接受安全技术交底，不清楚作业内容及注意事项，易导致人身伤害、设备损坏	接受安全技术交底，清楚工作任务安排
	试压	若未按设计规范要求试压，易造成工程质量和安全环保事故	严格按照设计试压要求试压

防喷器试压标准化操作规程如表7-32所示。

表7-32 试油（气）工防喷器试压标准化操作规程

工作内容	工作步骤	风险提示	风险规避措施
防喷器试压	申请开具作业许可证	若未申请作业许可证并执行操作，易导致人身伤害、设备损坏	申请作业许可证，批准后严格按照其中的安全预防措施执行
	接受安全技术交底	若未接受安全技术交底，不清楚作业内容及注意事项，易导致人身伤害、设备损坏	接受安全技术交底，清楚工作任务安排
	试压	若未按设计规范要求试压，易造成工程质量和安全环保事故	严格按照设计试压要求试压

7）通刮作业标准化操作规程

通井标准化操作规程如表7-33所示。

表7-33 试油（气）工通井标准化操作规程

工作内容	工作步骤	风险提示	风险规避措施
组通井管柱	接受任务书	若未接受任务书，不清楚作业内容及注意事项，易导致工程事故	执行任务书，清楚工作任务安排及注意事项

续表

工作内容	工作步骤	风险提示	风险规避措施
组通井管柱	施工前检查	若施工前未检查施工设备，施工过程中设备出现故障或事故，易导致人身伤害、工程事故	确保设备处于正常工作状态（进行提升设备、井控设备、“三吊一卡”等检查）
	工具上钻台	若管材上钻台过程中脱落或与其他硬物碰撞，易砸伤人员和损坏设备	操作人员紧密配合，专人指挥，做好危险区域警戒，严禁进入危险区域，人员远离正在移动的管材，管材戴好护丝、牵尾绳，上提时控制速度，平稳操作，捆绑牢靠，防止管材脱落、碰撞
	通径	若通径工具不合格，不能有效发现不合格管材，易导致后期油管内作业不成功；若通径操作不正确，易导致人身伤害	管材通径操作执行Q_XN 1024—2017《油管和套管通径操作规程》
	对扣、引扣、上扣、下管柱	若管材上扣前未引扣，易导致错扣损坏；若上扣扭矩值不符合要求，易损坏管材或造成井下事故；若井口操作不当，易造成井下落物；若下钻速度控制不当，易损坏管柱、井筒及井口设备，诱发事故；若液压钳使用不正确，易造成人身伤害	管材对扣后使用引扣工具引扣，采用液压钳按设计规定扭矩值上扣；做好井口防落物措施通井时平稳操作，管柱下放速度不大于20m/min，接近回接筒、造斜点及设计井深时，下放速度不大于5m/min，若中途遇阻，悬重下降控制不超过30kN（对已揭开产层的井，在通过射孔井段时，速度应不大于5m/min）；正确使用液压钳
	井控坐岗	若未严格执行井控坐岗制度，未及时发现溢流显示，易造成井控事故	专人坐岗，严格执行井控管理制度《井控管理实施细则》
起通井规	起通井规	若未按规范作业、控制起管柱速度、正确编号，易导致工程质量、人身伤害事故	起管柱平稳操作，速度控制为15~20m/min，起井下工具和最后几根油管时，提升速度要不大于5m/min，防止碰坏井口、拉断拉弯油管或井下工具；起管柱过程中，随时观察并记录管柱有无砂堵、腐蚀及偏磨等情况；正确编号
	检查通井规	若未检查通井规，则无法发现通井规出现了损伤等情况，近而无法发现井筒出现异常	及时检查出井的通井规，发现本体损伤等情况及时汇报
	井控坐岗	若未严格执行井控坐岗制度，未及时发现溢流显示，易造成井控事故	专人坐岗，灌浆，严格执行井控管理制度

刮管标准化操作规程如表7-34所示。

表7-34　试油（气）工刮管标准化操作规程

工作内容	工作步骤	风险提示	风险规避措施
组刮管管柱	接受任务书	若未接受任务书，不清楚作业内容及注意事项，易导致工程事故	执行任务书，清楚工作任务安排及注意事项

续表

工作内容	工作步骤	风险提示	风险规避措施
组刮管管柱	施工前检查	若施工前未检查施工设备，施工过程中设备出现故障或事故，易导致人身伤害、工程事故	确保设备设施处于正常工作状态（检查提升设备、井控设备、“三吊一卡”等）
	工具上钻台	若工具上钻台过程中脱落或与其他硬物碰撞，易砸伤人员和损坏设备	操作人员紧密配合，专人指挥，做好危险区域警戒，严禁进入危险区域，人员远离正在移动的工具，管材戴好护丝、牵尾绳，上提时控制速度，平稳操作，捆绑牢靠，防止工具脱落、碰撞
	通径	若通径工具不合格，不能有效发现不合格管材，易导致后期油管内作业不成功；若通径操作不正确，易导致人身伤害	管材通径操作执行Q_XN 1024—2017《油管和套管通径操作规程》
	对扣、引扣、上扣、下管柱	若管材上扣前未引扣，易导致错扣损坏；若上扣扭矩值不符合要求，易损坏管材或造成井下事故；若井口操作不当，易造成井下落物；若下钻速度控制不当，易损坏管柱、井筒及井口设备，诱发事故；若液压钳使用不正确，易造成人身伤害	管材对扣后使用引扣工具引扣，采用液压钳按设计规定扭矩值上扣；做好井口防落物措施；通井时平稳操作，管柱下放速度不大于20m/min，接近回接筒、造斜点及设计井深时，下放速度不大于5m/min，若中途遇阻，悬重下降控制不超过30kN（对已揭开产层的井，在通过射孔井段时，速度应不大于5m/min）；正确使用液压钳
	井控坐岗	若未严格执行井控坐岗制度，未及时发现溢流显示，易造成井控事故	专人坐岗，严格执行井控管理制度《井控管理实施细则》
起刮管管柱	起刮管管柱	若未按规范作业、控制起管柱速度、正确编号，易导致工程质量、人身伤害事故	起管柱平稳操作，速度控制为15~20m/min，起井下工具和最后几根油管时，提升速度要不大于5m/min，防止碰坏井口、拉断拉弯油管或井下工具；起管柱过程中，随时观察并记录管柱有无砂堵、腐蚀及偏磨等情况；正确编号
	检查刮管器	若未检查刮管器，则无法发现刮管器出现了损伤等情况，近而无法发现井筒出现异常	及时检查出井的刮管器，发现本体损伤等情况及时汇报
	井控坐岗	若未严格执行井控坐岗制度，未及时发现溢流显示，易造成井控事故	专人坐岗，灌浆，严格执行井控管理制度

通井、刮管联作标准化操作规程如表7-35所示。

表7-35 试油（气）工通井、刮管联作标准化操作规程

工作内容	工作步骤	风险提示	风险规避措施
组通井、刮管联作管柱	接受任务书	若未接受任务书，不清楚作业内容及注意事项，易导致工程事故	执行任务书，清楚工作任务安排及注意事项

续表

工作内容	工作步骤	风险提示	风险规避措施
组通井、刮管联作管柱	施工前检查	若施工前未检查施工设备，施工过程中设备出现故障或事故，易导致人身伤害、工程事故	确保设备处于正常工作状态（进行提升设备、井控设备、“三吊一卡”等检查）
	工具上钻台	若管材上钻台过程中脱落或与其他硬物碰撞，易砸伤人员和损坏设备	操作人员紧密配合，专人指挥，做好危险区域警戒，严禁进入危险区域，人员远离正在移动的管材，管材戴好护丝、牵尾绳，上提时控制速度，平稳操作，捆绑牢靠，防止管材脱落、碰撞
	通径	若通径工具不合格，不能有效发现不合格管材，易导致后期油管内作业不成功；若通径操作不正确，易导致人身伤害	管材通径操作执行Q_XN 1024—2017《油管和套管通径操作规程》
	对扣、引扣、上扣、下管柱	若管材上扣前未引扣，易导致错扣损坏；若上扣扭矩值不符合要求，易损坏管材或造成井下事故；若井口操作不当，易造成井下落物；若下钻速度控制不当，易损坏管柱、井筒及井口设备，诱发事故；若液压钳使用不正确，易造成人身伤害	管材对扣后使用引扣工具引扣，采用液压钳按设计规定扭矩值上扣；做好井口防落物措施通井时平稳操作，管柱下放速度不大于20m/min，接近回接筒、造斜点及设计井深时，下放速度不大于5m/min，若中途遇阻，悬重下降控制不超过30kN（对已揭开产层的井，在通过射孔井段时，速度应不大于5m/min）；正确使用液压钳
	井控坐岗	若未严格执行井控坐岗制度，未及时发现溢流显示，易造成井控事故	专人坐岗，严格执行井控管理制度《井控管理实施细则》
起通井、刮管联作管柱	起通井、刮管联作管柱	若未按规范作业、控制起管柱速度、正确编号，易导致工程质量、人身伤害事故	起管柱时平稳操作，速度控制为15~20m/min，起井下工具和最后几根油管时，提升速度要不大于5m/min，防止碰坏井口、拉断拉弯油管或井下工具；起管柱过程中，随时观察并记录管柱有无砂堵、腐蚀及偏磨等情况；正确编号
	检查刮管器	若未检查通井规、刮管器，则无法发现通井规出现了损伤等情况，近而无法发现井筒出现异常	及时检查出井的通井规，发现本体损伤等情况及时汇报
	井控坐岗	若未严格执行井控坐岗制度，未及时发现溢流显示，易造成井控事故	专人坐岗，灌浆，严格执行井控管理制度

8）探人工井底标准化操作规程

探人工井底标准化操作规程如表7-36所示。

表7-36　试油（气）工探人工井底标准化操作规程

工作内容	工作步骤	风险提示	工作标准
探人工井底	探人工井底	若未按规范探塞面,水泥塞被破坏、管柱被掩埋，管内部被水泥堵塞，易造成工程质量事故	加压5~10kN探塞面3次，深度误差在0.5m以内，上提管柱洗井
	井控坐岗	若未严格执行井控坐岗制度，未及时发现溢流显示，易造成井控事故	专人坐岗，严格执行井控管理制度

9）循环作业标准化操作规程

循环压井液标准化操作规程如表7-37所示。

表7-37 试油（气）工循环压井液标准化操作规程

工作内容	工作步骤	风险提示	风险规避措施
施工准备	检查循环通道	若未倒换井口及循环管线闸门，未确认通道畅通，易造成工程质量、安全环保、人身伤害事故	确认各闸门开关正确、循环通道畅通
开泵循环	设备、井筒验通	若未验通就大排量循环，易导致管线或井内憋压，甚至刺穿，造成工程质量、安全环保、人身伤害事故	先以小于300L/min的排量验通，直到出口正常返浆，再提高排量
	过程监控	若循环过程中未及时巡检，未发现管线或闸门刺漏、气体溢出等异常情况，易造成安全环保、人身伤害事故	循环过程中对泵压、排量、进出口液体性能进行监控及循环管线巡查；验证循环设备有效排量；揭开产层的含硫气井应采用泥气分离器脱气，出口点燃长明火
	井控坐岗	若未严格执行井控坐岗制度，未及时发现溢流显示，易造成井控事故	专人坐岗，严格执行井控管理制度
	测油气上窜速度	若未测油气上窜速度，未掌控安全作业时间，易造成井控事故	按设计、标准测油气上窜速度（第一次射开油气层后起钻前，长时间静止后起钻前，起钻前至下次下入井底循环间隔时间较长，井筒压井介质变化，前一次起下作业发生严重气侵）；油气上窜速度小于30m/h

洗井标准化操作规程如表7-38所示。

表7-38 试油（气）工洗井标准化操作规程

工作内容	工作步骤	风险提示	风险规避措施
洗井	过程监控	若洗井过程中未及时巡检，未发现管线或闸门刺漏、气体溢出等异常情况，易造成安全环保、人身伤害事故	监控泵压、排量执行工具方要求，减小对工具损伤，防止工具提前工作，确保供液排量达到要求，连续施工；进出口液体性能监控及管线巡查到位，排出的污水进入废液罐，做好环境保护工作

压井标准化操作规程如表7-39所示。

表7-39 试油（气）工压井标准化操作规程

工作内容	工作步骤	风险提示	风险规避措施
施工准备	接受任务书、安全技术交底	若未接受任务书、安全技术交底，不清楚作业内容及注意事项，易导致工程事故	执行任务书，清楚工作任务安排及注意事项

续表

工作内容	工作步骤	风险提示	风险规避措施
施工准备	检查压井通道	若未倒换井口及压井管线闸门，未确认通道畅通，易造成工程质量、安全环保、人身伤害事故	确认各闸门开关正确、压井通道畅通
压井	设备、井筒验通	若未验通就大排量循环，易导致管线或井内憋压，甚至刺穿，易造成工程质量、安全环保、人身伤害事故	先以小于300L/min的排量验通，直到出口正常返浆，再提高排量
	过程监控	若压井过程中未及时巡检，未发现管线或闸门刺漏、气体溢出等异常情况，施工不连续，易造成工程质量、安全环保、人身伤害事故	监控泵压、排量执行压井方案（或工具方）要求，确保供液排量达到要求，连续施工；做好回压监测、进出口液量计算（判断溢流或者漏失）等防止井下事故发生；进出口液体性能监控及管线巡查到位，混浆外排时防止污染（及时转运）；采用泥气分离器脱气，出口点燃长明火

替浆标准化操作规程如表7-40所示。

表7-40　试油（气）工替浆标准化操作规程

工作内容	工作步骤	风险提示	风险规避措施
施工准备	接受任务书、安全技术交底	若未接受任务书、安全技术交底，不清楚作业内容及注意事项，易导致工程事故	执行任务书，清楚工作任务安排及注意事项
	检查循环通道	若未倒换井口及循环管线闸门，未确认通道畅通，易造成工程质量、安全环保、人身伤害事故	确认各闸门开关正确、循环通道畅通
替浆	设备、井筒验通	若未验通就大排量循环，易导致管线或井内憋压，甚至刺穿，造成工程质量、安全环保、人身伤害事故	先以小于300L/min的排量验通，直到出口正常返浆，再提高排量
	过程监控	若循环过程中未及时巡检，未发现管线或闸门刺漏、气体溢出等异常情况，施工不连续，易造成工程质量、安全环保、人身伤害事故	监控泵压、排量执行工具方要求，减小对工具损伤，防止工具提前工作，确保供液排量达到要求，连续施工；进出口液体性能监控及管线巡查到位，混浆外排时防止污染（及时转运）；采用泥气分离器脱气，出口点燃长明火

10）射孔标准化操作规程

下射孔枪标准化操作规程如表7-41所示。

表7-41　试油（气）工下射孔枪标准化操作规程

工作内容	工作步骤	风险提示	风险规避措施
下射孔枪	施工前检查	若施工前未检查施工设备，施工过程中设备出现故障或事故，易导致人身伤害、工程事故	确保设备处于正常工作状态（进行提升设备、井控设备、“三吊一卡”等检查）

续表

工作内容	工作步骤	风险提示	风险规避措施
下射孔枪	工具上钻台	若管材上钻台过程中脱落或与其他硬物碰撞，易砸伤人员和损坏设备	操作人员紧密配合，专人指挥，做好危险区域警戒，严禁进入危险区域，人员远离正在移动的管材，管材戴好护丝、牵尾绳，上提时控制速度，平稳操作，捆绑牢靠，防止管材脱落、碰撞
	通径	若通径工具不合格，不能有效发现不合格管材，易导致后期油管内作业不成功；若通径操作不正确，易导致人身伤害	管材通径（含油管、短节、变扣）操作执行Q_XN 1024—2017《油管和套管通径操作规程》
	对扣、引扣、上扣、下管柱	若管材上扣前未引扣，易导致错扣损坏；若上扣扭矩值不符合要求，易损坏管材或造成井下事故；若井口操作不当，易造成井下落物或射孔枪意外起爆；若下钻速度控制不当，易损坏管柱、井筒及井口设备，诱发事故；若液压钳使用不正确，易造成人身伤害	管材对扣后使用引扣工具引扣，采用手工具或液压钳按设计规定扭矩值上扣；监控射孔队同位素标记位置满足设计要求；做好井口防落物措施；下管柱时平稳操作，管柱下放速度控制为30根/h，接近回接筒、造斜点及设计井深时，下放速度不大于5m/min（对已揭开产层的井，在通过射孔井段时，速度应不大于5m/min），若中途出现遇阻悬重下降超过20kN等异常情况时，立即汇报，根据射孔队要求进行处理；正确使用液压钳
	井控坐岗	若未严格执行井控坐岗制度，未及时发现溢流显示，易造成井控事故	专人坐岗，严格执行井控管理制度

测井定位标准化操作规程如表7–42所示。

表7–42 试油（气）工测井定位标准化操作规程

工作内容	工作步骤	风险提示	风险规避措施
测井定位	测井准备	若预留场地和井口不满足测井要求，易影响测井操作	收拾、归顺现场，确保预留场地和井口满足测井需要
	测井定位	若人员误入测井危险区域，易导致人身伤害	禁止跨越电缆，进入测井圈闭的危险区域
	井控坐岗	若未严格执行井控坐岗制度，未及时发现溢流显示，易造成井控事故	专人坐岗，严格执行井控管理制度

调整管柱标准化操作规程如表7–43所示。

表7–43 试油（气）工调整管柱标准化操作规程

工作内容	工作步骤	风险提示	风险规避措施
调整管柱	调整管柱	若调整短节规格型号不满足要求，易导致管柱断脱，造成工程质量事故	按技术员要求正确取用调整短节（要求加在管柱上部的调整短节抗拉安全系数大于1.8，其余强度、内径至少与下部油管一致）
	井控坐岗	若未严格执行井控坐岗制度，未及时发现溢流显示，易造成井控事故	专人坐岗，严格执行井控管理制度

启爆标准化操作规程如表7-44所示。

表7-44　试油（气）工启爆标准化操作规程

工作内容	工作步骤	风险提示	风险规避措施
射孔准备	射孔液准备	若未准备合格的射孔液，或液量不足，易导致射孔失败，造成工程质量事故	准备的射孔液及液量（供液排量）满足射孔要求
	检查加压通道	若未倒换井口及加压管线闸门，未确认通道畅通，易造成工程质量、安全环保、人身伤害事故	确认各闸门开关正确、加压通道畅通
启爆	井控坐岗	若未严格执行井控坐岗制度，未及时发现溢流显示，易造成井控事故	专人坐岗，严格执行井控管理制度

验枪标准化操作规程如表7-45所示。

表7-45　试油（气）工验枪标准化操作规程

工作内容	工作步骤	风险提示	风险规避措施
验枪	验枪	若未检查射孔弹发射率，易造成作业误判，导致工程质量事故	在井口及时检查射孔弹发射率，发现发射率未达到100%则立即将枪下入井内，汇报，待射孔队到场处理
	井控坐岗	若未严格执行井控坐岗制度，未及时发现溢流显示，易造成井控事故	专人坐岗，灌浆，严格执行井控管理制度

11）完井作业标准化操作规程

下完井管柱标准化操作规程如表7-46所示。

表7-46　试油（气）工下完井管柱标准化操作规程

工作内容	工作步骤	风险提示	风险规避措施
下完井管柱准备	工具到场后开展现场准备工作	若现场组装工具、吊装作业过程中，人员误入危险区域，易导致人身伤害；若变扣接头、短节未准备到位，易影响生产时效	禁止进入工具方圈闭区域；提前核实、落实完井管柱所需要的变扣接头、短节准备情况
	安全技术交底	若未接受安全技术交底，不清楚作业内容及注意事项，易导致人身伤害、设备损坏	接受安全技术交底，清楚工作任务安排及注意事项
下完井管柱	施工前检查	若施工前未进行施工设备检查，施工过程中设备出现故障或事故，易导致人身伤害、工程事故	确保设备处于正常工作状态（进行提升设备、井控设备、“三吊一卡”等检查）
	工具上钻台	若工具上钻台过程中脱落或与其他硬物碰撞，易砸伤人员和损坏设备	操作人员紧密配合，专人指挥，做好危险区域警戒，严禁进入危险区域，人员远离正在移动的工具，工具戴好护丝、牵尾绳，上提时控制速度，平稳操作，捆绑牢靠，防止工具脱落、碰撞

续表

工作内容	工作步骤	风险提示	风险规避措施
下完井管柱	通径	若通径工具不合格，不能有效发现不合格管材，易导致后期油管内作业不成功；若通径操作不正确，易导致人身伤害	管材通径（含油管、短节、变扣）操作执行Q_XN 1024—2017《油管和套管通径操作规程》
	对扣、引扣、上扣、下管柱	若管材上扣前未引扣，易导致错扣损坏；若上扣扭矩值不符合要求，易损坏管材或造成井下事故；若井口操作不当，易造成井下落物；若下钻速度控制不当，易损坏管柱、井筒及井口设备，诱发事故；若液压钳使用不正确，易造成人身伤害	管材对扣后使用引扣工具引扣，采用手工具或液压钳按设计规定扭矩值上扣；做好井口防落物措施；下管柱时平稳操作，管柱下放速度控制要求及遇阻处置执行工具方操作手册；正确使用液压钳
	井控坐岗	若未严格执行井控坐岗制度，未及时发现溢流显示，易造成井控事故	专人坐岗，严格执行井控管理制度

坐挂油管悬挂器标准化操作规程如表7–47所示。

表7–47 试油（气）工坐挂油管悬挂器标准化操作规程

工作内容	工作步骤	风险提示	风险规避措施
坐油管悬挂器	清洁悬挂器	若顶丝未退完，油管悬挂器坐入顶丝，易损坏顶丝、悬挂器	丈量顶丝退出长度，确认顶丝完全退出
	检查丝扣、外观		
	连接双公、提升短节		
	入座		
顶顶丝	松备帽	若备帽未松，易导致顶丝顶不到位	紧顶丝前检查备帽
	顶顶丝	若顶丝未顶到位，易导致其他事故	丈量顶丝退出长度，确认顶丝完全退出，下入悬挂器后确认方入量到位
	紧备帽	若备帽未紧到位，易导致其他事故	检查备帽

12）工具操作标准化操作规程

坐封封隔器标准化操作规程如表7–48所示。

表7–48 试油（气）工坐封封隔器标准化操作规程

工作内容	工作步骤	风险提示	风险规避措施
施工准备	接受任务书、安全技术交底	若未接受任务书、安全技术交底，不清楚作业内容及注意事项，易导致工程事故	执行任务书，清楚工作任务安排及注意事项
	检查循环通道	若未倒换井口及循环管线闸门，未确认通道畅通，易造成工程质量、安全环保、人身伤害事故	确认各闸门开关正确、循环通道畅通

续表

工作内容	工作步骤	风险提示	风险规避措施
坐封封隔器	设备、井筒验通	若未验通就大排量循环，易导致管线或井内憋压，甚至刺穿，造成工程质量、安全环保、人身伤害事故	先以小于300L/min的排量验通，直到出口正常返浆，再提高排量
	投球、送球	若投球操作方式错误，易导致球未能到位，造成工程质量事故	投球前确认清理干净清蜡闸门内部的黄油等黏性物，关闭1#、4#主闸，打开清蜡闸门，投球，关闭清蜡闸门，打开4#主闸，球掉落后关闭4#主闸，打开1#主闸，侯球后再开泵送球
	打压坐封	若未执行工具方操作手册加压坐封，易造成工程质量事故	严格执行工具方操作手册

验封标准化操作规程如表7-49所示。

表7-49　试油（气）工验封标准化操作规程

工作内容	工作步骤	风险提示	风险规避措施
验封	验封、泄压	若未执行工具方操作手册验封、泄压，易造成工程质量事故	严格执行工具方操作手册

坐封桥塞标准化操作规程如表7-50所示。

表7-50　试油（气）工坐封桥塞标准化操作规程

工作内容	工作步骤	风险提示	风险规避措施
下电缆桥塞准备	施工准备	若预留场地和井口不满足下电缆桥塞要求，易影响后续施工	收拾、归顺现场，确保预留场地和井口满足下电缆桥塞要求
	作业过程	若人员误入绳缆危险区域，易导致人身伤害	禁止跨越绳缆，或进入测井圈闭的危险区域

13）配合措施作业标准化操作规程

配合措施准备标准化操作规程如表7-51所示。

表7-51　试油（气）工配合措施准备标准化操作规程

工作内容	工作步骤	风险提示	风险规避措施
配合措施准备	井口、场地、供水准备	若井口支撑、场地环境、供水质水量不满足措施要求，易影响后续施工	核实准备工作已按要求完成，满足措施施工条件
	安全技术交底	若未接受安全技术交底，不清楚作业内容及注意事项，易导致人身伤害、设备损坏	接受安全技术交底，清楚工作任务安排及注意事项

配合措施作业标准化操作规程如表7-52所示。

表7-52 试油（气）工配合措施作业标准化操作规程

工作内容	工作步骤	风险提示	风险规避措施
配合措施施工	施工过程配合	若未及时配合酸化压裂队处理施工异常情况，易造成工程质量事故	人员在岗，及时配合酸化压裂队操作试油（气）流程、紧固采气树等，施工过程持续供液

配合酸化压裂队撤场标准化操作规程如表7-53所示。

表7-53 试油（气）工配合酸化压裂队撤场标准化操作规程

工作内容	工作步骤	风险提示	风险规避措施
配合酸化压裂撤场	监控施工过程	若酸化压裂队拆管线产生污水污染场地，易造成环保事故	监控酸化压裂队撤场期间做好液体回收工作

恢复流程、井口标准化操作规程如表7-54所示。

表7-54 试油（气）工恢复流程、井口标准化操作规程

工作内容	工作步骤	风险提示	风险规避措施
恢复流程、井口	恢复井口；压力监测	若未按规范操作，易导致人身伤害事故	按照试油（气）流程安装标准操作

14）排液标准化操作规程

油嘴控制开井排液标准化操作规程如表7-55所示。

表7-55 试油（气）工油嘴控制开井排液标准化操作规程

工作内容	工作步骤	风险提示	风险规避措施
开井前准备	（1）接受任务书、安全技术交底； （2）关闭管汇闸阀，组织关闭放喷管线及预备放喷管线管汇闸阀，到底后回转1/4~1/3圈； （3）安装压力表：正确安装压力表及传感器； （4）安装油嘴：按照技术人员要求检查油嘴通径，清理丝扣，用游标卡尺测量油嘴孔径并做记录，油嘴上扣进尺到位，紧扣； （5）安装油嘴套丝堵：检查丝堵冲蚀面确保其可用，清理丝扣，上扣到位、紧扣；	若未接受任务书、安全技术交底，不清楚作业内容及注意事项，易导致工程事故	执行任务书，清楚工作任务安排及注意事项

上·七

续表

工作内容	工作步骤	风险提示	风险规避措施
开井前准备	(6)开井口阀门：听从带班干部指挥打开井口生产阀门，遵循先内后外的原则，平稳操作，严禁猛开，协助检查井口到管汇管线有无渗漏； (7)点燃长明火，再次进行通道确认		
开井排液	开管汇闸阀开井，半小时记录一次压力，按要求测量、记录回收液罐（池）空高数据，记录喷口流体状态、火焰高度及颜色，安排人员不定时检查井口、管汇台、放喷管线到放喷池（罐）设备的工作状态	若未严格执行设计和任务书排液及控压要求，未及时巡检发现流程刺漏、冰堵、串通并进行处理，管线倒换错误，人员站位操作不合理，易造成工程质量事故、安全环保事故、人身伤害事故	严格执行设计和任务书要求的开井制度、控压要求，装好备用油嘴制度；人员分工明确（指挥、数据采集、快速控制、管汇、点火、外围警戒、应急救援、环境监测），操作站位合理，巡检发现异常及时汇报、处置
	资料记录	若未准确记录排液期间压力、返液量、产气量等情况，易导致对作业误判，造成工程质量事故	准确记录时间、操作项目、井口油压套压、产气量、产液量、产油量、温度、工作制度等参数

针阀控制开井排液标准化操作规程如表7-56所示。

表7-56　试油（气）工针阀控制开井排液标准化操作规程

工作内容	工作步骤	风险提示	风险规避措施
开井排液	(1)开管汇闸阀：按要求打开针阀上游的管汇闸阀，至阀门全开状态，操作时不可正对阀杆； (2)针阀控制放喷：按要求缓慢调整针阀至合适开度控制排液，地层出砂时禁用针阀控制放喷、排液； (3)压力记录：每半小时记录压力一次； (4)检查：按要求检查油嘴、丝堵及流程有无刺漏； (5)资料记录时参照油嘴控制排液记录	(1)若未严格执行设计和任务书排液及控压要求，未及时巡检发现流程刺漏、冰堵、串通并进行处理，管线倒换错误，人员站位操作不合理，易造成工程质量事故、安全环保事故、人身伤害事故； (2)若未准确记录排液期间压力、返液量、产气量等情况，易导致对作业误判，造成工程质量事故	(1)严格执行设计和任务书要求的开井制度、控压要求，装好备用油嘴制度；人员分工明确（指挥、数据采集、快速控制、管汇、点火、外围警戒、应急救援、环境监测），操作站位合理，巡检发现异常及时汇报、处置； (2)准确记录时间、操作项目、井口油压及套压、产气量、产液量、产油量、温度、工作制度等参数

油嘴控制泄压标准化操作规程如表7-57所示。

表7-57　试油（气）工油嘴控制泄压标准化操作规程

工作内容	工作步骤	风险提示	风险规避措施
油嘴控制泄压	(1)泄压通道确认； (2)按要求安装油嘴（参照开井前	(1)可能出现泄压通道堵塞； (2)若泄压速度过快，易导致	(1)泄压前检查泄压通道； (2)控制泄压速度，缓慢泄压

续表

工作内容	工作步骤	风险提示	风险规避措施
油嘴控制泄压	安装油嘴程序），泄压到指定参数，观察、汇报压力下降情况； （3）资料记录时参照油嘴排液记录	地面管线刺漏，井筒压力瞬间产生较大波动，损坏设备	

针阀控制泄压标准化操作规程如表7–58所示。

表7–58 试油（气）工针阀控制泄压标准化操作规程

工作内容	工作步骤	风险提示	风险规避措施
针阀控制泄压	（1）泄压通道确认； （2）按要求操作针阀控制压力下降速度及泄压指定参数，观察喷口情况，尽量以地层不出砂为控制上限； （3）资料记录时参照油嘴排液记录	（1）可能出现泄压通道堵塞； （2）若泄压速度过快，易导致地面管线刺漏，井筒压力瞬间产生较大波动，损坏设备	（1）泄压前检查泄压通道； （2）控制泄压速度，缓慢泄压

敞井标准化操作规程如表7–59所示。

表7–59 试油（气）工敞井标准化操作规程

工作内容	工作步骤	风险提示	风险规避措施
敞井	敞井	可能发生敞井通道或出口堵塞	提前确认敞井通道及敞井出口
	观察	若观察时间不够，对井内情况误判，易造成井控事故；若地层流体进入井内，与压井液混合产生沉淀，易造成工程质量事故	根据设计或实际情况确定观察时间和方式，间歇活动管柱避免沉淀卡钻
	井控坐岗	若未严格执行井控坐岗制度，未及时发现溢流显示，易造成井控事故	专人坐岗，灌浆，严格执行井控管理制度

关井标准化操作规程如表7–60所示。

表7–60 试油（气）工关井标准化操作规程

工作内容	工作步骤	风险提示	风险规避措施
关井	关井	若关井闸门倒换错误，易造成工程质量事故	确认闸门开关正确，泄掉余气
	资料记录	若未按规定时间记录压力等参数，易造成工程质量事故	严格按设计要求及时记录压力等参数

15）气举标准化操作规程

气举标准化操作规程如表7–61所示。

表7-61　试油（气）工气举标准化操作规程

工作内容	工作步骤	风险提示	风险规避措施
膜制氮/液氮气举	安全技术交底	若未接受安全技术交底，不清楚作业内容及注意事项，易导致人身伤害、设备损坏	接受安全技术交底，清楚工作任务安排及注意事项
	资料记录	若未准确记录气举期间压力、返液量等情况，易导致对作业误判，造成工程质量事故	准确记录气举期间压力、返液量等参数，及时汇报

16）求产标准化操作规程

临界速度流量计求产标准化操作规程如表7-62所示。

表7-62　试油（气）工临界速度流量计求产标准化操作规程

工作内容	工作步骤	风险提示	风险规避措施
求产准备	接受任务书，安全技术交底，JSA分析	若未接受任务书、安全技术交底、JSA分析，不清楚作业内容及注意事项，易导致工程事故	执行任务书、参与JSA分析，清楚工作任务安排及注意事项
	安装求产设备：①检查各通道闸阀开关灵活程度，确保后续倒换闸阀的先后顺序；②明确安装工作制度（孔板应光洁度高，无伤痕，无毛刺，安装时喇叭口朝下流方向，孔板应加铅密封垫，孔板直径为油嘴直径的2~2.5倍）；③确认放喷池初始空高；④确认求产通道上的各类传感器及压力表读值、计量准确无误，校核确保求产数据系统传输信号准确无误	若求产设备安装错误，易导致求产数据误差，造成工程质量事故	严格按工具说明书安装设备，确认正确
求产	求产：①缓慢导入求产通道，导入过程中密切观察管汇压力变化情况，放喷口注意观察火势情况，导入正常后缓慢关闭通道；②定时记录井口压力及流量计压力情况及喷口火焰情况，若压力异常则及时倒换通道检查油嘴、孔板；③求产通道、管汇区域实行封闭式管理，作业人员必须穿戴齐全劳动保护用品，佩戴齐全安全防护用品（监测仪、空气呼吸器等）；④严禁正对考克泄压孔，应避开泄压孔侧位观察；录取数据时要定时与机械压力表进行数据对比，防止因数据差距过大导致求产数据不准确	若未严格执行设计和任务书求产及控压要求，未及时巡检发现流程刺漏、冰堵、串通并进行处理，管线倒换错误、人员站位操作不合理，易造成工程质量事故、安全环保事故、人身伤害事故	严格执行设计和任务书要求的求产制度、控压要求，准备好备用制度
	资料录取	若未准确记录求产期间压力、产量等情况，易导致对作业误判，造成工程质量事故	准确记录时间、操作项目、井口油压套压、产气量、产液量、产油量、温度、工作制度等参数

垫圈流量计求产标准化操作规程如表7-63所示。

表7-63 试油（气）工垫圈流量计求产标准化操作规程

工作内容	工作步骤	风险提示	风险规避措施
求产准备	接受任务书，安全技术交底，JSA分析	若未接受任务书、安全技术交底、JSA分析，不清楚作业内容及注意事项，易导致工程事故	执行任务书、参与JSA分析，清楚工作任务安排及注意事项
	安装求产设备	若求产设备安装错误，易导致求产数据误差，易造成工程质量事故	严格按工具说明书安装设备，确认正确
求产	求产：①缓慢导入求产通道，导入过程中密切观察管汇压力变化情况，注意观察放喷口火势情况，导入正常后缓慢关闭通道；②定时记录井口压力及流量计压力情况及喷口火焰情况，若压力异常则及时倒换通道检查孔板；③求产通道、管汇区域实行封闭式管理，作业人员必须穿戴齐全劳动保护用品，佩戴齐全安全防护用品（监测仪、空气呼吸器等）；④严禁正对考克泄压孔，应避开泄压孔侧位观察；数据录取时要定时与机械压力表进行数据对比，防止因数据差距过大导致求产数据不准确	若未严格执行设计和任务书求产及控压要求，未及时巡检发现流程刺漏、冰堵、串通并进行处理，管线倒换错误，人员站位操作不合理，易造成工程质量事故、安全环保事故、人身伤害事故	严格执行设计和任务书要求的求产制度、控压要求，准备好备用制度
	资料录取	若未准确记录求产期间压力、产量等情况，易导致对作业误判，造成工程质量事故	准确记录时间、操作项目、井口油压及套压、产气量、产液量、产油量、温度、工作制度等参数

双波纹管差压流量计求产标准化操作规程如表7-64所示。

表7-64 试油（气）工双波纹管差压流量计求产标准化操作规程

工作内容	工作步骤	风险提示	风险规避措施
求产准备	接受任务书，安全技术交底，JSA分析	若未接受任务书、安全技术交底、JSA分析，不清楚作业内容及注意事项，易导致工程事故	执行任务书、参与JSA分析，清楚工作任务安排及注意事项
	安装求产设备，检查各通道闸阀开关灵活程度，确保后续倒换闸阀的先后顺序；确认求产通道上的各类传感器及压力表读值、计量准确无误，校核求产数据系统传输信号准确无误	若求产设备安装错误，易导致求产数据误差，造成工程质量事故	严格按工具说明书安装设备，确认正确
求产	求产：①缓慢导入求产通道，导入过程中密切观察管汇压力变化情况，导入正常后缓慢关闭通道；②定时记录井口压力及流量计压力情况，若压力异常则及时倒换通道检查孔板；③求产通道、管汇区域实行封闭式管理，作业人员必须穿戴齐全劳动保护用品，佩戴齐全安全防护用品（监测仪、空气呼吸器等）；	若未严格执行设计和任务书求产及控压要求，未及时巡检发现流程刺漏、冰堵、串通并进行处理，管线倒换错误，人员站位操作不合理，易造成工程质量事故、安全环保事故、人身伤害事故	严格执行设计和任务书要求的求产制度、控压要求，准备好备用制度；人员分工明确（指挥、数据采集、快速控制、管汇、外围警戒、应急救援、环境监测），操作站位合理，巡检发现异常及时汇报、处置

上·七

续表

工作内容	工作步骤	风险提示	风险规避措施
求产	④严禁正对考克泄压孔，应避开泄压孔侧位观察；数据录取时要定时与机械压力表进行数据对比，防止因数据差距过大导致求产数据不准确		
	资料录取	若未准确记录求产期间压力、产量等情况，易导致对作业误判，造成工程质量事故	准确记录时间、操作项目、井口油压及套压、产气量、产液量、产油量、温度、工作制度等参数

丹尼尔流量计求产标准化操作规程如表7–65所示。

表7–65 试油（气）工丹尼尔流量计求产标准化操作规程			
工作内容	工作步骤	风险提示	风险规避措施
求产准备	接受任务书，安全技术交底，JSA分析	若未接受任务书、安全技术交底、JSA分析，不清楚作业内容及注意事项，易导致工程事故	执行任务书、参与JSA分析，清楚工作任务安排及注意事项
	安装求产设备：①检查各通道闸阀开关灵活程度，确保后续倒换闸阀的先后顺序；②明确安装工作制度（孔板应光洁度高，无伤痕，无毛刺，安装时嗽叭口朝下流方向，孔板应加铅密封垫，孔板直径为油嘴直径的2~2.5倍）；③确认放喷池初始空高；④确认求产通道上的各类传感器及压力表读值、计量准确无误，校核确保求产数据系统传输信号准确无误	若求产设备安装错误，易导致求产数据误差，造成工程质量事故	严格按工具说明书安装设备，确认正确
求产	求产：①缓慢导入求产通道，导入过程中密切观察管汇压力变化情况，放喷口注意观察火势情况，导入正常后缓慢关闭通道；②定时记录井口压力及流量计压力情况及喷口火焰情况，若压力异常则及时倒换通道检查油嘴、孔板；③求产通道、管汇区域实行封闭式管理，作业人员必须穿戴齐全劳动保护用品，佩戴齐全安全防护用品（监测仪、空气呼吸器等）；④严禁正对考克泄压孔，应避开泄压孔侧位观察；录取数据时要定时与机械压力表进行数据对比，防止因数据差距过大导致求产数据不准确	若未严格执行设计和任务书求产及控压要求，未及时巡检发现流程刺漏、冰堵、串通并进行处理，管线倒换错误、人员站位操作不合理，易造成工程质量事故、安全环保事故、人身伤害事故	严格执行设计和任务书要求的求产制度、控压要求，准备好备用制度
	资料录取	若未准确记录求产期间压力、产量等情况，易导致对作业误判，造成工程质量事故	准确记录时间、操作项目、井口油压套压、产气量、产液量、产油量、温度、工作制度等参数

系统测试标准化操作规程如表7–66所示。

表7–66 试油（气）工系统测试标准化操作规程

工作内容	工作步骤	风险提示	风险规避措施
系统测试	系统测试、JSA分析	若未严格执行设计和任务书系统测试及控压要求，未及时巡检发现流程刺漏、冰堵、串通并处理，管线倒换错误、人员站位操作不合理，易造成工程质量事故、安全环保事故、人身伤害事故	严格执行设计和任务书要求的系统测试制度、控压要求，准备好备用制度；进行JSA分析，人员分工明确（指挥、数据采集、快速控制、管汇、点火、外围警戒、应急救援、环境监测），操作站位合理，巡检发现异常及时汇报、处置
	资料录取	若未准确记录系统测试期间压力、产量等情况，易导致对作业误判，造成工程质量事故	准确记录系统测试时间、操作项目、井口油压及套压、产气量、产液量、产油量、温度、工作制度等参数

17）取样标准化操作规程

取样标准化操作规程如表7–67所示。

表7–67 试油（气）工取样标准化操作规程

工作内容	工作步骤	风险提示	风险规避措施
取水样	取样，按照技术人员要求或配合其取样，取样程序参照班长取水样标准	参照班长取水样风险提示	参照班长取水样风险规避措施
含硫井取样	取样，配合班长取样，取样程序参照班长含硫井取气样标准	参照班长含硫井取气样风险提示	参照班长含硫井取气样风险规避措施
取气样	取样，按照技术人员要求或配合取样，取样程序参照班长取气样标准	参照班长取气样风险提示	参照班长取气样风险规避措施

18）测压标准化操作规程

测压标准化操作规程如表7–68所示。

表7–68 试油（气）工测压标准化操作规程

工作内容	工作步骤	风险提示	风险规避措施
测压（测留压、静压、压力恢复）	施工准备、JSA分析	若预留场地和井口不满足测井要求，易影响后续操作	收拾、归顺现场，确保预留场地和井口满足测井要求；参与JSA分析
	作业过程	若区域划分不清、未隔离，人员误入绳缆危险区域，易导致人身伤害	划分各自施工区域并进行隔离，严禁交叉作业，禁止跨越绳缆，或进入测井圈闭的危险区域

19）测压力恢复标准化操作规程

测压力恢复标准化操作规程如表7–69所示。

表7-69 试油（气）工测压力恢复标准化操作规程

工作内容	工作步骤	风险提示	风险规避措施
测压力恢复	关井	若关井闸门倒换错误，易造成工程质量事故	确认闸门开关正确，泄掉余气（关井至井口）
	资料记录	若未按规定时间记录压力等参数，易造成工程质量事故	严格按设计要求及时记录（填写井口压力记录表和点平板采集数据）压力等参数（井口压力记录采取先密后疏的原则，关完井后开始按每1min记录三个点，每3min记录三个点，每10min记录三个点，然后每30min记录一个点，到恢复缓慢后适当延长记录点时间）

20）转层标准化操作规程

注塞标准化操作规程如表7-70所示。

表7-70 试油（气）工注塞标准化操作规程

工作内容	工作步骤	风险提示	风险规避措施
打水泥塞	接受任务书、安全技术交底、JSA分析	若未接受任务书、安全技术交底、JSA分析，不清楚作业内容及注意事项，易导致工程事故	执行任务书，参与安全技术交底、JSA分析，清楚工作任务安排及注意事项
	过程监控	若未按注塞设计要求施工，易造成工程质量事故	监控固井队注塞施工、取样留存（测水泥浆密度汇报给技术员）；督促钻修井队配合固井施工（供清水或泥浆并计量方量、起油管等）
	井控坐岗	若未严格执行井控坐岗制度，未及时发现溢流显示，易造成井控事故	专人坐岗，严格执行井控管理制度
候凝	井控坐岗	若未严格执行井控坐岗制度，未及时发现溢流显示，易造成井控事故	专人坐岗，严格执行井控管理制度
	资料录取	若未准确记录候凝期间压力情况，易导致对作业误判，易造成工程质量事故	准确记录时间、压力等参数
探塞面	探塞面	若未按规范探塞面,水泥塞被破坏、管柱被掩埋、管内部被水泥堵塞，易造成工程质量事故	监控钻修井队加钻压5～10kN探塞面三次，深度误差在0.5m范围内，上提管柱反洗井（洗出油管内水泥浆）
	井控坐岗	若未严格执行井控坐岗制度，未及时发现溢流显示，易造成井控事故	专人坐岗，严格执行井控管理制度

填砂标准化操作规程如表7-71所示。

表7-71 试油（气）工填砂标准化操作规程

工作内容	工作步骤	风险提示	风险规避措施
填砂施工	接受任务书、安全技术交底、JSA分析	若未接受任务书、安全技术交底、JSA分析，不清楚作业内容及注意事项，易导致工程事故	执行任务书，清楚工作任务安排及注意事项、参与JSA分析

续表

工作内容	工作步骤	风险提示	风险规避措施
填砂施工	填砂	若未按设计要求填入砂量、填砂速度过快、未及时活动管柱或顶替，易造成工程质量事故	严格按设计填入砂量，控制填砂速度避免形成砂桥（投砂时，匀速、均匀投，中途不能停泵；如停泵，则立即停止投砂，恢复后先用泵冲至环空正常返液后再继续投砂），发现砂流缓慢后立即停止填砂，及时活动管柱（若油管内砂堵则采用试挤或提管柱逐根通径的方式解堵塞）、顶替（投砂完毕后，需连续冲水，冲水量不小于填砂管柱的内容积），上提油管至理论砂面100m以上
	井控坐岗	若未严格执行井控坐岗制度，未及时发现溢流显示，易造成井控事故	专人坐岗，严格执行井控管理制度
静止沉砂	井控坐岗	若未严格执行井控坐岗制度，未及时发现溢流显示，易造成井控事故	专人坐岗，严格执行井控管理制度
	资料录取	若未准确记录沉砂期间压力、井口情况，易导致对作业误判，造成工程质量事故	准确记录时间、压力、井口情况等
探砂面	探砂面	若未按规范探砂面,管柱被掩埋、管内部被砂体堵塞，易造成工程质量事故	加钻压10～20kN探砂面3次，深度误差在0.5m范围内，取最浅深度为砂面深度
	井控坐岗	若未严格执行井控坐岗制度，未及时发现溢流显示，易造成井控事故	专人坐岗，严格执行井控管理制度

下电缆桥塞标准化操作规程如表7-72所示。

表7-72 试油（气）工下电缆桥塞标准化操作规程

工作内容	工作步骤	风险提示	风险规避措施
下电缆桥塞准备	施工准备、JSA分析	若预留场地和井口不满足下电缆桥塞要求，易影响后期操作	收拾、归顺现场，确保预留场地和井口满足下电缆桥塞要求、参与JSA分析
	作业过程	若区域划分不清、未隔离，人员误入绳缆危险区域，易导致人身伤害	划分各自施工区域并隔离，严禁交叉作业；禁止跨越绳缆，或进入测井圈闭的危险区域；督促钻修井队配合测井队下桥塞

下机械桥塞标准化操作规程如表7-73所示。

表7-73 试油（气）工下机械桥塞标准化操作规程

工作内容	工作步骤	风险提示	风险规避措施
下工具准备	工具到场后现场准备工作	若现场组装工具、吊装作业过程中，人员误入危险区域，易导致人身伤害；若变扣接头、短节未准备到位，易影响生产时效	禁止进入工具方圈闭区域；提前核实、落实完井管柱所需要的变扣接头、短节准备情况

续表

工作内容	工作步骤	风险提示	风险规避措施
下工具准备	接受任务书、安全技术交底	若未接受任务书、安全技术交底，不清楚作业内容及注意事项，易导致工程事故	执行任务书，清楚工作任务安排及注意事项
下桥塞	施工前检查	若施工前未对施工设备进行检查，施工过程中设备出现故障或事故，导致人身伤害、工程事故	确保设备处于正常工作状态（进行提升设备、井控设备、“三吊一卡”等检查）
	工具上钻台	若工具上钻台过程中脱落或与其他硬物碰撞，易砸伤人员和损坏设备	操作人员紧密配合，专人指挥，做好危险区域警戒，严禁进入危险区域，人员远离正在移动的工具，工具戴好护丝、牵尾绳，上提时控制速度，平稳操作，捆绑牢靠，防止工具脱落、碰撞
	通径	若通径工具不合格，不能有效发现不合格管材，易导致后期油管内作业不成功；若通径操作不正确，易导致人身伤害	管材通径（含油管、短节、变扣）操作执行Q_XN 1024—2017《油管和套管通径操作规程》
	对扣、引扣、上扣、下管柱	若管材上扣前未引扣，易导致错扣损坏；若上扣扭矩值不符合要求，易损坏管材或造成井下事故；若井口操作不当，易造成井下落物；若下钻速度控制不当，易损坏管柱、井筒及井口设备，诱发事故；若液压钳使用不正确，易造成人身伤害	管材对扣后使用引扣工具引扣，采用手工具或液压钳按设计规定扭矩值上扣；做好井口防落物措施；下管柱时平稳操作，管柱下放速度控制要求及遇阻处置，执行工具方操作手册；正确使用液压钳
	井控坐岗	若未严格执行井控坐岗制度，未及时发现溢流显示，易造成井控事故	专人坐岗，严格执行井控管理制度
坐封、丢手	检查循环通道	若未验通就大排量循环，导致管线或井内憋压，甚至刺穿，易造成工程质量、安全环保、人身伤害事故	先以小于300L/min的排量验通，直到出口正常返浆，再提高排量
	投球、送球、打压坐封、丢手	若未执行工具方操作手册坐封、丢手，易造成工程质量事故	严格执行工具方操作手册

泵送桥塞标准化操作规程如表7–74所示。

表7–74　试油（气）工泵送桥塞标准化操作规程

工作内容	工作步骤	风险提示	风险规避措施
泵送桥塞	施工准备，JSA分析	若预留场地和井口不满足泵送桥塞作业要求，易对后期操作产生影响	收拾、归顺现场，确保预留场地和井口满足泵送桥塞作业要求；参与JSA分析
	作业过程	若人员误入泵送桥塞作业危险区域，易导致人身伤害	划分各自施工区域并隔离，严禁交叉作业；禁止进入泵送桥塞作业圈闭的危险区域

21）流程离场标准化操作规程

流程离场标准化操作规程如表7–75所示。

表7-75 试油（气）工流程离场标准化操作规程

工作内容	工作步骤	风险提示	风险规避措施
撤场准备	拆卸设备、材料	若流程泄压不彻底，部分管段中存在憋压、不畅情况，在拆卸过程中可能导致人身伤害	拆卸流程前先进行验通（释放圈闭压力）或冲洗后再拆卸
	参与制定搬迁计划、JSA分析	若不清楚搬迁作业安排、要求及注意事项，易导致人身伤害、设备损坏	参与制定搬迁计划、JSA分析，提出合理化建议
试油（气）流程材料出场	人员组织、分工	若班组人员组织、分工不明确，施工混乱，易导致人身伤害、设备损坏	作业过程中人员组织、分工明确，指定责任人
	吊、卸作业	若未严格执行“十不吊”，易导致吊装事故	严格执行：①信号指挥不明，违章指挥或夜间无照明不准吊；②吊具不符合要求，吊物捆扎不牢、不平衡不准吊；③吊物质量不明或超负荷不准吊；④散物捆扎不牢或物料装放过满不准吊；⑤作业危险区域人员未撤离，吊物上有人或浮物不准吊；⑥埋在地下的物品不准吊；⑦安全装置失灵或安全防护装置失灵不准吊；⑧易燃易爆、化学腐蚀等危险物品没有防护措施不吊；⑨棱刃物与钢丝绳直接接触且无保护措施不准吊；⑩起重机与周围设备、输电线路距离不够，六级以上大风天气不准吊

22）交井标准化操作规程

交井标准化操作规程如表7-76所示。

表7-76 试油（气）工交井标准化操作规程

工作内容	工作步骤	风险提示	风险规避措施
交井	确保现场达到交井条件	可能发生现场存在较大问题，未通过交井（不予交接）	现场执行《交接井标准及管理办法》以及其他相关规程规范、制度、管理规定等

第三节 应急处置标准化操作规程

应急处置标准化操作规程如表7-77所示。

表7-77 试油（气）工应急处置标准化操作规程

事故类型	处置程序
火灾	（1）高声呼喊“着火了”，切断总电源，火灾初期，立即使用灭火器进行灭火； （2）预判火势难以控制时，立即撤离现场，向现场钻（修）井队求救，拨打“119”求救；向试油（气）队应急组组长报告
人身伤害	（1）高声呼喊或立即报告试油（气）队应急组组长；

续表

事故类型	处置程序
人身伤害	(2)如是电击伤，在保证安全的前提下，切断电源，让伤者断开带电体； (3)若为酸、碱等化学品所致的伤，用清水冲洗10~15min； (4)若伤者外伤出血或骨折，进行止血、包扎处置；若伤者有呼吸或心跳，则令其平躺，向井队医生求救或拨打“120”向就近医院求救； (5)若无心跳和呼吸，则立即组织进行人工呼吸和心肺复苏抢救，向钻（修）井队医生求救或拨打“120”向就近医院求救；按程序报告，协调组织抢救； (6)若为烧伤，则立即脱离致伤场所，灭掉伤员身上的火，立即进行处理与抢救
强烈油气侵、井漏、溢流、井涌	待令，听从试油（气）队应急组组长安排
井喷	撤离到安全地点待令，听从试油（气）队应急组组长安排
硫化氢泄漏	立即穿戴正压式空气呼吸器撤离到安全地点，待令
地震	(1)若在钻台、泥浆罐上，则就近倚靠在有抓扶地方，若为营房附近则立即进入（若营房存在滑坡风险则应迅速到泥浆罐或现场指定的开阔紧急集合点）； (2)结束后赶到现场紧急集合点，接受试油（气）队应急组组长安排
食物中毒	(1)高声呼喊或立即报告试油（气）队应急组组长； (2)若伤者神志清醒、能够配合，可先设法引吐、催吐：用手指压舌根或用缠上纱布的筷子刺激咽喉后壁或舌根，引发呕吐；然后给伤者饮温水300~500mL;反复进行引吐，直至吐出物已是清水为止； (3)对心跳、呼吸停止者，要及时进行心肺复苏抢救，同时向钻（修）井队医生求救或拨打“120”向就近医院求救
中暑	(1)高声呼喊，向周围人员求助，将患者移至清凉处，报告试油（气）队应急组组长； (2)让患者躺下或坐下，解开上衣钮扣，并抬高下肢； (3)用凉的湿毛巾敷前额和躯干，或用大的湿毛巾、湿的床单等把患者包起来，用电风扇或手扇动以促其降温； (4)让神志清楚的患者喝清凉的饮料，如果患者呼吸及吞咽均无困难，可以喝淡盐水； (5)如果患者病情无好转，应立即送医院急救
山体滑坡、洪灾	(1)切断电源，高声呼喊，立即撤离到安全地点； (2)通知其余员工，听从试油（气）队应急组组长安排
暴力恐怖袭击	(1)发现可疑暴力恐怖分子或听到暴恐警报时，若在生活区，则向营区负责人报告，提醒现场人员，立即进入庇护房； (2)听到井场的暴恐警报信号响起后，立即穿戴好防暴用具，奔向钻台，听从钻（修）井队统一安排处置

应急汇报程序	一旦发生突发事件，按以下顺序进行报告（严重情况下可以越级上报）： 当班人员或第一发现者 → 试油（气）队现场负责人 → 基层单位应急组织 → 公司应急办公室（试油（气）队现场负责人可越级直接报告公司应急办公室）		
岗位主要安全风险	井喷及井喷失控、机械伤害、起重伤害、物体打击、火灾、爆炸、触电、噪声、中毒、其他伤害	岗位主要危险物质	原油、天然气、硫化氢、钻井液处理剂

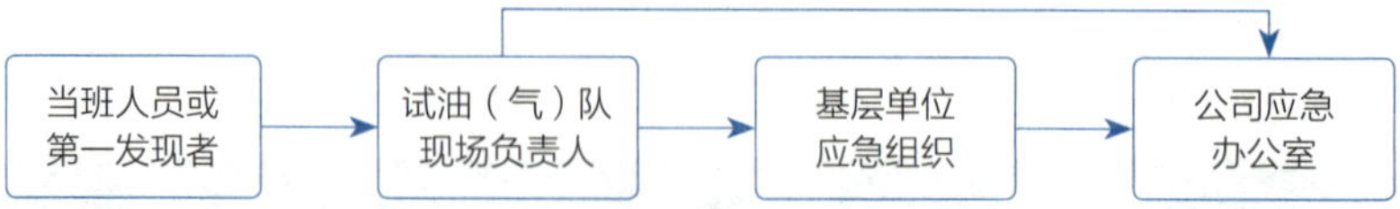

应急联络电话：
公司应急办公室电话；甲方应急办公室电话；就近医院电话；急救电话：120；火警电话：119

下篇 酸化压裂作业

第八章　酸化压裂作业概况

第一节　酸化压裂工程概述

酸化压裂又称为储层改造，是通过在地层中产生人工裂缝，改善油气流动条件，使油气井产量大幅增加的工程技术。自1946年首次使用以来，酸化压裂在油气开发过程中不断被研究完善，已成为一门包含油气藏地质学、化学、材料学、力学、机械学、计算机科学和现代管理学等相关理论、技术的综合性石油开发技术。

酸化压裂可分为酸化（酸压）和压裂两种工艺，也可以是结合两种工艺特点的复合改造。在酸化压裂施工过程中，酸化压裂队利用地面高压泵组，将配制好的工作液以大大超过地层吸收能力的排量注入井中，在井底附近憋起高压，当此压力超过井壁附近地层应力及岩石抗张强度后，地层将被压出裂缝。然后，把支撑剂注入裂缝中，在地层中形成足够长度、宽度和高度的填砂裂缝。这些人工裂缝渗透能力强，可以使油气流动环境得以长期改善，起到增产增注作用。目前，酸化压裂技术已经成为常规致密油气井、非常规页岩气井获得工业气流的必要完井手段，是油气田提高采收率最有效的措施之一。

第二节　酸化压裂主要设备

酸化压裂主要设备包括压裂泵车、混砂车、仪表车。压裂泵车是液体注入的动力来源，它的作用是向井内注入高压、大排量的压裂液，主要由运载、动力、传动、泵体等四大件组成，必须具有压力高、排量大、耐腐蚀、抗磨损性强等特点。混砂车的作用是按一定的比例和程序把液体和支撑剂混合，并把混砂液供给压裂泵车，主要由传动、供液和输砂系统三部分组成。仪表车的作用是在施工中远距离操控压裂车和混砂车，采集和显示施工参数，进行实时数据采集、施工监测及裂缝模拟，并对施工的全过程进行分析。根据施工种类的不同，有时还会用到其他设备，如酸压、酸化使用的灌注车、灌注撬（作用类似混砂车，给泵车组提供酸液），页岩气酸化压裂使用的混配车（可以同时进行施工、配液），以及高压管汇件、储液罐、储砂罐。

第三节 酸化压裂工艺流程

自接到酸化压裂施工任务开始，需经过井场踏勘、储液罐及储砂罐准备、配液备砂、设备安装调试、开工验收、循环试压、泵注施工、设备撤场及资料整理等环节（单井酸化压裂工艺流程如图8-1所示），每个环节上下承接，紧密相关。

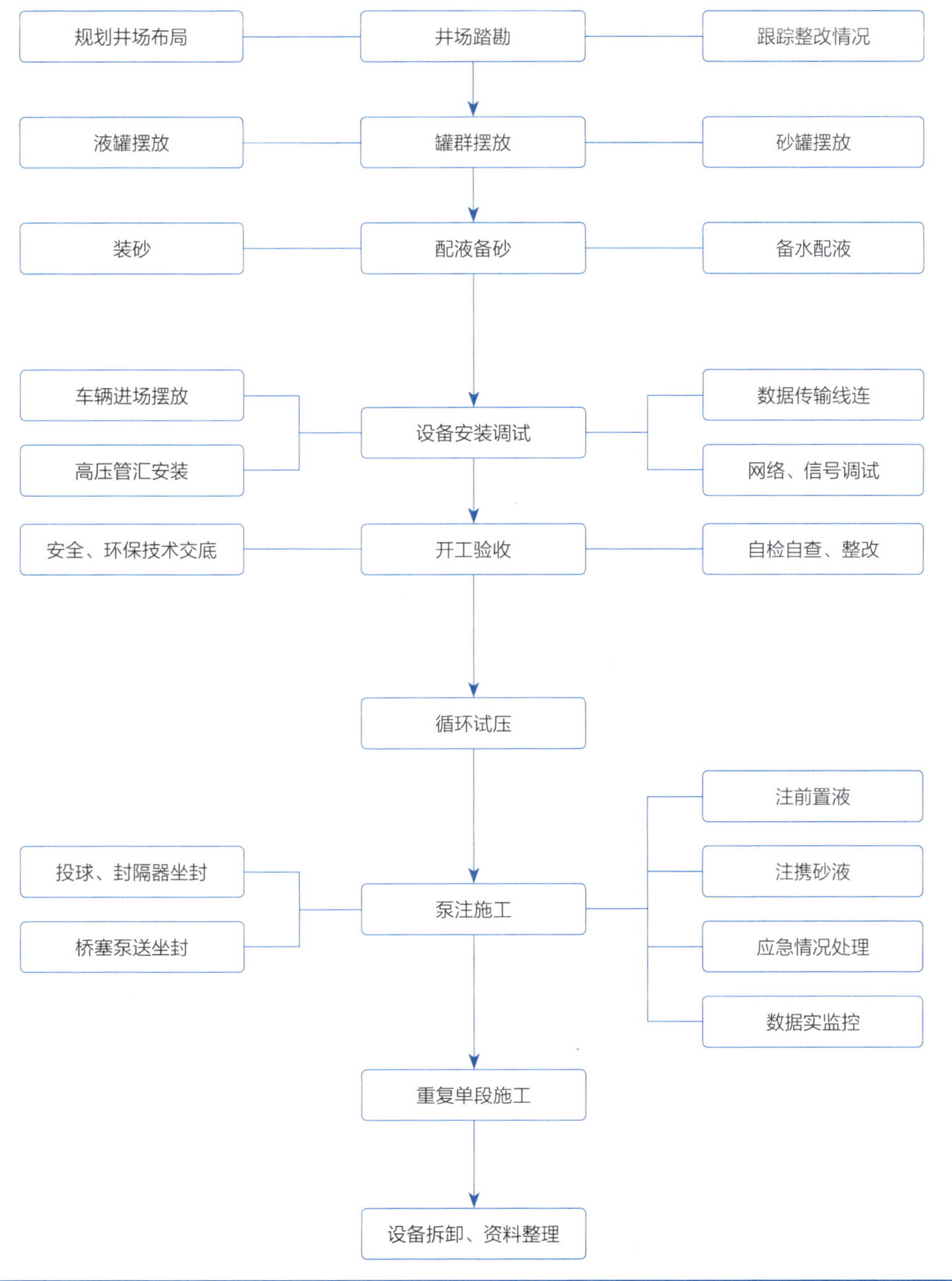

图8-1 单井酸化压裂工艺流程

第四节　酸化压裂队岗位设置

本书中岗位设置主要参考《中国石化岗位类别划分和用工配置规范》《中国石化酸化压裂队资质认证标准》等相关标准规范，主要包括队长、生产副队长、设备副队长、工程技术主管、机械技术主管、HSSE管理员、经管员7个管理岗位以及仪表工、混砂工、驾驶员、泵工、管汇工、配液工6个操作岗位。

第九章 酸化压裂队队长岗位操作标准

第一节 岗位描述

1. 岗位说明

酸化压裂队队长岗位说明如表9-1所示。

表9-1 酸化压裂队队长岗位说明

项目		主要内容
工作概述		负责本队生产运行、组织协调、经营管理、人员管理、设备管理、HSSE体系管理，是安全、环保及生产第一责任人
上岗条件	教育程度	具有大学本科及以上学历
	工作经历	具有5年以上酸化压裂相关工作经验
	从业资格	具有工程师及以上技术职称或相应技能等级；持有有效安全资格证、直接作业环节审批证、井控培训合格证、HSSE管理培训合格证、硫化氢防护技术证
	能力要求	具备相关业务知识，有较强的管理、协调能力
	辅助技能	能熟练使用计算机办公软件
	职业道德	爱岗敬业、勇于奉献、团结协作、遵章守纪
	身体素质	身体健康，心理素质良好
岗位关系	纵向关系	（1）接受上级部门领导及业务指导； （2）对本队队员工进行管理
	横向关系	（1）与生产、安全和技术等部门有配合关系； （2）与钻井、固井和试油（气）等相关作业队有协作关系
岗位职责		（1）贯彻执行国家方针、政策、法律、法规、行业标准、规程规范和上级的各项制度； （2）负责贯彻落实岗位责任制、质量责任制、安全环保生产责任制； （3）负责本队质量、安全、环保、健康等体系的管理及贯彻执行工作； （4）负责本队资质、市场准入申报工作； （5）负责制定本队各项管理制度并贯彻执行； （6）负责组织酸化压裂施工； （7）负责新工艺、新技术的引进、开发、应用； （8）负责本队人员的培训、考核和思想政治工作；

续表

项　目		主要内容
岗位职责		（9）负责审核本队各类工作计划、报告、报表和总结； （10）负责本队日常管理工作
工作考核	考核关系	（1）接受有关业务部门的工作考核； （2）对本队人员、班组进行工作考核
	考核依据	本岗位职责、年度工作目标及有关规定
	考核指标	参照《队长责任书》所涵盖的指标

2. 工艺流程

酸化压裂队队长工作工艺流程如图9–1所示。

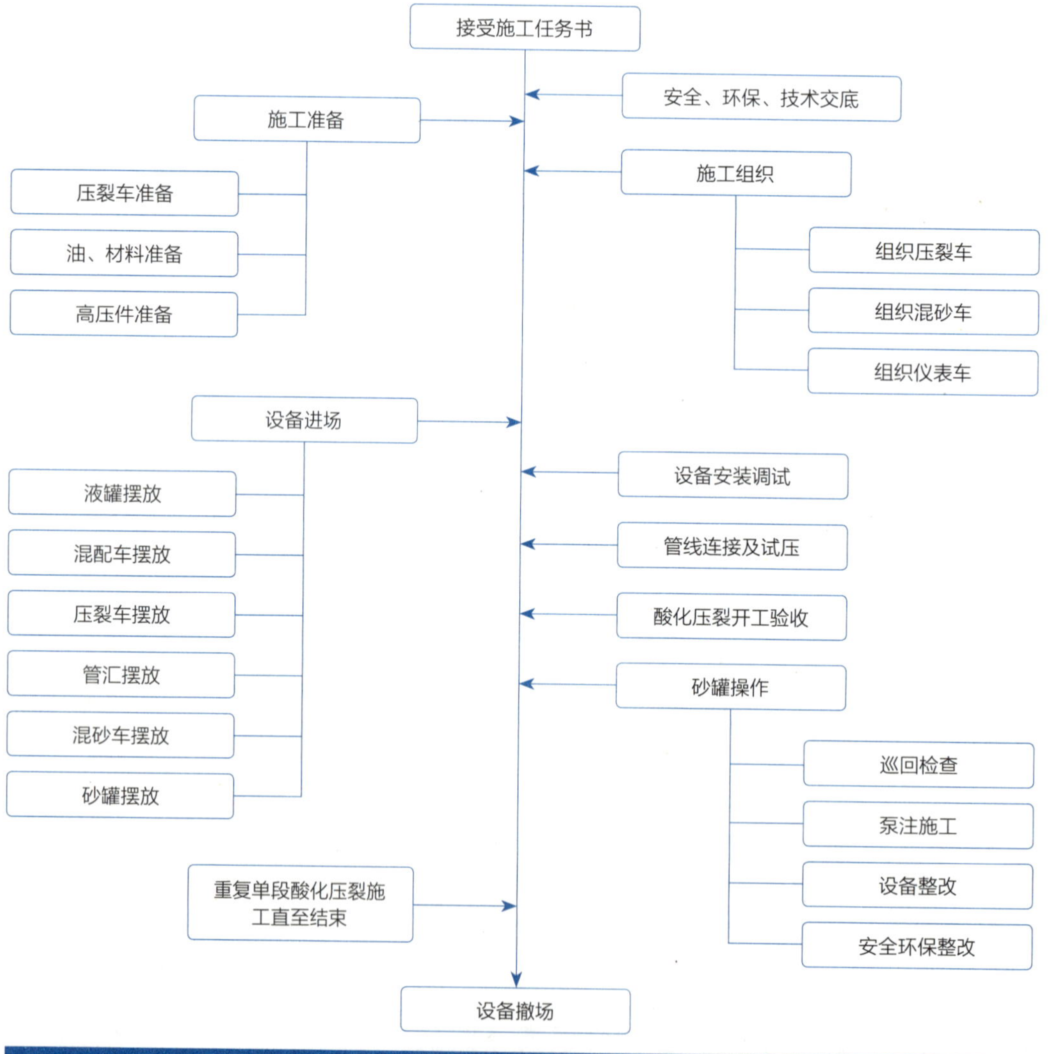

图9–1　酸化压裂队队长工作工艺流程

3. 工作流程

酸化压裂队队长工作流程如图9–2所示。

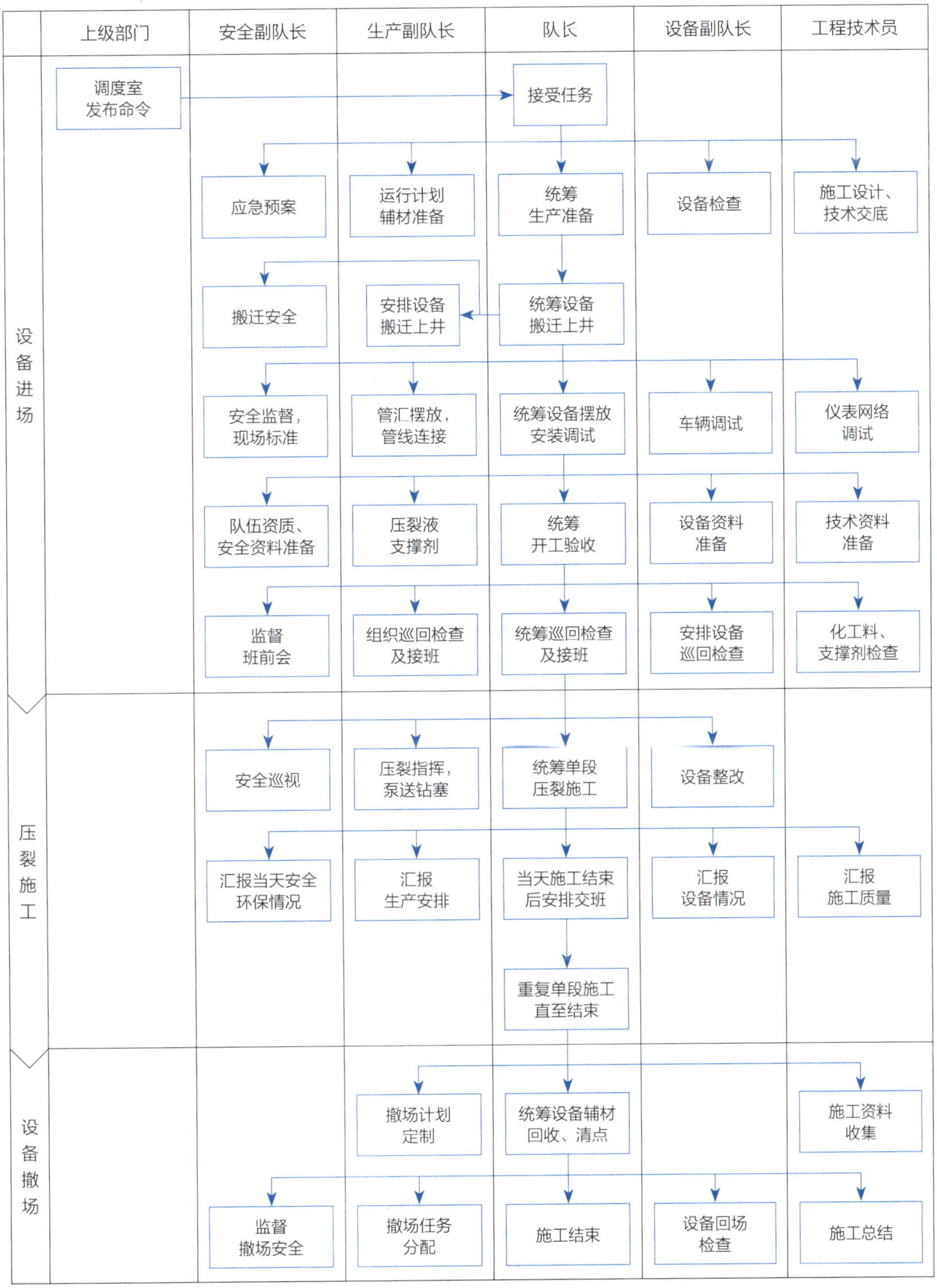

	上级部门	安全副队长	生产副队长	队长	设备副队长	工程技术员
设备进场	调度室发布命令			接受任务		
		应急预案	运行计划辅材准备	统筹生产准备	设备检查	施工设计、技术交底
		搬迁安全	安排设备搬迁上井	统筹设备搬迁上井		
		安全监督，现场标准	管汇摆放，管线连接	统筹设备摆放安装调试	车辆调试	仪表网络调试
		队伍资质、安全资料准备	压裂液支撑剂	统筹开工验收	设备资料准备	技术资料准备
		监督班前会	组织巡回检查及接班	统筹巡回检查及接班	安排设备巡回检查	化工料、支撑剂检查
压裂施工		安全巡视	压裂指挥，泵送钻塞	统筹单段压裂施工	设备整改	
		汇报当天安全环保情况	汇报生产安排	当天施工结束后安排交班	汇报设备情况	汇报施工质量
				重复单段施工直至结束		
设备撤场			撤场计划定制	统筹设备辅材回收、清点		施工资料收集
		监督撤场安全	撤场任务分配	施工结束	设备回场检查	施工总结

图9–2 酸化压裂队队长工作流程

第二节　岗位标准化操作规程

1. 巡回检查标准化操作规程

巡回检查标准化操作规程如表9-2所示。

表9-2　酸化压裂队队长巡回检查标准化操作规程

巡回检查路线：

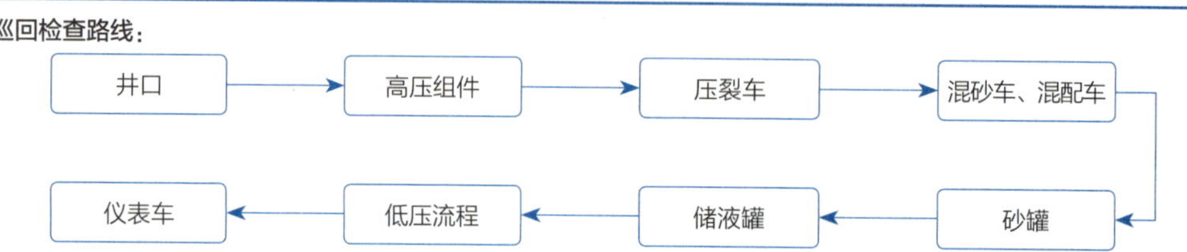

检查地点	检查项点	工作标准
井口	（1）井口流程； （2）井口安全防护措施	（1）接受生产副队长汇报，确认井口流程正确； （2）监督管汇工井口安全防护措施检查无遗漏； （3）认真填写巡回检查记录
高压组件	（1）放压或循环流程； （2）分流管汇流程； （3）高压件安全防护措施	（1）接受生产副队长对高压件的检查汇报，确认放压或循环流程正确； （2）确认分流管汇流程正确； （3）监督高压件安全防护措施检查无遗漏； （4）认真填写巡回检查记录
压裂车	（1）压裂车高压流程； （2）压裂车低压流程； （3）压裂车工作状况； （4）压裂车安全防护措施	（1）接受生产副队长汇报； （2）确认高、低压流程正确； （3）确认压裂车运转良好； （4）确认压裂车防护措施检查无遗漏； （5）认真填写巡回检查记录
混砂车、混配车	（1）混砂车、混配车流程； （2）混砂车、混配车工作状况	（1）接受混砂车、混配车操作工汇报，确认流程正确； （2）接受机械技术主管汇报，确认混砂车、混配车工作状况良好； （3）认真填写巡回检查记录
砂罐	（1）各砂罐中支撑剂种类、质量、数量； （2）砂罐日常安全检查	（1）接受技术员汇报，确认砂罐内支撑剂种类、质量、数量满足设计要求，巡回检查记录填写规范； （2）接受HSSE管理员汇报，确认砂罐防风绷绳、防坠器、连接销等符合安全要求； （3）认真填写巡回检查记录
储液罐	（1）各储液罐内液体的种类、质量、数量； （2）储液罐安全防护措施	（1）接受技术员汇报，确认液罐内工作液种类、质量、数量满足设计要求； （2）接受HSSE管理员汇报，确认储液罐安全防护措施符合安全要求（相关安全管理条例）； （3）认真填写巡回检查记录
低压流程	（1）液罐区低压流程是否正确； （2）供液撬是否运转正常	（1）接受技术员汇报，确认液罐区低压流程正确； （2）接受机械技术主管汇报，确认供液撬运转正常，巡回检查记录填写规范； （3）接受HSSE管理员汇报，确认低压流程无渗漏且试压合格； （4）认真填写巡回检查记录

续表

检查地点	检查项点	工作标准
仪表车	（1）泵车控制系统； （2）仪表车监控和数据采集系统； （3）通信器材	（1）接受仪表车操作手汇报，确认泵车控制系统正常； （2）确认仪表车监控和数据采集系统正常； （3）确认通信器材正常； （4）认真填写巡回检查记录

2. 日常管理规程

1）接受施工任务标准化操作规程

接受施工任务标准化操作规程如表9–3所示。

表9–3 酸化压裂队队长接受施工任务标准化操作规程

工作内容	工作步骤	工作标准
接收生产指令	接收上级部门下达的生产指令；参加生产协调会，掌握施工时间、对接配合队伍情况	获取配合施工的试(油)气、测录井、连续油管等队伍相关信息，及时沟通施工准备情况
	安排生产副队长对施工井进行前期踏勘	掌握井场位置及交通情况
	安排生产副队长调查前期试油（气）准备情况	掌握井场前期试油（气）准备情况
获得地质和酸化压裂设计	从技术部门获得施工井的地质和酸化压裂设计	熟悉施工井的地质及酸化压裂设计，提前准备所需酸化压裂设备和物资

2）施工安全、环保、技术交底会标准化操作规程

施工安全、环保、技术交底会标准化操作规程如表9–4所示。

表9–4 酸化压裂队队长施工安全、环保、技术交底会标准化操作规程

工作内容	工作步骤	工作标准
安全、环保、技术交底	安排技术员编写施工交底并审核交底内容	按照单井设计要求，检查交底内容
应急处置措施	安排HSSE管理员编写应急处置措施并审核预案内容	按照单井设计要求，检查相关应急处置措施内容

3）施工准备标准化操作规程

施工准备标准化操作规程如表9–5所示。

表9–5 酸化压裂队队长施工准备标准化操作规程

工作内容	工作步骤	工作标准
生产运行计划和物资准备	安排并审核生产运行和物资准备计划	检查生产运行计划，要求安排合理有序

续表

工作内容	工作步骤	工作标准
生产运行计划和物资准备	接受生产副队长汇报生产运行进展情况	与生产副队长保持沟通，掌握物资准备状况，确保施工顺利实施
设备检查	安排机械技术主管组织设备检查，并接受机械技术主管关于设备情况的汇报	掌握施工设备的状况
设备保养	安排机械技术主管定期组织设备保养，并接受汇报	掌握设备保养情况，按照《设备保养手册》督促及时保养，确保设备正常

4）设备进场标准化操作规程

设备进场标准化操作规程如表9-6所示。

表9-6　酸化压裂队队长设备进场标准化操作规程

工作内容	工作步骤	工作标准
储液罐进场	组织储液罐入场事宜	（1）掌握井场道路及实时工况； （2）具有合理的动迁计划及行车预案
压裂车及辅助车辆进场	与配合队伍协调进场事宜	与配合队伍做好井场道路及工况交流，加强协调沟通
	组织生产副队长和HSSE管理员，指挥车组入场	做好设备动迁计划及行车预案
压裂车及辅助车辆摆放	安排设备生产副队长，指挥车组按井场布置图摆放	确认设备生产副队长、HSSE管理员等相关责任人在岗
	接受设备生产副队长关于车组摆放情况的汇报	确认车组按照井场布置图摆放，符合现场标准化要求

5）设备安装调试标准化操作规程

设备安装调试标准化操作规程如表9-7所示。

表9-7　酸化压裂队队长设备安装调试标准化操作规程

工作内容	工作步骤	工作标准
调试仪表网络	安排生产副队长组织仪表班班长调试仪表网络并接受汇报	确保仪表信号灵敏、清晰、可靠
循环车辆	安排生产副队长，组织循环车辆并接受汇报	确保所有车辆运转正常
现场标准化	安排生产副队长组织现场标准化	确保符合酸化压裂作业现场标准化规范要求

6）管线连接及试压标准化操作规程

管线连接及试压标准化操作规程如表9-8所示。

表9-8 酸化压裂队队长管线连接及试压标准化操作规程

工作内容	工作步骤	工作标准
管汇摆放及高压件连接	安排生产副队长，组织管汇摆放及高压件连接并接受汇报	检查管汇摆放及高压件连接符合相关规定
管线试压	安排生产副队长，组织对高、低压管线进行试压并接受汇报	确保符合设计试压要求

7）开工验收标准化操作规程

开工验收标准化操作规程如表9-9所示。

表9-9 酸化压裂队队长开工验收标准化操作规程

工作内容	工作步骤	工作标准
资料验收	安排生产副队长组织相关人员，配合甲方进行队伍资质，安全、设备、技术等资料验收，接受资料准备、验收情况的汇报	对照开工验收标准，确保资料无漏项
现场验收	安排生产副队长，配合甲方进行施工现场验收，并接受汇报	对验收存在的问题，组织整改并反馈

8）酸化压裂施工标准化操作规程

酸化压裂施工标准化操作规程如表9-10所示。

表9-10 酸化压裂队队长酸化压裂施工标准化操作规程

工作内容	工作步骤	工作标准
组织施工交底，开展巡回检查	组织施工交底会，开展巡回检查	对照当班施工内容，确保岗位分解到人；按照设计进行当班的安全、环保、技术交底
酸化压裂前准备	安排生产副队长进行井口、高低压流程状态确认	确认流程正确
	安排机械技术主管组织启动设备，并检查运行状况	确认施工设备运行良好
	安排工程技术主管检查入井材料准备情况	确认入井材料准备完毕
	安排HSSE管理员进行井场安全条件确认	确认井场安全措施准备完毕
酸化压裂施工	组织按设计进行施工，并接受汇报	指挥准确，指令清晰；施工期间掌握设备状况和井场安全情况
设备和安全环保整改	安排设备生产副队长组织设备整改并接受汇报	掌握设备整改情况
	安排HSSE管理员组织现场安全环保情况整改并接受汇报	掌握安全环保整改情况
施工资料整理	安排工程技术主管对当日施工资料整理归档，经审核后发送报表	按相关要求，掌握资料整理情况
施工总结	安排生产副队长组织各班组召开施工总结会并讲评	准确、客观评价当班工作情况

9）设备撤场标准化操作规程

设备撤场标准化操作规程如表9-11所示。

表9-11 酸化压裂队队长设备撤场标准化操作规程

工作内容	工作步骤	工作标准
撤场计划和撤场应急处置措施	安排生产副队长做撤场计划，安排HSSE管理员作撤场应急处置措施；审查撤场计划及应急处置措施内容	确保撤场计划和应急处置措施内容符合实际情况
	组织召开设备撤场会，安排设备撤场工作	确定撤场过程中的安全、环保责任人
	向上级生产部门汇报	汇报及时
管线及配套设施拆卸	安排生产副队长组织现场管线及配套设施拆卸，接受生产副队长汇报撤场情况	高低压管线及配套设施拆卸后分类摆放、捆扎
压裂车组返回基地	安排HSSE管理员组织驾驶员学习行车安全预案；接受HSSE管理员车辆行驶情况汇报	确定行车过程中的安全监管人员
储液罐及配套设施返回基地	安排设备生产副队长组织储液罐及配套设施返回基地	掌握储液罐及配套设施安全返回状况
井场环保及治理工作	安排HSSE管理员组织井场环保及治理工作，并接受汇报	确保现场零污染

10）施工结束标准化操作规程

施工结束标准化操作规程如表9-12所示。

表9-12 酸化压裂队队长施工结束标准化操作规程

工作内容	工作步骤	工作标准
设备回场检查	安排设备生产副队长组织设备检查，并接受汇报	掌握所有施工设备的状况
设备保养	安排设备生产副队长组织设备保养；接受机械技术主管汇报	掌握设备保养情况，按照《设备维护保养手册》督促保养工作及时开展
施工总结和资料整理	安排工程技术主管编写施工总结，进行资料整理归档，并接受汇报	按有关要求准确、及时提交各项资料

第十章 酸化压裂队生产副队长岗位操作标准

第一节 岗位描述

1. 岗位说明

酸化压裂队生产副队长岗位说明如表10-1所示。

表10-1 生产副队长岗位说明

项目		主要内容
工作概述		负责本队生产运行、组织协调，协助队长做好经营管理、人员管理、设备管理、HSSE管理和员工培训工作
任职资格	教育程度	具有大学及以上学历
	工作经历	具有5年以上酸化压裂现场工作经验
	从业资格	具有高级工技术及以上等级；持有有效安全资格证、起重机械指挥证、井控培训合格证、HSSE管理培训合格证、硫化氢防护技术证
	能力要求	具备必需的地质、酸化压裂液相关业务知识，一定的组织协调和语言文字表达能力，较强的队伍管理和协调能力
	辅助技能	能熟练使用计算机办公软件
	职业道德	爱岗敬业、勇于奉献、团结协作、遵章守纪
	身体素质	身体健康，心理素质良好
岗位关系	纵向关系	（1）接受队长的领导； （2）接受公司有关部门的业务指导； （3）对本队员工进行管理
	横向关系	（1）与钻井、固井和试油（气）等相关作业队有协作关系； （2）与机械技术主管、HSSE管理员等岗位有配合关系
岗位职责		（1）贯彻执行国家方针、政策、法律、法规、行业标准、规程规范和上级的各项制度； （2）协助队长做好队伍的日常管理工作，负责本队生产运行、安全环保、设备管理工作； （3）协助队长做好岗位责任制、质量责任制、安全生产责任制的分解落实及贯彻执行工作； （4）协助队长做好新工艺、新技术的引进、开发、应用； （5）协助队长做好人员的培训教育、考核和思想政治工作； （6）贯彻执行HSSE管理体系； （7）参与制定本队伍的各项管理制度，并贯彻执行； （8）定期组织生产办公会，分析存在的问题并向队长汇报；

续表

项目		主要内容
岗位职责		（9）做好本队的施工组织策划、施工质量控制
工作权限		（1）对生产运行有指挥权，对员工队伍有管理权； （2）对生产经营管理有建议权； （3）对违章指挥有拒绝权
工作考核	考核关系	（1）接受主要领导的工作考核； （2）接受有关业务部门的工作考核； （3）对本队人员、班组进行工作考核
	考核依据	本岗位职责、年度工作目标及有关规定
	考核指标	参照《生产副队长责任书》所涵盖的指标

2. 工艺流程

酸化压裂队生产副队长工作工艺流程如图10-1所示。

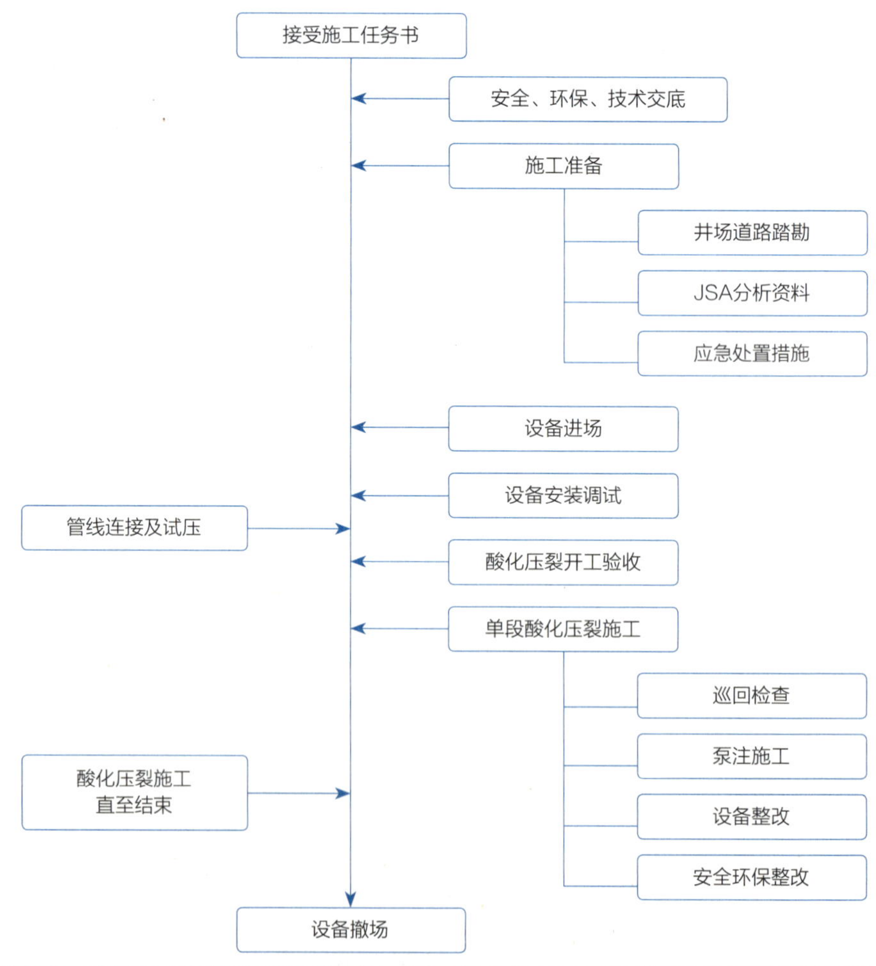

图10-1 生产副队长工作工艺流程

3. 工作流程

酸化压裂队生产副队长工作流程如图10-2所示。

图10-2 生产副队长工作流程

第二节　岗位标准化操作规程

1. 巡回检查标准化操作规程

巡回检查标准化操作规程如表10-2所示。

表10-2　生产副队长巡回检查标准化操作规程

巡回检查路线：

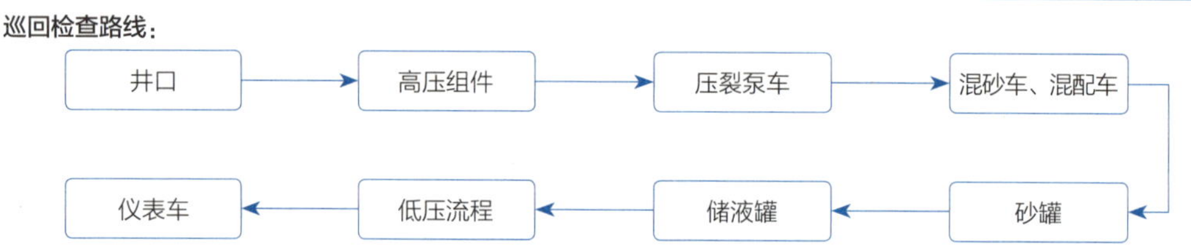

检查地点	检查项点	工作标准
井口	（1）井口流程； （2）井口安全防护措施	（1）确认员工坚守岗位，接受管汇工班组长汇报，确认井口流程正确； （2）井口安全防护措施逐一检查； （3）认真填写巡回检查记录
高压组件	（1）放压或循环流程； （2）分流管汇流程； （3）高压件安全防护措施	（1）确认员工坚守岗位，接受管汇工班组长对高压件的检查汇报，确认放压或循环流程正确； （2）确认分流管汇流程正确； （3）确认高压件安全防护措施到位； （4）认真填写巡回检查记录
压裂泵车	（1）压裂车高压流程； （2）压裂车低压流程； （3）压裂车工作状况； （4）压裂车安全防护措施	（1）确认员工坚守岗位，接受泵工班组长汇报，确认压裂车高压流程正确； （2）确认低压流程正确； （3）确认压裂车运转良好； （4）对压裂车防护措施逐一检查； （5）认真填写巡回检查记录
混砂车、混配车	（1）混砂车、混配车流程； （2）混砂车、混配车工作状况	（1）确认员工坚守岗位，接受班组长汇报，确认流程连接正确，设备运转良好； （2）认真填写巡回检查记录
砂罐	砂罐中支撑剂种类、质量、数量	（1）确认员工坚守岗位，接受技术员汇报，确认砂罐中支撑剂种类、质量、数量满足设计要求； （2）认真填写巡回检查记录
储液罐	（1）各储液罐内液体种类、质量、数量； （2）储液罐安全防护措施	（1）确认员工坚守岗位，接受技术员汇报，确认储液罐内液体种类、质量、数量满足设计要求； （2）检查储液罐安全防护措施； （3）认真填写巡回检查记录
低压流程	（1）液罐区低压流程是否正确； （2）供液撬是否运转正常	（1）确认员工坚守岗位，接受班组长汇报，确认液罐区低压流程正确； （2）接受供液撬操作人员汇报，确认供液撬流程正确； （3）认真填写巡回检查记录

续表

检查地点	检查项点	工作标准
仪表车	(1)泵车控制系统; (2)仪表车监控和数据采集系统; (3)通信器材	(1)确认员工坚守岗位,接受班组长汇报,确认泵车控制系统正常; (2)确认计算机操作系统正常; (3)确认仪表车监控和数据采集系统正常; (4)确认通信器材正常; (5)认真填写巡回检查记录

2. 日常管理规程

1)接受施工任务标准化操作规程

接受施工任务标准化操作规程如表10-3所示。

表10-3 生产副队长接受施工任务标准化操作规程

工作内容	工作步骤	工作标准
接收生产指令	接收队长下达的生产指令,及时与队长沟通,组织生产办公会,确定施工时间、对接配合队伍情况	获取配合施工的试(油)气、测录井、连续油管等队伍相关信息,及时沟通施工准备情况,配合队长做好生产准备工作
	对施工井进行前期踏勘	掌握井场位置及交通情况
	掌握井场前期试油(气)准备情况	掌握井场前期试油(气)准备情况
掌握地质方案和酸化压裂方案	从技术部门获得施工井的地质和酸化压裂设计	熟悉施工井的地质及酸化压裂设计

2)施工交底会标准化操作规程

施工交底会标准化操作规程如表10-4所示。

表10-4 生产副队长施工交底会标准化操作规程

工作内容	工作步骤	工作标准
安全、环保、技术交底	指导工程技术主管编写施工交底文件,并审核交底内容	施工交底内容无漏项
	组织施工交底会	确保施工人员熟悉施工交底内容
应急处置措施	指导HSSE管理员编写应急处置措施	应急处置措施针对性强
	组织应急演练	按照应急处置措施组织应急演练

3)施工准备标准化操作规程

施工准备标准化操作规程如表10-5所示。

表10-5　生产副队长施工准备标准化操作规程

工作内容	工作步骤	工作标准
生产运行计划和物资准备	编写生产运行计划，进行物资准备	检查生产运行计划，要求生产安排合理有序
	向队长汇报生产进度	与设备副队长保持沟通，并及时向队长汇报，确保施工顺利实施
设备检查	安排机械技术主管开展设备检查，并接受其汇报	与机械技术主管保持沟通，掌握施工设备的状况，保障施工顺利进行
	与设备副队长保持沟通，并及时向队长汇报	与设备副队长保持沟通，并及时向队长汇报，确保施工顺利实施
设备保养	安排机械技术主管开展设备保养，并接受其汇报	与机械技术主管保持沟通，掌握设备保养情况，确保设备运转正常
	与设备副队长保持沟通，并及时向队长汇报	与设备副队长保持沟通，并及时向队长汇报，确保施工顺利实施

4）设备进场标准化操作规程

设备进场标准化操作规程如表10-6所示。

表10-6　生产副队长设备进场标准化操作规程

工作内容	工作步骤	工作标准
储液罐进场	组织储液罐入场事宜	与配合队伍做好井场道路及工况交流，加强协调沟通；做好设备动迁计划及行车预案
压裂车及辅助车辆进场	与配合队伍协调进场事宜	与配合队伍做好井场道路及工况交流，加强协调沟通
	指挥压裂车、辅助车辆及物资进场	做好压裂车搬迁计划，确保人员设备安排合理；强调行车风险，做好行车预案
压裂车及辅助车辆摆放	指挥压裂车及辅助车辆按井场布置图摆放	确认机械技术主管、HSSE管理员等相关责任人在岗；确认车组按照井场布置图摆放，符合现场标准化要求
	向队长汇报作业进度	向队长汇报应真实、全面、及时

5）设备安装调试标准化操作规程

设备安装调试标准化操作规程如表10-7所示。

表10-7　生产副队长设备安装调试标准化操作规程

工作内容	工作步骤	工作标准
调试仪表网络	安排仪表班班长组织调试仪表网络，并接受其汇报	确保仪表信号灵敏、清晰、可靠
循环车辆	安排泵工班组循环车辆	确保所有车辆运转正常

续表

工作内容	工作步骤	工作标准
现场标准化建设	安排HSSE管理员组织现场标准化建设	确保符合酸化压裂作业现场标准化规范要求，属地牌、安全警示线、围栏、安全绳、防护墙等齐全、规范
	向队长汇报设备安装调试情况	向队长汇报应真实、全面、及时

6）管线连接及试压标准化操作规程

管线连接及试压标准化操作规程如表10–8所示。

表10–8 生产副队长管线连接及试压标准化操作规程

工作内容	工作步骤	工作标准
管汇摆放及高压件连接	安排班组长摆放管汇及高压件连接，并接受其汇报	检查确保管汇摆放及高压件连接符合相关规定
管线试压	安排班组长对高、低压管线进行试压	符合设计试压要求
	向队长汇报管线连接及试压工作情况	向队长汇报应真实、全面、及时

7）开工验收标准化操作规程

开工验收标准化操作规程如表10–9所示。

表10–9 生产副队长开工验收标准化操作规程

工作内容	工作步骤	工作标准
资料验收	安排工程技术主管配合甲方进行队伍资质、安全、设备、技术等资料验收；接受关于资料准备、验收情况的汇报	对照开工验收标准，确保资料无漏项
现场验收	组织开工验收	对验收存在的问题，组织整改并反馈
	向队长汇报开工验收情况	向队长汇报应真实、全面、及时

8）酸化压裂施工标准化操作规程

酸化压裂施工标准化操作规程如表10–10所示。

表10–10 生产副队长酸化压裂施工标准化操作规程

工作内容	工作步骤	工作标准
施工交底，巡回检查	组织施工交底会，开展巡回检查	对照当班施工内容，确保岗位分解到人；按照设计进行当班的安全、环保、技术交底；巡回检查记录确保详实
酸化压裂前准备	安排工程技术主管进行井口及高、低压流程确认	确认流程正确

续表

工作内容	工作步骤	工作标准
压裂前准备	安排设备管理员组织启动设备，并检查运行状况	确认施工设备运行良好
	安排工程技术主管检查入井材料准备情况	确认入井材料准备完毕
	安排HSSE管理员进行井场安全条件确认	确认井场安全措施准备完毕
酸化压裂施工	组织人员按设计进行施工，并接受汇报	指挥准确，指令清晰；施工期间掌握设备状况和井场安全情况
设备和安全环保整改	安排设备管理人员组织设备整改，并接受其汇报	掌握设备整改情况
	安排HSSE管理员组织现场安全环保情况整改，并接受其汇报	掌握安全环保整改情况
施工资料整理	安排工程技术主管对当天施工资料整理归档，审核后及时发送报表	按相关要求，掌握资料整理情况
施工总结	组织各班组召开当天施工总结会并讲评	准确、客观评价当班当天工作情况
	向队长汇报当天施工总结情况	向队长汇报应真实、全面、及时

9）设备撤场标准化操作规程

设备撤场标准化操作规程如表10-11所示。

表10-11　生产副队长设备撤场标准化操作规程

工作内容	工作步骤	工作标准
撤场计划和撤场应急预案	组织制定撤场计划，安排HSSE管理员作撤场应急预案；审查撤场计划及应急预案内容	撤场计划和应急预案内容符合实际情况
	组织召开设备撤场会，安排设备撤场工作	确定撤场过程中的安全环保责任人
管线及配套设施拆卸	安排现场管线及配套设施拆卸工作	检查高、低压管线及配套设施的存放情况，确保捆扎牢固
压裂车组返回基地	安排HSSE管理员组织驾驶员学习行车安全预案；接受HSSE管理员车辆行驶情况汇报	确定行车过程中的安全监管人员
储液罐及配套设施返回基地	安排班组长组织储液罐及配套设施返回基地	掌握储液罐及配套设施的安全返回状况
井场环保及治理工作	安排HSSE管理员开展井场环保及治理工作，并接受其汇报	确保现场零污染
	向队长汇报设备撤场工作情况	向队长汇报应真实、全面、及时

10）施工结束标准化操作规程

施工结束标准化操作规程如表10-12所示。

表10-12 生产副队长施工结束标准化操作规程

工作内容	工作步骤	工作标准
设备回场检查	安排机械技术主管组织设备检查，并接受其汇报	所有施工设备的状况良好
设备保养	（1）安排机械技术主管进行设备保养； （2）接受机械技术主管汇报，掌握设备保养情况	掌握设备保养情况，按照《设备维护保养手册》督促保养工作及时开展
施工总结和资料整理	安排工程技术主管编写施工总结，进行资料整理、归档，并接受其汇报	按有关要求准确、及时提交各项资料
	向队长汇报设备撤场工作情况	向队长汇报应真实、全面、及时

第十一章　酸化压裂队设备副队长岗位操作标准

第一节　岗位描述

1. 岗位说明

酸化压裂队设备副队长岗位说明如表11-1所示。

表11-1　设备副队长岗位说明

项　目		主要内容
工作概述		负责本队设备运行、组织协调，协助队长做好经营管理、人员管理、设备管理和员工培训工作
任职资格	教育程度	具有大学及以上学历
	工作经历	具有5年以上酸化压裂现场工作经验
	从业资格	具有高级工技术及以上等级；持有有效安全资格证、起重机械指挥证、井控培训合格证、HSSE管理培训合格证、硫化氢防护技术证
	能力要求	（1）熟悉酸化压裂施工流程，熟悉集团公司、公司、分公司等上级单位以及本队的设备管理规定和设备操作规程； （2）熟悉酸化压裂设备原理、结构，有较强的设备故障处理组织能力； （3）具有较强的语言文字表达能力和综合分析能力； （4）沟通协调能力强，能较好地完成队长下达的任务，合理安排本队设备的日常管理工作
	辅助技能	能熟练使用计算机办公软件
	职业道德	爱岗敬业、勇于奉献、团结协作、遵章守纪
	身体素质	身体健康，能适应野外施工环境，心理素质良好
岗位关系	纵向关系	（1）接受队长的领导； （2）接受公司有关部门的业务指导； （3）对本队员工进行日常管理
	横向关系	与生产副队长、机械技术主管、HSSE管理员等岗位有配合关系
岗位职责		（1）贯彻执行国家方针、政策、法律、法规、行业标准、规程规范和上级的各项制度； （2）协助队长做好队伍的日常管理工作，负责本队设备运行、设备保养、设备维修管理工作； （3）协助队长做好岗位责任制、质量责任制、安全生产责任制的分解落实及贯彻执行工作； （4）协助队长做好设备小改小革及新技术的引进、开发、应用工作； （5）协助队长做好人员的培训教育、考核和思想政治工作； （6）贯彻执行HSSE管理体系； （7）参与制定本队伍的各项管理制度，并贯彻执行；

续表

项目		主要内容
岗位职责		（8）定期组织设备例会，分析存在的问题并向队长汇报
工作权限		（1）对设备管理有指挥权、建议权，对员工队伍有管理权； （2）对违规操作和违规保养有拒绝权
工作考核	考核关系	（1）接受主要领导的工作考核； （2）接受有关业务部门的工作考核； （3）对本队人员、班组进行工作考核
	考核依据	本岗位职责、年度工作目标及有关规定
	考核指标	参照《设备副队长责任书》所涵盖的指标

2. 工艺流程

酸化压裂队设备副队长工作工艺流程如图11–1所示。

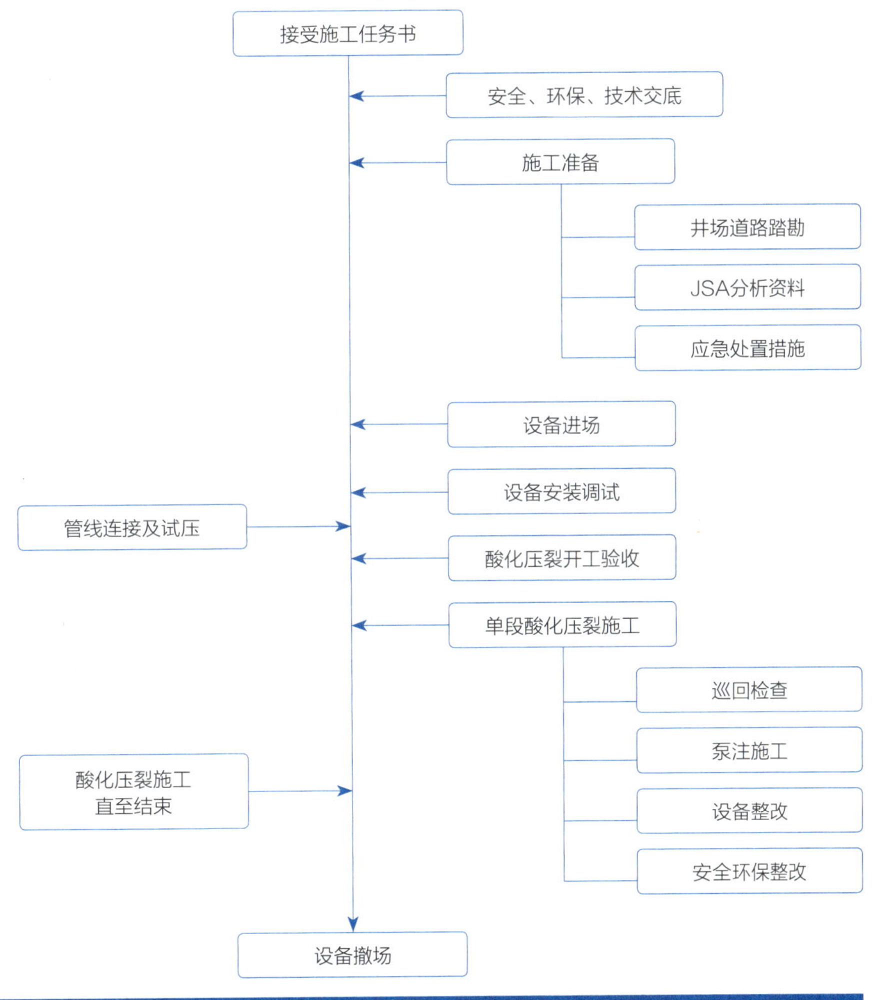

图11–1 设备副队长工作工艺流程

3. 工作流程

酸化压裂队设备副队长工作流程如图11-2所示。

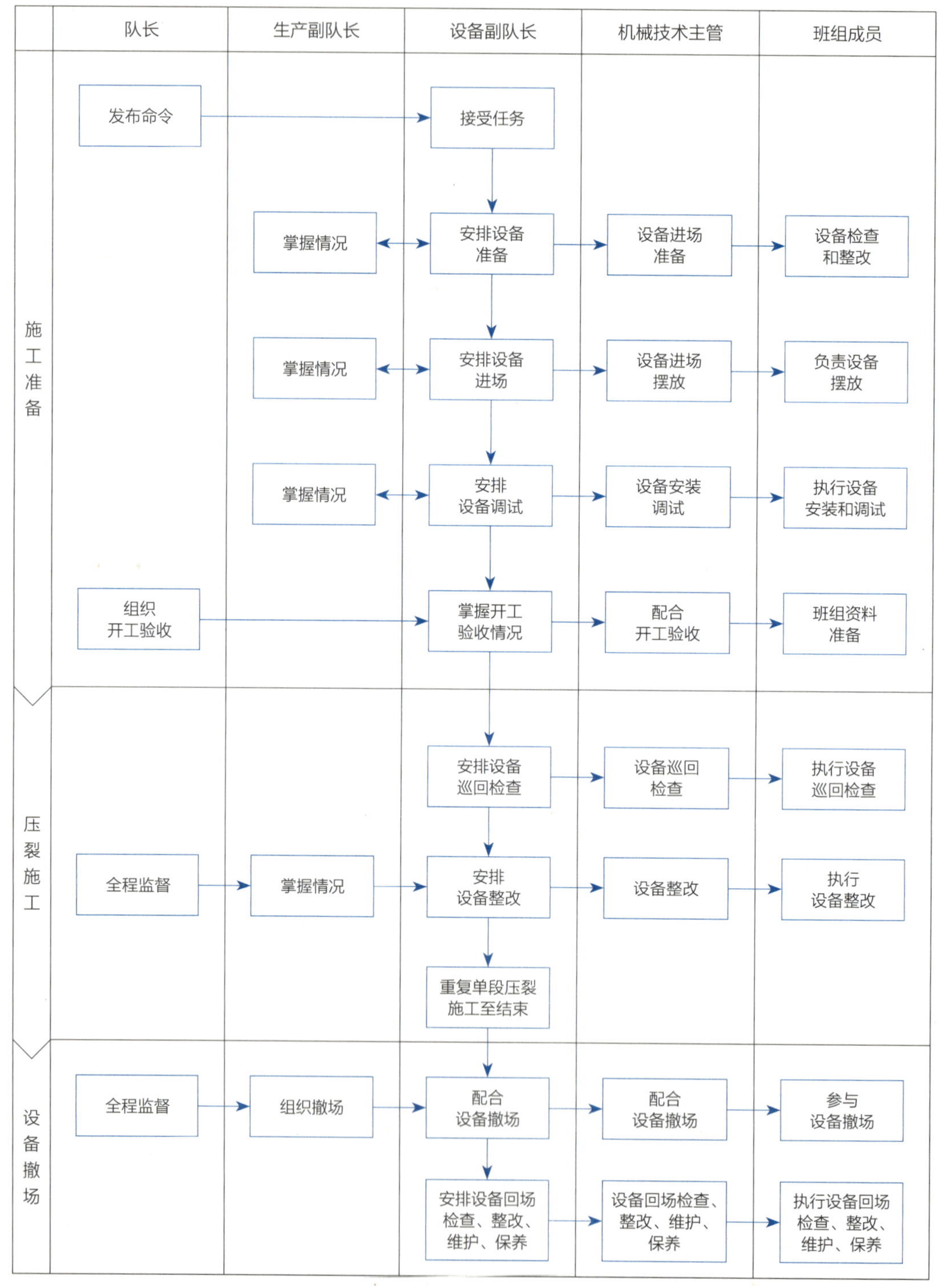

图11-2 设备副队长工作流程

第二节 岗位标准化操作规程

1. 巡回检查标准化操作规程

巡回检查标准化操作规程如表11-2所示。

表11-2 设备副队长巡回检查标准化操作规程

巡回检查路线：

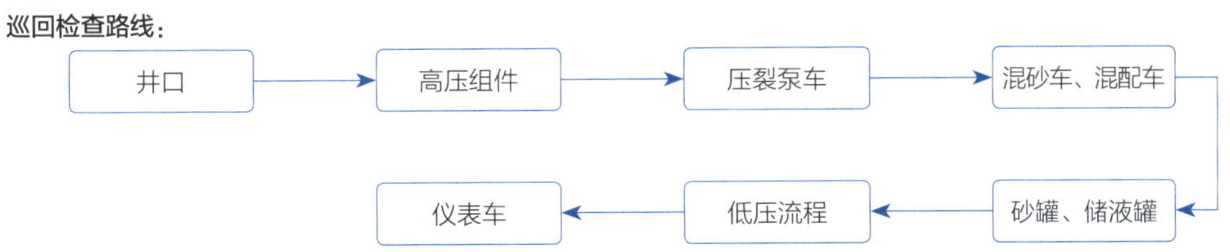

检查地点	检查项点	工作标准
井口	(1)井口流程； (2)井口安全防护措施	(1)确认员工坚守岗位，接受机械技术主管汇报，确认井口闸门开关灵活可靠；螺栓固定牢靠、无松动； (2)井口安全防护措施逐一检查
高压组件	(1)高压件使用状态； (2)高压件安全防护措施	(1)确认员工坚守岗位，接受机械技术主管汇报，确认高压件连接可靠，均在检测有限期内，和检测报告标号一一对应； (2)确认高压件安全防护措施到位
压裂泵车	(1)压裂车油水状态； (2)压裂车工作状况； (3)压裂车安全防护措施	(1)确认员工坚守岗位，接受机械技术主管汇报，确认压裂车高压流程正确； (2)确认低压流程正确； (3)确认压裂车运转良好； (4)对压裂车防护措施逐一检查
混砂车、混配车	混砂车、混配车设备状态及工作状况	(1)确认员工坚守岗位，接受机械技术主管汇报，确认设备检查到位且运转良好； (2)组织设备运行前检查及巡回检查，确保设备工作状态良好
砂罐、储液罐	砂罐、储液罐设备状态	(1)确认砂罐、储液罐保养到位，现场无泄漏； (2)组织设备巡回检查，确保设备状态良好
低压流程	(1)液罐区低压流程连接情况； (2)供液撬是否运转正常	(1)确认员工坚守岗位，接受班组长汇报，确认液罐区低压流程连接可靠、无漏点； (2)确认供液撬状态良好，运行可靠
仪表车	(1)泵车控制系统； (2)仪表车监控和数据采集系统； (3)通信器材	(1)确认员工坚守岗位，接受机械技术主管汇报，确认泵车控制系统状态良好、工作正常； (2)确认计算机操作系统状态良好，工作正常； (3)确认仪表车监控和数据采集系统状态良好，工作正常； (4)确认通信器材完好

2. 日常管理规程

1）接受施工任务标准化操作规程

接受施工任务标准化操作规程如表11-3所示。

表11-3　设备副队长接受施工任务标准化操作规程		
工作内容	工作步骤	工作标准
接收设备检查、保养、维修指令	接收队长下达的设备各项指令，及时与队长沟通，组织设备例会	按照设备管理制度对设备进行日常管理，定期召开设备例会，总结设备管理存在的不足，制定下步管理计划
	对施工井设备组织检查及故障排查，掌握设备状况	掌握设备分布情况及状态，结合生产任务时间节点，及时组织设备检查、保养及检修

2）施工准备标准化操作规程

施工准备标准化操作规程如表11-4所示。

表11-4　设备副队长施工准备标准化操作规程		
工作内容	工作步骤	工作标准
施工设备准备	确认所需设备的类型及其数量	准备的设备要满足施工设计要求，确保设备状态能够保障酸化压裂施工的顺利进行
	掌握设备状态	各设备保养到位，工作状况良好
设备检查	组织设备进场、施工中途检查，整改并做好检查记录	（1）与机械技术主管保持沟通，掌握施工设备的状况，保障施工顺利进行； （2）与队长保持沟通，并及时向队长汇报，确保施工顺利实施
设备保养	安排机械技术主管开展设备保养并接受其汇报	与机械技术主管保持沟通，掌握设备保养情况，确保设备运转正常
	与生产副队长保持沟通，并及时向队长汇报	与生产副队长保持沟通，并及时向队长汇报，确保施工顺利实施

3）设备进场标准化操作规程

设备进场标准化操作规程如表11-5所示。

表11-5　设备副队长设备进场标准化操作规程		
工作内容	工作步骤	工作标准
压裂车及辅助车辆进场	参与安全、环保、技术交底会议	明确行车风险，做好设备搬迁安全保障措施
	协助生产副队长指挥酸化压裂车进场	确保各设备均能正常运转且工作状况良好
压裂车及辅助车辆摆放	协助生产副队长使压裂车及辅助车辆按井场布置图摆放	（1）确认车组按照井场布置图摆放，符合现场标准化要求； （2）向队长汇报应真实、全面、及时

4）设备安装调试标准化操作规程

设备安装调试标准化操作规程如表11-6所示。

表11-6 设备副队长设备安装调试标准化操作规程

工作内容	工作步骤	工作标准
安装调试	高压组件及管汇安装	高压组件及管汇连接紧固，试压无漏点；捆绑安全束缚带；关键部位用胶皮垫或橡胶枕木稳固
	数采信号线连接	各类信号线连接紧固可靠，使仪表车能准确无误地进行数据采集
	车辆调试	对酸化压裂车，混砂车、灌注车/撬分别进行调试，确保每台设备受仪表车的控制与监测
	低压流程试压	按行业标准进行低压管线试压，确保低压流程无漏点
	高压流程试压	按行业标准进行高压管线试压，确保高压流程无漏点

5）酸化压裂开工验收标准化操作规程

酸化压裂开工验收标准化操作规程如表11–7所示。

表11-7 设备副队长酸化压裂开工验收标准化操作规程

工作内容	工作步骤	工作标准
资料验收	配合甲方进行队伍设备资料验收	确保资料记录详细无误；就资料验收情况向队长汇报
现场验收	配合甲方进行现场设备验收	确保设备状况良好；就现场验收情况向队长汇报

6）单段酸化/酸化压裂施工标准化操作规程

单段酸化/酸化压裂施工标准化操作规程如表11–8所示。

表11-8 设备副队长单段酸化/酸化压裂施工标准化操作规程

工作内容	工作步骤	工作标准
酸化压裂施工前巡回检查	组织开展班前会，布置巡检任务；组织巡回检查	各班组按照各自的巡回检查路线对所负责的设备逐一进行巡回检查
	问题整改及记录	对巡回检查中发现的问题及时进行整改，确保酸化压裂施工保质保量完成
	汇报设备检查状况	及时向队长汇报设备状况，准备酸化压裂施工
酸化压裂施工中巡回检查	安排巡回检查任务；掌握设备运行状态	及时掌握设备的运行状态，对于施工中存在安全风险的设备，及时停止运行，避免机械事故的发生
	汇报设备运转状况	及时、清楚地向队长汇报设备运转状况，以便及时作出施工调整
酸化压裂施工后巡回检查	组织酸化压裂施工后的设备巡回检查；掌握设备检查状况	向各班组设备负责人了解设备检查情况
	汇报设备检查情况	及时汇报

续表

工作内容	工作步骤	工作标准
设备整改	组织各班组设备负责人进行设备整改；实施设备整改	检查发现的设备故障问题应及时整改，对于无法当天解决的问题需向队长说明具体情况或者申请相关厂家维修服务
	汇报设备整改情况	及时汇报
施工总结	组织各班组设备负责人召开班后会	对当班设备的检查和整改情况进行总结，针对工作中的现象提出批评与表扬，对员工进行考核
	问题记录	对巡回检查和设备整改中出现的问题进行详细记录并分析原因，以避免同类问题再次发生

7）设备撤场标准化操作规程

设备撤场标准化操作规程如表11-9所示。

表11-9　设备副队长设备撤场标准化操作规程

工作内容	工作步骤	工作标准
设备回场	设备回场检查及整改	对所以设备进行全面检查，对于存在的问题及时整改
	设备维护、保养	设备关键部位维护、保养到位
	资料记录	记录各部位的保养时间，以便指导下一次保养工作

第十二章 酸化压裂队HSSE管理员岗位操作标准

第一节 岗位描述

1. 岗位说明

酸化压裂队HSSE管理员岗位说明如表12-1所示。

表12-1 HSSE管理员岗位说明

项 目		主要内容
工作概述		负责本单位HSSE管理和员工HSSE培训工作
任职资格	教育程度	大学及以上学历
	工作经历	具有3年以上酸化压裂工作及安全管理相关经验
	从业资格	具有初级工技术及以上等级；持有有效安全资格证、井控培训合格证、HSSE管理培训合格证、硫化氢防护技术证
	能力要求	具备一定的组织协调和语言文字表达能力，较强的班组管理和协调能力，熟悉本单位生产经营特点和生产工艺流程，具备一定的安全管理知识
	辅助技能	具备一定的电工知识、起重知识、消防常识和急救常识
	职业道德	爱岗敬业、勇于奉献、团结协作、遵章守纪
	身体素质	身体健康，心理素质良好
岗位关系	纵向关系	（1）接受队长的直接领导； （2）接受安全办等相关业务部门的工作指导； （3）对本队各班组上岗人员进行安全监督和指导
	横向关系	与本队生产副队长、技术员、机械技术主管、班组管理员有协作关系
岗位职责		（1）负责整理和完善各类安全方面的基础资料，做好资料的归档工作，及时接收上级下发的各类文件，做好上传下达工作，及时向上级部门发送安全方面报表、资料等；督促并参与本队各项应急演练工作，详细记录演练情况； （2）严格执行各项规章制度和操作规程，认真执行HSSE管理规定和作业指令，认真学习公司HSSE方针、目标和承诺，对本单位的安全生产负重要责任；协助队长、生产副队长做好本单位的安全工作； （3）负责组织班组成员定期进行安全思想教育、事故案例学习及安全考试等； （4）负责员工安全培训和考核，负责新员工的安全教育工作； （5）负责落实本单位安全设施、消防器材的维护保养工作； （6）负责监管直接作业环节，组织落实好各项安全防范措施

续表

项　目		主要内容
工作权限		(1)对HSSE工作有监督管理权； (2)对本队上岗人员有安全教育指导权； (3)对"三违章"行为有制止权、处罚权
工作考核	考核关系	(1)接受本队队长工作考核； (2)接受安全及有关部门的业务考核； (3)对本队上岗人员进行安全考核
	考核依据	本岗位职责、年度工作目标、上级有关规定
	考核指标	参照本队《管理手册》所涵盖的指标

2. 工艺流程

酸化压裂队HSSE管理员工作工艺流程如图12-1所示。

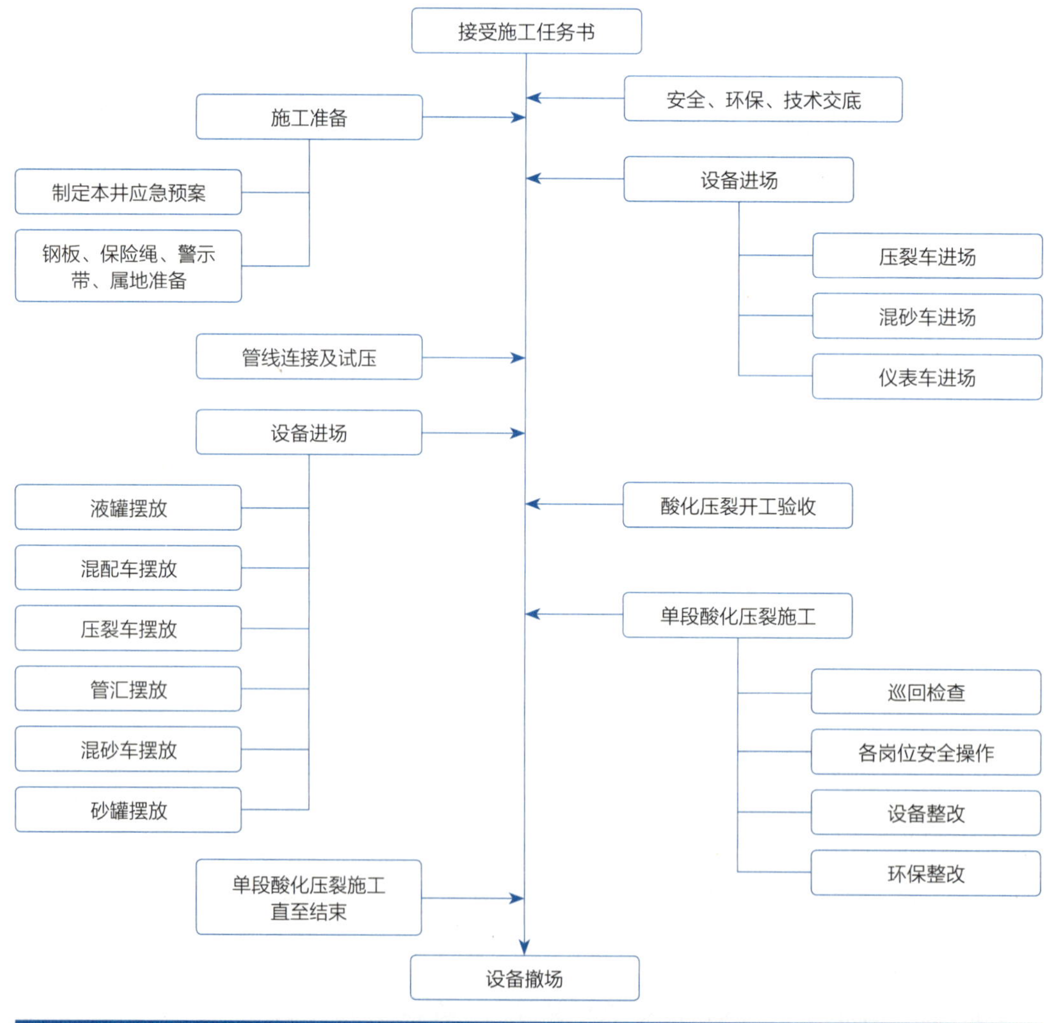

图12-1　HSSE管理员工作工艺流程

3. 工作流程

酸化压裂队HSSE管理员工作流程如图12-2所示。

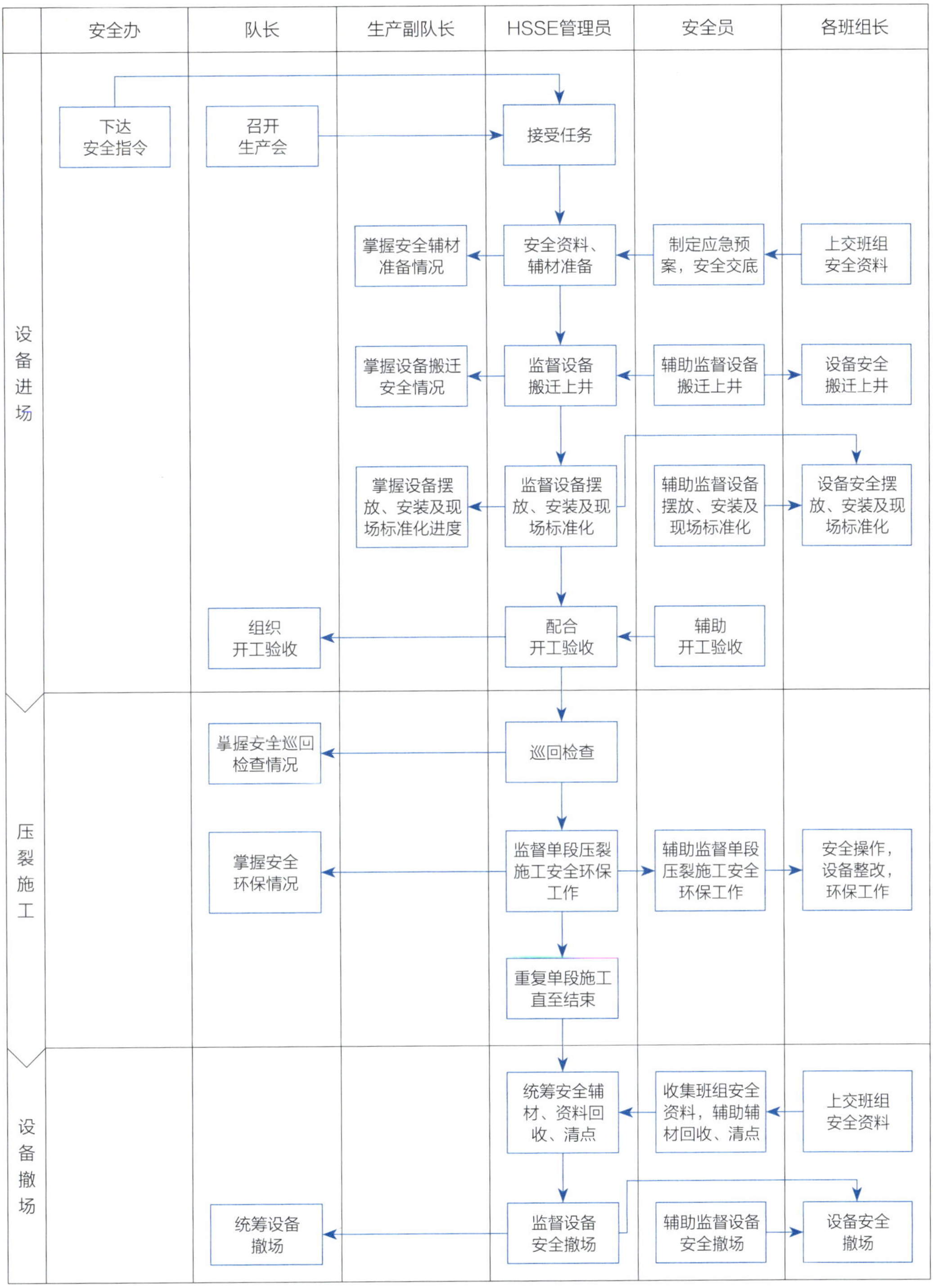

	安全办	队长	生产副队长	HSSE管理员	安全员	各班组长
设备进场	下达安全指令	召开生产会		接受任务		
			掌握安全辅材准备情况	安全资料、辅材准备	制定应急预案，安全交底	上交班组安全资料
			掌握设备搬迁安全情况	监督设备搬迁上井	辅助监督设备搬迁上井	设备安全搬迁上井
			掌握设备摆放、安装及现场标准化进度	监督设备摆放、安装及现场标准化	辅助监督设备摆放、安装及现场标准化	设备安全摆放、安装及现场标准化
		组织开工验收		配合开工验收	辅助开工验收	
压裂施工		掌握安全巡回检查情况		巡回检查		
		掌握安全环保情况		监督单段压裂施工安全环保工作	辅助监督单段压裂施工安全环保工作	安全操作，设备整改，环保工作
				重复单段施工直至结束		
设备撤场				统筹安全辅材、资料回收、清点	收集班组安全资料，辅助辅材回收、清点	上交班组安全资料
		统筹设备撤场		监督设备安全撤场	辅助监督设备安全撤场	设备安全撤场

图12-2 HSSE管理员工作流程

第二节　岗位标准化操作规程

1. 巡回检查标准化操作规程

巡回检查标准化操作规程如表12-2所示。

表12-2　HSSE管理员巡回检查标准化操作规程

巡回检查路线：

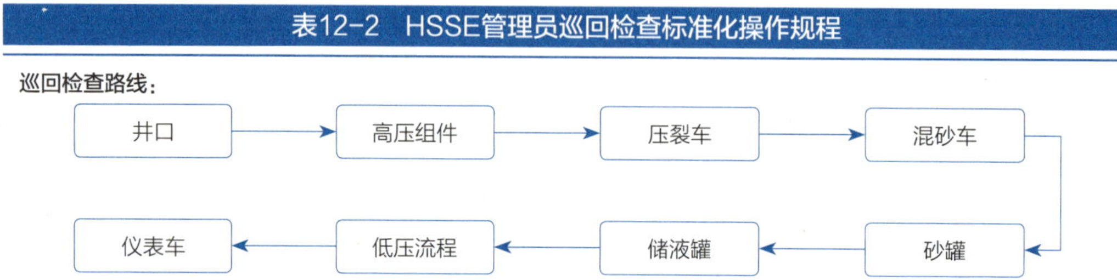

检查地点	检查项点	工作标准
井口	井口高压件连接是否牢固	井口高压件连接牢固，无滴漏现象
	保险绳固定规范	保险绳固定符合规范，无破损、缺失现象
高压组件	高压组件连接是否牢固	高压组件连接牢固，无滴漏现象
	高压组件有无抖动现象	橡胶枕木厚度适当，保证高压组件全部落地，无抖动现象
压裂车	高、低压管线连接情况	进出口管线连接牢固，无滴漏现象
	保险绳固定情况	保险绳固定符合规范，无破损缺失现象
	防静电接地线是否连接规范	地线装置按标准连接
	灭火器是否达标	压力指针在正常的绿色区域，各部件齐全
	压裂车有无“跑、冒、滴、漏”现象	检查仔细全面，供液撬无“跑、冒、滴、漏”现象
混砂车	进出口管线连接是否牢固	进出口管线连接牢固，无滴漏现象
	防静电接地线是否连接规范	地线装置按标准连接
	灭火器是否达标	压力指针在正常的绿色区域，各部件齐全
砂罐	砂罐安全防护措施	砂罐固定牢固，各阀门开关正常工作
	是否配备登高作业安全设施	配备登高作业安全设施
储液罐	储液罐安全防护措施是否齐全	大罐上、下扶梯牢固，罐上部敞开部位有护栏；储液罐口用塑料布密封
	是否配备登高作业安全设施	配备登高作业安全设施
低压流程	低压管线是否连接牢固	低压管线连接牢固，无滴漏现象
	供液撬有无“跑、冒、滴、漏”现象	检查仔细全面，供液撬无“跑、冒、滴、漏”现象
仪表车	防静电接地线是否连接	地线装置按标准连接
	超压保护是否设定	超压保护按标准设定
	灭火器是否达标	压力指针在正常的绿色区域，各部件齐全

2. 日常管理规程

1）接受施工任务标准化操作规程

接受施工任务标准化操作规程如表12-3所示。

表12-3 HSSE管理员接受施工任务标准化操作规程

工作内容	工作步骤	工作标准
接收安全生产指令	接收队长下达生产、安全指令	清楚安全生产任务，与上级安全部门保持良好沟通
	掌握酸化压裂施工现场情况	清楚井场位置及交通情况，清楚井场前期准备情况
熟悉施工现场安全风险点	根据现场踏勘规划安全风险点，制定风险规避措施	熟悉酸化压裂施工流程，熟悉施工中的各项风险点，做好防范工作

2）安全、环保、技术交底会标准化操作规程

安全、环保、技术交底会标准化操作规程如表12-4所示。

表12-4 HSSE管理员安全、环保、技术交底会标准化操作规程

工作内容	工作步骤	工作标准
安全、环保、技术交底	做好安全、环保、技术交底工作	按照甲方单井《酸化压裂方案设计》和《酸化压裂施工设计》HSSE相关要求完成
应急处置措施及应急演练	组织参加施工人员进行应急演练	应急演练有针对性，员工能熟练掌握
	填写应急演练记录	认真检查填写记录，并做好总结

3）施工准备标准化操作规程

施工准备标准化操作规程如表12-5所示。

表12-5 HSSE管理员施工准备标准化操作规程

工作内容	工作步骤	工作标准
安全物资准备	列出该井需要准备的各类安全物资，并进行物资准备	时刻了解安全物资准备状况，充分保障酸化压裂施工安全
	告知生产副队长安全物资准备情况	与设备生产副队长保持沟通，使其时刻掌握安全物资准备情况
监督设备安全检查	监督做好设备安全检查	掌握所有施工设备的状况，保障设备达到安全施工条件
道路风险评估	做好道路风险评估，对驾驶员进行道路安全交底	掌握道路情况，识别道路风险点，并让参与施工的驾驶员全面了解道路情况，做好相关预案

4）设备进场标准化操作规程

设备进场标准化操作规程如表12-6所示。

表12-6　HSSE管理员设备进场标准化操作规程

工作内容	工作步骤	工作标准
压裂车上井	协助队长、生产副队长指挥并监督压裂车安全搬迁上井	提前与队长沟通，掌握搬迁计划和交通状况；对驾驶员强调行车风险，做好设备搬迁安全保障措施；与队长、生产副队长保持沟通，使其时刻掌握设备搬迁安全情况
混砂车、灌注车/撬上井	协助队长、生产副队长指挥并监督混砂车、灌注车/撬安全搬迁上井	提前与队长沟通，掌握搬迁计划和交通状况；对驾驶员强调行车风险，做好设备搬迁安全保障措施；与队长、生产副队长保持沟通，使其时刻掌握设备搬迁安全情况
配液设备吊装摆放	与各干部配合指挥并监督配液设备安全吊装，按井场布置图准确摆放	设备摆放位置准确；吊装前按要求召开安全分析会，开具相关作业许可证；与队长及副队长保持沟通，时刻掌握设备摆放进度；安排安全员加强吊装期间安全监管
混砂车摆放	与各干部配合指挥并监督混砂车按井场布置图安全、准确摆放	设备摆放位置准确；与队长及副队长保持沟通，时刻掌握设备摆放进度；安排安全员进行现场安全监管
压裂车摆放	与各干部配合指挥并监督压裂车按井场布置图安全、准确摆放	设备摆放位置准确；与队长及副队长保持沟通，时刻掌握设备摆放进度；安排安全员进行现场安全监管

5）设备安装调试标准化操作规程

设备安装调试标准化操作规程如表12-7所示。

表12-7　HSSE管理员设备安装调试标准化操作规程

工作内容	工作步骤	工作标准
循环车辆	循环车辆时与安全员对现场进行安全监管	循环车辆时确保泵车观察人员安全

6）管线连接及试压标准化操作规程

管线连接及试压标准化操作规程如表12-8所示。

表12-8　HSSE管理员管线连接及试压标准化操作规程

工作内容	工作步聚	工作标准
管汇吊装摆放及高压件连接	与各干部配合指挥并监督指挥管汇吊装摆放及高压件连接	设备摆放位置准确；吊装前按要求召开安全分析会，开具相关作业许可证；与队长及副队长保持沟通，时刻掌握设备摆放进度；安排安全员加强吊装期间安全监管
管线试压	管线试压时进行安全监管；试高、低压	试高压期间禁止人员靠近高压区；安排专人远处观察，发现滴漏现象及时汇报并安排安全员监督整改；接受安全员及班组长的汇报

7）酸化压裂开工验收标准化操作规程

酸化压裂开工验收标准化操作规程如表12-9所示。

表12-9 HSSE管理员酸化压裂开工验收标准化操作规程

工作内容	工作步骤	工作标准
资料验收	安排安全员配合甲方，进行队伍资质、人员证件、安全资料验收	接受安全员汇报，时刻掌握资料验收情况，并向队长汇报清楚开工验收情况
现场验收	与安全员一起配合甲方进行施工现场安全环保工作验收	接受安全员汇报，时刻掌握资料验收情况，并向队长汇报清楚开工验收情况

8）单段酸化/酸化压裂施工标准化操作规程

单段酸化/酸化压裂施工标准化操作规程如表12-10所示。

表12-10 HSSE管理员单段酸化/酸化压裂施工标准化操作规程

工作内容	工作步骤	工作标准
单段安全交底	安排安全员进行单段安全交底	工作安排合理，安全交底清楚
酸化压裂前准备	清空高压区人员	确保高压区人员清空，现场达到安全施工条件
酸化压裂施工	与安全员做好酸化压裂施工期间的安全监督工作，高压区禁止人员进入，高压班和泵工班安排专人在远处进行巡视	现场巡视到位，及时发现安全隐患，施工期间禁止人员进入高压区；接受安全员和班组长汇报，了解施工中的井场安全情况，并向队长汇报
监督设备和安全环保整改	监督人员进行现场安全环保情况整改	监管到位，保证安全环保整改达到相关要求；及时汇报整改情况
	监督人员进行设备整改	监管到位，保证设备整改符合安全要求

9）设备撤场标准化操作规程

设备撤场标准化操作规程如表12-11所示。

表12-11 HSSE管理员设备撤场标准化操作规程

工作内容	工作步骤	工作标准
管线及现场标准化拆卸	组织并监督现场高、低压管线和现场标准化设备安全拆卸	了解管线及现场标准化拆卸安全情况，向队长汇报现场安全情况
压裂车、仪表车、混砂车回酸化压裂基地	安排并监督驾驶班班长组织压裂车、仪表车、混砂车驾驶，安全开往酸化压裂基地	了解车辆行驶安全状况，向队长及生产副队长汇报安全情况
监督酸罐、液罐、砂罐及管线回酸化压裂基地	监督配液班班长组织酸罐、液罐、砂罐及管线回酸化压裂基地	了解酸罐、液罐、砂罐及管线安全返回状况，向队长及生产副队长汇报安全情况
井场环保及收尾工作	组织井场环保及收尾工作	接受安全汇报，了解井场环保及收尾工作情况，并向队长汇报井场环保情况

10）施工结束标准化操作规程

施工结束标准化操作规程如表12-12所示。

表12-12　HSSE管理员施工结束标准化操作规程

工作内容	工作步骤	工作标准
安全资料整理及上报	安排安全员收回班组安全资料并检查，向相关部门上报所需安全资料	班组安全资料及时收回并检查，将安全资料及时上报相关部门

第十三章 酸化压裂队机械技术主管岗位操作标准

第一节 岗位描述

1. 岗位说明

酸化压裂队机械技术主管岗位说明如表13–1所示。

表13–1 机械技术主管岗位说明

项目		主要内容
工作概述		通过对生产设备操作、维护、保养及安全管理，为完成生产计划、成本计划和技术指标提供硬件保证
任职资格	教育程度	大学及以上学历
	工作经历	从事设备管理工作一年或从事一线工作累计三年以上
	从业资格	具有高中以上等级；持有有效井控培训合格证、HSSE管理培训合格证、硫化氢防护技术证
	能力要求	(1)熟悉酸化压裂施工流程，熟悉集团公司、公司、分公司等上级单位以及本队的设备管理规定和设备操作规程； (2)酸化压裂设备和作业工具出现故障时能进行简单修理； (3)具有较强的语言文字表达能力和综合分析能力，能较好完成设备资料上交、设备总结报告和事故处理报告编写等工作； (4)沟通协调能力强，能较好完成队长下达的任务，合理安排班组长及班组成员做好设备安全相关工作
	辅助技能	能熟练使用计算机办公软件，能用英语进行工作交流
	职业道德	遵守国家法律法规及企业制度，认同本企业的文化理念，爱岗敬业，团结奋进
	身体素质	身体健康，心理素质良好

续表

项目		主要内容
岗位关系	纵向关系	（1）接受队长的直接领导，以及带班干部的业务指导； （2）对本队各班组人员进行设备使用、维护方面的指导及培训
	横向关系	（1）在设备方面配合、协调队部各项工作； （2）与配液、试油（气）、射孔等相关队伍有协作关系
岗位职责		（1）负责建立健全队伍设备基础档案，编制、修订、审查设备的使用、维护、保养制度，完善各项操作规程，对各项管理制度进行有效的监督； （2）贯彻执行上级有关设备能源管理的规章制度和决定，总结、推广有关设备管理的先进经验，组织上报各项报表； （3）解决生产设备运行过程中的技术问题，组织设备技术攻关或设备改造；编制设备使用与维护规程；抓好设备基础管理工作，为安全、高效、顺利生产提供条件； （4）组织实施上级生产部门下达的月计划，组织开展本队的设备检查、评比和总结； （5）根据岗位点检信息，编制本队设备检修周、月、年计划，监督落实计划执行情况，组织、编制上报本公司设备材料、备件计划，负责本队设备维修费的合理使用； （6）组织对压裂车、混砂车、仪表车等设备的定期检查检验工作； （7）负责组织设备事故的抢修、原因分析及责任调查工作，总结教训，杜绝事故的重复发生，提交事故报告和处理意见； （8）负责材料备件的入库验收和发放的审查工作
工作权限		（1）有权对设备的使用、维护保养情况进行监督、检查和考核； （2）有权对违规操作、使用设备的人员进行处理，向上级组织提出处理意见； （3）有权对各班组人员的设备管理工作进行考核
工作考核	考核关系	（1）接受队长的工作考核； （2）接受公司有关业务部门的业务考核； （3）对本队员工、班组进行设备工作考核
	考核依据	本岗位职责、年度工作目标、上级有关规定
	考核指标	参照本队《管理手册》所涵盖的指标

2. 工艺流程

酸化压裂队机械技术主管工作工艺流程如图13-1所示。

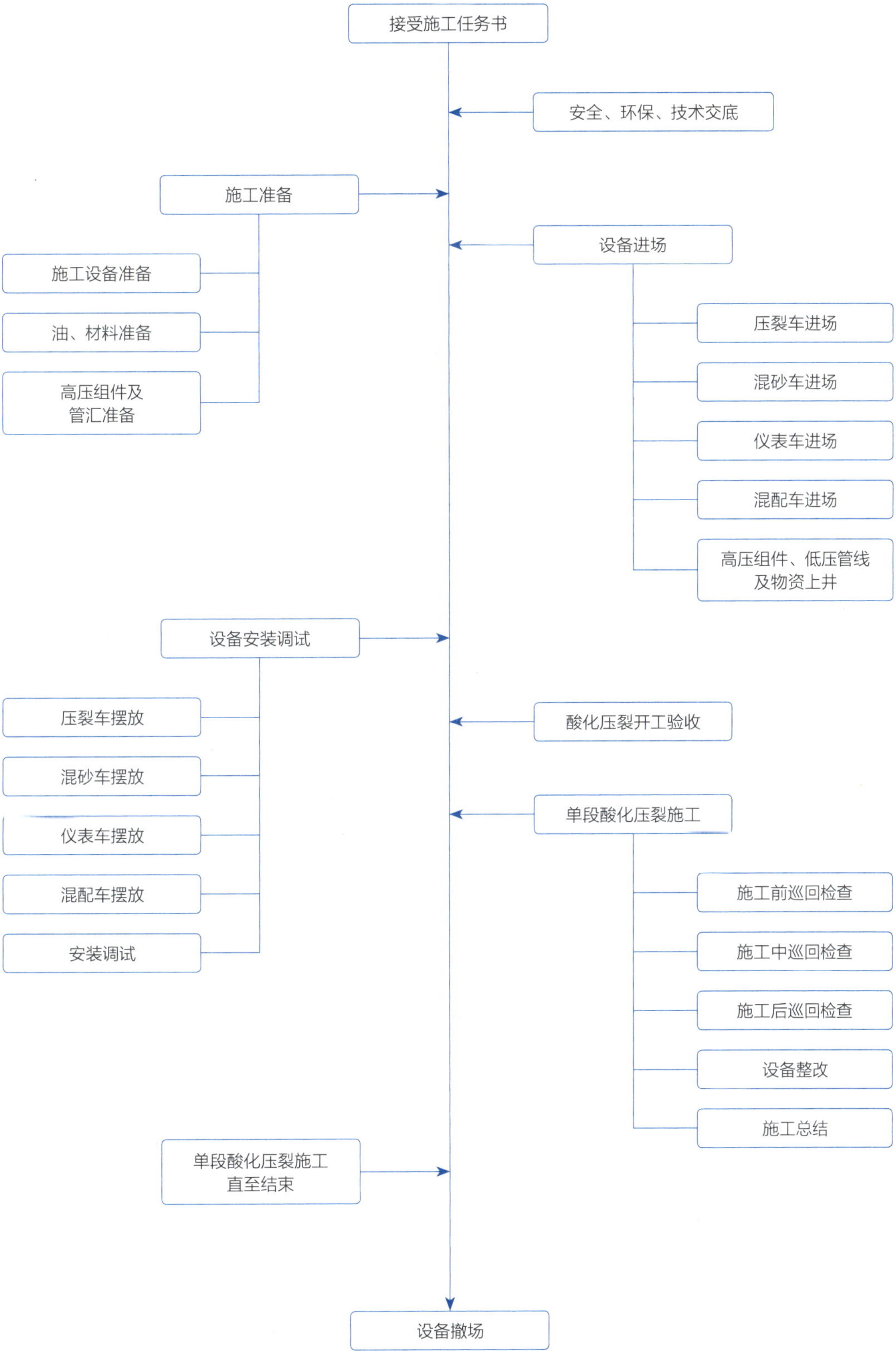

图13-1 机械技术主管工作工艺流程

3. 工作流程

酸化压裂队机械技术主管工作流程如图13-2所示。

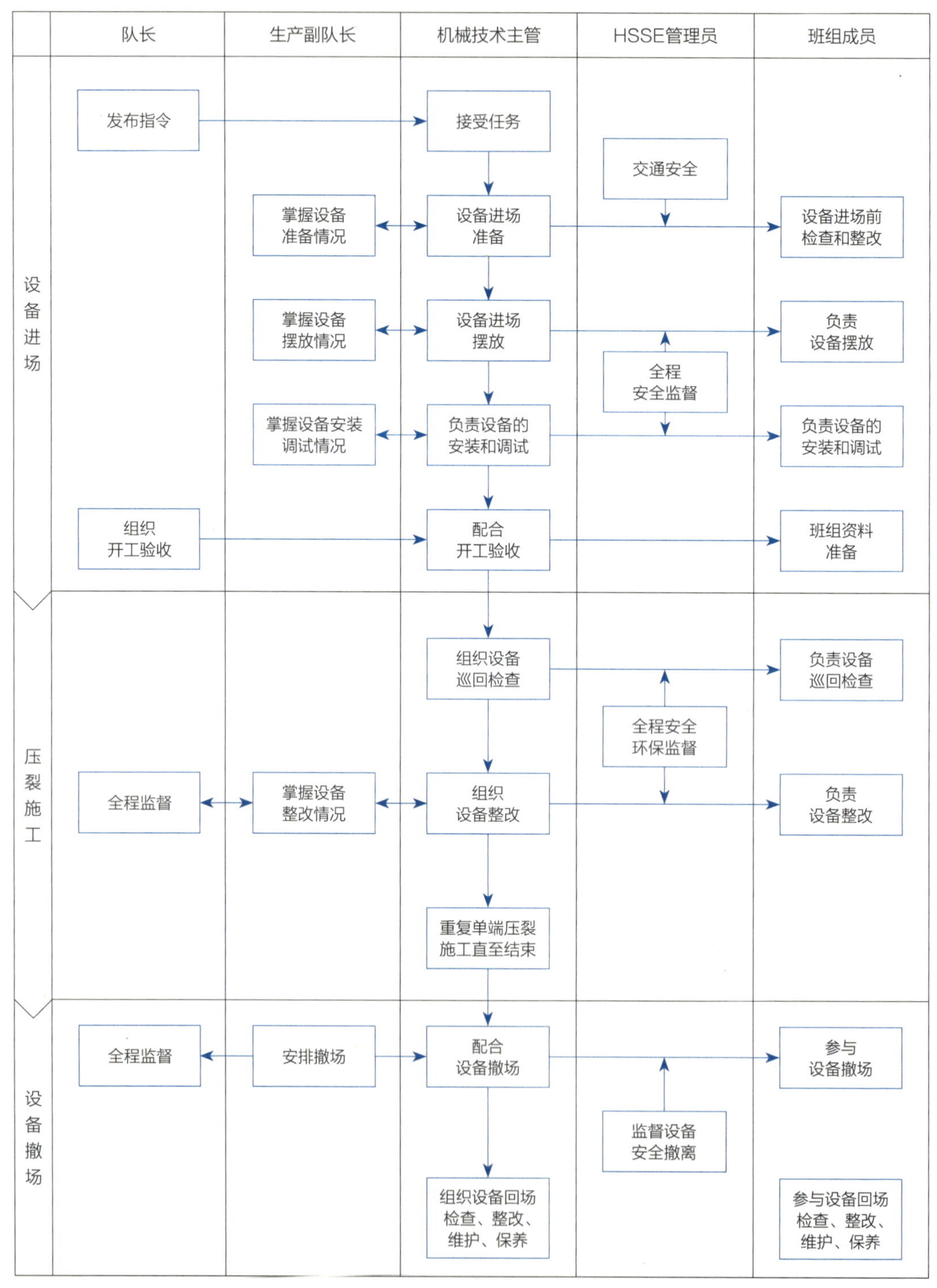

图13-2 机械技术主管工作流程

第二节 岗位标准化操作规程

1. 巡回检查标准化操作规程

巡回检查标准化操作规程如表13–2所示。

表13–2 机械技术主管巡回检查标准化操作规程

巡回检查路线：

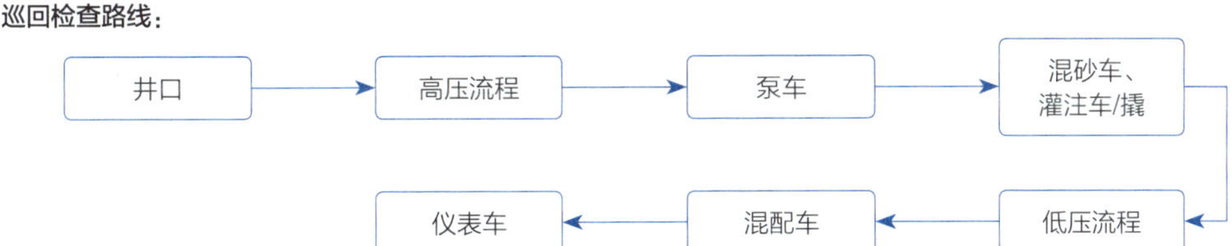

检查地点	检查项点	工作标准
井口	井口闸门	井口闸门开关灵活可靠
	井口固定螺栓	螺栓固定牢靠、无松动
	井口压力表或者压力传感器	压力表或压力传感器能准确监测各项压力参数
高压流程	高压件检测合格标签和检测报告	高压组件及管汇均需有检测合格标签，并且具备每件高压件及管汇的检测报告
	高压件及管汇的连接	高压件及管汇的连接要可靠、无松动
	胶皮垫、橡胶枕木及固定螺栓	关键部位胶皮垫、橡胶枕木垫实，螺栓紧固、无松动
	安全束缚带	已连接的高压件需要加设安全束缚带
	维护保养	高压件维护、保养按规定进行，并且维护、保养记录详细
	高压件及管汇台账	做好每个施工现场高压件的总台账、使用台账、备用台账、损坏台账，方便高压组件及管汇的管理
泵车	底盘发动机分动箱系统	分动箱齿轮油油位在规定范围内，不足时要及时添加；取力器应挂合可靠
	车台柴油机	车台柴油机机油油位应在机油标尺标的“ADD”和“FULL”标识之间；水箱内冷却液液位在规定范围内，不足时要及时添加；连接部位各连接螺栓连接牢固，所有护板应安装到位；燃油箱燃油充足，燃油呼吸器畅通
	车台发动机取力系统	车台发动机分动箱齿轮油的油位应在油标尺“ADD”和FULL”标识之间；电磁阀工作性能可靠
	变矩器	润滑油油面在油面计玻璃管上刻度线和下刻度线之间；连接固定部位螺栓连接无松动；管线及其接头部分无破裂、变形、鼓包、松动、渗漏；档位选择控制在规定范围内，且能使变矩器处于锁定工况
	酸化压裂泵	润滑油油面在规定尺度范围内；酸化压裂泵与传动轴连接牢固，各紧固部位无松动；动力端运转无异响；运转无走空泵声响

续表

检查地点	检查项点	工作标准
泵车	液压系统	液压油箱油料充足，呼吸器畅通；液压泵、液压马达外壳应无裂纹、渗漏，液压管线无裂纹、磨损
	冷却系统	散热器片应无损伤、渗漏，连接固定螺栓应安装牢固；冷却风扇固定牢靠，风扇护罩固定牢靠
	传感器	安装固定牢靠，电缆无接触不良或断线，工作可靠
	仪表箱	仪表箱内仪表灵敏可靠，显示准确；开关控制灵活，工作可靠
	吸入、排出管汇	连接可靠，密封严实，无破裂、裂纹、砂眼、渗漏、滴漏；上水蝶阀密封开关可靠，手柄转动灵活；连接部位无松动、断裂
	运转记录本填写	运转记录本填写详细，记录完整
	维护保养	按《压裂车维护保养规程》进行维护、保养且记录详细
混砂车、灌注车/撬	底盘发动机分动箱系统	分动箱齿轮油油位在规定范围内，不足时要及时添加；取力器应挂合可靠
	车台柴油机	车台柴油机机油油位应在机油标尺标的“ADD”和“FULL”标识之间；水箱内冷却液的液位在规定范围内，不足时要加够；连接部位各连接螺栓，应连接牢固，所有护板应安装到位；燃油箱燃油充足，燃油呼吸器畅通
	车台发动机取力系统	车台发动机分动箱齿轮油的油位应在油标尺“ADD”和“FULL”标识之间；电磁阀工作性能可靠
	吸入、排出砂泵及吸入、排出管汇	吸入、排出砂泵和管汇外壳无破裂、裂纹、砂眼；吸入、排出砂泵密封装置密封严实，工作可靠，无渗漏、滴漏；吸入、排出砂泵底部的放水球阀密封可靠，开关灵敏；蝶阀密封可靠，手柄转动灵活；连接部位无松动、断裂；吸入、排出管汇内部无砂子或其他异物
	液添泵	外壳无裂纹；泵入口处密封盘根无损伤，密封可靠；联轴器运转平稳、无卡滞现象，密封件工作应可靠；控制球阀、单流阀密封严实，工作可靠；吸入管线无裂纹、刺漏
	输砂绞龙	绞龙支架与混砂车大梁的焊接处焊接牢固、无开裂；输砂器绞龙外筒无变形；转动灵活，无卡滞现象；输砂器操作手柄灵活可靠，油缸无渗漏，导轨固定牢固，各导轨润滑脂充足
	砂斗	排出口盖密封良好；螺杆固定牢靠；滤网无破损；砂斗内部无杂物
	混合罐	液压马达联轴器固定牢靠，工作可靠；搅拌轴及上、下搅叶片联接处、焊接处牢固可靠；排空蝶阀工作正常，密封可靠
	干添系统	液压马达联轴器安装固定牢靠，工作可靠；加料辊总成转动应灵活、无卡滞现象；连接固定螺栓应安装牢固；气动按钮工作正常
	液压系统	液压油箱油料充足，呼吸器畅通；液压泵、液压马达外壳应无裂纹、渗漏，液压管线无裂纹、磨损
	冷却系统	散热器片应无损伤、渗漏，连接固定螺栓应安装牢固；冷却风扇固定牢靠，风扇护罩固定牢靠
	流量计及传感器	流量计安装固定牢靠，卡箍处密封件密封良好，工作可靠；传感器安装固定牢靠，电缆无接触不良或断线

续表

检查地点	检查项点	工作标准
混砂车、灌注车/撬	仪表台	仪表灵敏可靠，显示准确，控制开关控制灵活，工作可靠
	运转记录本	运转记录本填写详细，记录完整
	维护、保养	按《混砂车、灌注车/撬维护保养规程》进行维护、保养且记录详细
低压流程	低压管线连接	低压管线连接可靠、无漏点
	管线布局	管线布局合理，相邻管线之间无交错、无干涉，重要部位用胶皮垫固定
混配车	底盘发动机分动箱系统	分动箱齿轮油油位在规定范围内，不足时要及时添加；取力器应挂合可靠
	车台柴油机	车台柴油机机油油位应在机油标尺标的“ADD”和“FULL”标识之间；水箱内冷却液的液位在规定范围内，不足时要加够；连接部位各连接螺栓应连接牢固，所有护板应安装到位；燃油箱燃油充足，燃油呼吸器畅通
	车台发动机取力系统	车台发动机分动箱齿轮油的油位应在油标尺“ADD”和“FULL”标识之间；电磁阀工作性能可靠
	吸入、排出管汇	蝶阀密封可靠、手柄转动灵活；连接部位无松动、无断裂；吸入、排出管汇内无异物
	液添泵	液添泵外壳无裂纹；泵入口处密封盘根无损伤，密封可靠；联轴器运转平稳、无卡滞现象，密封件工作应可靠；控制球阀、单流阀密封严实，工作可靠；吸入管线无裂纹、无刺漏
	高能混合器	进粉管白色喷嘴及中心管内部无堵粉
	液压系统	液压油箱油料充足，呼吸器畅通,液压泵、液压马达外壳应无裂纹、渗漏，液压管线无裂纹、磨损
	冷却系统	散热器片应无损伤、渗漏，连接固定螺栓应安装牢固,冷却风扇固定牢靠，风扇护罩固定牢靠
	流量计及传感器	流量计安装固定牢靠，卡箍处密封件应密封良好，工作可靠；传感器固定牢靠，电缆无接触不良或断线
	仪表台	仪表灵敏可靠，显示准确；控制开关灵活，工作可靠
	运转记录本填写	运转记录本填写详细，记录完整
	维护、保养	按《混配车维护保养规程》进行维护、保养且记录详细
仪表车	信号线的连接	各类传输信号线准确连接，并且连接牢靠，准确采集各类信号
	仪器、仪表	仪表操作台的仪器、仪表正常工作，控制元器件灵敏可靠，能准确采集酸化压裂泵车、混砂车、灌注车/撬等设备的信号
	发电机	发电机运转正常，且保养良好
	运转记录本	运转记录本填写详细，记录完整
	维护、保养	按《仪表车维护保养规程》维护、保养且记录详细

2. 日常管理规程

1）接受施工任务标准化操作规程

接受施工任务标准化操作规程如表13–3所示。

表13-3 机械技术主管接受施工任务标准化操作规程

工作内容	工作步骤	工作标准
接收队长及生产副队长下达的生产、安全指令	清楚生产任务，与生产副队长、安全员保持良好沟通	与队长、安全管理员保持联系，掌握生产、安全指令

2）施工准备标准化操作规程

施工准备标准化操作规程如表13–4所示。

表13-4 机械技术主管施工准备标准化操作规程

工作内容	工作步骤	工作标准
施工设备准备	确认所需设备的类型及其数量	准备的设备要满足施工设计要求，保障酸化压裂施工的顺利进行
	组织设备进场检查，整改并做好检查记录	各设备均能正常运转且工作状况良好
油、材料准备	列出油、材料清单	对辅助材料的名称和数量清楚明了
	领取油、材料	油料的牌号和材料的名称、型号、数量准确

3）设备进场标准化操作规程

设备进场标准化操作规程如表13–5所示。

表13-5 机械技术主管设备进场标准化操作规程

工作内容	工作步骤	工作标准
压裂车进场	参与安全、环保、技术交底会议	明确行车风险，做好设备搬迁安全保障措施
	协助设备生产副队长指挥压裂车进场	提前与上级生产部门和试油（气）队沟通，告知搬迁计划，了解交通状况，做好协调事宜；人员设备安排合理明确
混砂车、灌注车/撬进场	参与安全、环保、技术交底会议	强调行车风险，做好设备搬迁安全保障措施
	协助设备生产副队长指挥混砂车、灌注车/撬进场	提前与上级生产部门和试油（气）队沟通，告知搬迁计划，了解交通状况；做好协调事宜，人员设备安排合理明确
仪表车进场	参与安全、环保、技术交底会议	强调行车风险，做好设备搬迁安全保障措施
	协助设备生产副队长指挥仪表车进场	提前与上级生产部门和试油（气）队沟通，告知搬迁计划，了解交通状况；做好协调事宜，人员设备安排合理、明确

续表

工作内容	工作步骤	工作标准
辅助车辆及物资上井	参与安全、环保、技术交底会议	强调行车风险，做好设备搬迁安全保障措施
	协助设备生产副队长指挥运输车进场	提前与上级生产部门和试油（气）队沟通，告知搬迁计划，了解交通状况；做好协调事宜，人员设备安排合理、明确
压裂车摆放	协调副队长指挥压裂车按井场布置图准确摆放	压裂车摆放位置准确；时刻掌握压裂车摆放情况
混砂车、灌注车/撬摆放	协调副队长指挥混砂车按井场布置图准确摆放	压裂车摆放位置准确；时刻掌握混配车摆放情况
仪表车摆放	协调副队长指挥管汇摆放及高压件连接	仪表车摆放位置准确；时刻掌握压裂车摆放情况
混配车摆放	安排仪表班班长组织仪表工调试仪表网络	混配车摆放位置准确；时刻掌握压裂车摆放情况

4）设备安装调试标准化操作规程

设备安装调试标准化操作规程如表13–6所示。

表13–6 机械技术主管设备安装调试标准化操作规程

工作内容	工作步骤	工作标准
安装调试	高压组件及管汇安装	高压组件及管汇连接紧固，试压无漏点；捆绑安全束缚带；关键部位用胶皮垫或橡胶枕木稳固
	数据采集信号线连接	各类信号线连接紧固可靠，使仪表车能准确无误地进行数据采集
	车辆调试	对压裂车、混砂车、灌注车/撬分别进行调试，确保每台设备受仪表车的控制与监测
	低压流程试压	按行业标准进行低压管线试压，确保低压流程无漏点
	高压流程试压	按行业标准进行高压管线试压，确保高压流程无漏点

5）酸化压裂开工验收标准化操作规程

酸化压裂开工验收标准化操作规程如表13–7所示。

表13–7 机械技术主管酸化压裂开工验收标准化操作规程

工作内容	工作步骤	工作标准
资料验收	配合甲方进行队伍设备资料验收	资料记录详细无误；资料验收情况向队长汇报
现场验收	配合甲方进行现场设备验收	设备状况良好；现场验收情况向队长汇报

6）单段酸化/酸化压裂施工标准化操作规程

单段酸化/酸化压裂施工标准化操作规程如表13–8所示。

表13–8 机械技术主管单段酸化/酸化压裂施工标准化操作规程

工作内容	工作步骤	工作标准
酸化压裂施工前巡回检查	组织开展班前会，布置巡检任务；组织巡回检查	各班组按照各自的巡回检查路线对所负责的设备逐一进行巡回检查
	问题整改及记录	对巡回检查中发现的问题及时进行整改，确保酸化压裂施工保质保量完成
	汇报设备检查状况	及时向队长汇报设备状况，准备酸化压裂施工
酸化压裂施工中巡回检查	安排巡回检查任务；掌握设备运行状态	及时掌握设备的运行状态，对于施工存在安全风险的设备，及时停止运行，避免机械事故的发生
	汇报运转设备状况	及时、清楚地向队长汇报设备运转状况，以便及时作出施工调整
酸化压裂施工后巡回检查	组织酸化压裂施工后的设备巡回检查；掌握设备检查状况	向各班组设备负责人了解设备检查情况
	汇报设备检查情况	汇报及时
设备整改	组织各班组设备负责人进行设备整改；实施设备整改	检查发现的设备故障问题应及时整改，对于无法当天解决的问题需向队长说明具体情况或者申请相关厂家维修服务
	汇报设备整改情况	汇报及时
施工总结	组织各班组设备负责人召开班后会	对当班设备的检查和整改情况进行总结，针对工作中的现象提出批评与表扬，对员工进行考核
	问题记录	对巡回检查和设备整改中出现的问题进行详细记录、分析原因，以避免同类问题再次发生

7）设备撤场标准化操作规程

设备撤场标准化操作规程如表13–9所示。

表13–9 机械技术主管设备撤场标准化操作规程

工作内容	工作步骤	工作标准
设备回场	设备回场检查及整改	对所有设备进行全面检查，对于存在的问题及时整改
	设备维护、保养	设备关键部位维护、保养到位
	资料记录	记录好各部位的保养时间，以便下次保养工作的安排和进行

第十四章 酸化压裂队工程技术主管岗位操作标准

第一节 岗位描述

1. 岗位说明

酸化压裂队工程技术主管岗位说明如表14-1所示。

表14-1 工程技术主管岗位说明

项目		主要内容
工作概述		负责酸化压裂施工组织、技术质量管控、员工技能培训、资料收集等工作，参与事故分析、技术革新及科研等活动
任职资格	教育程度	具有大学及以上学历
	工作经历	具有一年以上酸化压裂工作经验
	从业资格	具有技术员及以上技术职称或相应技能等级；持有井控培训合格证、HSSE管理培训合格证、硫化氢防护技术证
	能力要求	具备相关业务知识，善于沟通、协调
	辅助技能	能熟练使用计算机办公软件
	职业道德	爱岗敬业、勇于奉献、团结协作、遵章守纪
	身体素质	身体健康，心理素质良好
岗位关系	纵向关系	（1）接受队长及生产副队长直接领导； （2）接受公司有关业务部门的业务指导； （3）配合队长及生产副队长对本队员工进行管理
	横向关系	与队部生产、安全、设备负责人有配合关系
岗位职责		（1）贯彻执行国家方针、政策、法律、法规、行业标准、规程规范和上级的各项制度； （2）负责酸化压裂施工的技术管理、指导； （3）负责组织编制施工组织方案及应急处置措施； （4）负责严格按照规程规范、技术方案、应急处置措施组织施工，负责现场安全环保、井控管理工作，并组织现场应急演练； （5）参与酸化压裂施工技术方案的讨论，负责现场技术方案实施； （6）负责组织施工井道路、井场踏勘工作； （7）负责组织施工井基础资料的收集、整理与分析工作； （8）负责施工前技术、安全、环保交底，对方案设计中与规程规范不相符的部分向上级主管部门提出；

续表

<table>
<tr><th colspan="2">项　目</th><th>主要内容</th></tr>
<tr><td colspan="2">岗位职责</td><td>（9）负责组织配置工作液，并做好工作液质量控制；
（10）负责安排施工成果报告编写，参与工程验收；
（11）参与新工艺、新技术的学习、引进、推广运用和总结工作；
（12）对队伍的生产技术工作进行指导、监督和考核</td></tr>
<tr><td colspan="2">工作权限</td><td>（1）对施工技术质量有管理权；对工艺、设计变更有审查权；
（2）对违章指挥有拒绝权</td></tr>
<tr><td rowspan="3">工作考核</td><td>考核关系</td><td>（1）接受队领导的工作考核；
（2）接受公司有关业务部门的业务考核</td></tr>
<tr><td>考核依据</td><td>本岗位职责、年度工作目标及有关规定</td></tr>
<tr><td>考核指标</td><td>参照本队《管理手册》所涵盖的指标</td></tr>
</table>

2. 工艺流程

酸化压裂队工程技术主管工作工艺流程如图14-1所示。

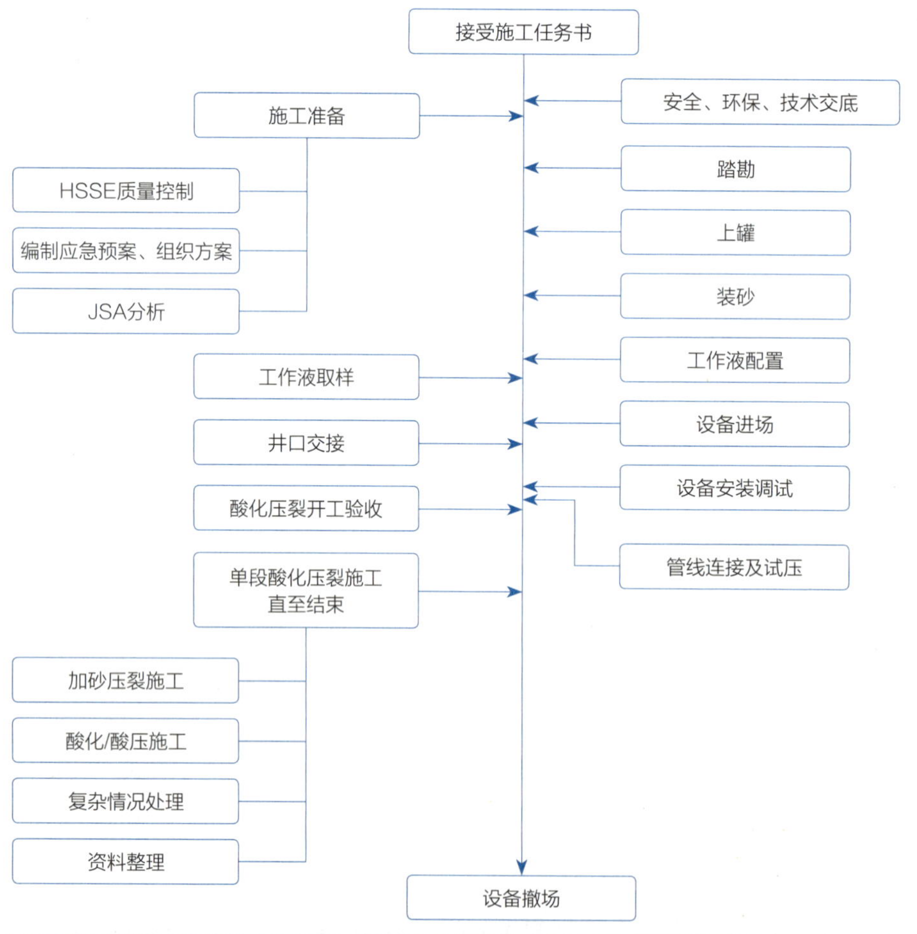

图14-1　工程技术主管工作工艺流程

3. 工作流程

酸化压裂队工程技术主管工作流程如图14-2所示。

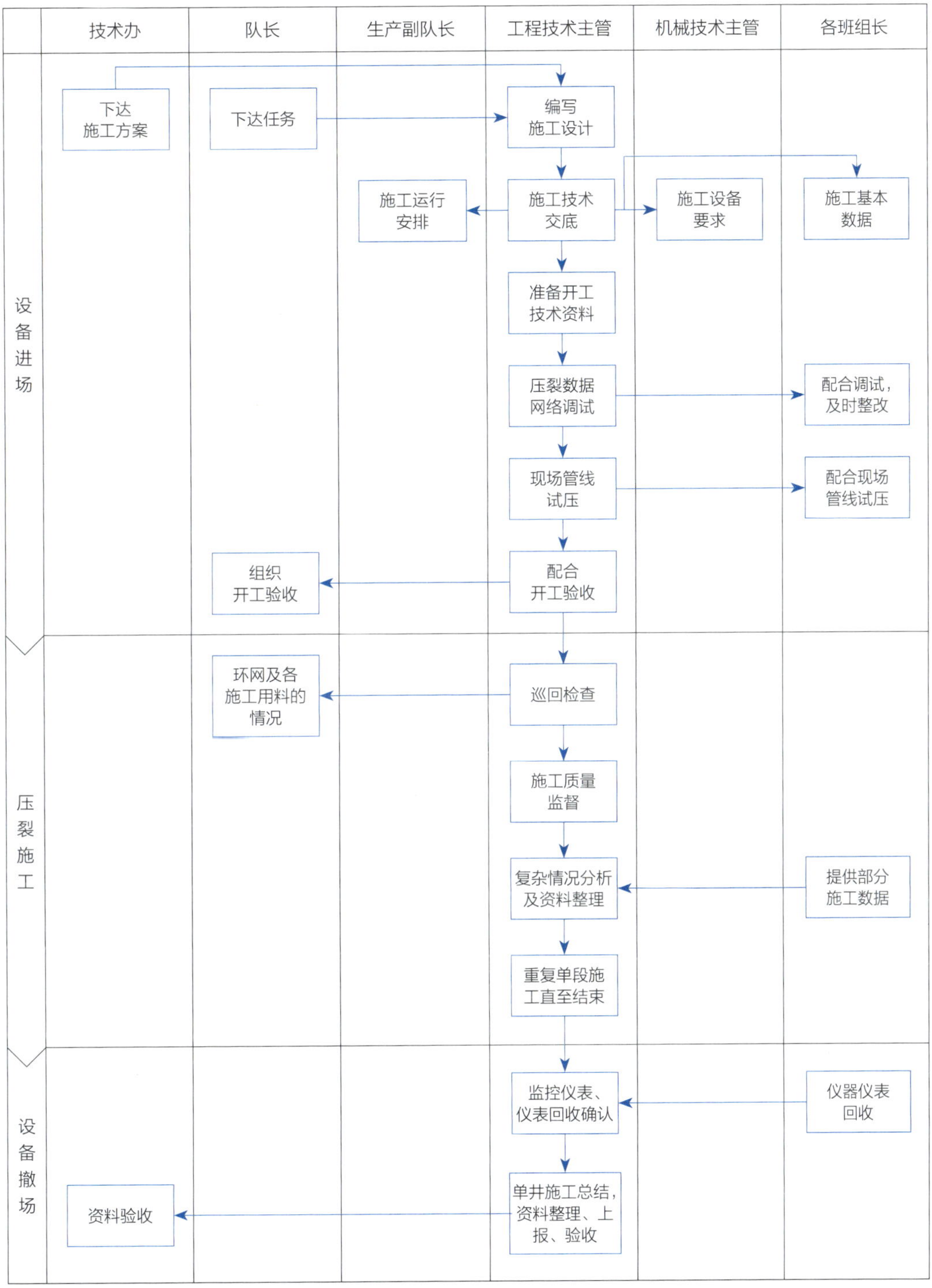

	技术办	队长	生产副队长	工程技术主管	机械技术主管	各班组长
设备进场	下达施工方案	下达任务		编写施工设计		
			施工运行安排	施工技术交底	施工设备要求	施工基本数据
				准备开工技术资料		
				压裂数据网络调试		配合调试，及时整改
				现场管线试压		配合现场管线试压
		组织开工验收		配合开工验收		
压裂施工		环网及各施工用料的情况		巡回检查		
				施工质量监督		
				复杂情况分析及资料整理		提供部分施工数据
				重复单段施工直至结束		
设备撤场				监控仪表、仪表回收确认		仪器仪表回收
	资料验收			单井施工总结，资料整理、上报、验收		

图14-2 工程技术主管工作流程

第二节　岗位标准化操作规程

1. 巡回检查标准化操作规程

巡回检查标准化操作规程如表14-2所示。

表14-2　工程技术主管巡回检查标准化操作规程

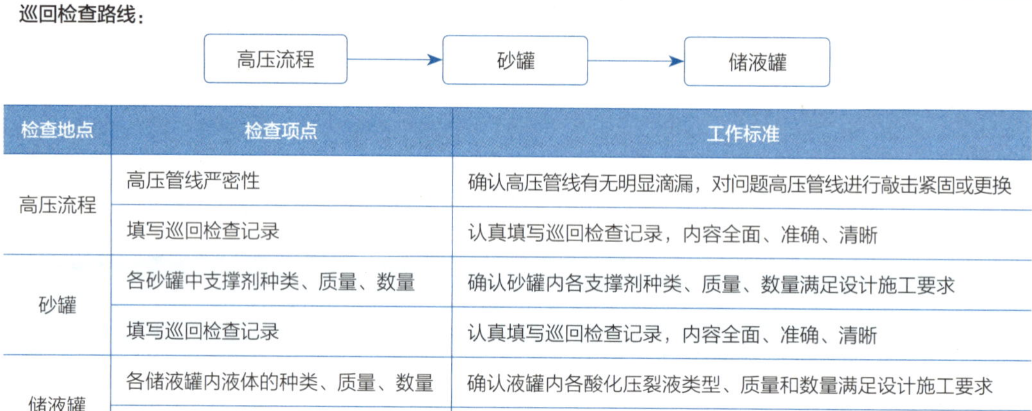

巡回检查路线：

高压流程 → 砂罐 → 储液罐

检查地点	检查项点	工作标准
高压流程	高压管线严密性	确认高压管线有无明显滴漏，对问题高压管线进行敲击紧固或更换
	填写巡回检查记录	认真填写巡回检查记录，内容全面、准确、清晰
砂罐	各砂罐中支撑剂种类、质量、数量	确认砂罐内各支撑剂种类、质量、数量满足设计施工要求
	填写巡回检查记录	认真填写巡回检查记录，内容全面、准确、清晰
储液罐	各储液罐内液体的种类、质量、数量	确认液罐内各酸化压裂液类型、质量和数量满足设计施工要求
	填写巡回检查记录	认真填写巡回检查记录，内容全面、准确、清晰

2. 日常管理规程

1）接受施工任务标准化操作规程

接受施工任务标准化操作规程如表14-3所示。

表14-3　工程技术主管接受施工任务标准化操作规程

工作内容	工作步骤	工作标准
熟悉酸化压裂设计	从技术部门获得施工井的酸化压裂施工设计	熟悉施工井的地质构造和酸化压裂设计

2）安全、环保、技术交底会标准化操作规程

安全、环保、技术交底会标准化操作规程如表14-4所示。

表14-4　工程技术主管安全、环保、技术交底会标准化操作规程

工作内容	工作步骤	工作标准
召开交底会	对酸化压裂施工井的技术、质量要求进行交底	交代酸化压裂井基础信息、酸化压裂施工基础数据和酸化压裂施工中的技术、质量指标
	对酸化压裂施工井的安全、环保、井控要求进行交底	交代酸化压裂井基础信息、酸化压裂施工基础数据和酸化压裂施工中安全、井控技术要求

续表

工作内容	工作步骤	工作标准
召开交底会	对酸化压裂施工井的设备、设施要求进行交底	交代酸化压裂井基础信息、酸化压裂施工基础数据和酸化压裂施工中设备、设施要求

3）施工准备标准化操作规程

施工准备标准化操作规程如表14–5所示。

表14–5 工程技术主管施工准备标准化操作规程

工作内容	工作步骤	工作标准
应急处置措施、组织方案	编写应急处置措施组织方案	应急处置措施组织方案内容应根据酸化压裂实际情况编写，包含交通、安全、井控、环保、施工突发事件等各种情况
JSA分析	编写JSA分析	JSA分析内容根据酸化压裂实际情况编写

4）踏勘标准化操作规程

踏勘标准化操作规程如表14–6所示。

表14–6 工程技术主管踏勘标准化操作规程

工作内容	工作步骤	工作标准
组织踏勘	对井场及道路进行踏勘	道路满足施工设备进出场要求
	规划井场布局	施工场地满足施工需要
	了解井口状况	了解井口周边状况及井口设备规格型号

5）上罐标准化操作规程

上罐标准化操作规程如表14–7所示。

表14–7 工程技术主管上罐标准化操作规程

工作内容	工作步骤	工作标准
组织安排上工作液罐、砂罐	组织上工作液罐；组织上工作砂罐	根据踏勘情况，合理安排并组织上罐；罐的数量符合设计要求

6）装砂标准化操作规程

装砂标准化操作规程如表14–8所示。

表14-8 工程技术主管装砂标准化操作规程

工作内容	工作步骤	工作标准
装砂	组织准备装砂并清点核对支撑剂数量、质量、种类	根据踏勘情况，合理安排并组织装砂；支撑剂数量、质量、种类满足设计要求

7）酸化压裂液配置标准化操作规程

酸化压裂液配置标准化操作规程如表14-9所示。

表14-9 工程技术主管酸化压裂液配置标准化操作规程

工作内容	工作步骤	工作标准
酸化压裂液配置	进行配液前交底	按照设计相关要求进行安全、环保、技术交底
	组织进行酸化压裂液配置	按照施工时间节点合理安排配液进度，配液数量、质量、种类满足设计要求

8）工作液、支撑剂取样标准化操作规程

工作液、支撑剂取样标准化操作规程如表14-10所示。

表14-10 工程技术主管工作液、支撑剂取样标准化操作规程

工作内容	工作步骤	工作标准
工作液取样	采用取样工具对配液材料及配置好的酸液或压裂液进行取样	根据设计要求的配方材料对到场材料及配置工作液进行取样送检
支撑剂取样	对支撑剂进行取样	根据设计要求支撑剂进行取样送检

9）设备进场标准化操作规程

设备进场标准化操作规程如表14-11所示。

表14-11 工程技术主管设备进场标准化操作规程

工作内容	工作步骤	工作标准
液罐、砂罐进场	和配合队伍协调液罐、砂罐进场事宜	做好道路和井场工况沟通
	安排液罐、砂罐入场	做好设备搬迁计划及行车预案
压裂车及辅助车辆进场	与配合队伍协调进场事宜	与配合队伍做好井场道路及工况交流，加强协调沟通
	与HSSE管理员指挥酸化压裂车组入场	做好设备动迁计划及行车预案
压裂车及辅助车辆摆放	安排机械技术主管指挥车组按井场布置图摆放	确认机械技术主管、HSSE管理员等相关责任人到位
	接受机械技术主管关于车组设备摆放进度的汇报	确认车组按照井场布置图摆放，符合现场标准化要求

10）井口交接标准化操作规程

井口交接标准化操作规程如表14–12所示。

表14–12 工程技术主管井口交接标准化操作规程

工作内容	工作步骤	工作标准
与井筒准备队伍完成井口交接	与井筒准备队伍核对井筒准备情况	完成压裂井筒准备
	与井筒准备队伍核对井口采气树各闸门开关情况及地面流程完好状况	核对检查井口采气树及地面流程闸门的开关情况
	与井筒准备队伍完成井口交接手续	签订井口交接单

11）设备安装调试标准化操作规程

设备安装调试标准化操作规程如表14–13所示。

表14–13 工程技术主管设备安装调试标准化操作规程

工作内容	工作步骤	工作标准
仪表网络调试	（1）指挥仪表班班长组织仪表工调试仪表网络； （2）接受仪表班班长关于仪表网络调试情况汇报； （3）向生产副队长汇报调试进度	确认仪表信号灵敏、清晰、可靠
循环车辆	指挥泵工班组循环车辆	确保所有车辆运转正常
	向生产副队长汇报车辆循环情况	发现问题车辆，及时安排整改
现场信息化网络连接及调试	安装连接现场摄像头、传感器	现场线缆连接、探头按照要求安装
	指挥仪表操作手进行线路、设备调试	合理指挥仪表操作手进行线路、设备调试，达到实时传输要求
	现场图像、资料传输	现场图像、数据取全、取准
	向设备副队长汇报设备安装调试情况	汇报应真实、全面、及时

12）管线连接及试压标准化操作规程

管线连接及试压标准化操作规程如表14–14所示。

表14–14 工程技术主管管线连接及试压标准化操作规程

工作内容	工作步骤	工作标准
现场管线连接	检查现场管线连接是否正确	现场管线连接方式与本井施工技术相匹配
排空	指挥管汇工打开旋塞阀，确认排砂管线畅通	排砂管线畅通，排空作业安全、顺利进行

续表

工作内容	工作步骤	工作标准
排空	压裂车起车预热，直至汽车油温、水温达到正常标准	压裂车油温、水温达到正常运行标准
	指挥混砂车操作工开始供液	混砂车开始供液，供液量正常
	开始排空，直至泵车、各低压管线都充满液体	各低压管线、泵车充满液体
试压	流程循环后，关闭泄压口阀门；高压区人员清空，安排专人负责巡视，杜绝人员进入高压区；指挥压裂车操作手进行试压	合理指挥压裂车操作手进行试压，试压过程达到设计要求
	试压资料录取	试压数据取全、取准
	向生产副队长汇报管线连接及试压情况	汇报应真实、全面、及时

13）酸化压裂开工验收标准化操作规程

酸化压裂开工验收标准化操作规程如表14–15所示。

表14–15 工程技术主管酸化压裂开工验收标准化操作规程

工作内容	工作步骤	工作标准
资料验收	配合甲方进行队伍、设备资料验收	资料齐全
现场验收	配合甲方进行现场设备、人员准备情况验收	设备齐全、性能可靠
	配合甲方进行现场酸化压裂材料准备情况验收	各岗位人员到位；酸化压裂材料准备齐全
	向生产副队长汇报开工验收情况	汇报应真实、全面、及时

14）单段酸化压裂施工标准化操作规程

单段酸化压裂施工标准化操作规程如表14–16所示。

表14–16 工程技术主管单段酸化压裂施工标准化操作规程

工作内容	工作步骤	工作标准
酸化压裂前巡检	检查高压管线	确认高压管线有无明显滴漏，对高压管线进行敲击紧固或者更换
	检查砂罐	确认砂罐内支撑剂质量、数量、种类满足设计要求
	检查储液罐	确认液罐内酸化压裂液类型、数量、质量满足设计要求
压井	指挥混砂车开始供液	混砂车供液正常
	指挥仪表车操作手根据设计压井，严格控制泵压、排量等施工参数	按照设计要求进行压井

续表

工作内容	工作步骤	工作标准
压井	压井合格后指挥仪表车操作手停泵，混砂车停止供液	压井合格后立即停泵、停止供液
低替	低替井口闸门倒好后，通知混砂车操作员开始供液，并开始低替	闸门倒换正确，混砂车供液正常
	指挥仪表车操作员严格按照设计进行低替，严密监控泵压、排量等施工参数	按照设计要求进行低替
坐封封隔器	低替结束后坐封封隔器	按照设计要求进行封隔器坐封
	检验封隔器坐封效果	按照设计要求进行验封
酸化压裂施工	泵注前置液阶段	仪表工按照与混砂车距离由远及近的次序依次挂挡迅速提至设计排量；排量达到1m^3/min后开始加交联剂，排量稳定后开始伴注液氮；排量、前阶段液量达到设计要求
	泵注混砂液/酸化液阶段	排量、阶段液量、加砂浓度等参数达到设计要求
	顶替阶段	加砂结束后，及时开展顶替施工，顶替排量、液量达到设计要求
伴注液氮	通知液氮泵车根据方案设计总量及排量伴注液氮	严格按照方案设计中液氮量及排量伴注液氮
伴注纤维	通知纤维供应方根据方案设计添加纤维	严格按照方案设计均匀伴注纤维
关井、泄压	顶替结束后，通知所有泵车停泵，混砂车停止供液，关闭4号主闸	及时停泵
	打开排砂管线旋塞阀进行泄压，将主管线压力泄为零	闸门倒换正确，主管线压力归零
开滑套	转入下一层段施工；检查开滑套工具	开滑套工具规格型号准确
	指挥管汇工倒换闸门	闸门倒换正确
	按照工具方作业指导书，泵送开滑套工具，按照《泵注酸化压裂液指导书》施工	按照工具方作业指导书进行开滑套操作
资料整理、上报	收集、整理酸化压裂数据	酸化压裂数据真实、齐全和准确
	上报酸化压裂施工数据	按要求及时、准确上报酸化压裂数据
复杂情况处理	对施工中遇到的复杂情况及时处理，保障酸化压裂施工正常进行	对施工中遇到的复杂情况，能及时、合理处理，避免发生施工事故，保障施工正常进行
	进行复杂情况分析	根据施工数据编写复杂情况分析报告，对复杂情况进行总结，避免类似情况发生
	向生产副队长汇报酸化压裂施工情况	汇报应真实、全面、及时

15）设备撤场标准化操作规程

设备撤场标准化操作规程如表14-17所示。

表14-17　工程技术主管设备撤场标准化操作规程

工作内容	工作步骤	工作标准
管线及标准化现场拆卸	指挥现场高、低压管线和现场设备安全拆卸	确保地面管线泄压至零，泵车停止运行，然后组织拆卸工作；及时纠正拆卸过程中的违章行为
压裂车、辅助车辆撤回基地	监督驾驶班班长组织压裂车、仪表车、混砂车驾驶，安全开往酸化压裂基地	了解车辆行驶安全状况
储液罐及配套设施返回基地	监督配液班班长组织储液罐及配套设施回基地	了解储液罐及配套设施安全返回状况
监督井场环保及收尾工作	监督井场环保及收尾工作	接受安全汇报，了解井场环保及收尾工作情况
	向生产副队长汇报设备撤场情况	汇报应真实、全面、及时

16）施工结束标准化操作规程

施工结束标准化操作规程如表14-18所示。

表14-18　工程技术主管施工结束标准化操作规程

工作内容	工作步骤	工作标准
平台技术资料整理、上报	收集整理施工资料；在信息化平台录入数据	按要求规范录入数据
单井施工总结，编写报告	撰写施工总结、编写报告	按要求规范编写施工总结、报告，内容真实、准确，条例清晰，用语简练
	编写施工验收资料	各施工资料归档，不缺项、漏项
配合甲方资料验收	整理验收资料	资料上交及时，确保准确无误
	参与资料验收	顺利通过资料验收

第十五章 酸化压裂队经管员岗位操作标准

第一节 岗位描述

1. 岗位说明

酸化压裂队经管员岗位说明如表15-1所示。

表15-1 经管员岗位说明

项目		主要内容
工作概述		负责本队成本控制、预算的编制、执行；协助队干部落实员工考核及请销假制度；负责本队各类款项的报销
上岗条件	教育程度	具有大学专科（高职）及以上学历
	从业资格	两年以上相关工作经历，具备职业技能鉴定中心颁发或验印的经管员初级工及以上职业资格证书，持有井控培训合格证、HSSE管理培训合格证、硫化氢防护技术证
	辅助技能	具备财务管理等相关业务知识，有较强组织、协调、沟通及应变能力，并能熟练使用计算机办公软件
	工作经历	具有一年以上经营工作经验
	职业道德	具有良好的政治素质和职业道德，清正廉洁、坚持原则，保守秘密，爱岗敬业、勇于奉献、团结协作、遵章守纪
	身体素质	身体健康，精力充沛，能够适应基层工作
岗位关系	纵向关系	（1）接受队长及书记的直接领导，接受上级相关部门的业务指导； （2）向队员传达及落实各项规章制度
	横向关系	与辅助生产单位主管领导、有关职能班组及人员有协作关系

续表

项目		主要内容
岗位职责		(1)负责每月报表的填写(包括井下作业成本计算表、“七表一账”、经营分析等),要求填写数据务必真实、准确,并将所填写各报表及时上交上级部门; (2)了解并掌握本队生产经营情况,及时将队伍经营状况汇报队领导,并详细阐述本队收入、成本构成及各项指标进度状况; (3)负责请销假制度的落实,要求请销假申请单内容填写清晰、完整; (4)负责每月考勤表的填报(包括日常考勤、季度夜班考勤等),依据请销假申请单填报考勤表,要求填报结果真实、可靠,并及时将考勤表递交上级部门; (5)负责各款项的报销,核实经济活动的真实性,要求票据合法、有效,不弄虚作假,严格按照公司财务制度办理; (6)负责备用金的管理,要求合理使用备用金,有使用记录,使用记录的填写必须真实,严禁公款私用; (7)现金款项要求发放及时、不拖延;领取时领取人必须签字确认; (8)负责各项资料的整合及保管,要求电子版有备份,纸质资料分类入档,文件标识清晰、准确,定期对文件进行整理; (9)负责配合队干部进行日常工作管理,提出合理化建议
工作内容		(1)操作责任: ①收集、整理施工井基础数据; ②详细记录本队及配合施工单位设备、人员情况; ③参与完井的结算工作; ④定期向队长汇报本队经营状况; ⑤按照本队考核细则分配绩效工资; ⑥按照请销假管理规定落实请销假管理制度; ⑦按照分公司财务制度完成本队费用报销工作。 (2)管理责任: ①组织员工学习相关经营、财务制度; ②协助队干部做好其他管理工作
工作权限		(1)有权要求本队人员执行财务会计制度; (2)对手续不完备、数字计算不准确、不真实、不合法的原始凭证,有权退还给经办人,并限期补办手续或进行更正; (3)有权拒绝弄虚作假、私营舞弊、欺瞒上级等违法乱纪行为; (4)有权监督、检查本队的资金使用情况; (5)有权拒绝不符合标准的考核,并向上级反映; (6)有权提出合理化建议和改进意见
职业生涯发展规划		(1)在本岗位具有良好的工作业绩,达到高一层次任职条件后,可以晋升到分公司高一级岗位; (2)可以在分公司内部进行相应岗位流动或轮换
工作考核	考核关系	(1)接受队内主要领导的工作考核; (2)接受公司有关业务部门的业务考核; (3)协助队内主要领导对本队人员、班组进行工作考核
	考核依据	参照本队《管理手册》所涵盖的指标

2. 工艺流程

酸化压裂队经管员工作工艺流程如图15-1所示。

接收指令 → 记录本队设备、人员情况 / 记录配合施工队设备、人员情况 → 获得施工井标准成本 → 采集基础数据 → 建立成本台账 → 汇总生产经营情况 → 汇报生产经营情况，控制成本支出 → 单井结算 → 编写财务报表及分析 → 结束

图15-1 经管员工作工艺流程

3. 工作流程

1）请销假流程

请销假流程如图15-2所示。

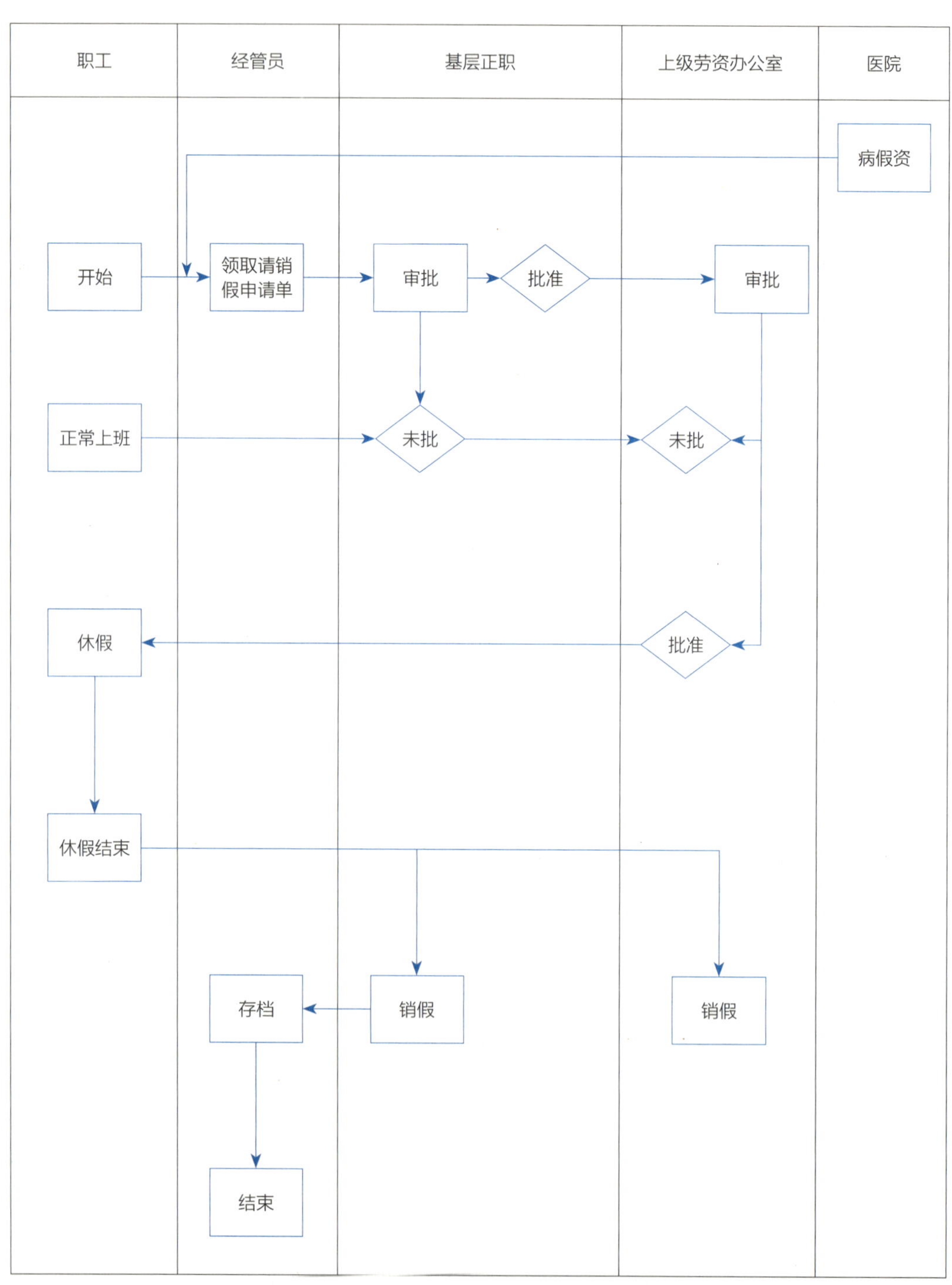

图15-2 请销假流程

2）财务报销流程

财务报销流程如图15-3所示。

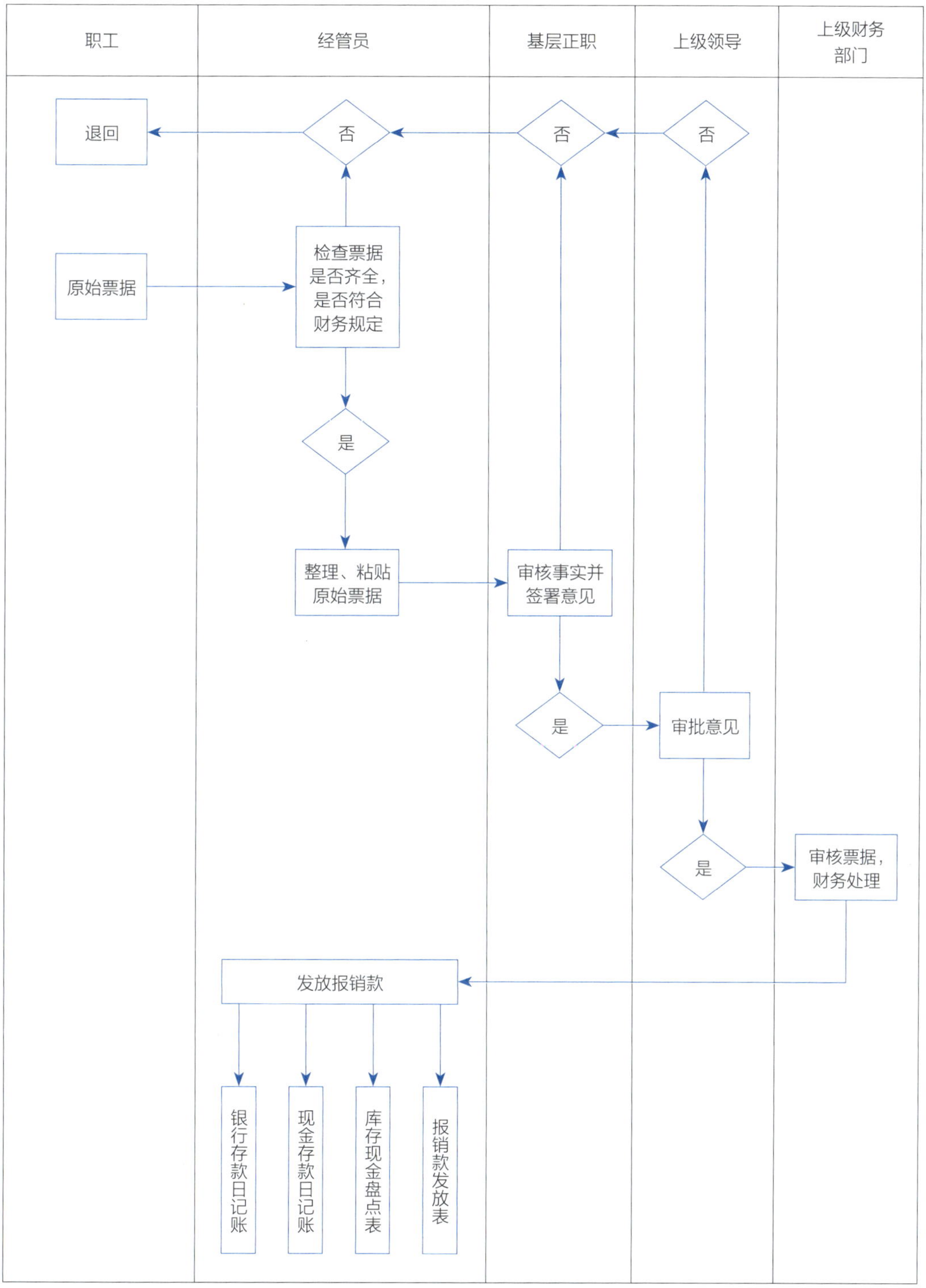

图15-3 财务报销流程

第二节　岗位标准化操作规程

1. 日常工作标准化操作规程

日常工作标准化操作规程如表15–2所示。

表15-2　经管员日常工作标准化操作规程

工作内容	工作标准	风险提示	风险规避措施
接收队长下达的生产指令；掌握酸化压裂时间，了解所配合的施工队伍情况	（1）清楚生产任务，掌握本队设备及人员配置情况； （2）掌握所配合的施工队伍的设备及人员配置情况	若不清楚各单位设备及人员配置，易对后期结算工作造成影响	及时向队长了解设备及人员配置情况，并作好记录
从上级部门获得施工井标准成本考核指标	掌握上级部门所下达的材料、油料、运费等各类成本标准指标	若不清楚各类成本标准指标，易影响队伍考核	及时向各班组及负责人传递信息，明确施工井标准指标数据
采集各项成本基础数据，建立生产经营台账	（1）及时采集各项成本数据，做好数据写实工作； （2）依据基础数据，分类建立生产经营台账； （3）定期汇总本队生产经营情况，并及时向队长汇报，合理控制成本支出	（1）若数据采集不准确，则无法真实反应队伍生产经营状况； （2）若员工不了解队伍生产经营情况，则无法达到降本增效的目的	（1）做好日清日结工作，对当日发生的成本进行核实； （2）定期召开会议，告知当前生产经营状况
参与上级部门施工井结算工作	（1）收集、整理施工数据； （2）收集额外工作量确认单，确认单必须由现场监督签字确认； （3）将施工数据及额外工作量确认单及时反馈至上级部门，并参与结算工作	若施工数据及额外工作量确认单内容不完整，易对结算工作造成影响	做好数据采集和额外工作量确认工作，及时与队长沟通
财务报表的编制及经营分析的编写，并与标准成本对比	（1）各类报表编写规范，数据准确； （2）经营分析有对比，清晰阐述成本超、节原因； （3）汇总各类报表及分析，按时上交上级部门	若数据不准确，分析不全面、无对比；则无法掌握成本超、节的真实原因	各类报表信息录入准确，分析全面，并积极与标准成本进行对比，找出超、节原因
相关报表、台账的整理、存档	（1）相关报表、台账整理成册，并有明显标识； （2）分类存档、妥善保管	若保管不善，易造成基础资料丢失	各项资料做纸质版、电子版分别入档，电子版做好备份

2. 请销假标准化操作规程

请销假标准化操作规程如表15–3所示。

表15-3 经管员请销假标准化操作规程			
工作内容	工作标准	风险提示	风险规避措施
发放请销假申请单，并登记入档	（1）请销假申请单必须由本人填写； （2）请销假申请单必须事由清晰，时间明确，线路清楚，并留有假期本人联系方式； （3）确认请销假申请单须经过队长签字批准； （4）建立请销假台账，并将员工请假信息登记入册	若请假申请单内容填写不完整，则如遇突发状况，无法联系员工本人	审核请销假申请单填写内容，如有内容缺失项，要求员工填写完整
到上级部门办理请假手续并备案、存档	（1）员工填写请销假申请单后，将此单送至上级部门办理请假手续，并备案存档； （2）请销假申请单一式两份，上级部门留存一份，本队留存一份	若未及时到上级部门办理请假手续，导致上级相关部门无法了解当前本队人员状况，易影响工作安排	及时到上级部门办理请假手续
销假	（1）员工到达工区后，及时办理销假手续； （2）将销假情况反馈至队长处，并在请销假单上签字确认； （3）员工到达工区三日内，到上级部门办理销假手续	若未及时将员工销假情况反馈到队长处，易对队伍施工、人员安排造成影响	及时向队长反馈员工销假情况

3. 财务报销标准化操作规程

财务报销标准化操作规程如表15-4所示。

表15-4 经管员财务报销标准化操作规程			
工作内容	工作标准	风险提示	风险规避措施
收集、整理原始凭证，建立报销款台账	（1）审核原始凭证是否真实、有效，是否符合国家及单位有关财务规定； （2）将原始凭证分类、整理、粘帖； （3）建立报销款台账	（1）可能出现票面金额计算错误； （2）可能出现原始凭证不符合有关财务规定的状况	将手续不完备、数字计算不准确或不真实、不合法的原始凭证，退还给经办人，并限期补办手续或进行更正
将凭证交队长签字确认	核实经济活动的真实性，并签字确认	可能出现经济活动不符合事实的状况	对不符合事实的经济活动，所发生的报销行为，坚决拒绝执行
将凭证交分公司主要领导逐级签字确认	（1）分类整理报销单据，交由分管领导分别签字确认； （2）签字时，向分公司领导清晰阐述经济活动发生的原因	若不清楚上级领导的分管项目，易导致错签或漏签，影响报销进度	严格遵照公司财务报销流程办理签字手续
到财务部门办理报销手续	（1）汇总报销单据，填写原始费用汇总单； （2）将汇总单据交财务部门审核并签字确认	若不清楚各项费用所对应的会计科目，易导致原始费用汇总单填写错误	加强业务知识学习，积极与财务部门沟通

下·十五

续表

工作内容	工作标准	风险提示	风险规避措施
发放报销款	(1)报销款以银行转账或现金方式及时发放; (2)报销款台账由报销人签字确认	若报销款发放不及时，台账录入不明晰，易导致账目混乱	发放报销款，仔细核实各人报销金额，并及时录入台账
填写现金及银行日记账	(1)以银行转账或现金方式发放的报销款分别填写银行、现金日记账; (2)日记账填写要求格式规范，内容完整	若日记账填写内容不完整，则无法清晰、准确反应出经济活动本质	遵照财务规定，认真填写日记账

4. 员工考核标准化操作规程

员工考核标准化操作规程如表15-5所示。

表15-5　经管员员工考核标准化操作规程

工作内容	工作标准	风险提示	风险规避措施
协助队干部制定本队员工考核方案	(1)协助队干部制定符合本队生产经营情况的员工考核方案; (2)考核细则能够落实到个人; (3)组织员工学习考核细则	(1)若考核方案制定不合理，则无法充分调动员工积极性; (2)若员工对考核细则不清楚，易导致其对考核结果产生异议	(1)召集队干部及各班组负责人，依照各工种特点，合理制定考核方案; (2)召开员工大会，使其充分学习考核细则
实施考核方案	(1)月初，发放员工考核评价表; (2)月末，召开本月考评会; (3)回收当月员工考核评价表，并将考评结果存档	若未能及时收集、整理考核结果，易导致绩效工资分配无依据	及时发放和回收当月员工考核评价表，并整理出当月考核结果
分配员工绩效工资	(1)依据考核细则，按照当月考核结果合理分配绩效工资; (2)将绩效工资分配结果反馈至队干部处，阐明分配依据; (3)将当月考核及绩效工资分配结果进行公示	若未按考核细则分配绩效工资，易导致分配不合理	严格遵照考核细则分配绩效工资，并对分配结果进行复查

第十六章 酸化压裂队仪表工岗位操作标准

第一节 岗位描述

1. 岗位说明

酸化压裂队仪表工岗位说明如表16-1所示。

表16-1 仪表工岗位说明

项目		主要内容
工作概述		全面负责酸化压裂数据的监测、采集和分析、总结工作；负责所有参与酸化压裂施工设备的远控系统和仪表的日常检查、维护和管理
上岗条件	教育程度	具有大学及以上学历
	从业资格	一年以上相关专业工作经历，具备职业技能鉴定中心颁发或验印的井下作业初级工及以上职业资格证书，持有有效井控培训合格证、HSSE管理培训合格证、硫化氢防护技术证
	辅助技能	了解各种流量计、压力表、压力传感器的结构、工作原理及应用范围，并能进行校对
	工作经历	从事井下作业、酸化压裂作业等一线工作累计一年以上
	职业道德	爱岗敬业、勇于奉献、团结协作、遵章守纪
	身体素质	身体健康，视力正常，听觉敏锐；具有高空作业能力
岗位关系	纵向关系	接受队长、副队长的领导，以及带班干部业务指导；与本班组内各岗位有领导与被领导关系
	横向关系	与其他班组具有配合、协作关系
岗位职责	工作职责	（1）负责本岗设备的日常维护保养、调校工作，且进行正确操作； （2）负责按施工方案、技术交底及现场施工指令预置、调整施工参数，并进行正确操作； （3）负责监控所操作的设备在施工过程中的运行状况，确保设备正常运行； （4）负责紧急情况的应急处理； （5）贯彻执行HSSE管理体系
	安全职责	（1）对本岗位的HSSE工作负直接责任； （2）贯彻执行国家、行业HSSE相关的法律法规和本企业井下作业安全工作规程、安全技术操作规程，遵守集团公司《员工守则》和《安全生产禁令》；

续表

<table>
<tr><th colspan="2">项　目</th><th>主要内容</th></tr>
<tr><td>岗位职责</td><td>安全职责</td><td>（3）正确穿戴劳保用品上岗作业，规范、熟练地使用各种安全工具、防护用品和消防器材；
（4）做好班前安全提示，工作中穿戴好劳保用品，采取安全措施，定期检查安全设施、设备的安全状况，能熟练操作消防器材，做到本班岗位无隐患，确保无安全事故；
（5）遵守操作规程，操作前认真进行危害辨识和风险分析，落实必要的风险削减措施；
（6）不违章作业、不违反劳动纪律，自觉抵制违章指挥，纠正违章行为</td></tr>
<tr><td colspan="2">工作内容</td><td>（1）操作责任：
①执行交、接班制度；
②按照循环检查路线、项点进行详细检查；
③负责仪表操作，与现场施工指挥配合完成循环、试压、试挤、酸化压裂施工、泵送等作业；
④发生砂堵、高压管线刺漏、爆裂等紧急情况时负责操作仪表车，并做好异常情况记录；
⑤掌握酸化压裂软件操作方法，掌握仪表车结构及性能；
⑥及时掌握仪表车和酸化压裂软件的运行状况；
⑦严格按照酸化压裂施工设计施工，发现问题及时汇报；
⑧先行解决本岗位突发情况，并及时汇报；
⑨认真填写班前及班后记录本、巡回检查记录本、设备运转记录本；
⑩申请开具“作业许可证”。
（2）生产组织责任：
①参加班前会，了解生产状况，接收作业指令；
②严格按照生产作业指令组织班组生产运行；
③严格按照安全操作规程组织班组生产操作；
④协调班组岗位分工；
⑤检查全班对巡回检查制度、交接班制度、设备维修保养制度的执行情况；
⑥组织本班人员对仪表车及配套设备进行安全使用、保养及简单维修；
⑦带领班组人员完成搬迁、安装、设备拆卸等程序；
⑧带领本班组严格执行上级及本队各项规章制度；
⑨带领班组完成带班干部安排的其他工作；
⑩参加班后会，对本班工作进行总结。
（3）管理责任：
①抓好班组管理和建设；
②组织每周的班组业务学习；
③推广新工艺、新技术、新设备的应用；
④协助基层队做好其他管理工作。
（4）安全责任：
①组织每周的班组HSSE活动并记录、签字；
②组织班组严格执行HSSE的各项规定；
③检查本班组岗位HSSE工作情况、资料记录情况，发现不安全因素及时处理，处理不了的采取防范措施，并及时上报；
④带领班组参加应急处置措施演练；
⑤带头并监督本班人员正确使用劳动防护用具；
⑥熟练使用和维护安全防护设施、消防器材和急救器具；
⑦制止和纠正“三违现象”；
⑧积极抢救突发事故，正确处置，及时汇报，保护现场并详细记录；
⑨参加事故分析，提出防范措施；
⑩组织做好相关作业前的风险分析并提出应对措施；
⑪承担班组人员的各项安全操作责任；
⑫承担本班组内的设备、人身安全责任</td></tr>
<tr><td colspan="2">工作权限</td><td>（1）对所有酸化压裂设备仪表和远控系统的操作、维护有指导权；
（2）对违反HSSE管理要求的各种指令有拒绝权；</td></tr>
</table>

续表

项目		主要内容
工作权限		(3)对施工过程中违反HSSE管理要求的行为有制止权； (4)对未经上级批准的其他单位借阅施工资料的要求有拒绝权
职业生涯发展规划		(1)在本岗位具有良好的工作业绩，达到高一层次任职条件后，可以晋升到高一级岗位； (2)可以在内部进行岗位流动或轮换
工作考核	考核关系	(1)接受本班组长的业绩考核； (2)接受队干部的工作考核
	考核依据	参照本队《管理手册》所涵盖的指标

2. 工艺流程

酸化压裂队仪表工工作工艺流程如图16-1所示。

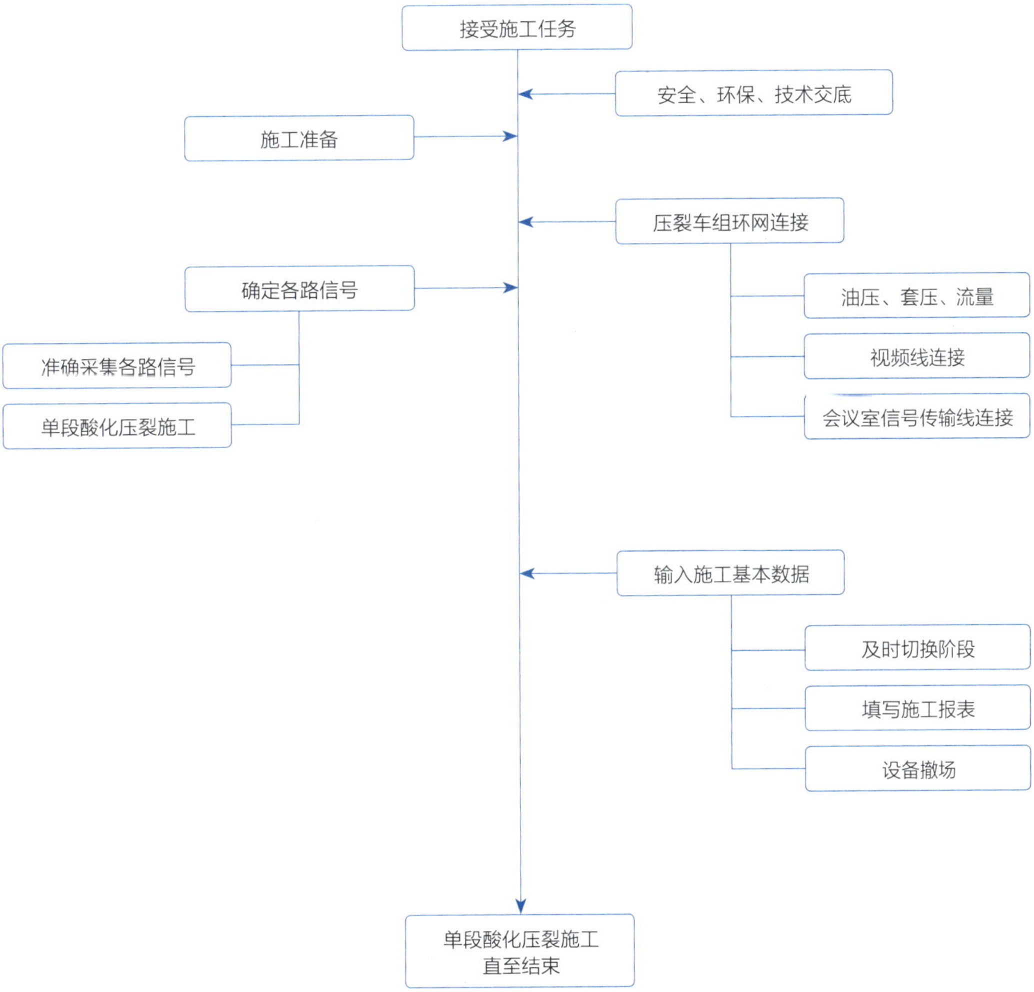

图16-1 仪表工工作工艺流程

3. 工作流程

酸化压裂队仪表工工作流程如图16-2所示。

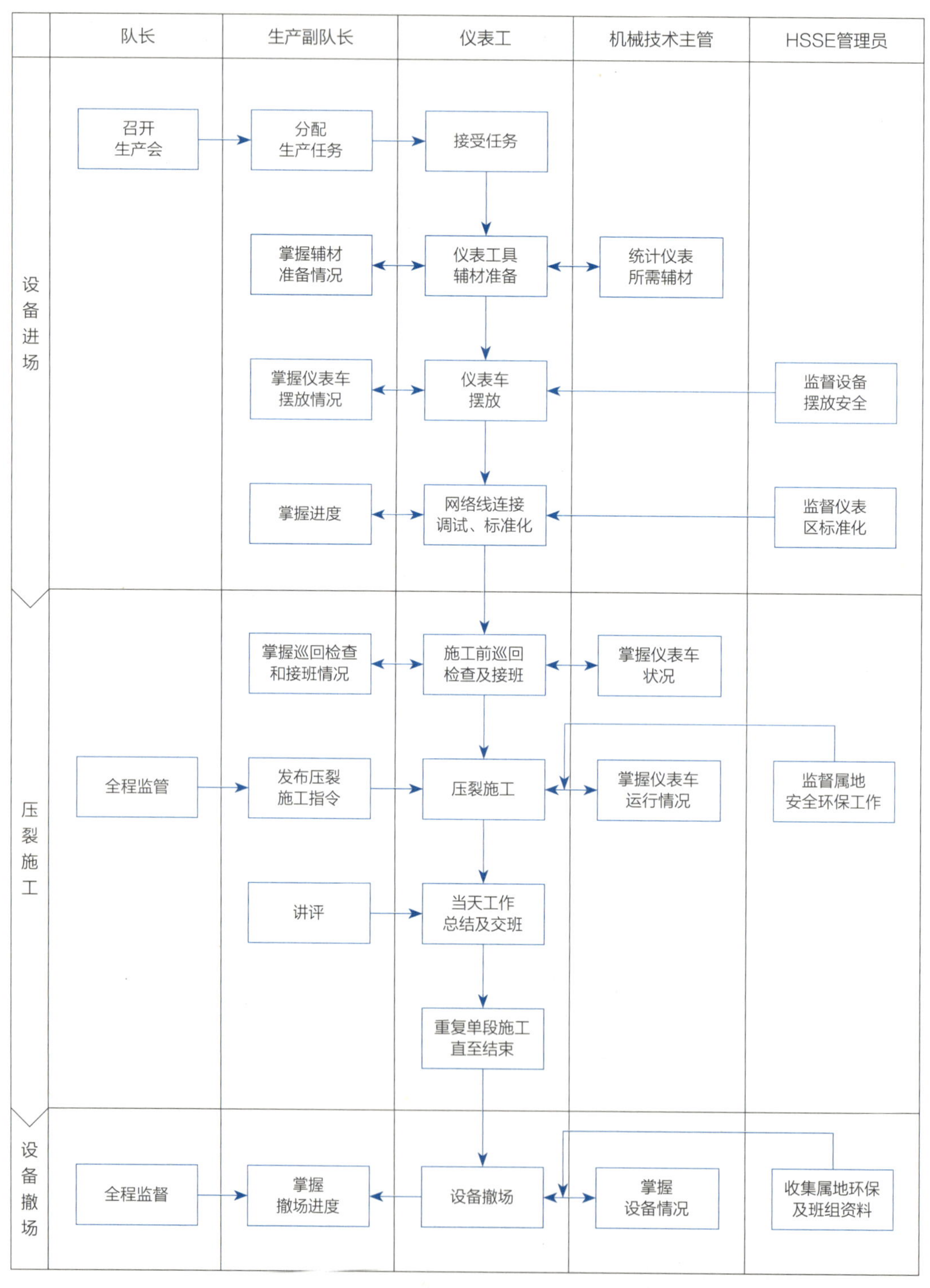

图16-2 仪表工工作流程

第二节 岗位标准化操作规程

1. 交接班标准化操作规程

1）接班标准化操作规程

接班标准化操作规程如表16–2所示。

表16–2 仪表工接班标准化操作规程

工作内容	工作步骤	工作标准	风险提示
班前检查	穿戴劳保用品	劳保用品穿戴齐全、规范	若劳保用品穿戴不齐，容易发生人身伤害
	查看班前、班后记录本	查看仔细，掌握上个班组异常情况	若查看不认真，异常情况了解不清楚，易错误操作
	接班前巡回检查	按巡回检查流程逐一检查设备、工具，检查率100%；发现问题及时反馈给带班干部，问题反馈率100%	若设备检查遗漏，有问题未及时发现，可能导致使用过程中发生故障，影响施工进度；若发现问题未及时反馈整改，设备带病工作，易发生事故
参加班前会	检查完，至井场入口空旷处参加班前会	参加率100%	若不参加班前会，不了解工作情况，容易发生事故或人员伤害
	汇报本岗检查情况	汇总率100%	若汇总不全，无法开展本班工作，易发生事故
	接收带班干部作业指令及安全注意事项，对作业内容进行危害分析，了解具体施工任务	危害分析全面；工作分配具体、明确；班前、班后会记录本记录齐全准确	若不进行危害分析，易发生安全事故；若分配不具体，会导致怠工、误工；若记录不齐全，则不符合资料存档规范
	填写班前、班后会记录本	数据、指令填写规范，准确、无涂改	若填写不规范，易影响接班质量

2）交班标准化操作规程

交班标准化操作规程如表16–3所示。

表16–3 仪表工交班标准化操作规程

工作内容	工作步骤	工作标准	风险提示
参加班后会	参加班后会，总结、分析本班工作情况	总结内容具体、全面，异常情况要总结彻底	若不参加班后会，则本班工作无人讲评，问题、经验不能及时总结
交班	写清本班设备运转情况及当前施工情况	施工情况及设备、工具状况交接清楚率100%	若设备交接遗漏、交不清，易发生故障，影响施工进度
	讲清当天存在的问题和需整改事项	存在问题和需要整改事项交清率100%	若存在问题和需要整改事项交代不清，易导致问题整改不全，遗留隐患，耽误施工

2. 巡回检查标准化操作规程

巡回检查标准化操作规程如表16-4所示。

表16-4 仪表工巡回检查标准化操作规程

巡回检查路线：

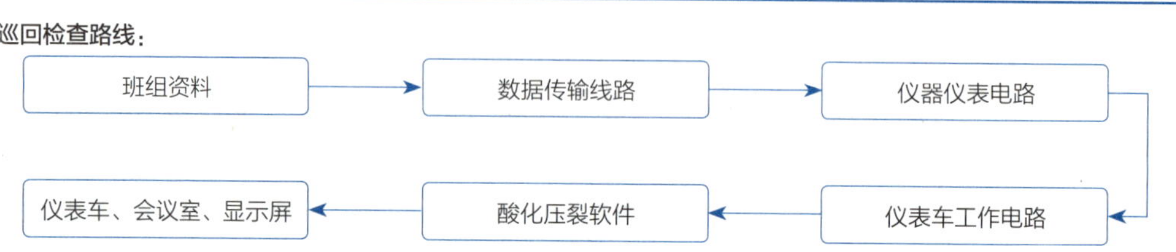

检查地点	检查项点	工作标准	风险提示	风险规避措施
班组资料	班前、班后会记录及巡回检查记录本、设备运转记录本等	资料齐全，填写准确、整洁、及时，无漏填内容	易检查资料不齐全，易导致对当前施工情况了解不清，发生问题	检查资料要逐本进行，认真仔细，无遗漏
数据传输线路	（1）网络数据传输线； （2）连接井口的套压信号传输线； （3）高压管汇油压信号传输线； （4）连接混砂车、灌注车/撬的流量信号传输线； （5）连接井口、高压区视频监控的传输线； （6）会议室数据、曲线、视频数据传输线	数据传输线接头完整，连接处无松动，连接线无破损	若数据传输线连接出现问题，易导致仪表信号采集不准确，影响施工质量，存在爆管风险	对有数据传输线连接的设备逐一进行检查，确保无遗漏
仪器仪表电路	（1）仪表车外接电源电路； （2）压裂车、混砂车、灌注车/撬、混配车控制系统电源电路； （3）发电机、电瓶； （4）压力传感器、流量计、压力表	（1）控制开关、控制电缆、电缆工作正常； （2）发电机油、水、发动机电瓶电解液在刻度范围之内，电瓶及时蓄电； （3）传感器、压力表无破损、渗漏，且灵敏、准确、固定，接头及线路完好； （4）流量计无卡滞、渗漏	（1）若各酸化压裂设备发电机、电瓶、控制系统电路有问题，易导致仪表采集错误，影响施工质量； （2）若传感器、流量计不准确，易导致采集酸化压裂数据不准确，影响酸化压裂施工质量和产后分析； （3）若压力表量程不符合要求，表盘不清洁、指针阻卡、密封损坏，易导致无法正常使用	（1）对控制开关、控制电缆、电缆逐一进行检查，确保无遗漏；每天进行发电机油、水、电检查； （2）开工前对各压力传感器、流量计进行校准； （3）开工前检查压力表是否清洁，密封是否损坏，量程是否准确
仪表车工作电源	（1）UPS电源； （2）电脑主机电源； （3）数据远传电源	（1）UPS供电的显示器显示正常； （2）电脑主机指示绿	（1）若UPS出现故障，会导致UPS供电的各用电设备无法正常	（1）减少UPS的负载，经常检查UPS电池状况，并对电池进行

续表

检查地点	检查项点	工作标准	风险提示	风险规避措施
仪表车工作电源		灯亮； （3）数据远传指示红灯亮	运行； （2）若电脑主机电源故障，易导致仪表不能进行数据采集； （3）若数据远传电源故障，易导致酸化压裂施工时数据不能发送至上级主管部门	24h恢复性充电，保持UPS蓄电充沛； （2）及时联系厂家
酸化压裂软件	（1）检查酸化压裂软件通信状态； （2）调试酸化压裂软件	（1）网络采集通信、串口采集通信指示灯为绿色； （2）根据甲方要求显示相关参数、曲线，参照压裂车矫正油压、排量等相关参数	（1）若指示灯显示为红色，则不在通信状态，会影响数据采集和传输； （2）若油压、排量不准确，会影响指挥判断地层情况，影响酸化压裂施工质量	（1）检查采集器开关是否打开，切实做好软件调试前的巡视工作； （2）循环、试压过程仔细检查油压、排量，如有异常，及时矫正
仪表车、会议室显示屏	（1）仪表车操作室辅助显示屏； （2）仪表车监督室显示屏； （3）会议室观察显示	显示屏要求显示酸化压裂参数数字屏、酸化压裂曲线屏及高压区、井口视频	可能出现显示屏无显示的情况	施工前检查数据线接头针是否损坏；相应的分频器VGA数据线连接完毕后，确保连接处无松动

3. 日常操作规程

1）接受施工任务标准化操作规程

接受施工任务标准化操作规程如表16-5所示。

表16-5 仪表工接受施工任务标准化操作规程

工作内容	工作步骤或标准	风险规避措施
接收队长及副队长下达的生产、安全指令	清楚生产任务，与副队长、安全员保持良好沟通	与副队长、安全管理员保持联系，掌握生产、安全指令

2）安全、环保、技术交底会标准化操作规程

安全、环保、技术交底会标准化操作规程如表16-6所示。

表16-6 仪表工安全、环保、技术交底会标准化操作规程

工作内容	工作步骤或标准	风险提示	风险规避措施
参加安全、环保、技术交底会	劳保用品穿戴整齐，学习本井的酸化压裂技术参数、注意事项及安全风险提示	若不了解本井的施工参数，易导致施工失误，影响施工质量	必须参加安全、环保、技术交底会，清楚施工要求

3）施工准备标准化操作规程

施工准备标准化操作规程如表16-7所示。

表16-7 仪表工施工准备标准化操作规程

工作内容	工作步骤或标准	风险提示	风险规避措施
仪表车工具、物资准备	（1）根据井场摆放设备，确定入网设备数量，准备充足、质量良好的线辊、短接线； （2）根据甲方要求，准备充足的摄像头及配套设备； （3）准备充足的不同型号的压力传感器； （4）准备至少两部平板电脑、一部笔记本电脑； （5）根据施工人数，准备充足的对讲机、重型耳机、高倍望远镜； （6）根据设计要求，准备现场施工记录本、视频监控记录本、仪表车巡回检查记录表、井口交接记录本	（1）若线辊缺少，易导致部分压裂车不能入网受控，影响施工； （2）若摄像头缺少，易导致高压区或井口不能被监控，施工存在安全隐患； （3）若压力传感器缺少，则不能有效监测油压、套压，不能正常进行酸化压裂施工； （4）可能出现泵送施工不能进行的状况； （5）若缺少通信设备，施工通信不通畅，易影响施工质量	（1）确定入网设备数量，入场线辊确保接头、线身无损坏； （2）准备充足的摄像头及配套设备，确保摄像头显示良好； （3）确保不同型号压力传感器质量良好、检测合格、数量充足； （4）提前试运行采集软件； （5）加强通信设备管理，谁丢失谁负责

4）设备安装调试标准化操作规程

设备安装调试标准化操作规程如表16-8所示。

表16-8 仪表工设备安装调试标准化操作规程

工作内容	工作步骤或标准	风险提示	风险规避措施
绘制车辆网络连接图	（1）将现场车辆编组； （2）根据井场车辆摆放状况设计车辆网络连接图，要求走线美观、合理	（1）若分组不合理，易导致车辆不能入网，或者IP 冲突，最终压裂车不能在仪表车上控制； （2）若车辆网络连接图设计不合理，数据传输线长度不够，易导致车辆不能进入组网	（1）将不同批次的压裂车按照软件版本相同、IP地址不同标准各自编为一组； （2）设计图前，丈量好连线两车间的距离
修改压裂车编组及编号	（1）在环网连接之前，按照已经设定好的编组及编号检查每台泵车的编组及编号； （2）及时修改泵车编组及编号； （3）修改完成后，压裂车断电重启，检查确保所有压裂车的编组及编号与设定一致	若编组与编号与设定不一致，则压裂车不能进入设定环网	修改完成后，断电重启并检查每台泵车编组编号
连接数据传输线	（1）压裂车组以太网通信线连接： 连接紫色、黄色五针太网通信线，将仪表车组Ⅰ“通信Ⅰ”与组Ⅰ泵车组接入；组Ⅱ“通信Ⅰ”与组Ⅱ泵车组接入，机组中“通信Ⅰ”与另一台设备的	（1）若数据传输线裸露在外面，下雨时容易导致环网掉线； （2）穿行高低压管线时信号线容易磨损；	（1）信号线放入线槽，尽量避开人流较多的出入口； （2）穿行高、低压管线时，增加线槽盖板，

续表

工作内容	工作步骤或标准	风险提示	风险规避措施
连接数据传输线	"通信II"交错相连，将组I、组II的两台压裂车"网络遥控"接口用两根太网通信线连接短接线与仪表车内平板电脑连接； （2）油压、套压、流量计标准信号线连接： 连接蓝色六针标准信号线，将15000/20000psi压力传感器连接高压管汇后，用蓝色标准信号线将传感器与仪表箱的模拟I连接，用于显示油压；用蓝线标准信号线将模拟II与井口套压压力传感器连接，用于监测井口套压；用蓝色标准信号线将脉冲I与混砂车排出排量连接，用于显示混砂车流量计排出排量；用蓝色信号线将模拟III与灌注车/撬流量计连接，用于显示供液撬流量计排出排量； （3）视频信号线连接： 灰色摄像头视频信号线，将3个摄像头布置在井口和高压管汇两端，用灰线将视频I\II\III与3个摄像头分别连接； （4）会议室网线连接： 黑色VGA网线，用3根网线分别将仪表车内的3个VGA延长器接口与会议室外部接线口通信I、通信II、通信III连接； （5）仪表车地线连接： 金属棒插入地面1/2	（3）若接线时线头进水或有油污，易导致环网内有掉线车辆； （4）若信号线辊放置不合理，易导致信号线接头松动。 （5）若金属棒未充分接地，仪表车内用电设备易受静电袭击	防止信号线磨损； （3）禁止线头在地面、水中、油污中拖行，以免导致信号线短路； （4）禁止将信号线辊放置高处，防止线辊坠落拉断信号线头； （5）仪表车金属棒1/2处做好标记，砸入地层后确认不晃动
启动仪表车摄像头	（1）启动"升降杆电机电源1""升降杆电机电源2"开关； （2）按操作室内主机升降杆操作面板"上升"键，自动上升直至自动停止，说明升降杆已经到达最顶端，再将副机升降杆升起； （3）主机、副机云台操作面板工作灯1亮，表示云台激活，调整摄像头至酸化压裂区，观察整个酸化压裂区	（1）若升降杆体不随按钮的启动而运动，则摄像头不能监测整个酸化压裂现场，存在安全隐患； （2）若升降杆升不到顶端，易酸化压裂现场监测不全； （3）若云台不旋转，则酸化压裂现场监测不全	（1）确保电源接通，电源插头接触良好；杆体上保险丝无熔断现象；控制插头连接好；内置控制电路板无损坏； （2）排除杆体升降过程中的障碍； （3）确保电源接通；云台控制内连线无夹断现象；控制盒内部芯片无损坏
确定各路信号进网、受控	（1）混配车、混砂车、灌注车/撬、压裂车、仪表车全部送电，打开平板电脑压裂车控制软件，让软件自动搜查进入环网的全部压裂车； （2）全部压裂车"总刹车"两次，全部都受控	（1）软件可能不能找到环网内全部压裂车； （2）若部分压裂车不受控制，易影响酸化压裂施工	（1）压裂车编组及编号与设计相符，连接数据传输线时仔细认真； （2）每次启车前检查所有入网压裂车是否受控
准确采集各路信号	（1）建立酸化压裂（泵送）施工模版； （2）压力值的修正：校准→模拟，油压→电压值有显示，压力表连接上→修改最小电压值，校准压力值； （3）确定采集信号来源，编写参数表公式；	（1）若模版不对，易影响仪表数据采集； （2）若信号源不对，易影响仪表数据采集； （3）若混砂车砂量、液量与仪	（1）进入规定的对应模版，确保采集模式正确； （2）清楚网络连接及施工流程，确定最合理的

续表

工作内容	工作步骤或标准	风险提示	风险规避措施
准确采集各路信号	(4)混砂车模拟14m^3/min排量，主混砂车打高砂比，观察仪表和混砂车砂比，观察主混砂车运行情况（砂比、液位、校准因子显示等）； (5)压裂车循环，观察各压裂车运行状况，确保施工期间正常运行； (6)高、低压管汇试压，查找管汇漏点，确保施工安全	表显示不一致，易影响砂量、液量核算； (4)若灌注车/撬液量与仪表显示不一致，易影响液量、酸量核算	信号源； (3)数字表公式修改完毕，调试混砂车、灌注车/撬和走泵时观察仪表显示与平板上排量、压力、混砂车砂比等的对比，如误差较大，则及时作调整
现场信息化网络连接及调试	(1)安装连接现场摄像头、传感器； (2)仪表操作手进行线路、设备调试； (3)现场图像、资料传输	(1)若图像无法传输，则图像不清晰； (2)线路传输可能会有故障； (3)可能出现图像、资料无法传输的现象	(1)检查现场线缆连接、探头安装是否按照要求安装； (2)仪表操作手进行线路、设备调试，达到传输要求； (3)现场图像、数据取全、取准

5）开工验收标准化操作规程

开工验收标准化操作规程如表16-9所示。

表16-9　仪表工开工验收标准化操作规程

工作内容	工作步骤或标准	风险提示	风险规避措施
完善本岗位相关资料	(1)及时填写岗位相关资料，数据准确、无涂改； (2)整理本岗位资料并交予班长	若资料不齐、出错，易影响开工验收进度	开展工作前，提前做好资料验收计划；甲方验收前，将相关资料交与班长审核

6）单段酸化/酸化压裂施工标准化操作规程

单段酸化/酸化压裂施工标准化操作规程如表16-10所示。

表16-10　仪表工单段酸化/酸化压裂施工标准化操作规程

工作内容	工作步骤或标准	风险提示	风险规避措施
仪表车发电机的日常维护检	检查燃油箱存油量，观察驾驶室燃油油位仪表，并根据需要添足	若燃油不足，易导致仪表车熄火	根据施工工作量检查燃油油量
	启动仪表车前，检查机油油位处于机油标尺刻度之间；一般要求机油达到油位在标尺刻度的1/3以上，但也不能过多，以标尺刻度的1/3~3/4为宜；观察机油油质，确定是否需要更换	若机油不及时添加、更换，仪表车虽可以启动，但不很快就会拉缸卡死	每3天检查机油油位及机油品质
	定期检查蓄电池电解液液面高度；电解液液面位于外壳上上、下限标记之内；检查蓄电池电压，不足时应该及时充电	若电解液量不够，会降低蓄电池的电荷容量，缩短其使用寿命，影响仪表车的启动	蓄电池冬天半个月检查一次，夏天高温水易蒸发，应每周检查一次

续表

工作内容	工作步骤或标准	风险提示	风险规避措施
仪表车发电机的日常维护检	检查冷却液液位，确保冷却液液位符合使用标准	若冷却液不足，会造成发动机高温甚至损坏发电机	每3天检查冷却液液位
	检查各附件的安装紧固、完好程度	若机械连接件、管路、电缆有松动或破损，易影响发电机工作	每日启动仪表车前，逐一检查发电机各附件
仪表车送电	外接电模式： （1）确认仪表柜所有开关处于闭合状态； （2）打开仪表车外接电空气开关； （3）拨开仪表柜内的总电源开关、外接电源开关、室内照明开关、插座开关； （4）拨开仪表柜内UPSI、II、III的输入、输出开关； （5）按操作室UPS主机上的“text”键，启动电脑； （6）拨开仪表柜内UPSI、II、III转换开关	若将外接电源和发电机开关同时打开，易导致仪表车断电，损坏仪表车电路	明确电流模式，拨动开关前仔细确认
	发电机模式： （1）确认仪表柜内所有开关处于闭合状态； （2）长按仪表柜内发动机启动按钮至绿灯亮，启动发电机； （3）拨开仪表柜内总电源、发电机电源、室内照明、插座电源； （4）拨开仪表柜内UPSI、II、III的输入、输出电源； （5）按操作室UPS主机上的“text”键，启动电脑	若外接电转发电机时操作失误，易导致仪表车断电，数据采集中断	严格按照外接电转发电机操作步骤进行
	太电转发动机模式： （1）关闭外接电源开关，UPSI、II、III转换开关，以及总电源开关； （2）长按仪表柜内发动机启动按钮至绿灯亮，启动发电机； （3）其余操作与启动发电机模式相同	若在发电机运作时，发电机会产生过热现象，发电机容易自动熄火，仪表车断电	仪表车发电机发电后，卸下防尘罩，拉出发电机，附近不能放置任何可燃物
新建施工文件	（1）等压裂车、混砂车、灌注车/撬送电，开启采集器，工操机建立相应采集模板； （2）选择当前存在的模板： 使用“文件”→“新建”菜单指令，或者使用“Ctrl+N”快捷键；使用工具栏上“新建”按钮，可以新建一个模板； （3）输入一般信息： ①井号：输入当前作业井号； ②作业类型：有酸化压裂作业和泵送桥塞两种类型，根据当前作业类型选择； ③酸化压裂层段：根据当前作业的层段输入相应的数字； （4）施工设计输入（根据甲方设计的酸化压裂施工泵送程序表输入）：	（1）若压裂车、混砂车、灌注车/撬不送电，直接建立模版，则容易导致压裂车不进网、虚假信号等； （2）若设置数据类型、单位、信号源（公式）不匹配，易导致数据采集异常	（1）收到压裂车、混砂车、灌注车/撬已送电回复后再开采集器； （2）数字表设置完成后，重新检查一遍，确保数据类型、单位、信号源（公式）输入一致

续表

工作内容	工作步骤或标准	风险提示	风险规避措施
新建施工文件	①在液体库和支撑剂库按设计要求输入液体的类型和支撑剂的种类； ②在阶段描述栏内按设计要求输入阶段号； ③在液体类型栏内按设计要求选择当前阶段的液体类型； ④在支撑剂类型栏内按设计要求选择当前阶段的支撑剂，没有的选“无”； （5）检查数字表设置： 依次检查数字表前13个通道，分别为油压、套压、排量、阶段液量、总液量、砂比、总砂量、胶联比、液添流量、360混砂车排量、480混砂车排量、绞龙1转速、绞龙3转速等的数据类型、单位、信号源（公式）；表23-32的10个通道为发送数据的通道，这10个通道的表名不可随意更改，每个通道的数据类型、单位、信号源（公式）要与表1-22的22个表名相对应的数据类型、单位、信号源（公式）输入一致，确保采集数据和发送数据一致； （6）启动副机，循环阶段调试排量、阶段液量、总液量、砂比、砂量		
酸化压裂数据采集	软件点“开始”，阶段切换把握及时，加砂停砂、携砂液记录，液性变化、交联比、液添信号取值等及时跟进，顶替时阶段切换须把握准确；人工记现场记录，同时保留电子版现场施工记录	可能发生人为因素造成的切错阶段、输错公式、漏记、错记数据等错误操作；可能发生施工中途酸化压裂软件不能正常工作的现象	施工时，集中注意力，听从指挥，提升操作水平；定期安排厂家对软件进行检查与维护
终止酸化压裂数据采集	停泵后，测试压降30min，泄压后终止酸化压裂数据采集	若通知停泵后立即终止数据采集，易导致施工数据不完整，影响压后分析	停泵后，直至泄压完毕才能终止数据采集
单段施工资料整理	结束后10min内导出曲线、分点、秒点，填写施工参数表，完成现场施工报表，填写砂量、液量对照单	若数据导出不正确，易出现酸化压裂施工井号、段数、时间等错误的情况	加强仪表操作规范
	结束后30min内完成编写公报（除泵送）；泵送结束后，导出曲线，填写施工参数表，完成本段酸化压裂公报	可能发生报表发送不及时，数据漏发、迟发的现象	按照公报填写标准仔细认真完成公报
	汇总公报，现场施工报表当天发出	可能发生酸化压裂施工数据外传的现象	加强学习保密协议

7）设备撤场标准化操作规程

设备撤场标准化操作规程如表16-11所示。

表16-11 仪表工设备撤场标准化操作规程

工作内容	工作步骤或标准	风险提示	风险规避措施
撤场	(1)拆卸网络线、压力传感器、摄像头，并按要求回收存放； (2)回收接地线； (3)井场原貌恢复	(1)若拆卸网络线、压力传感器、摄像头，则拔地线易发生安全事故； (2)若井场原貌恢复不彻底，有污染物残留，易造成井场污染	(1)听从仪表班班长分工，依据撤场计划，安全、有序撤场； (2)增强环保安全意识
酸化压裂施工数据整理、归档	(1)完成、核对、汇总酸化压裂施工参数表所有公报、酸化压裂曲线、泵送曲线，保存每段施工数据模板； (2)将该井所有酸化压裂施工资料移交工程技术主管	若工作不细心，易造成施工资料录取出现错误	交与工程技术主管进行审阅及核对后，再上交有关部门

第十七章　酸化压裂队特种车辆驾驶员岗位操作标准

第一节　岗位描述

1. 岗位说明

酸化压裂队特种车辆驾驶员岗位说明如表17-1所示。

表17-1　特种车辆驾驶员岗位说明

项　目		主要内容
工作概述		驾驶工程车辆进行车辆转场、摆车作业，负责所驾驶车辆的日常检查、维护、管理，以及班组的日常建设
上岗条件	教育程度	具有中等职业学校及以上（含技校、高中）学历
	从业资格	5年以上相关工作经历，具备职业技能鉴定中心颁发或验印的汽车驾驶员初级工及以上职业资格证书，取得机动车驾驶员上岗证或准驾证，持有有效的井控培训合格证、HSSE管理培训合格证、硫化氢防护技术证、驾驶证、从业资格证
	辅助技能	掌握所驾车辆的结构、性能、原理和各种技术参数，能够排除车辆常见故障，并对车辆进行简单维修
	工作经历	有一年以上大车驾驶工作经验，安全行驶10000km以上
	职业道德	爱岗敬业、勇于奉献、团结协作、遵章守纪
	身体素质	身体健康，能承担比较繁重的工作任务,能较长时间保持坐姿进行车辆驾驶，视力正常，听觉敏锐，反应灵敏
岗位关系	纵向关系	接受队长、副队长的直接领导，以及带班干部业务指导；与本班组内各岗位有领导与被领导关系
	横向关系	与泵工、管汇工、仪表工及配合工种具有协作关系
岗位职责	工作职责	（1）负责本班组生产运行，参加班前、班后会，协调安排班组内部岗位分工，对班组内员工工作进行监督考核，对班组内员工进行个人绩效考核，并根据考核情况实行效益分配； （2）按照巡回检查路线，认真检查每个项点，严格执行交接班制度和巡回检查制度，做好班前检查和日常检查，确保生产正常进行；驾驶工程车辆进行车辆转场、摆车等作业，正确判断道路交通情况，严格执行安全操作规程和道路交通法律、法规，确保行车安全；负责设备出车前、行车中和回场后的例行检查、保养，不开“带病车”，做好车队配合，确保各项工作任务的完成，发现问题及时处理，准确填写维护、保养记录，确保设备运转正常； （3）负责驾驶车辆的随车工具、附件及各种证件齐全，做到财物相符； （4）服从调度安排，按规定车速行驶，坚持队车出、队车归、按时出车，按时到达用车现场，按规定路线行车；

续表

<table>
<tr><th colspan="2">项 目</th><th>主要内容</th></tr>
<tr><td rowspan="2">岗位职责</td><td>工作职责</td><td>（5）认真执行班组岗位练兵计划及学习计划，定期组织本班组人员进行政治、文化、业务学习，开展岗位练兵，每周累计学习时间不少于两小时；
（6）倡导并践行绿色低碳的生产方式，认真履行节能环保等社会责任</td></tr>
<tr><td>安全职责</td><td>（1）对本岗位的HSSE工作负直接责任，认真掌握本岗位的工作职责和操作规程，做到文明驾驶；
（2）贯彻执行国家、行业HSSE相关的法律、法规，道路交通法律、法规，企业制定的交通安全管理规定，遵守《员工守则》和《安全生产禁令》；
（3）正确穿戴劳保用品上岗作业，规范、熟练地使用各种安全工器具、防护用品和消防器材；
（4）做好本班安全提示，工作中穿戴好劳保用品，采取安全措施，定期检查安全设施及车辆的安全状况，能熟练操作消防器材，做到本班岗位无隐患，确保安全无事故；
（5）遵守操作规程，操作前认真进行危害辨识和风险分析，落实必要的风险削减措施；
（6）不违章作业，不违反劳动纪律，自觉抵制违章指挥，纠正违章行为</td></tr>
<tr><td colspan="2">工作内容</td><td>（1）操作责任：
①驾驶员休班、替班做好车辆手续及工具交接，填写交接单；
②服从生产安排，按规执行驾驶任务，坚持队车出、队车归、按时出车，按时到达用车现场，按规定路线行车；
③掌握所驾驶车辆的技术状况；
④正确判断行车途中的交通情况；
⑤严格执行出车前、行驶途中和收车回场后的“三检制”，严禁车辆带病上路行驶；
⑥解决行车途中发生的突发情况，并及时汇报；3台车以上共同执行出车任务时应编队行驶；车队行驶保持安全行车距离，中速行驶，并做到途中对车辆的“三停四查”；
⑦及时、准确填写所驾驶车辆的设备运转记录本；
⑧执行长途出车任务时按“长途车审批表”程序报上级主管领导审批；
⑨完成带班干部临时安排给本岗位的其他任务。
（2）生产组织责任：
①参加班前会，了解生产状况，接收作业指令；
②严格按照生产作业指令组织车组生产运行；
③严格按照交通安全管理规定组织班组生产操作；
④协调班组岗位分工；
⑤监督全班对车辆巡回检查制度、交接班制度、车辆维修保养和“三交一定”制度的执行情况；
⑥监督驾驶员按“长途车审批表”程序执行长途出车任务；
⑦带领班组人员完成各类车辆驾驶任务；
⑧带领本班组严格执行本队各项规章制度；
⑨带领班组完成带班干部安排的其他工作；
⑩参加班后会，对本班进行工作总结。
（3）管理责任：
①配合班组管理和建设；
②参加组织每周的班组业务学习；
③保管好所驾驶车辆的附件、工具和随车证件；
④学习、贯彻企业在交通安全方面制定的相关规定；
⑤配合基层队做好其他管理工作。
（4）安全责任：
①组织每周的班组HSSE活动并记录、签字；
②组织班组严格执行HSSE的各项规定；
③检查本岗位HSSE工作情况、资料记录情况，发现不安全因素及时处理，处理不了的采取防范措施，及时上报；
④带领班组参加应急演练；
⑤带头并监督本班人员正确穿戴劳动防护用具；
⑥熟练使用和维护车载安全防护设施、消防器材和急救器具；
⑦制止和纠正“三违现象”；
⑧积极抢救突发事故，正确处置、及时汇报、保护现场并详细记录；</td></tr>
</table>

续表

项目		主要内容
工作内容		⑨参加事故分析，提出防范措施； ⑩组织做好出车前的风险分析及对应措施； ⑪承担班组人员的各项安全操作责任； ⑫承担本班组内的机械、设备、人身安全责任
工作权限		（1）对违章指挥有拒绝权，对违章操作有制止权； （2）对所驾驶车辆有驾驶操作、维护、修理权； （3）对驾驶途中的突发情况有先行处置权
职业生涯发展规划		（1）在本岗位具有良好的工作业绩，可以竞选班长； （2）在班长岗位上表现出色，可以晋升到队部更高一级岗位； （3）可以在队内部进行相应岗位流动或轮换
工作考核	考核关系	（1）接受队干部的业绩考核； （2）接受班组长的工作考核
	考核依据	参照本队《管理手册》所涵盖的指标

下·十七

2. 工艺流程

酸化压裂队特种车辆驾驶员工作工艺流程如图17–1所示。

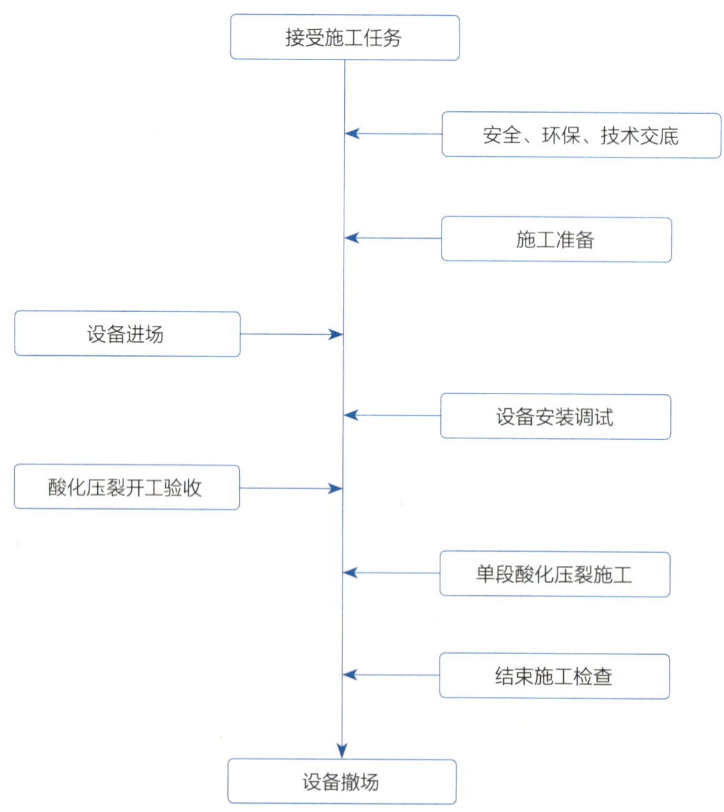

图17–1 特种车辆驾驶员工作工艺流程

3. 工作流程

酸化压裂队特种车辆驾驶员工作流程如图17-2所示。

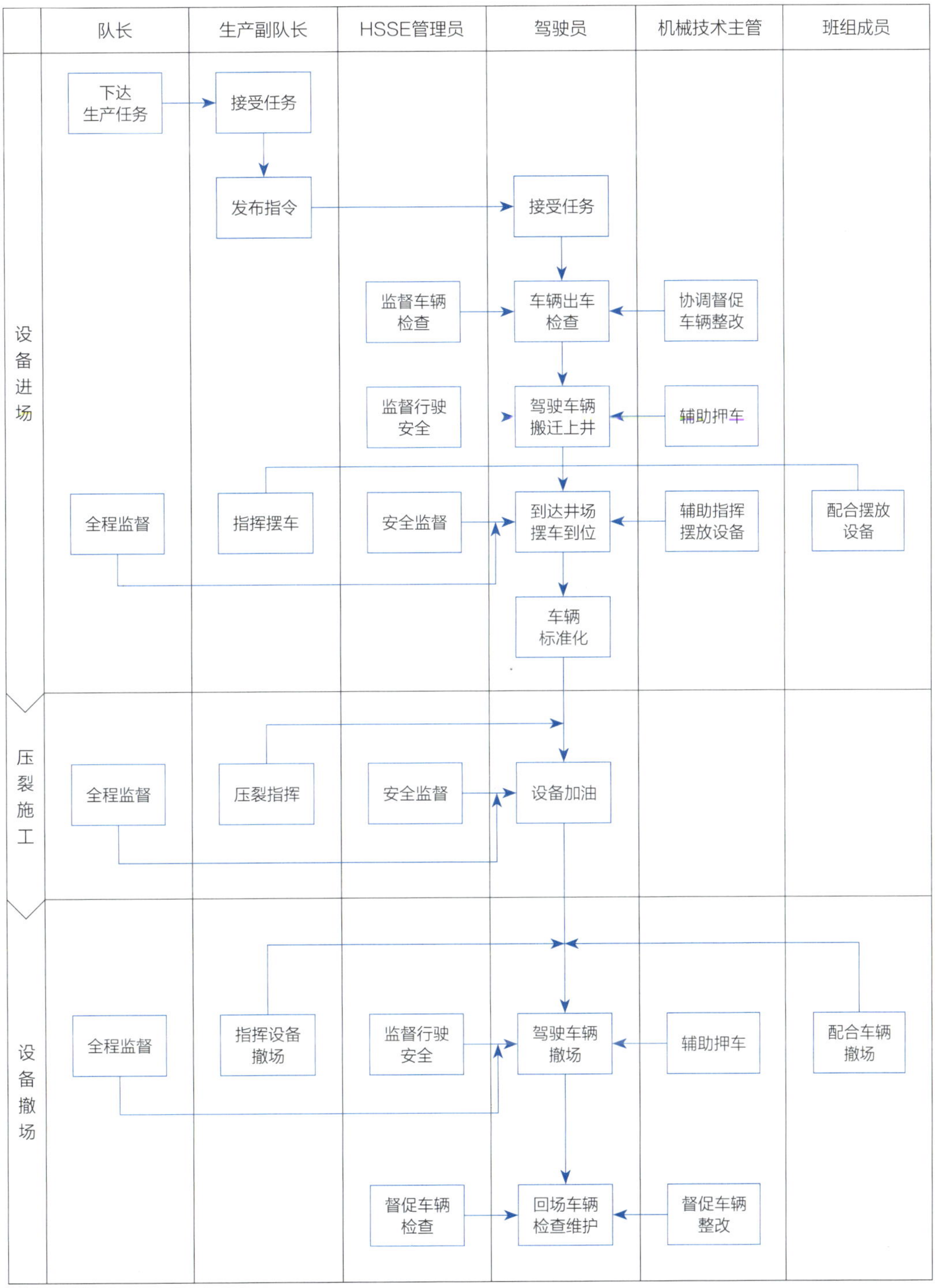

	队长	生产副队长	HSSE管理员	驾驶员	机械技术主管	班组成员
设备进场	下达生产任务	接受任务				
		发布指令		接受任务		
			监督车辆检查	车辆出车检查	协调督促车辆整改	
			监督行驶安全	驾驶车辆搬迁上井	辅助押车	
	全程监督	指挥摆车	安全监督	到达井场摆车到位	辅助指挥摆放设备	配合摆放设备
				车辆标准化		
压裂施工	全程监督	压裂指挥	安全监督	设备加油		
设备撤场	全程监督	指挥设备撤场	监督行驶安全	驾驶车辆撤场	辅助押车	配合车辆撤场
			督促车辆检查	回场车辆检查维护	督促车辆整改	

图17-2 特种车辆驾驶员工作流程

第二节　岗位标准化操作规程

1. 交接班标准化操作规程

1）接班标准化操作规程

接班标准化操作规程如表17–2所示。

表17–2　特种车辆驾驶员接班标准化操作规程

工作内容	工作步骤	工作标准	风险提示
班前检查	查看班前、班后会记录本，查看车辆的运转记录本	了解车辆运行情况、技术状况	若对车况了解不清，易导致驾驶过程中发生故障，影响生产
	检查车辆的油箱油料余量、车辆的附件工具、随车证件及运载货物情况	清楚油箱油量，车辆、随车工具、油料、随车证件、运载货物检查率100%	若车辆、随车工具、油料、随车证件、运载货物检查遗漏，有问题不能及时发现，易导致驾驶过程中发生故障，影响生产
	填写巡回检查记录本	巡回检查情况及时填写，并保证真实	若填写不及时，或填写虚假信息，易导致问题未及时发现，从而发生事故
	问题反馈	发现问题及时反馈给带班干部，问题反馈率100%	若发现问题未及时反馈整改，车辆带病工作，易发生交通事故
参加班前会	接班检查结束后参加班前会	出勤率100%	若不参加班前会，易导致对工作情况不了解，容易发生交通事故
	汇总车辆检查情况	汇总率100%	若汇总不全，无法统筹安排本班工作，易发生事故
	接收干部当班作业指令及注意事项，配合其他班组人员对行车任务进行危害分析，安排本班具体施工任务	危害分析全面，工作具体、明确	若不进行危害分析，分析不具体，易导致怠工、误工及安全事故的发生
	填写班前、班后会记录本	清楚记录本班车辆运行安排，车辆行驶及施工中的安全注意事项，记录详实，字迹清晰、无涂改	若存在问题和需要整改的事项交代不清，易导致问题整改不全，遗留隐患，耽误施工或导致事故发生；若记录不齐全，则不符合资料存档规范

2）交班标准化操作规程

交班标准化操作规程如表17–3所示。

表17–3　特种车辆驾驶员交班标准化操作规程

工作内容	工作步骤	工作标准	风险提示
参加班后会	参加班后会，总结、分析本班工作情况	总结内容具体、全面，尤其注意认真总结异常情况	若不参加班后会，则本班工作无人讲评，对当前车况了解不足，经验不能及时总结，使后续工作存在安全风险

续表

工作内容	工作步骤	工作标准	风险提示
交班	填写车辆行驶记录本及班前、班后会记录本	清楚记录本班车辆行驶情况、异常情况、整改情况、燃油余量等，记录详实，字迹清晰、无涂改	若车况交接填写不清，易导致后续驾驶过程中发生故障，影响生产

2. 巡回检查标准化操作规程

巡回检查标准化操作规程如表17-4所示。

表17-4 特种车辆驾驶员巡回检查标准化操作规程

巡回检查路线：

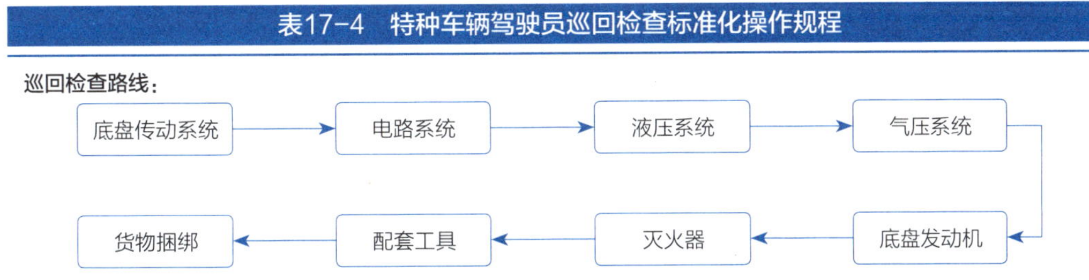

检查地点	检查项点	工作标准	风险提示	风险规避措施
底盘传动系统	轮胎	轮胎外观无明显磨损、硬物嵌入，气压正常	若胎压不足，可能导致行驶途中发生交通意外	检查轮胎外观，保证胎压充足
	轮胎轴	轮胎轴头润滑油在1/2处，螺丝齐全、紧固	若轮胎轴头不润滑、螺丝松动，则会影响车辆行驶	检查轮胎轴头润滑油量在1/2处，确保螺丝齐全、紧固
	底盘钢板	检查确保钢板无断裂、移位	若钢板断裂，减震悬挂失效，可能导致车辆故障无法行驶	检查钢板，确保钢板无断裂、移位
	传动系统各传动轴	传动系统各传动轴螺丝齐全紧固、润滑良好	若底盘传动不润滑、螺丝松动，可能导致车辆故障，无法行驶	紧固传动系统各传动轴螺丝，确保传动润滑良好
	刹车	刹车制动、手刹、脚刹及紧急制动效果无异常	若制动失效，可能导致交通事故	检查刹车制动，确保制动灵活有效
	转向系统	转向系统各运动件连接良好、运转灵活，管线连接无渗漏	若转向系统故障，可能导致交通事故	出车前检查转向系统各运动件连接及管线连接，确保连接良好、运转灵活，管线连接无渗漏
	各部位固定螺丝	各部位固定螺丝无松动、缺失，牢固可靠	若各部位固定螺丝松动、缺失，可能导致交通事故	出车前检查固定螺丝，确保螺丝牢固可靠
电路系统	电瓶	电瓶接线头及固定螺丝牢固可靠，蓄电池电压正常	若因电压不足发动机无法启动，易影响施工进度	检查电瓶接线头及固定螺丝，检查蓄电池电压
	仪表、灯光	各仪表、灯光工作正常、牢固可靠	若仪表、灯光不能正常工作，易影响施工进度	检查各仪表、灯光工作情况

续表

检查地点	检查项点	工作标准	风险提示	风险规避措施
电路系统	各线路	各线路无裸露、老化、松动、短路现象	若线路出现老化、松动、短路等故障，易对施工造成影响	检查各线路状况
液压系统	液压油	液压油面在油尺上的“HIGHT”与“LOW”之间	若缺少液压油，易导致液压系统动力不足，影响施工	检查液压油量是否充足
	液压管路各阀件	液压管路各阀件调整适当，各管线连接无渗漏	若液压管线调节阀不适当或连接处有渗漏，易影响施工，造成污染	检查液压管路各阀件及各管线连接情况
气压系统	气路	气路开关打开	若气路开关未打开导致气路相关部件不能正常使用，易影响施工正常运行	检查打开气路开关
	气路管路	气路管路各阀件适当，各管线连接无漏气	若气路连接处有漏气，易导致气压系统不能正常工作，影响施工运行	检查气路管路各阀件及各管线连接
底盘发动机	柴油油箱	柴油油箱牢固，滤网清洁	若柴油油箱不牢固，滤网不清洁，易导致车辆不能正常运行，影响施工进度	检查柴油油箱紧固情况及滤网清洁情况，确保油箱紧固、滤网清洁
	冷却液量	冷却液量充足	若冷却液不足，易使车辆升温至发动机自动熄火	检查车辆冷却液量，不足的予以补充
	机油面	机油面在油尺“FULL”与“ADD”之间	若机油面不在油尺“FULL”与“ADD”之间，易使发动机受损	检查车辆机油油尺，不足的补充机油
	空气滤清器	清洁、无污染，牢固可靠	若空气滤清器不清洁，易致使车辆动力不足	检查空气滤清器清洁情况，不合格的予以更换
	各滤清器	无变形、渗漏、松动等现象，牢固可靠	若各滤清器有变形、渗漏、松动等现象，易使车辆不能正常运行，影响施工进度	检查各滤清器有无变形、渗漏、松动等现象，是否牢固可靠
灭火器		压力指针在正常的绿色区域	若压力指针不在正常的绿色区域，则说明已经过期，不可使用	检查灭火器压力，发现不合格的灭火器及时更换
		灭火器各部件齐全、无缺损	若灭火器各部件不齐全，有缺损，易导致不能正常使用	检查灭火器各部件，发现不合格的灭火器及时更换
		灭火器固定牢固可靠	若灭火器固定不牢固可靠，易发生安全事故	检查灭火器固定情况，确保固定牢固可靠
配套工具		工具规格、数量符合配置标准	若工具不符合规格、数量配置标准，则不能正常使用	检查工具规格、数量，缺失工具按要求配置

续表

检查地点	检查项点	工作标准	风险提示	风险规避措施
配套工具		工具摆放在指定位置	若工具不在指定位置，则不方便使用	检查工具摆放，确保工具摆放在指定位置
		工具固定牢靠	若工具固定不牢靠，则施工或行车时易发生掉落	检查工具固定情况，确保固定牢靠
货物捆绑		货物捆绑固定牢固，货物质量不超过额定载荷	货物超载或捆绑不牢易导致车辆难以操控或运输途中货物掉落，导致道路交通事故	认真检查货物质量及捆绑固定情况

3. 日常操作规程

1）踏勘标准化操作规程

踏勘标准化操作规程如表17–5所示。

表17–5 特种车辆驾驶员踏勘标准化操作规程

工作内容	工作步骤或标准	风险提示	风险规避措施
协助踏勘	对井场尺寸进行测量，并对酸化压裂设备摆放位置进行规划	若未准确测量场地尺寸，易造成现场施工设备摆放困难	根据酸化压裂设计参数规模进行踏勘，规划场地，按设计要求合理设计酸化压裂酸化设备摆放位置
	规划行车路线	若行车路线错误，易耽误工期	合理规划行车路线，按时到达施工现场

2）接受施工任务标准化操作规程

接受施工任务标准化操作规程如表17–6所示。

表17–6 特种车辆驾驶员接受施工任务标准化操作规程

工作内容	工作步骤或标准	风险提示	风险规避措施
接收队长及生产副队长下达的生产、安全指令，掌握压裂车辆搬迁路线情况	清楚生产任务，与生产副队长、安全员保持良好沟通，清楚井场搬迁路线交通情况	若对搬迁路线交通情况不清楚，车辆搬迁上井时易发生交通事故	与队长、安全管理员保持联系，掌握道路交通状况

3）安全、环保、技术交底会标准化操作规程

安全、环保、技术交底会标准化操作规程如表17–7所示。

表17–7 特种车辆驾驶员安全、环保、技术交底会标准化操作规程

工作内容	工作步骤或标准	风险提示	风险规避措施
参加安全、环保、技术交底会	劳保穿戴整齐，学习每口井的酸化压裂技术参数、注意事项及安全风险提示	若不了解每口井的施工参数，容易导致施工失误，影响施工质量	必须参加安全、环保、技术交底会，清楚施工要求

4）施工准备标准化操作规程

施工准备标准化操作规程如表17-8所示。

表17-8　特种车辆驾驶员施工准备标准化操作规程

工作内容	工作步骤或标准	风险提示	风险规避措施
行车前的车辆保养和检查	检查所需证件和随车工具是否齐全、有效	若证件不齐，易导致交管扣车、罚款	备齐车辆所需的所有证件和随车工具
	对车辆安全技术状况进行检查；重点检查车辆发动机、底盘有无异响、异味、异温；检查制动、转向、轮胎、悬挂及其他各部等连接螺栓、螺母有无松动；检查各传动皮带的磨损及松紧度	若车辆检查不到位，未能及时发现车辆技术隐患，易导致行车时车辆故障，可能引发交通事故	对车辆安全技术状况进行检查，发现隐患立即汇报整改
	检查各部位有无油、液、气、电泄漏，液量是否充足，有无变质	若油、液、气、电泄漏，导致车辆故障，易引发交通事故	检查各油、液、气、电情况，不合格的立即整改
	检查灯光、信号、喇叭、仪表和雨刮器的工作情况	若灯光、信号、喇叭、仪表和雨刮器故障，易引发交通事故	检查灯光、信号、喇叭、仪表和雨刮器的工作情况，发现隐患立即整改，无法解决的立即汇报
	检查车辆外表、车内外装饰是否整洁，保持车内外、发动机、电瓶等各部位清洁	若车内外、发动机、电瓶等各部位不整洁，易导致无法发现车辆隐患	检查车辆外表，车内外装饰是否整洁，保持车内外、发动机、电瓶等各部位清洁
	检查车辆随车配备的消防器材、防滑链、应急锤等各种装备、附件、工具是否齐全	若未检查随车灭火器，导致未及时发现、更换不合格的灭火器，可能延误车辆火灾救援	检查车辆随车配备的消防器材、防滑链、应急锤等各种装备、附件、工具，缺失工具及时配齐
	车辆启动时，检查各种仪表、气压是否正常	若未检查仪表、气压，导致不能及时发现车辆运转参数异常，可能引发交通事故	车辆启动时，检查各种仪表、气压，发现异常立即整改
道路风险评估	掌握道路情况，识别道路风险点，参与施工驾驶员要全面了解道路情况，了解相关应急处置措施、程序	若驾驶员对道路情况不了解，易导致行车时出现安全事故	熟练掌握行车安全预案，认真听取安全员道路条件交底

5）设备进场标准化操作规程

设备进场标准化操作规程如表17-9所示。

表17-9　特种车辆驾驶员设备进场标准化操作规程

工作内容	工作步骤或标准	风险提示	风险规避措施
预热车辆	踩下离合器踏板，将变速杆挂入空挡位置	若启动操作有误，易损伤车辆或导致车辆提前起步，造成事故	按照操作程序启动车辆

续表

工作内容	工作步骤或标准	风险提示	风险规避措施
预热车辆	转动点火开关钥匙，起动发动机，每次使用起动时间不得超过10s；每次使用起动机间隔时间不得少于2min，如3次不能起动，应检查排除故障后再继续起动	若连续不断起动发动机，过度损耗电瓶的电能，易损伤车辆启动机	连续起动发动机，起动时间不得超过10s，每次使用起动机间隔时间不得少于2min，以免过度损耗电瓶的电能，损伤车辆启动机
	起动后要缓慢温热发动机，待水温上升到70℃，机油压力、制动压力正常，电流表指针在充电位置，指示灯均正常时，方可使用	若行车前未按要求预热发动机起步，易损耗发动机使用寿命	行车前按要求预热发动机起步
车辆起步、行车	预热好车辆后观察车辆四周、上下有无人员和障碍物，确认安全后方可松开驻车制动手柄，挂挡行驶	若车辆起步未进行环境安全观察，易导致交通事故	车辆预热完毕后观察车辆环境，确认安全后再起步
	执行任务时按规定的行驶路线行驶；驾车时注意力集中、系安全带，严禁接打手机	若行车未按规定路线行驶，不系安全带，行车期间接打手机，易导致交通事故	按规定路线行驶；驾车时注意力集中、系安全带，严禁接打手机
	行驶中坚持队车出行，前、后车保持100m以上车距，注意发动机水温保持在75~90℃，机油压力和制动压力达到规定压力	若行驶中前、后车未保持安全车距，易导致车辆追尾事故	行驶中前、后车保持至少100m以上车距
	根据道路条件及时换挡，不要抢挡行驶或用低速挡行驶过久，不可急躁侥幸、左右超车、超速行驶	若行车期间未合理调整挡位或超速行驶，易引发交通事故	行车期间合理调整挡位，严禁抢挡行驶、超速行驶
	换挡时必须用“两脚离合器”的操纵方法，严禁越挡换挡	若根据道路条件未按规定操作或更换适应挡位，易导致损耗车辆使用寿命且易引发事故	换挡时必须用“两脚离合器”的操纵方法，严禁越挡换挡
	当遇障碍时，必须先松油门再刹车，尽量采用点刹车，绝不允许同时使用制动器和油门	当遇障碍时，若未按规程操作，易导致车辆故障，引发交通事故	若遇障碍时，先松油门再刹车，采用点刹车
	当下较长坡道时，可利用发动机制动，根据坡度情况合理选用挡位，并同时加用脚制动以控制车速，避免发动机超速运转，严禁用空挡下坡	当下较长坡道时，若选用挡位不合理，未控制车速，易导致交通事故	当下较长坡道时，利用发动机制动，根据坡度情况合理选用挡位，严禁用空挡下坡
	行经路口及人口稠密区域时，要严守灯光信号和通行规则，注意避让行人，不得强行通过，要减速慢行，并做好预防措施	遇有路口及人口稠密区域时，若未按灯光信号和通行规则行驶，易导致交通事故	行经路口及人口稠密区域时，要严守灯光信号和通行规则，避让行人
	在恶劣天气或冰雪、泥水道路上行驶时，严格控制车速，掌稳方向，加大安全车距，操作方向、油门、刹车时要轻缓	在恶劣天气或冰雪、泥水道路上快速行车易导致交通事故	在恶劣天气或冰雪、泥水道路上行驶时控制车速，加大安全车距

续表

工作内容	工作步骤或标准	风险提示	风险规避措施
车辆起步、行车	遇有险路、险桥、水淹、沼泽和泥泞路段时，驾驶员下车察看，确认满足行驶条件后低速慢行通过，乘车人应协助瞭望，严禁冒险强行通过	遇有险路、险桥、水淹、沼泽和泥泞路段时，若未下车察看，冒险强行通过，易导致车辆抛锚、坠毁	遇有险路、险桥、水淹、沼泽和泥泞路段时，下车察看，确认满足行驶条件，严禁冒险强行通过
	严禁疲劳驾驶	疲劳驾驶导致驾驶员注意力不集中，易引发交通事故	连续驾车时间超过4h，必须停车休息20min以上

6）设备安装调试标准化操作规程

设备安装调试标准化操作规程如表17-10所示。

表17-10　特种车辆驾驶员设备安装调试标准化操作规程

工作内容	工作步骤或标准	风险提示	风险规避措施
等候进场	将车辆依次停在井场等候进场摆车	若在井场外无序停车导致交通阻碍，易影响其他设备、材料进场	将车辆停在井场外不妨碍主干道交通的位置
	按现场指挥人员的指挥依次进场	若未按指挥人员的指挥依次进场，易导致井场道路拥堵，延误搬迁进程	按指挥人员的指挥依次进场
	按现场指挥人员的指挥动作进行操作，并随时观察车辆周围有无人员和障碍物	若未按指挥人员的指挥动作进行摆车，易导致摆车不到位；若未随时观察车辆周围环境，易导致未及时避开人员或障碍物，造成人员伤亡或车辆受损	提前了解现场酸化压裂设备布置图，按指挥人员的指挥动作进行摆车，摆车时随时观察车辆周围环境，及时避开人员和障碍物
	摆车要求压裂车间距不小于0.5m，两列泵车间距不小于6m	若摆车时未保持安全间距，则安全通道间距不够	摆车时保持规定的安全间距
进场摆车	摆车到位后按要求将挡位挂至空挡，拉好手制动，停车熄火	若摆车到位后未按规程熄火，易导致车辆性能受损	摆车到位后按规程停车熄火

7）酸化压裂开工验收标准化操作规程

酸化压裂开工验收标准化操作规程如表17-11所示。

表17-11　特种车辆驾驶员酸化压裂开工验收标准化操作规程

工作内容	工作步骤或标准	风险提示	风险规避措施
车辆标准化	按要求对车辆进行清洁，整理驾驶室及随车工具箱	若未对车辆进行清洁、整理，易导致现场验收不合格	按要求对车辆进行清洁，整理驾驶室及随车工具箱
	每辆车接好接地线	若车辆未接地线，易导致静电积累，引发火灾	每辆车接好接地线
	酸化压裂机组周围设置围堰	若未设置围堰，易导致车辆保养时污油污染环境	酸化压裂机组周围打好围堰

续表

工作内容	工作步骤或标准	风险提示	风险规避措施
车辆标准化	检查随车灭火器（两具），并摆在车头部位，方便取用	若未检查灭火器，易导致无法更换不合格的灭火器，延误火灾扑救	检查随车灭火器（两具），并摆在车头部位，方便取用
	检查所有车辆的隔热罩和消焰器是否配置齐全并安装牢固	若未及时检查车辆隔热罩、消焰器，易引发设备火灾	检查所有车辆的隔热罩和消焰器是否配置齐全并安装牢固
	按车辆检查项目及检查内容对车辆进行检查、保养	若未按规定对车辆进行检查、保养，可能导致施工时车辆故障，延误工期，影响施工质量	按车辆检查项目及检查内容对车辆进行检查、保养
摆放油罐、布设加油管线	服从现场指挥人员的指挥，按酸化压裂施工现场布置图安全摆好油罐、油撬	若未按要求摆放油罐、油撬及布设加油管线，易导致影响设备加油	服从现场指挥人员的安排，摆好油罐、油撬
	布设现场的加油管线	若横穿道路加油管线未铺设油管桥板，易导致加油管线被碾压破损，油品泄漏	根据现场设备摆放位置布设加油管线，横穿道路的加油管线需铺设油管桥板
	接好油罐及油泵的接地线，布置好油罐区的消防器材，打好油罐周围围堰	若未按规定布置油罐区消防器材，易导致延误油罐区火灾扑救；若未接好油罐及油泵接地线，易导致静电积累引发火灾；若油罐区未打围堰，易导致油品污染周边环境	接好油罐及油泵的接地线，布置好油罐区的消防器材，打好油罐周围围堰

8）单段酸化/酸化压裂施工标准化操作规程

单段酸化/酸化压裂施工标准化操作规程如表17–12所示。

表17–12　特种车辆驾驶员单段酸化/酸化压裂施工标准化操作规程

工作内容	工作步骤或标准	风险提示	风险规避措施
设备加油	服从酸化压裂现场负责人的指挥对现场设备进行加油作业	若未服从指挥进行加油作业，易导致作业中断，影响施工质量	服从酸化压裂现场负责人的指挥，对现场设备进行加油作业
	打开油泵进出油管线阀门及相应加油设备（加油管路阀门）	若加油管路阀门操作错误，易导致油路憋压，可能导致管线爆裂	正确操作油泵加油管路阀门
	启动油泵开关对设备加油，并随时观察设备油箱油量，油箱快满时及时停止油泵运转	若加满油未及时停泵，易导致油箱溢满，污染环境	随时观察设备油箱油量，油箱快满时及时停止油泵运转
	及时读取流量计数据，记录设备加油量	若加油作业时未进行油品计量，易导致油品用量不明	及时读取流量计数据，记录设备加油量

9）设备撤场标准化操作规程

设备撤场标准化操作规程如表17–13所示。

表17-13　特种车辆驾驶员设备撤场标准化操作规程

工作内容	工作步骤或标准	风险提示	风险规避措施
行车前的车辆保养和检查	掌握压裂车保养情况，确保压裂车能安全行驶	若压裂车临时故障不能正常行驶，易引发交通事故	出车前按车辆检查项目及检查内容对车辆进行检查、保养
道路风险评估	掌握道路情况，识别道路风险点，并让参与施工驾驶员全面了解道路情况，做好相关预案	若驾驶员不熟悉道路，易导致行车时出现安全事故	做好行车安全预案，对驾驶员做好道路情况交底
预热车辆	按驾驶员岗位操作规范《车辆搬迁上井》中预热车辆部分标准执行	若未按标准执行，易导致车辆损伤或交通事故	按驾驶员岗位操作规范《车辆搬迁上井》中预热车辆部分风险规避措施执行
车辆起步、行车	按驾驶员岗位操作规范《车辆搬迁上井》中车辆起步、行车部分标准执行	若未按标准执行，易导致车辆损伤或交通事故	按驾驶员岗位操作规范《车辆搬迁上井》中车辆起步、行车部分风险规避措施执行
回场车辆检查	按车辆检查项目及检查内容对车辆进行检查、保养	若未按规定对车辆进行检查、保养，易导致施工时车辆故障，影响下一步生产任务	车辆回场后按车辆检查项目及检查内容对车辆进行检查、保养

第十八章 酸化压裂队特车泵工岗位操作标准

第一节 岗位描述

1. 岗位说明

酸化压裂队特车泵工岗位说明如表18-1所示。

表18-1 特车泵工岗位说明

项目		主要内容
工作概述		所负责压裂车的日常检查和维护
上岗条件	教育程度	具有中等职业学校（含技校、高中）及以上学历
	从业资格	两年以上相关工作经历，具备职业技能鉴定中心颁发或验印的特车泵工初级工及以上职业资格证书，持有有效的井控培训合格证、HSSE管理培训合格证、硫化氢防护技术证
	辅助技能	具备一定的润滑油品、机械及酸化压裂液等相关业务知识
	工作经历	从事井下作业、酸化压裂作业等一线工作一年以上
	职业道德	爱岗敬业、勇于奉献、团结协作、遵章守纪
	身体素质	（1）身体健康，能够搬运40kg以上的重物； （2）能够在12h值班中站立或行走70%以上； （3）视力正常，听觉敏锐； （4）具有高空作业能力
岗位关系	纵向关系	接受队长、书记的直接领导，以及带班干部业务指导；与本班组内各岗位有领导与被领导关系
	横向关系	与混砂工、管汇工及配合单位具有协作关系
岗位职责	工作职责	（1）参加班前班、后会，熟知当班设备状况、生产及安全要求； （2）按照巡回检查路线，认真检查每个项点，严格执行交接班制度和巡回检查制度，做好班前检查和日常检查，确保生产正常进行，确保施工安全和施工质量，定期检查、保养所负责设备，发现问题及时处理，准确填写维护、保养记录，确保设备运转正常； （3）每段施工结束后，根据泵车液力端状况进行检查、整改； （4）酸化压裂施工中在保证安全的前提下进行现场巡视，及时发现各类隐患并汇报整改； （5）认真执行班组岗位练兵及学习计划，每周累计学习时间不少于两课时；定期参加政治、文化、业务学习； （6）确保属地清洁无污染

续表

<table>
<tr><th colspan="2">项 目</th><th>主要内容</th></tr>
<tr><td>岗位职责</td><td>安全职责</td><td>（1）对本岗位的HSSE工作负直接责任；
（2）贯彻执行国家、行业HSSE相关的法律、法规和本企业安全工作规程、安全技术操作规程，遵守《员工守则》和《安全生产禁令》；
（3）正确穿戴劳保用品上岗作业，规范、熟练地使用各种安全工器具、防护用品和消防器材；
（4）做好班前本班安全提示，定期检查安全设施、设备的安全状况，能熟练操作消防器材，做到岗位无隐患，确保安全无事故；
（5）遵守操作规程，操作前认真进行危害辨识和风险分析，落实必要的风险削减措施；
（6）不违章作业、不违反劳动纪律，自觉抵制违章指挥，纠正违章行为</td></tr>
<tr><td colspan="2">工作内容</td><td>（1）操作责任：
①执行交、接班制度；
②按照循环检查路线、项点进行详细检查；
③掌握设备结构、工具性能、施工参数等技术状况；
④及时掌握压裂车运行状况并做好维护；
⑤先行解决本岗位突发情况，并及时汇报；
⑥填写当班设备运转记录并签字；
⑦填写“设备状况巡视坐岗记录”并签字；
⑧特殊作业时申请“作业许可证”。
（2）生产责任：
①参加班前会，了解生产状况，接收作业指令；
②严格按照生产作业指令进行生产运行；
③严格按照安全操作规程进行生产操作；
④设备的安全使用、保养、简单维修；
⑤完成搬迁、安装、设备拆卸等工序；
⑥严格执行上级及本队各项规章制度；
⑦完成值班干部安排的其他工作；
⑧参加班后会，总结本班工作。
（3）管理责任：
①抓好班组管理和建设；
②组织每周的班组业务学习；
③及时掌握本班人员的思想状况，做好思想引导，就相关问题及时和指导员沟通；
④推广新工艺、新技术、新设备的应用；
⑤协助基层队做好其他管理工作。
（4）安全责任：
①参加每周班组HSSE活动并记录签字；
②严格执行HSSE各项规定；
③检查岗位HSSE工作情况，资料记录情况，发现不安全因素及时处理，处理不了的采取防范措施，及时上报；
④参加应急处置措施演练；
⑤正确使用劳动防护用具；
⑥熟练使用和维护安全防护设施、消防器材和急救器具；
⑦制止和纠正“三违现象”；
⑧积极抢救突发事故，正确处置，及时汇报，保护现场并详细记录；
⑨参与事故分析，提出防范措施；
⑩做好相关作业前的风险分析及应对措施；
⑪承担各项安全操作责任；
⑫承担本班组内的机械、设备、人身安全责任</td></tr>
<tr><td colspan="2">工作权限</td><td>（1）对违章指挥有拒绝权，对违章操作有制止权；
（2）对本岗位突发情况有先行处置权</td></tr>
</table>

续表

<table>
<tr><th colspan="2">项 目</th><th>主要内容</th></tr>
<tr><td colspan="2">职业生涯发展规划</td><td>(1)在本岗位具有良好的工作业绩，可以竞选班长；
(2)在班长岗位上表现出色，可以晋升到队部更高一级岗位；
(3)可以在队内部进行相应岗位流动或轮换</td></tr>
<tr><td rowspan="2">工作考核</td><td>考核关系</td><td>(1)接受本班组的业绩考核；
(2)接受队干部的工作考核</td></tr>
<tr><td>考核依据</td><td>参照本队《管理手册》所涵盖的指标</td></tr>
</table>

2. 工艺流程

酸化压裂队特车泵工工作工艺流程如图18-1所示。

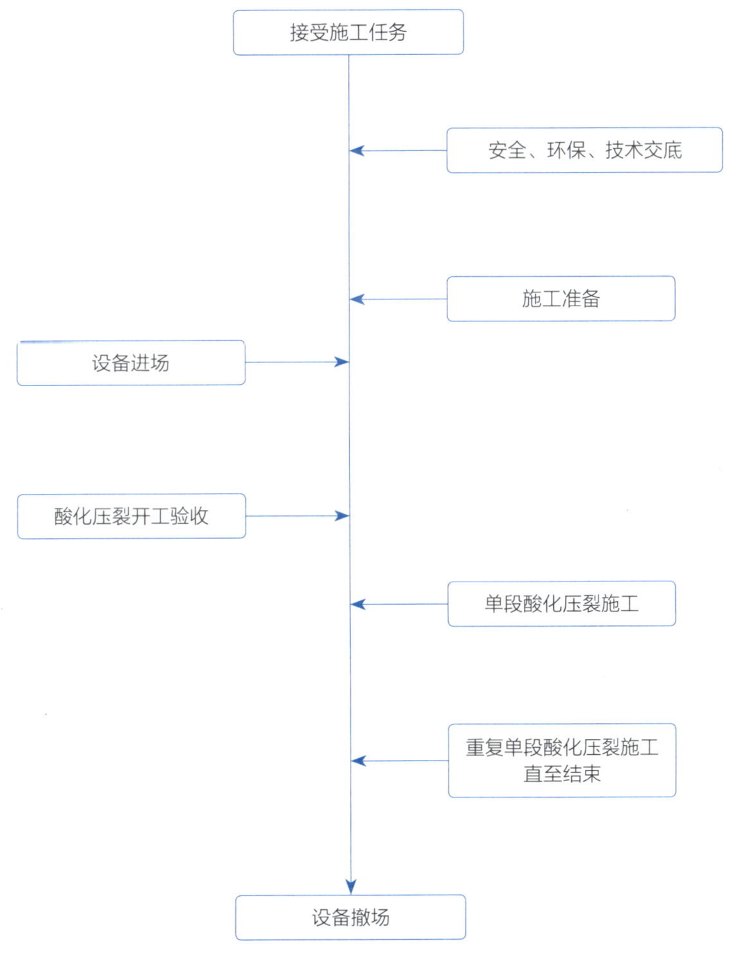

图18-1 特车泵工工作工艺流程

3. 工作流程

酸化压裂队特车泵工工作流程如图18-2所示。

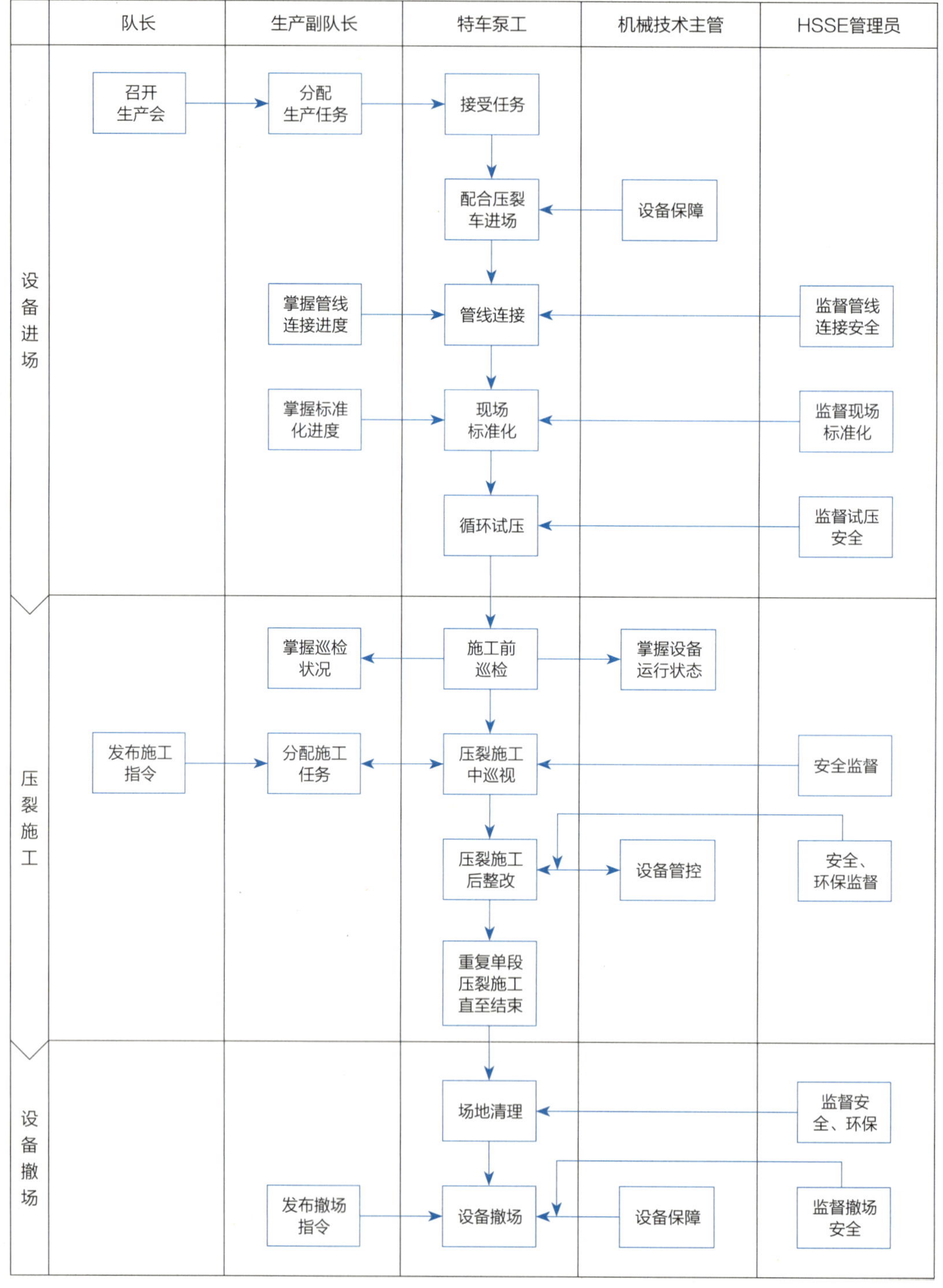

图18-2 特车泵工工作流程

第二节 岗位标准化操作规程

1. 交接班标准化操作规程

1）接班标准化操作规程

接班标准化操作规程如表18-2所示。

表18-2 特车泵工接班标准化操作规程

工作内容	工作步骤	工作标准	风险提示
班前检查	穿戴劳保用品	劳保用品穿戴齐全、规范	若劳保用品穿戴不齐，易发生人身伤害事故
	查看班前、班后记录本	查看仔细，掌握上个班组异常情况	若查看不认真，异常情况了解不清楚，易导致误操作
	接班前巡回检查	按巡回检查流程逐一检查设备、工具，检查率100%	若设备检查遗漏，有问题未及时发现，可能导致使用过程中发生故障，影响施工进度
	填写巡回检查记录本	巡回检查情况及时填写，并保证真实	若填写不及时，填写虚假信息导致问题未及时发现，易发生事故
	问题反馈	发现问题及时反馈给带班干部，问题反馈率100%	若发现问题未及时反馈、整改，设备带病工作，易发生事故
参加班前会	检查完，至井场入口空旷处参加班前会	参加率100%	若不参加班前会，将不了解工作情况，容易导致事故或人员伤害
	汇报本岗位检查情况	汇总率100%	若汇总不全，无法开展本班工作，易发生事故
	接收带班干部作业指令及安全注意事项，对作业内容进行危害分析，了解具体施工任务	危害分析全面，工作分配具体、明确	若不进行危害分析，易导致安全事故；若分配不具体，会导致怠工、误工
	填写班前、班后会记录本	写清本班设备运转注意事项，需整改项及施工安全注意事项，记录详实，字迹清晰无涂改	若存在问题或对需要整改事项交代不清，易导致问题整改不全，遗留隐患，耽误施工或导致事故；若记录不齐全，则不符合资料存档规范

2）交班标准化操作规程

交班标准化操作规程如表18-3所示。

表18-3 特车泵工交班标准化操作规程

工作内容	工作步骤	工作标准	风险提示
参加班后会	至集合点参加班后会，总结、分析本班工作情况	总结内容具体、全面，特别是对异常情况要总结彻底	若不参加班后会，则本班工作无人讲评，问题、经验不能及时总结

续表

工作内容	工作步骤	工作标准	风险提示
交班	填写班前、班后会记录本	写清本班设备运转情况、当前施工情况、存在问题和需要整改事项，记录详实，字迹清晰无涂改	若设备交接有遗漏、交接不清，易发生故障，影响施工进度；若对存在问题和需要整改事项交代不清，易导致问题整改不全，遗留隐患，耽误施工或导致事故

2. 巡回检查标准化操作规程

巡回检查标准化操作规程如表18-4所示。

表18-4　特车泵工巡回检查标准化操作规程

巡回检查路线：

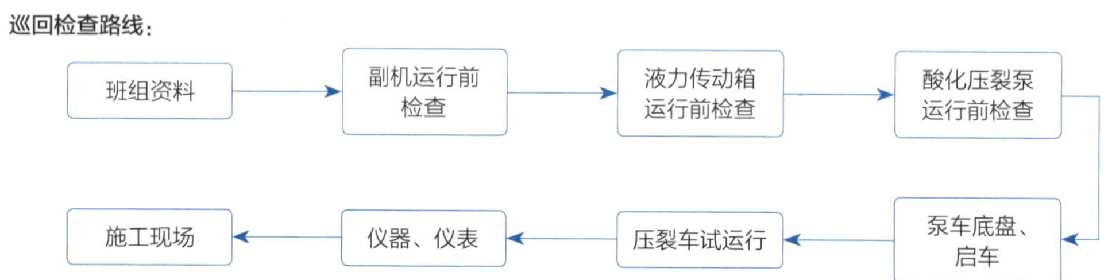

检查地点	检查项点	工作标准	风险提示	风险规避措施
班组资料	班前、班后会记录，巡查记录，设备运转、保养记录等	资料齐全，填写准确、整洁、及时，无漏填内容	若检查资料不齐全，易导致对当前施工情况了解不清，因而发生问题	检查资料要逐本进行，认真仔细，无遗漏
	泵车高、低压管汇 泵车高压旋塞阀	处于开启位置	若关闭将憋压导致高压件爆裂	正确挂好开关牌
	低压上水阀门	处于开启位置	若关闭将导致压裂车无法上水走空泵	正确挂好开关牌
	高、低压管线	高、低压管线及弯头连接牢固、合理且有缓冲余地	若管线连接不合理，将导致晃动加大，加速管线损坏	布局合理，连接时充分考虑缓冲余地
	安全束缚带	连接可靠	若束缚带不可靠，使高压件爆裂时无防护，易造成人员伤害和设备损坏	选用合规束缚带正确连接
副机运行前检查	机油	应在机油标尺标一侧的“ADD”和“FULL”标识之间，油品质量应符合要求	过高或过低的液位将造成设备损坏	不足时添加，过高则及时反映情况

续表

检查地点	检查项点	工作标准	风险提示	风险规避措施
副机运行前检查	各类滤器	空气滤清器、柴油滤清器和机油滤清器固定牢靠，表面清洁、无渗漏	固定不牢或渗漏易导致设备运转故障或油料落地造成污染	进行紧固，损坏的应进行更换
	冷却液	应在散热器内加注口的底面位置	冷却液不足易导致车辆高温停车或造成设备损坏	按要求及时添加
	电、气路	进气切断熄火装置，应处于运转“OPEN”位置，电、气路原件及传感器连接应牢固	若车辆副机无法启动，电、气路连接不牢固，易导致设备故障	使各连接牢固，进气切断熄火装置处于开位置
	各连接螺栓	连接应牢固，所有护板应安装到位	若不牢固，易导致设备故障；若护板不全，则存在安全隐患	对各螺杆进行紧固
液力传动箱运行前检查	传动箱油面	油面应在油面计玻璃管上刻度线和下刻度线之间	若油面位置错误，易导致传动箱高温停车或传动箱损坏	及时添加指定油料
	整体连接	传动箱外部连接螺栓无松动，油管无破裂、变形、鼓包，油管接头无松动、无渗漏，传动箱热交换器油管卡箍卡紧，各部位无漏油	若连接松动，易导致设备损坏；若油料渗漏，易导致环境污染	及时紧固
酸化压裂泵运行前检查	润滑油面	在规定尺度范围内	若油量不足，易导致柱塞润滑不足，柱塞盘根损坏、刺漏，影响施工	及时添加指定油料
	整体连接	酸化压裂泵与传动轴的连接牢固，各紧固件无松动，高压管线、高压活动弯头的密封圈完好，柱塞和柱塞密封组件盒上紧	若连接不牢固，易导致设备损坏，影响施工	对松动部及时紧固
泵车底盘、启车	手刹	确定手刹拉住	若手刹不拉，易造成施工中溜车	熟知手刹位置
	挡位	放在空挡	若未放在空挡，则启动时底盘窜动	检视底盘电脑，查看挡位
	支撑腿、掩木	支撑可靠	若支撑悬空，会增加施工中泵车晃动	支撑着地
	接地线	按标准接地线	若未接地线，雷击时易损坏随车电脑	接地线桩不能松动

续表

检查地点	检查项点	工作标准	风险提示	风险规避措施
泵车底盘、启车	底盘车油、水、电	机油防冻液电解液液位在标尺合格范围内，油压、水温、电压正常	过高或过低的液位会造成设备损坏	逐项检查，液量不足时添加
	底盘启动	启动压裂车电源，各仪表及指示灯处于正常工作状态，无报警；启动底盘车，挂上取力器，将转速升至1100～1500r/min	若无法启动，易导致无法施工	电脑自检完成后再启动
	副机启动	怠速运转15s，观察柴油机机油压力，应达到400～450kPa，压裂车仪表箱各仪表盘指针示值在规定范围内，否则停机检查	异常运行易导致设备运转故障或损坏	观察仪表盘指针示值，异常及时汇报停车
压裂车试运行	泵头	酸化压裂泵动力端和传动部分无异响，酸化压裂泵液力端，无走空泵声响，传动箱所挂挡位的酸化压裂泵排量、压力相符合，酸化压裂泵各密封部位无刺漏，各处润滑正常	若有异常未发现，易造成设备损坏	检查仔细，发现问题及时整改
	高、低压管线	连接稳固、无刺漏	若管线不稳固或有刺漏，易造成施工中管件爆裂，或因刺漏造成污染	仔细检查，发现问题及时整改
	柱塞润滑情况	润滑充分	若润滑不足，易造成设备损坏	转动润滑气压开关手柄调整气动增压油泵供油量大小
仪器、仪表	各类信号线接头	连接可靠、无松动	若连接处有松动，易导致各类信号无法汇总传输	及时紧固
	各类直感仪表	显示在正常范围	若显示不正常，易导致无法实时了解设备运行状况	及时更换
施工现场	现场安全防护	现场围栏按规定布置	若不按标准距离，则起不到安全防护作用	警示围栏按规定摆放后不得随意移动
	消防器材	灭火器数量齐全且在有效期内	若灭火器数量不足或失效，易导致发生火灾时无法实施消防措施	备足消防器材，定期检查
	地面环保	地面防渗膜无破损且整洁	渗漏易造成环境污染	及时修补
	其他隐患	应急通道无杂物	杂物堆积易影响抢险进度，增加安全风险	及时清理

3. 日常操作标准化操作规程

1）接受施工任务标准化操作规程

接受施工任务标准化操作规程如表18–5所示。

表18–5 特车泵工接受施工任务标准化操作规程

工作内容	工作步骤及标准	风险提示	风险规避措施
接受施工任务	明确施工平台井场布置情况，明确压裂车摆放位置及要求	若技术交底不到位，易导致对压裂车摆放位置不清楚，压裂车相关物资准备不足或剩余过多	安全技术交底时，认真听取相关信息、要求

2）安全、环保、技术交底会标准化操作规程

安全、环保、技术交底会标准化操作规程如表18–6所示。

表18–6 特车泵工安全、环保、技术交底会标准化操作规程

工作内容	工作步骤或标准	风险提示	风险规避措施
参加安全、环保、技术交底会	劳保穿戴整齐，学习每口井的酸化压裂技术参数、注意事项及安全风险提示	若不了解每口井的施工参数，易导致施工失误，影响施工质量	必须参加安全、环保、技术交底会，清楚施工要求

3）施工准备标准化操作规程

施工准备标准化操作规程如表18–7所示。

表18–7 特车泵工施工准备标准化操作规程

工作内容	工作步骤或标准	风险提示	风险规避措施
估算压裂车物资用量	根据技术交底内容，预算压裂车相关物资用量，估算量是实际用量的1.2倍时较为合适	若物资用量预计不足，将耽误施工进度；若物资剩余过多，将增加劳动强度，且易造成浪费	召开班组会议，班组人员进行讨论，集思广益
连接泵车高、低压管线	高压管汇台接入口连接旋塞阀，落地高压弯头与直管应有两点可靠支撑，弯头两弯平面夹角大于30°，泵头排出法兰处弯头一律右高左低	砸榔头时榔头飞出可能伤人，碎屑飞溅也可能伤人	砸榔头时戴护目镜，使用前检查榔头松紧度，并清理出安全范围
	高压件整体连接牢固且有缓冲余地，低压管线着地并有摆动空间	若高压件支撑不牢靠，易导致施工中高压件晃动，增加金属疲劳，缩短高压件使用寿命，且有爆裂风险	调整橡胶垫块至合理高度，垫实高压件与地面之间间隙
连接安全束缚带	高压件由壬圈两端必须各缠绕一圈，距离大于2m直管需在中部加道缠绕，整体连接紧凑，两端固定牢靠	若连接不仔细或固定不牢靠，易导致高压件爆裂时无防护，造成人员设备受伤害	采用合规束缚带正确缠绕并逐一检查

续表

工作内容	工作步骤或标准	风险提示	风险规避措施
现场标准化	压裂车用围栏隔离出高压区范围，消防器材放在指定区域，各类通信线穿入护线板，各类安全警示标牌齐全，现场整洁、无杂物	搬运各类器材时人员易发生意外伤害	合理分配人员任务，班组长做好施工监护
循环试压	队长下达循环试压指令后，泵工按巡检顺序依次检查压裂车，可以施工后，逐车检查各泵上水情况及盘根润滑情况，确认后进入试压流程；泵工持望远镜在远处观察高压件有无刺漏，直到试压合格	试压作业时，高压件需整改，若压力未放尽时人员进入高压区，易造成人员伤害	高压区试压时通知到现场每个人，人员禁止进入高压区

4）酸化压裂开工验收标准化操作规程

酸化压裂开工验收标准化操作规程如表18-8所示。

表18-8　特车泵工酸化压裂开工验收标准化操作规程

工作内容	工作步骤或标准	风险提示	风险规避措施
岗位相关资料	及时填写岗位相关资料，确保数据准确、没有涂改	若资料填写不符合标准，易影响开工验收进度	验收前，检查本岗位相关资料是否完整

5）单段酸化/酸化压裂施工标准化操作规程

单段酸化/酸化压裂施工标准化操作规程如表18-9所示。

表18-9　特车泵工单段酸化/酸化压裂施工标准化操作规程

工作内容	工作步骤或标准	风险提示	风险规避措施
酸化压裂施工中巡视高压区	（1）酸化压裂前，告知井场其他人员，禁止进入高压区； （2）酸化压裂施工过程中，人员拿望远镜在离高压区四周30m以外的高处进行巡视观察，发现高压件异常，及时汇报	（1）若人员进入高压区，一旦发生高压件爆裂，易造成人员受伤； （2）若高压件刚开始出现异常，未及时发现，易造成事故	（1）加强人员责任心，坚守岗位，认真负责； （2）高压件异常，及时做出判断并汇报
停车熄火	（1）让车台柴油机怠速运转不少于5min； （2）将液力传动箱置于空挡位置； （3）停止车台柴油机运转； （4）关掉压裂车电源开关	怠速运转时间不足，易导致使设备损坏；电源未关，易导致使电瓶电量放空，无法正常启车	按要求进行停机断电
常规检泵	（1）准备好检泵常用工具、清水、抹布； （2）固定好工作平台，拉上防护链； （3）逆时针拆卸吸入、排出端压帽并检查有无损坏； （4）使用游锤上紧在压体上，依次拔出各个压体并检查压体及密封圈有无损坏；	（1）若使用工具不当，易造成人员设备伤害； （2）卸下压帽等较重部件时若发生滑脱易造成自己和他人受伤； （3）从工作台上坠落将	（1）正确使用工具； （2）做好安全防护措施； （3）防护链及上、下扶梯固定牢固； （4）撒漏液体及时清理，安全员做好安全警

续表

工作内容	工作步骤或标准	风险提示	风险规避措施
常规检泵	(5)逐个取出吸入端弹簧固定座、导座，吸入、排出端弹簧，并检查有无损坏； (6)逐个拿出各凡尔体总成并检查，同时检查凡尔座磨损状况； (7)更换损坏部件后核实部件完好性，按拆卸的反向顺序依次装回各部件并清洁泵体外部	造成人员伤害； (4)若检泵中液体撒漏，将造成环境污染	示，并按环保要求进行现场验收
更换凡尔座	(1)准备好更换凡尔座所需工具、清水、抹布、少许润滑油； (2)固定好工作平台，拉上防护链； (3)将凡尔座拉拔器拉拔头嵌入损坏的凡尔座下部，上紧拉拔器丝杆锁帽； (4)使用拉拔器手动增压泵给拉拔器油缸打压，直至凡尔座被拔出； (5)清洁泵腔，将新凡尔座涂油放入阀座承孔内； (6)恢复泵腔其他部件	(1)若拉拔头固定不牢固，打压时易脱出伤人； (2)可能发生液压组件超压或泄漏伤人	(1)使用前认真检查拉拔器并试压，不合适时及时调整； (2)打压时随时观察压力表
更换柱塞盘根	(1)准备好更换盘根用工具、清水、抹布、少许润滑油； (2)固定好工作平台，拉上防护链； (3)依次拆出需换柱塞盘根的泵体单缸吸入压帽、压体、弹簧固定座、导座； (4)拆卸盘根卡瓦； (5)使用游锤拔出柱塞并检查其有无损坏； (6)卸下盘根压盖并检查； (7)依次取出铜环、盘根、铁环； (8)彻底清洁泵腔并按拆卸的反向顺序依次装回更换后的盘根等所有部件； (9)调整盘根间隙，检查润滑油路，清洁集油盒，更换柱塞润滑油	(1)若使用游锤用力过猛，易造成柱塞落地伤人； (2)若安装柱塞时不涂油，易造成初次使用盘根润滑不良； (3)若盘根间隙不调整，油路不检查，集油盒不清理，易造成盘根二次损坏	(1)合理使用工具； (2)仔细清洁，按规定润滑并调整，检查相关部位； (3)调整盘根间隙，检查油路，清理集油盒

6）设备撤场标准化操作规程

设备撤场标准化操作规程如表18-10所示。

表18-10 特车泵工设备撤场标准化操作规程

工作内容	工作步骤或标准	风险提示	风险规避措施
拆解高、低压管线	(1)拆解安全束缚带，收拢并上架； (2)拆解高压件，按弯头、直管分类上架； (3)拆卸低压管线，收入指定吊装框； (4)拆卸泵车间网络线，清洁盘好并收拢	(1)若工具使用不当，易造成伤害； (2)若吊装各类管架、料框发生意外，易造成人员、设备伤害	(1)正确使用工具，各岗位之间加强配合，严格执行安全操作规程； (2)严格执行吊装安全操作规程
现场清理	收集、清理施工现场余留橡胶垫块、防渗布、工具及其他杂物，并分类收入指定吊装框内，将井场恢复为进场前状态	若各类物品油污未清理干净，易造成物件丢失及环境污染	清理完成，值班干部全面检查后方可离开

第十九章　酸化压裂队混砂工岗位操作标准

第一节　岗位描述

1. 岗位说明

酸化压裂队混砂工岗位说明如表19–1所示。

表19–1　混砂工岗位说明

项　目		主要内容
工作概述		负责本队混砂车、灌注车/撬的日常检查、维护和保养，酸化压裂及相关作业的混砂车、灌注车/撬操作
上岗条件	教育程度	具有高中或以上学历
	从业资格	一年以上相关工作经历，具备职业技能鉴定中心颁发或验印的井下作业初级工及以上职业资格证书，持有有效的井控培训合格证、HSSE管理培训合格证、硫化氢防护技术证
	辅助技能	了解机械、采油工程基础知识，懂得油品和水的常识
	工作经历	从事井下作业、酸化压裂作业等一线工作累计一年以上
	职业道德	爱岗敬业、勇于奉献、团结协作、遵章守纪
	身体素质	（1）身体健康； （2）视力正常，听觉敏锐； （3）具有高空作业能力
岗位关系	纵向关系	接受队长、副队长的领导，以及带班干部业务指导
	横向关系	与仪表工及配合单位具有协作关系
岗位职责	工作职责	（1）负责本岗设备的日常维护、保养、调校及正确操作； （2）负责按施工方案、技术交底及现场施工指令预置、调整施工参数，并进行正确操作； （3）负责监控所操作的设备在施工过程中的运行状况，确保设备正常运行； （4）负责紧急情况的应急处理； （5）贯彻执行HSSE管理体系； （6）完成领导交办的其他工作
	安全职责	（1）对本岗位的HSSE工作负直接责任； （2）贯彻执行国家、行业HSSE相关的法律、法规和本企业井下作业安全工作规程、安全技术操作规程，遵守《员工守则》和《安全生产禁令》；

续表

项 目		主要内容
岗位职责	安全职责	(3)正确穿戴劳保用品上岗作业，规范、熟练地使用各种安全工具、防护用品和消防器材； (4)工作中穿戴好劳保用品，采取安全措施，定期检查安全设施、设备的安全状况，能熟练操作消防器材，做到岗位无隐患，确保安全无事故； (5)遵守操作规程，操作前认真进行危害辨识和风险分析，落实必要的风险削减措施； (6)不违章作业，不违反劳动纪律，自觉抵制违章指挥，纠正违章行为
工作内容		(1)操作责任： ①执行交、接班制度； ②按照循环检查路线、项点进行详细检查； ③负责混砂车、灌注车/撬的操作，与仪表车施工指挥配合完成循环、试压、试挤、酸化压裂施工、泵送、钻塞等作业； ④发生砂堵、高压管线刺漏、爆裂等紧急情况下负责操作混砂车、灌注车/撬与其他岗位配合完成相关作业； ⑤掌握混砂车、灌注车/撬结构及性能； ⑥及时掌握混砂车、灌注车/撬的运行状况； ⑦严格按照酸化压裂施工设计施工，发现问题及时汇报； ⑧先行解决本岗位突发情况，并及时汇报； ⑨认真填写交接班记录本； ⑩认真填写设备运转记录本； ⑪特殊作业时开具“作业许可证”； ⑫完成值班干部临时安排给本岗位的其他任务。 (2)生产组织责任： ①参加班前会，了解生产状况，接收作业指令； ②严格按照生产作业指令组织班组生产运行； ③严格按照安全操作规程组织班组生产操作； ④协调班组岗位分工； ⑤检查全班对巡回检查制度、交接班制度、设备维修保养制度的执行情况； ⑥组织本班人员进行对混砂车、灌注车/撬及配套设备的安全使用、保养、简单维修； ⑦带领班组人员完成搬迁、安装、设备拆卸等程序； ⑧带领本班组严格执行上级及本队各项规章制度； ⑨带领班组完成值班干部安排的其他工作； ⑩参加班后会，对本班工作进行总结。 (3)管理责任： ①抓好班组管理和建设； ②组织每周的班组业务学习； ③及时掌握本班人员的思想状况，做好思想引导，就相关问题及时和支部书记沟通； ④推广新工艺、新技术、新设备的应用； ⑤协助基层队做好其他管理工作。 (4)安全责任： ①组织每周的班组HSSE活动并记录、签字； ②组织班组严格执行HSSE的各项规定； ③检查本班组岗位HSSE工作情况及资料记录情况，发现不安全因素及时处理，处理不了的采取防范措施，及时上报； ④带领班组参加应急处置措施演练； ⑤带头并监督本班人员正确使用劳动防护用具； ⑥熟练使用和维护安全防护设施、消防器材和急救器具； ⑦制止和纠正“三违现象”； ⑧积极抢救突发事故，正确处置、及时汇报、保护现场并详细记录； ⑨参加事故分析，提出防范措施； ⑩组织做好相关作业前的风险分析及应对措施； ⑪承担班组人员的各项安全操作责任； ⑫承担本班组内的机械、设备、人身安全责任

续表

项　目		主要内容
工作权限		（1）有权拒绝交接不符合标准的工作； （2）有权拒绝违章指挥和制止违章操作； （3）有权对生产过程中发现的安全隐患，采取适当的应急处理措施，并立刻报告； （4）有权拒绝使用不合格产品； （5）有权提出合理化建议和改进意见； （6）有权对危害生命安全和身体健康的生产条件和行为提出意见、检举和控告； （7）有权在严重危及生命安全且不可抗拒的紧急情况下，采取必要措施避险，并立刻报告
职业生涯发展规划		（1）在本岗位具有良好的工作业绩，达到高一层次任职条件，可以晋升到高一级岗位； （2）可以在公司内部进行相应岗位流动或轮换
工作考核	考核关系	（1）接受本班组的业绩考核； （2）接受队干部的工作考核
	考核依据	参照本队《管理手册》所涵盖的指标

2. 工艺流程

酸化压裂队混砂工工作工艺流程如图19-1所示。

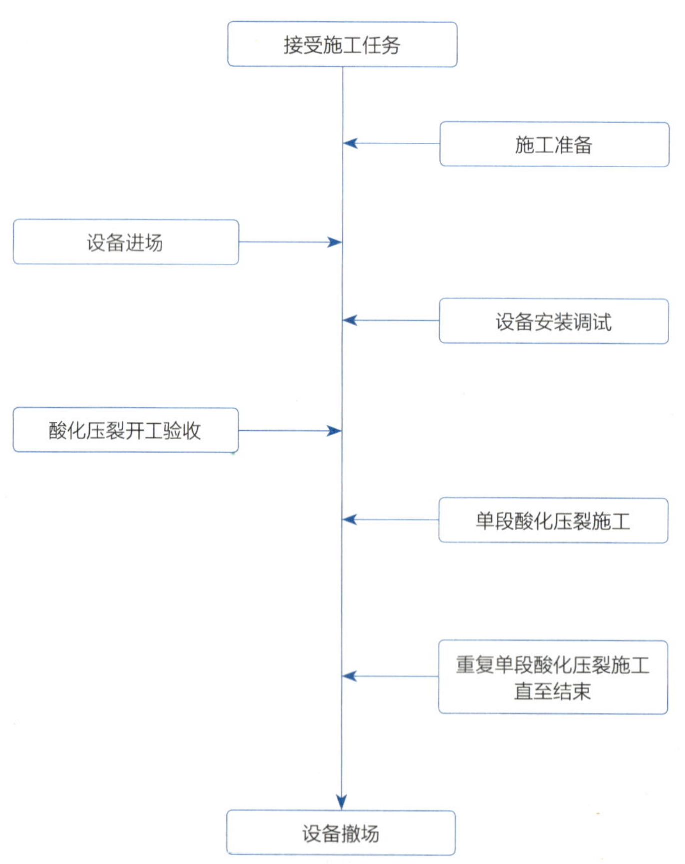

图19-1　混砂工工作工艺流程

3. 工作流程

酸化压裂队混砂工工作流程如图19-2所示。

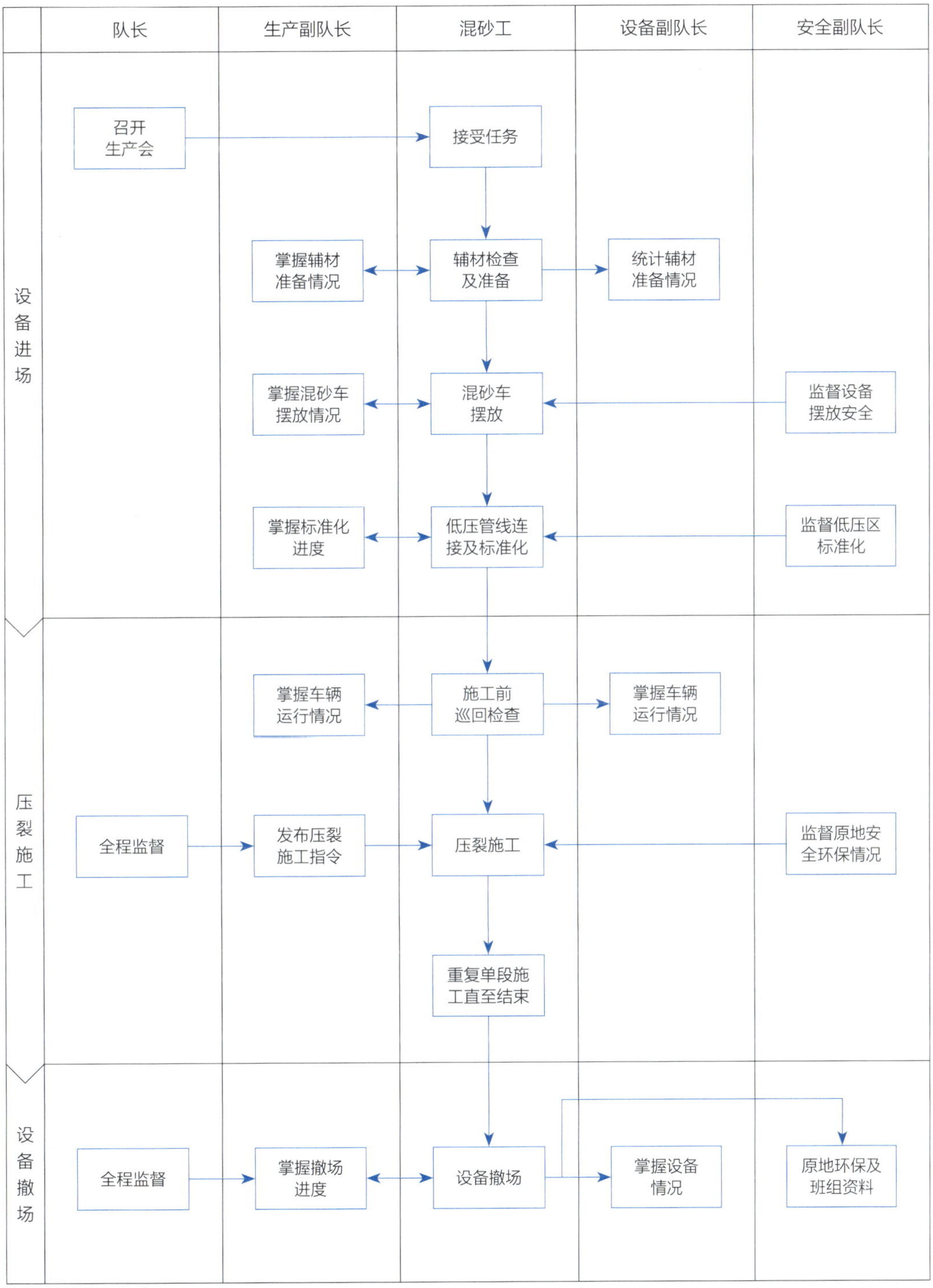

	队长	生产副队长	混砂工	设备副队长	安全副队长
设备进场	召开生产会		接受任务		
		掌握辅材准备情况	辅材检查及准备	统计辅材准备情况	
		掌握混砂车摆放情况	混砂车摆放		监督设备摆放安全
		掌握标准化进度	低压管线连接及标准化		监督低压区标准化
压裂施工		掌握车辆运行情况	施工前巡回检查	掌握车辆运行情况	
	全程监督	发布压裂施工指令	压裂施工		监督原地安全环保情况
			重复单段施工直至结束		
设备撤场	全程监督	掌握撤场进度	设备撤场	掌握设备情况	原地环保及班组资料

图19-2 混砂工工作流程

第二节 岗位标准化操作规程

1. 交接班标准化操作规程

1）接班标准化操作规程

接班标准化操作规程如表19–2所示。

表19–2 混砂工接班标准化操作规程

工作内容	工作步骤	工作标准	风险提示
班前检查	穿戴劳保用品	劳保用品穿戴齐全、规范	若劳保用品穿戴不整齐，易发生人身伤害事故
	查看班组资料	仔细查看班组资料，掌握上一个班组的异常情况	若查看班组资料不认真，对异常情况了解不清楚，会影响当天正常工作
	接班前巡回检查	按巡回检查流程逐一检查设备、工具，检查率100%，发现问题及时反馈给当班干部，问题反馈率100%	若设备检查遗漏，有问题未能及时发现，可能导致使用过程中发生故障，影响施工进度；若发现问题未及时反馈整改，设备带病工作，易发生事故
参加班前会	接班后检查完，至指定地点参加班前会	参加率100%	若不参加班前会，将不了解工作情况，易导致事故
	汇报本岗检查情况	汇总率100%	若汇总不全，无法开展工作，易导致事故
	接收值班干部作业指令及安全注意事项，对作业内容进行危害分析，了解具体施工任务	危害分析全面；工作分配必须具体、明确；记录齐全、准确	若不进行危害分析，易导致安全事故；若分配不具体，易导致怠工、误工
	填写班前、班后会记录本	数据、指令填写规范、准确、无涂改	若数据记录有误、不齐全，则不符合资料存档规范

2）交班标准化操作规程

交班标准化操作规程如表19–3所示。

表19–3 混砂工交班标准化操作规程

工作内容	工作步骤	工作标准	风险提示
参加班后会	填写好交接班记录本后，至集合点参加班后会，总结、分析本班工作情况	总结内容具体、全面，特别是对异常情况要总结彻底	若不参加班后会，则本班工作无人讲评，问题、经验不能及时总结
交班	交清本班设备运转情况及当前施工情况	将施工情况、设备、工具状况进行常规交接，完成率100%	若设备交接有遗漏、交接不清，易发生故障，影响施工进度
	交清当天存在的问题和需要整改的事项	将存在问题和需要整改的事项进行正常交接，完成率100%	若对存在问题和需要整改事项交代不清，易导致问题整改不全，遗留隐患，耽误施工或导致事故发生

2. 巡回检查标准化操作规程

巡回检查标准化操作规程如表19-4所示。

表19-4 混砂工巡回检查标准化操作规程

巡回检查路线：

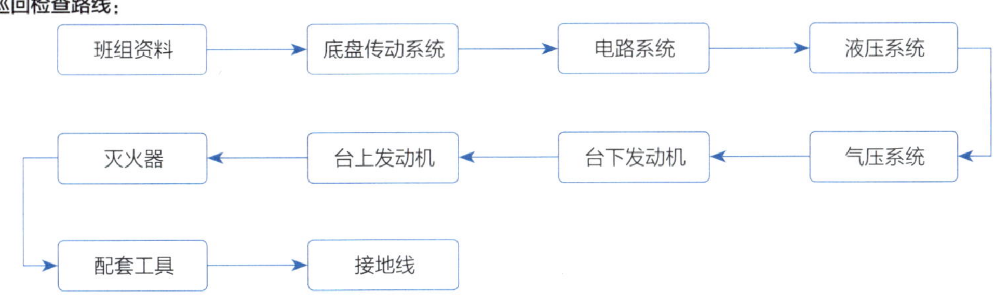

检查地点	工作标准	风险提示	风险规避措施
班组资料	班前、班后会记录本、巡回检查记录本等资料齐全，填写准确、整洁、及时，无漏填内容	若车辆出现异常且接班人因疏忽未能及时发现，易导致在施工中出现问题，影响施工进度	检查资料要项时认真仔细、无遗漏
底盘传动系统	刹车制动，手刹、脚刹及紧急制动效果良好	若不拉手刹，易造成施工中溜车	熟知手刹位置
	底盘传动系统各传动轴螺丝齐全紧固、润滑良好	若底盘传动系统各传动轴螺丝不齐全或未能紧固，易对施工造成影响	仔细逐项检查，及时紧固松动螺丝，确保无遗漏
	管线连接无渗漏	若底盘传动系统管线连接有渗漏，易对设备造成损害	仔细逐项检查，确保无遗漏，发现管线渗漏及时整改，不能整改的及时向上级汇报
电路系统	查看电瓶接线头及固定螺丝是否牢固、可靠，检查蓄电池电压是否正常	若因电压不足导致发动机难以启动，将影响施工进度	加强对电瓶的日常检查
	各仪表、灯光工作正常、牢固可靠	若仪表、灯光工作不正常，将影响施工进度	加强对仪表、灯光的相关日常检查
	各线路无裸露、老化、松动、短路现象	若线路出现老化、松动、短路等故障，易对施工造成影响	了解线路图，出现问题能及时解决
液压系统	液压油面在油尺上的“HIGHT”和“LOW”之间	若因缺少液压油导致液压系统动力不足，将影响施工	缺少液压油时及时补足
	液压管路各阀件调整适当，各管线连接无渗漏	若液压管线调节阀不适当或连接处有渗漏，将影响施工	仔细逐项检查，确保无遗漏，发现液压管线渗漏及时整改，不能整改的及时向上级汇报
气压系统	气路开关正常打开	若气路不打开使相关部件不能正常使用，将影响施工正常进行	气路不能正常使用时及时改为手动

续表

检查地点	工作标准	风险提示	风险规避措施
气压系统	气路管路各阀件适当，各管线连接无刺漏	若气路连接处有漏气，易导致气压系统不能正常工作，影响施工正常运行	及时更换刺漏管线
台下发动机	柴油油箱牢固、滤网清洁	若柴油油箱不牢固，滤网不清洁，易导致车辆不能正常运行，影响施工进度	及时紧固柴油油箱，清理柴油滤网
	台下发动机冷却液充足	若冷却液不足，使车辆升温，易导致发动机自动熄火，影响施工质量	冷却液不足时及时添加至正常液位
	机油面在油尺“FULL”和“ADD”之间	若机油面不在油尺“FULL”和“ADD”之间，易使发动机受损	机油不足时及时添加至正常液位
	空气滤清器清洁无污染、牢固可靠	若空气滤清器不清洁、有污染，易导致车辆动力不足，影响施工质量	更换不清洁有污染的空气滤清器
	各滤清器无变形、渗漏、松动等现象，且牢固可靠	若各滤清器有变形、渗漏、松动等现象，使车辆不能正常运行，将影响施工进度	更换不能使用的各滤清器
台上发动机	台上发动机的机油油面在标尺上的“FULL”和“ADD”之间	若机油面不在油尺“FULL”和“ADD”之间，易使发动机受损	机油不足时及时添加至正常液位
	台上发动机防冻液充足	若冷却液不足，使车辆升温，易导致发动机自动熄火，影响施工质量	冷却液不足时及时添加至正常液位
	液压油油面在油箱观测仪上的“HIGHT”和“LOW”之间	若缺少液压油，易导致液压系统动力不足，影响施工	液压油不足时及时补足至正常液位
	台上发动机曲轴皮带松紧度在两轮中间下按皮带到1.5cm	若台上发动机曲轴皮带松紧度不在标准尺寸内，易影响发动机动力的输出	调整发动机曲轴距离，使发动机曲轴皮带松紧度合适
	各滤清器无变形、渗漏、松动等现象，且牢固可靠	若各滤清器有变形、渗漏、松动等现象，使车辆不能正常运行，将影响施工进度	更换不能使用的各滤清器
	各管线、各阀件调整适当，各管线连接无渗漏，且牢固可靠	若液压管线调节阀不适当或连接处有渗漏，将影响施工	仔细逐项检查，确保无遗漏，发现各管线、各阀件调整不适当、各管线连接有渗漏时及时整改，不能整改的及时向上级汇报
	各部分固定螺丝无松动、缺失，牢固可靠	若各部固定不牢靠，易造成错位，损坏设备	仔细逐项检查，及时紧固松动螺丝，确保无遗漏
	吸入及排出泵连接盘与盘根紧固，必要时扭紧或更换盘根	若吸入及排出泵连接盘与盘根不紧固，易影响泵效	仔细逐项检查，及时紧固吸入及排出泵连接盘与盘根，必要时更换盘根

续表

检查地点	工作标准	风险提示	风险规避措施
台上发动机	输砂斗内无杂物，两个输砂器的固定销定位	若输砂斗内有杂物，易使绞龙输砂出现故障，影响施工进度	及时清理输砂斗内杂物
	添加剂泵的固定情况以及润滑油位在2/3以上	若添加剂泵固定不牢靠或润滑油缺失，易导致添加剂泵出现损坏，影响施工质量	润滑油不足时及时添加至正常液位
灭火器	压力指针在正常的绿色区域	若压力指针不在正常的绿色区域，则说明已经过期，没有使用价值	更换过期的灭火器
	灭火器各部件齐全、无缺损	若灭火器各部件不齐全，有缺损，易导致不能正常使用	更换有缺损、不能使用的灭火器
	灭火器固定牢固可靠	若灭火器固定不牢固可靠，易发生安全事故	固定不牢靠的灭火器
配套工具	工具规格、数量符合配置标准	若工具不符合规格、数量配置标准，则需要时不能正常使用	配齐工具
	工具摆放在指定位置	若工具不在指定位置，则不方便使用	收纳使用后的工具，摆放在指定位置
	工具固定牢靠	若工具固定不牢靠，施工或行车时易发生掉落	固定不牢靠的工具
接地线	防静电接地线固定牢靠	若防静电接地线不牢靠，易导致因静电产生不良后果	及时固定不牢靠的接地线

3. 日常操作标准化操作规程

1）接受施工任务标准化操作规程

接受施工任务标准化操作规程如表19-5所示。

表19-5 混砂工接受施工任务标准化操作规程

工作内容	工作步骤或标准	风险提示	风险规避措施
接收队长下达的生产指令	清楚生产任务，清楚酸化压裂时混砂车、灌注车/撬摆放位置	若对生产任务不清，将影响施工进度	与队上干部保持联系，了解施工整体进度

2）安全、环保、技术交底会标准化操作规程

安全、环保、技术交底会标准化操作规程如表19-6所示。

表19-6 混砂工安全、环保、技术交底会标准化操作规程

工作内容	工作步骤或标准	风险提示	风险规避措施
参加安全、环保、技术交底会	劳保穿戴整齐，学习本井的酸化压裂技术参数、注意事项及安全风险提示	若不了解本井的施工参数，易导致施工失误，影响施工质量	必须参加安全、环保、技术交底会，清楚施工要求

3）施工准备标准化操作规程

施工准备标准化操作规程如表19–7所示。

表19-7 混砂工施工准备标准化操作规程

工作内容	工作步骤或标准	风险提示	风险规避措施
认真听取队上相关人员的交底	清楚安全环保技术交底内容	若对安全环保技术交底内容模糊不清或信息有误，将影响施工质量	认真听取安全环保技术交底内容
参加应急演练	根据实际情况参加不同的应急演练，包括交通、环保、酸化压裂施工等各种情况	若不清楚应急处置措施内容，则不能采取有效措施	熟悉应急处置措施内容
做好设备巡回检查	检查混砂车、灌注车/撬的状况，保障设备达到施工条件	若设备临时出现异常情况，易引发生产及安全事故	设备进场前做好巡回检查工作
相关辅材准备	确定相关辅材所需用量，估算量是实际用量的1.2~1.3倍，并向机械主管申报	若辅材用量预计不足，将耽误施工进度；若辅材剩余过多，将增加劳动强度，且易造成浪费	确定辅材用量后及时与机械主管沟通

4）设备进场标准化操作规程

设备进场标准化操作规程如表19–8所示。

表19-8 混砂工设备进场标准化操作规程

工作内容	工作步骤或标准	风险提示	风险规避措施
召开吊装作业班前会	明确各岗位分工，做好风险分析与防范，准备、检查好相关吊具，开好吊装作业许可证	若人员分工不明确，作业现场将操作混乱	作业前必须先开班前会，明确每个人的分工
参与吊装低压管线及相关辅材	严格按照吊装操作规程进行作业，落实“十不吊”；规划好装车顺序，高压件装车摆放整齐、牢固，杜绝高压件在运输过程中掉落	若未严格落实吊装操作规程，易导致吊装事故；若高压件装车不牢固，半路掉落，易导致交通事故、人员受伤	带班干部、安全员做好监护，对于违章行为进行严厉处罚

5）设备安装调试标准化操作规程

设备安装调试标准化操作规程如表19–9所示。

表19-9 混砂工设备安装调试标准化操作规程

工作内容	工作步骤或标准	风险提示	风险规避措施
指挥驾驶员将混砂车按井场布置图准确、安全摆放	将混砂车、灌注车/撬安全地摆放在指定位置	（1）混砂车、灌注车/撬停放前可能会出现人员意外伤害或设备损坏的安全事故； （2）混砂车、灌注车/撬在停放后可能发生溜车事故	（1）检查井场有无泥浆坑、地桩、电线等不安全因素； （2）混砂车、灌注车/撬停放好后，应摘挡，熄火，拉紧手刹
混砂车、灌注车/撬的巡回检查	按照巡回检查点，有序进行检查	若检查不到位，施工过程中车辆出现意外状况，将影响施工质量及进程	巡回检查时，出现问题应及时解决，不留隐患
混砂车输砂器的摆放	输砂器摆放在与砂罐合理的位置	若输砂器摆放不合理，砂罐出砂不畅，将影响工程质量	输砂器摆放后应进行调试，务必达到施工要求
连接低压流程	（1）确认低压流程走向，做好规划，管线尽量短，尽量走直线； （2）检查准备连接低压件的丝扣是否干净，密封圈是否完好，端面是否有裂痕，是否有凹糟； （3）在高压件丝扣上涂抹少量丝扣油； （4）人员相互配合将准备连接到一起的两件低压件公扣端和母扣端进行对扣，要求两个端面之间无缝隙或者缝宽一致； （5）人员手动上扣，要求手动基本上满总扣数的3/4以上，如果达不到，不能硬砸，应拆开检查； （6）上完扣以后，先不砸紧，先连接下一处高压件，确保不存在影响下一步连接的情况下，可将丝扣砸紧； （7）砸榔头时，周围人员让开，将扣砸紧即可	（1）若低压流程没有规划好，易造成返工； （2）若低压件端面、丝扣、密封圈检查不仔细，试压时易渗漏，造成返工； （3）若对扣方式不对，上不了扣、偏扣，易增加劳动强度； （4）若人员配合不默契，易造成物体伤人； （5）若榔头没抓好，易造成榔头飞出伤人； （6）若砸榔头时没站稳、没对准，易砸到自己	（1）班员集思广益，通过协商，提前做好低压流程规划； （2）操作过程中，人员之间相互提醒； （3）严格按照各相关要求进行作业，上扣时端面要对齐，管线端平； （4）作业前，人员做好协调； （5）手套防滑，使用榔头前检查榔头松紧度，观察好四周是否有人； （6）砸榔头之前，带护目镜，脚下站稳
对混砂车、灌注车/撬网络线进行连接及调试	将混砂车、灌注车/撬网络接头板上安装的两个不锈钢六芯插头与相应车辆用于组建以态网环网，也可以用于单独连接远控箱，混砂车上所有的数据都可以在网络中传输显示，确保连接准确无误	若仪表车接收不到混砂车、灌注车/撬的网络信号，易影响施工质量	混砂车、灌注车/撬网络线连接后及时调试网络，确保混砂车上所有的数据都可以在网络中传输显示，务必达到施工要求

续表

工作内容	工作步骤或标准	风险提示	风险规避措施
启动混砂车、灌注车/撬配合仪表车指挥循环泵车	(1)确认所有开关都在关闭或手动的位置; (2)确认所有控制旋扭旋至最小位置; (3)将搭铁开关拨至"启动"位置; (4)如果需要,打开控制室照明灯或平台照明灯; (5)启动车台发动机; (6)将搭铁开关拨至运行位置; (7)打开面板总电源开关,手动控制系统得电; (8)打开散热风扇,将发动机提速到额定转速; (9)手动控制系统,循环车辆时排出泵压力保持为0.25~0.4MPa,液位控制为30%~70%	(1)若电压异常,易对控制系统造成损坏; (2)若仪表指挥指令未听清,易导致混砂车漫灌,造成环境污染; (3)若混砂车、灌注车/撬液面抽空,易影响车辆循环	(1)避免供电异常对控制系统的冲击; (2)循环泵车时注意力集中,避免造成环境污染; (3)避免供液不足
启动混砂车、灌注车/撬配合仪表车指挥对管线试压:试低压;试高压	(1)确认所有开关都在关闭或手动的位置; (2)确认所有控制旋扭旋至最小位置; (3)将搭铁开关拨至启动位置; (4)如果需要,打开控制室照明灯或平台照明灯; (5)启动车台发动机; (6)将搭铁开关拨至运行位置; (7)打开面板总电源开关,手动控制系统得电; (8)打开散热风扇,将发动机提速到额定转速; (9)手动控制系统,配合仪表车指挥对高、低压管线进行试压时排出泵压力保持为0.25~0.4MPa,液位控制为30%~70%	(1)若电压异常,易对控制系统造成损坏; (2)若仪表指挥指令未听清,易导致混砂车漫灌,造成环境污染; (3)若混砂车、灌注车/撬液面抽空,易影响车辆循环	(1)避免供电异常对控制系统的冲击; (2)循环泵车时注意力集中,避免造成环境污染; (3)避免供液不足
对混砂车、灌注车/撬属地进行标准化	(1)属地牌、安全警示线、围栏、安全绳、防护墙等放置合理; (2)属地内无残液及杂物	若对属地标准化流程不清,易导致工作混乱	提前做好属地材料标准化及摆放准备工作

6)酸化压裂开工验收标准化操作规程

酸化压裂开工验收标准化操作规程如表19-10所示。

表19-10 混砂工酸化压裂开工验收标准化操作规程

工作内容	工作步骤或标准	风险提示	风险规避措施
将本岗位有关安全资料及设备运转记录交给相关干部	及时、认真地填写本岗位的有关安全资料及设备运转记录	若本岗位安全资料及设备运转记录不齐全,易影响验收进度	甲方验收前,仔细检查本岗位的安全资料及设备运转记录是否完整

7）单段酸化/酸化压裂施工标准化操作规程

单段酸化/酸化压裂施工标准化操作规程如表19-11所示。

表19-11 混砂工单段酸化/酸化压裂施工标准化操作规程

工作内容	工作步骤或标准	风险提示	风险规避措施
供前置液	（1）确认所有开关都在关闭或手动的位置； （2）确认所有控制旋扭旋至最小位置； （3）将搭铁开关拨至“启动”位置； （4）如果需要，打开控制室照明灯或平台照明灯； （5）启动车台发动机； （6）将搭铁开关拨至运行位置； （7）打开面板总电源开关，手动控制系统得电； （8）打开散热风扇，将发动机提速到额定转速； （9）手动控制系统，正常施工时排出泵压力保持为0.3~0.5MPa，液位控制为50%~85%，当排出泵压和液位稳定后，将需要自动控制的系统拨至自动状态	（1）若酸液飞溅、阀门或管线腐蚀，易影响施工质量； （2）若液面控制不好，易造成大泵抽空	（1）施工前对低压管线及低压管汇进行检查，保证无刺漏； （2）避免因供液不足引起大泵抽空
供携砂液、加砂及各类添加	（1）手动控制系统，正常施工时排出泵压力保持为0.3~0.5MPa，液位控制为50%~85%，当排出泵压和液位稳定后，将需要自动控制的系统拨至自动状态； （2）平稳操作设备，按设计要求选用相应绞龙平稳加砂，砂浓度控制在指令浓度的±5kg/min内； （3）根据施工要求选用合适的交联泵进行添加，交联比控制在指令交联比的±0.3L/min内； （4）根据施工要求选用合适的干粉添加剂泵，干粉比控制在指令干粉比的±0.3L/min内	（1）若液面控制不好，易造成大泵抽空； （2）若不按设计加砂，易造成砂堵，影响施工进度； （3）若不按设计添加交联剂，易影响施工质量； （4）若不按设计添加干粉添加剂，易影响施工质量	（1）避免因供液不足引起大泵抽空； （2）严格按照设计加砂； （3）严格按照设计添加交联剂； （4）严格按照设计添加干粉添加剂
供顶替液	（1）手动控制系统，正常施工时排出泵压力保持为0.3~0.5MPa，液位控制为50%~85%，当排出泵压和液位稳定后，将需要自动控制的系统拨至自动状态； （2）根据施工设计液量进行顶替	（1）若液面控制不好，易造成大泵抽空； （2）若不按设计液量进行顶替，易影响施工质量	（1）避免因供液不足引起大泵抽空； （2）严格按照设计液量进行顶替
停泵	（1）作业完成后，关闭计算机电源和系统总电源； （2）关闭照明灯，整理操作室； （3）将搭铁开关放在停机位置； （4）确保达到属地安全环保标准	若混砂车、灌注车/撬安全环保整改不及时或者不达标，易造成现场污染，影响下一步工作计划	时刻掌握混砂车、灌注车/撬属地安全环保情况

8）设备撤场标准化操作规程

设备撤场标准化操作规程如表19-12所示。

表19-12　混砂工设备撤场标准化操作规程

工作内容	工作步骤或标准	风险提示	风险规避措施
低压管线拆卸工作	（1）将高压件内的残液排干净，杜绝拆卸过程中残液落地； （2）将低压管线进行安全拆卸，确保无人员受伤； （3）确保低压管线拆卸时，低压管线无损伤	（1）排残液时，可能出现流程不对的现象； （2）砸榔头时，若人员站位不正确，榔头飞出，易伤人或者砸伤自己	（1）低压管线拆卸时注意残液回收，不要造成环境污染； （2）拆卸过程中岗位之间加强配合，严格执行安全操作规程
网络线拆卸工作	（1）网络线拆卸时确保网络线无损伤； （2）将收纳好的网络线放到相应位置	（1）网络线拆卸时网络线可能出现破损； （2）若不将收纳好的网络线放到相应位置，易影响下次使用	（1）遵守安全管理规定，确保网络线无破损及断裂； （2）将收纳好的网络线放到相应位置，确保不影响下一次使用
做好属地清洁环保工作	井场恢复原貌，现场无垃圾、污染物残留	若属地原貌恢复不彻底，有污染物残留，易造成施工现场污染	强化属地原貌恢复

9）施工结束标准化操作规程

施工结束标准化操作规程如表19-13所示。

表19-13　混砂工施工结束标准化操作规程

工作内容	工作步骤或标准	风险提示	风险规避措施
混砂车、灌注车/撬回场检查	仔细检查设备，做好相应的维修整改工作，并做好相关记录	若检查不到位，在混砂车使用时易出现意外状况，影响下一步工作进度	检查时，出现问题应及时解决，不留隐患
混砂车、灌注车/撬保养	做好混砂车、灌注车/撬相应的保养工作，并做好相关记录	若保养不到位，在混砂车使用时易出现意外状况，影响下一步工作进度	保养出现问题时应及时解决，不留隐患

第二十章 酸化压裂队配液工岗位操作标准

第一节 岗位描述

1. 岗位说明

酸化压裂队配液工岗位说明如表20-1所示。

表20-1 配液工工岗位说明

项目		主要内容
工作概述		负责完成本班组各项生产任务，包括班前、班后会，搬家上井，现场流程安装，设备的日常检查、维护，以及配液、配酸等施工作业
上岗条件	教育程度	具有中等职业学校（含技校、高中）及以上学历
	从业资格	两年以上相关工作经历，具备职业技能鉴定中心颁发或验印的井下作业初级工及以上职业资格证书，持有有效的HSSE管理培训合格证、井控培训合格证、硫化氢防护技术证
	辅助技能	具备一定的润滑油品、机械及酸化压裂液等相关业务知识
	工作经历	从事井下作业、酸化压裂作业等一线工作累计一年以上
	职业道德	爱岗敬业、勇于奉献、团结协作、遵章守纪
	身体素质	（1）身体健康，能够搬运40kg以上的重物； （2）能够在12h值班中站立或行走70%以上的时间； （3）视力正常，听觉敏锐； （4）具有高空作业能力
岗位关系	纵向关系	接受队长、书记的直接领导，以及带班干部业务指导；与本班组内各岗位有领导与被领导关系
	横向关系	与其他岗位有相互协作关系
岗位职责	工作职责	（1）熟练掌握本岗位操作技能，正确使用本岗位工具、设备、设施；严格执行工艺技术和操作规程，正确操作，做好各项施工记录；交接安全情况，为接班创造良好的安全生产条件； （2）坚守生产岗位，认真工作，听从指挥，严格遵守劳动纪律、设备操作规程、安全制度，准时、保质保量完成各种液剂配制任务； （3）熟练掌握配液流程，能正确使用各种配液相关设备，能鉴别各种化工材料，掌握计算、计量及设备保养方法； （4）做好本岗位属地管理工作，做到“工完、料尽、场地清”，设备无“脏、松、漏、缺”，工具整洁、对号摆放，资料填写齐全、准确；

续表

项　目		主要内容
岗位职责	工作职责	（5）负责配制酸液和酸化压裂液，并按照设计添加各种化工剂，酸液、酸化压裂液配制合格率达到100%； （6）定期维护保养设备，保持作业环境整洁，做到文明生产； （7）积极参加本班组的各类安全活动、岗位技术练兵和应急演练； （8）正确分析、判断和处理各种隐患，努力把隐患消灭在萌芽状态； （9）遇到紧急情况，果断处理，及时向上级报告，并保护现场，配合相关调查，落实防范措施； （10）完成上级下达的各项生产任务，同时完成队干部安排的临时任务
	安全职责	（1）认真履行本岗位的HSSE职责，对本岗位的安全生产、环境保护及职业卫生负直接责任； （2）认真学习和严格遵守各项规章制度和操作规程，严格执行公司针对本岗位的安全生产禁令，遵守劳动纪律，不违章作业，对本岗位的安全生产负直接责任； （3）能够规范、熟练地使用各种安全工器具、防护用品和消防器材； （4）工作中穿戴好劳保用品，采取安全措施，定期检查设施、设备的安全状况，做到本班岗位无隐患，确保安全无事故； （5）遵守操作规程，操作前认真进行危害辨识和风险分析，落实必要的风险削减措施； （6）不违章作业，不违反劳动纪律，自觉抵制违章指挥，纠正违章行为
工作内容		（1）设备进场操作： ①负责吊装液罐、砂罐、酸罐、混配撬、供水撬、工具房、值班房等设备； ②按照井场布置图负责正确摆放液罐、砂罐、酸罐、混配撬、供水撬、工具房、值班房等设备； ③参与作业前JSA分析并如实记录、签字； ④完成值班干部或班长临时安排给本岗位的其他任务。 （2）设备安装调试、流程连接及现场标准化： ①参加班前会，接收作业指令； ②负责砂罐的安装及调试； ③负责供水撬的安装及调试； ④负责液罐区、混配区的流程连接； ⑤负责流程调试，观察是否有漏点； ⑥负责现场标准化操作； ⑦负责完成值班干部或班长安排的其他工作； ⑧参加班后会，对本班工作进行总结。 （3）配液施工： ①供水撬操作手负责供水撬的检查、保养，并配合中转罐液位观察员，进行供水作业； ②中转罐液位观察员负责流程检查、观察液位，施工过程中配合混配操作手保证中转罐液位不低于2/3； ③混配操作手负责混配设备的日常检查、保养及配液施工作业； ④液罐区观察员负责液罐液位观察，并指挥混配操作手进行配液作业，不得出现溢罐及液罐走空的现象； ⑤配液施工结束后各岗位配合清理作业现场。 （4）安全责任： ①参加本班组每周的班组HSSE活动并记录、签字； ②检查本岗的HSSE工作情况，记录资料，发现不安全因素及时处理，对于能力范围外的情况采取防范措施并及时上报； ③参加各种应急处置措施演练； ④能够正确使用劳动防护用具； ⑤熟练使用安全防护设施、消防器材和急救器具； ⑥做好相关作业前的风险分析并落实对应措施

续表

项目		主要内容
工作权限		（1）对违章指挥有拒绝权，对违章操作有制止权； （2）有权拒绝交接不符合标准的工作； （3）有权拒绝不符合标准的考核，并向上一级反映； （4）有权对生产过程中发现的隐患，采取适当的应急处理措施，并立刻报告； （5）有权提出合理化建议和改进意见； （6）有权对危害生命安全和身体健康的生产条件和行为提出意见、检举和控告； （7）有权在严重危及生命安全、不可抗拒的紧急情况下，采取必要措施避险，并立刻报告
职业生涯发展规划		（1）在本岗位具有良好的工作业绩，可以竞选班长； （2）在班长岗位上表现出色，可以晋升到队部更高一级岗位； （3）可以在本队内部进行相应岗位流动或轮换
工作考核	考核关系	（1）接受队干部的工作考核； （2）接受班组长的业绩考核
	考核依据	参照本队《管理手册》所涵盖的指标

2. 工艺流程

酸化压裂队配液工工作工艺流程如图20–1所示。

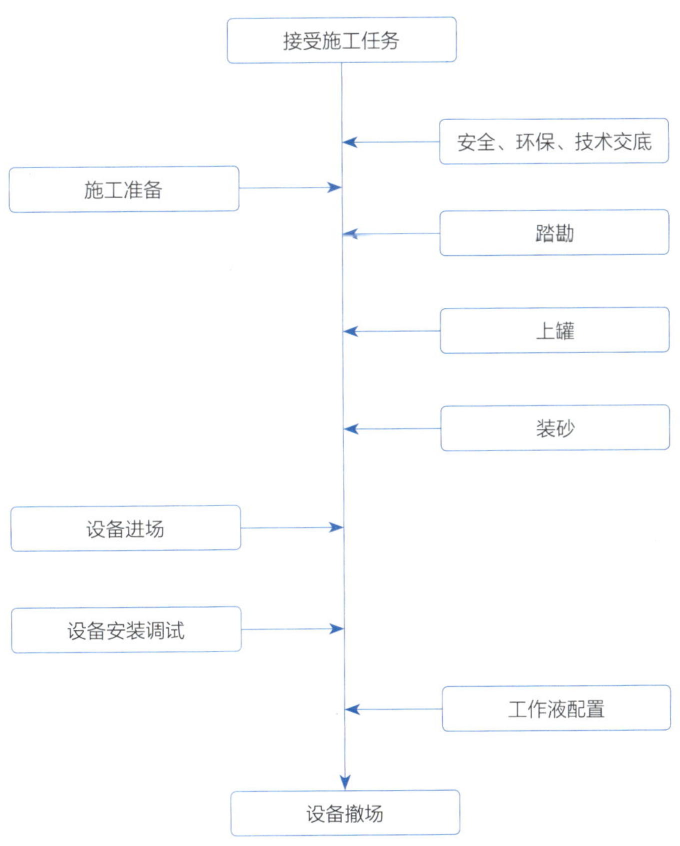

图20–1 配液工工作工艺流程

3. 工作流程

酸化压裂队配液工工作流程如图20-2所示。

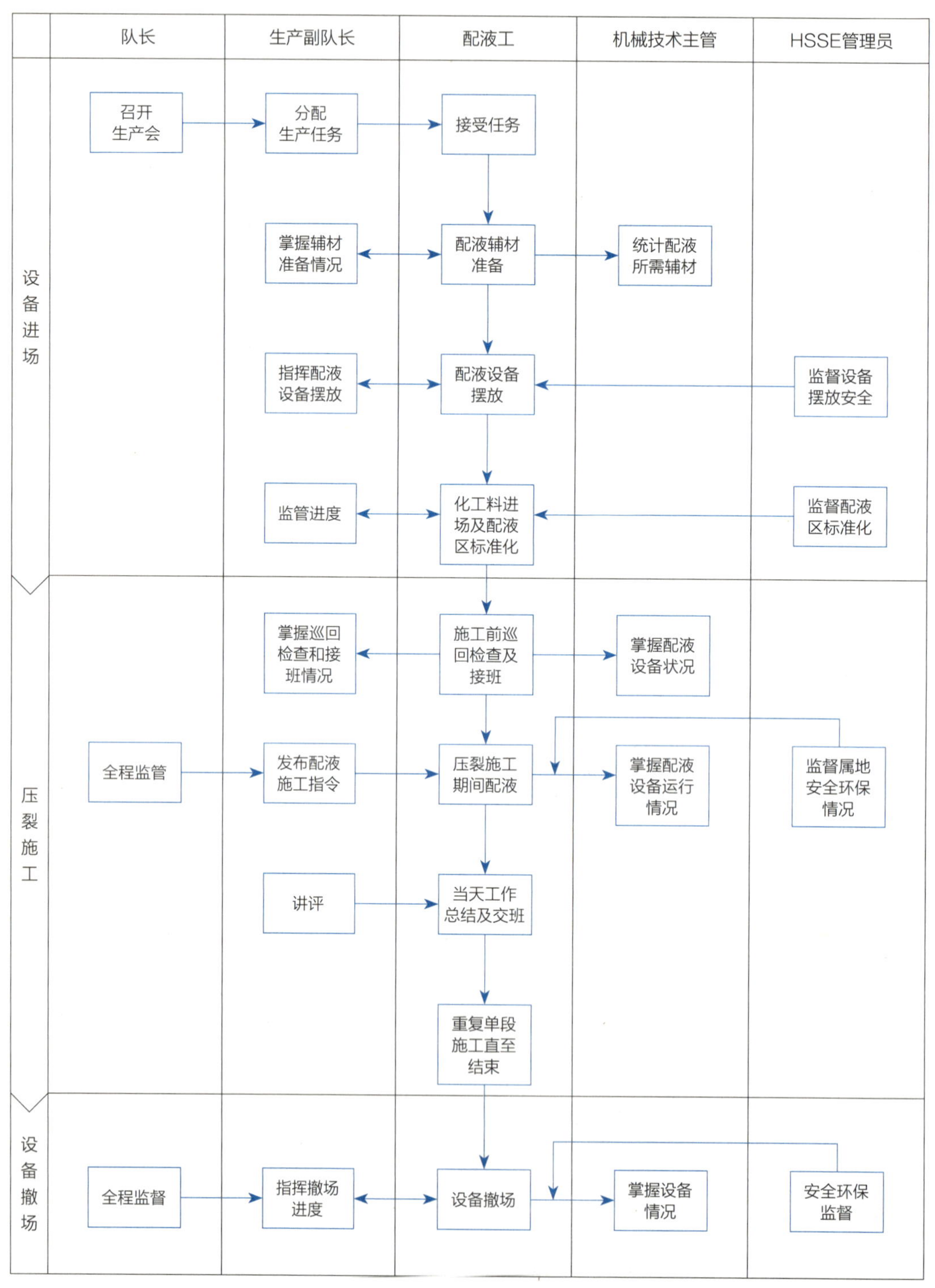

图20-2　配液工工作流程

第二节 岗位标准化操作规程

1. 交接班标准化操作规程

1）接班标准化操作规程

接班标准化操作规程如表20-2所示。

表20-2 配液工接班标准化操作规程

工作内容	工作步骤	工作标准	风险提示
班前检查	检查劳保用品穿戴	劳保用品穿戴齐全、规范	若劳保用品穿戴不齐，易发生人身伤害事故
	查看班前、班后记录本	查看仔细，掌握上个班组异常情况	若查看不认真，对异常情况了解不清楚，易导致误操作
	接班前巡回检查并填写巡回检查记录本	按巡回检查流程逐一检查设备、工具，检查率100%；巡回检查情况及时填写，并保证真实	若设备检查遗漏，有问题未及时发现，易导致使用过程中发生故障，影响施工进度；若填写虚假信息致问题未及时发现，易发生事故
	问题反馈	发现问题及时反馈给带班干部，问题反馈率100%	若发现问题未及时反馈整改，设备带病工作，易发生事故
参加班前会	检查完毕后参加班前会，并汇报检查情况	参加率100%	若不参加班前会或未汇报检查情况，则班长无法统筹安排工作，易导致事故或人员伤害
	接收值班干部发出的施工指令及班长安排的具体工作	按照统一安排进行任务接收	若未接收班长的工作安排，易导致怠工、误工的发生，影响酸化压裂施工进度
	针对当班工作内容进行危害分析，做好风险评估并制定防范措施	危害分析全面，措施制定得当	若分析不全面或措施制定不当，易发生事故
	填写班前、班后会记录本	写清本班设备运转注意事项，需整改项及施工安全注意事项，记录详实，字迹清晰、无涂改	若存在问题和需要整改事项交代不清，易导致问题整改不全，遗留隐患，耽误施工或导致事故；若记录不齐全，则不符合资料存档规范

2）交班标准化操作规程

交班标准化操作规程如表20-3所示。

表20-3 配液工交班标准化操作规程

工作内容	工作步骤	工作标准	风险提示
参加班后会	汇报当班施工情况及安全风险；听取班长及值班干部对当班安全生产情况的总结	据实汇报当天生产、安全情况，参加率100%，汇报本班出现的违章行为	若设备、设施存在问题不报，易造成设备故障，影响施工进度；若不参与班后会，则不能及时从未遂事件或违章行为中吸取教训，易导致错误重犯，甚至发生安全事故

下·二十

续表

工作内容	工作步骤	工作标准	风险提示
交班	填写班前、班后会记录本	写清本班设备运转情况、当前施工情况、存在问题和需要整改事项，记录详实，字迹清晰、无涂改	若设备交接有遗漏、交接不清，易发生故障，影响施工进度；若对存在问题和需要整改事项交代不清，易导致问题整改不全，遗留隐患，耽误施工或导致事故

2. 巡回检查标准化操作规程

巡回检查标准化操作规程如表20-4所示。

表20-4　配液工巡回检查标准化操作规程

巡回检查路线：

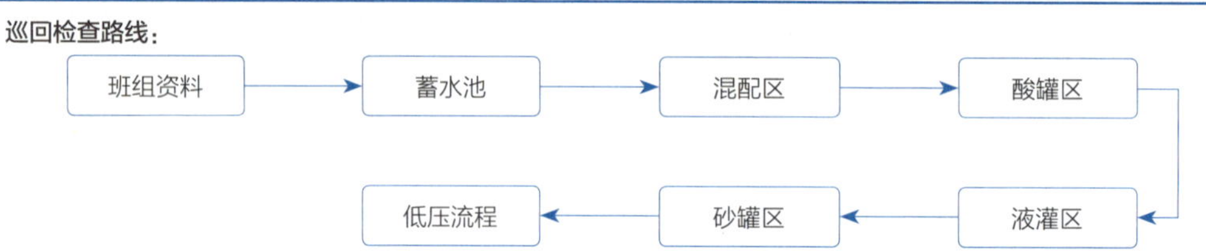

检查地点	检查项点	工作标准	风险提示	风险规避措施
班组资料	班前、班后会记录本，设备运转、保养记录等	资料齐全，填写准确、整洁、及时，无漏填内容	若资料不齐全，易导致对当前施工情况了解不清，易发生施工质量问题	检查资料要逐条进行，认真仔细，无遗漏
蓄水池	供水撬	详细检查供水设备的运转情况	若对供水设备运转情况不清楚，易造成设备损坏	详细了解设备的性能、转速等情况
	蓄水池	观察蓄水量是否满足配制酸化压裂液要求，巡视蓄水池有无裂缝漏水现象	若蓄水池漏水，检查未发现，可能导致环境污染	仔细巡查蓄水池周边情况及蓄水量
混配区	柴油、机油、水	柴油、机油、水箱液位符合使用标准	若柴油、机油、水箱液位不符合要求，易造成混配车损坏	柴油、机油、水箱液位必须达到使用标准
	粉罐、高性能混合器	粉罐加满，称重无误，高性能混合器通畅、无堵塞	若粉罐未加满或称重有误，易造成配液不足；若混合器堵塞，易造成无法上粉配液	粉罐必须加满，混合器堵塞及时整改
	吸入泵、排出泵、液添泵	吸入泵、排出泵、液添泵工作运转正常，无滴漏、无异响	若吸入泵、排出泵、液添泵滴漏、异响，可能造成无法正常工作，影响施工进度	日常检查吸入泵、排出泵、液添泵时，发现问题及时整改或汇报，定期保养
酸罐区	罐体	无穿孔，无倾斜	若罐体穿孔，易造成环境污染；若罐体倾斜易倒，易造成环境污染及人员伤亡	日常检查罐体是否有倾斜，检查罐体是否有穿孔
	管汇、管线	无滴漏，阀门无损坏	若管汇滴漏，阀门损坏，易造成环境污染	日常检查，定期更换蝶阀

续表

检查地点	检查项点	工作标准	风险提示	风险规避措施
酸罐区	液位计	液位计无损坏，观察刻度清晰	若液位计滴漏，易造成环境污染；若观察刻度不清楚，易造成意外事故	日常检查液位计管线，更换坏的液位计管线
液灌区	液位	液位保持空高15cm	若液位过高，雨天易溢灌；液位过低，易造成酸化压裂液供应不足	施工时确保液位的空高符合酸化压裂施工标准
	护栏	护栏固定牢靠、无松动	若护栏固定不牢靠、有松动，易造成人员摔伤	检查护栏有无松动迹象，保证不遗漏
	过桥板	各螺栓固定牢靠、无松动	若螺栓固定不牢固、有松动，易造成人员滑倒、跌落	逐点检查固定部位，确保无遗漏
砂罐区	连接螺栓	各螺栓双螺母紧固、无松动	若连接螺栓缺少螺母或松动，未及时发现，易酿成事故	缺少的螺母应及时补加，连接螺栓松动时及时紧固
	护栏	护栏固定牢靠、无松动	若护栏固定不牢靠、松动，易造成人员伤亡	定期检查护栏牢固性，有松动现象时及时整改
	绷绳、绳卡	绳卡无裂痕，不缺失螺帽，未松动，钢丝绳无断丝、锈蚀等现象	若绳体有缺陷未能发现，易发生断裂；若绳卡缺少螺母，易造成卡固不牢	绳体存有缺陷，应及时组织更换，绳卡缺少螺母，卡固不牢，应及时补缺螺母，加固绳卡
	防坠器	防坠器无卡死或失效情况	若防坠器无法正常使用，易造成安全事故	定期检查防坠器是否正常，如有异常，及时更换
低压流程	管汇	管汇完整，无穿孔	若管汇穿孔，易造成环境污染	检查管汇时务必每个点都要检查到，避免遗漏
	管线	管线无穿孔、无变形，管线接头无裂痕	若管线穿孔、接头断裂，易造成滴漏、变形，造成污染，影响施工	每根管线连接前都要仔细检查，保证无穿孔、接头断裂、管线变形等现象
	蝶阀	蝶阀完好，开关自如，连接螺栓牢固	若蝶阀损坏，连接螺栓不牢固，易漏液，造成环境污染	定期检查蝶阀，发现问题及时更换

3. 日常操作标准化操作规程

1）踏勘标准化操作规程

踏勘标准化操作规程如表20–5所示。

表20-5 配液工踏勘标准化操作规程

工作内容	工作步骤或标准	风险提示	风险规避措施
协助踏勘	对井场尺寸进行测量，并对酸罐、液罐、砂罐摆放位置进行规划	若未准确测量场地尺寸，酸罐、液罐位置规划不合理，易造成现场施工设备摆放困难	根据酸化压裂设计参数规模进行踏勘，并规划场地，按设计要求合理设计酸罐、液罐、砂罐摆放位置

2）接受施工任务标准化操作规程

接受施工任务标准化操作规程如表20-6所示。

表20-6 配液工接受施工任务标准化操作规程

工作内容	工作步骤或标准	风险提示	风险规避措施
接收队长下达的生产指令	清楚生产任务，清楚酸化压裂时混砂车、灌注车/撬摆放位置	若对生产任务不清楚，将影响施工进度	与队上干部保持联系，了解施工整体进度

3）安全、环保、技术交底会标准化操作规程

安全、环保、技术交底会标准化操作规程如表20-7所示。

表20-7 配液工安全、环保、技术交底会标准化操作规程

工作内容	工作步骤或标准	风险提示	风险规避措施
参加安全、环保、技术交底会	劳保穿戴整齐，学习每口井的酸化压裂技术参数、注意事项及安全风险提示	若不了解每口井的施工参数，容易导致施工失误，影响施工质量	必须参加安全、环保、技术交底会，清楚施工要求

4）设备进场标准化操作规程

设备进场标准化操作规程如表20-8所示。

表20-8 配液工设备进场标准化操作规程

工作内容	工作步骤或标准	风险提示	风险规避措施
液罐、酸罐吊装及运输	劳保用品穿戴整齐，办理作业许可证	若未按要求穿戴劳保用品或未按规定办理作业许可证，易造成施工隐患	按要求穿戴劳保用品，按规定办理作业许可证
	准备吊装工具、防护用品，做好安装前准备	未检查吊具，可能造成设备损坏或人员伤亡	施工前仔细检查吊具及防护用品
	确保钢绳牢固、完好	若被吊装物品坠落，易造成人员伤亡	人员远离吊装危险范围
液罐、酸罐及立式砂罐的安装摆放	劳保用品穿戴整齐，办理作业许可证，参加安全会议进行JSA分析	若未按要求穿戴劳保用品或未按规定办理作业许可证，易造成施工隐患	作业施工前，按要求穿戴劳保用品，按标准开具作业许可证

续表

工作内容	工作步骤或标准	风险提示	风险规避措施
液罐、酸罐及立式砂罐的安装摆放	准备吊装工具、防护用品，做好安装前准备	若未检查吊具，可能造成设备损坏或人员伤亡	施工前仔细检查吊具及防护用品
	按要求垫平、压实液罐区，铺设防渗膜	若防渗膜铺设不到位，施工过程中可能造成环境污染	摆放设备前按要求铺设防渗膜
	安装吊索及卸扣，使用牵引绳	若吊绳卸扣不符合吊装要求，易造成起吊过程中吊具绳索断裂、罐具掉落、吊车侧翻、设备损坏或人员伤亡	使用适合吊物吨位的卸扣、吊具，并进行严格检查
	保持罐具水平，罐具摆放整齐、一致	若液罐、酸罐区域不平整易发生倾倒	全方位观察罐体是否倾斜，若倾斜则铺垫微调
	安装液罐护栏	若护栏未立或固定销遗漏，易造成人员坠落事故	按标准安装护栏和固定销，并进行检查
	铺设液罐区域围堰	若未铺设围堰，施工中可能造成环境污染	液罐摆放完后，按要求铺设围堰
	安装砂罐，砂罐绷绳固定牢固	若未按要求打好绷绳，易造成罐具倾倒	选择合适角度打好绷绳固定绳卡
混配设备、供水泵安装摆放；值班房、工具房摆放	准备并检查吊装工具、防护用品，做摆放前准备	若未检查吊具，可能造成设备损坏或人员伤亡	施工前仔细检查吊具及防护用品
	平整地基基础	若地基不平整，易造成混配撬底座变形	按要求打好地基基础，铺平垫实
	根据井场布置选择合适的摆放位置	若位置不合理，易影响施工	值班干部与井场各施工队及时协调
混配区标准化	混配作业区拉好警戒带，放置属地管理牌、安全标识牌、消防器材	若未张贴安全警示标示，易导致磕碰、伤人	人员配合默契，沟通清楚明了
液罐区标准化	拉警戒带，放置属地管理牌，张贴安全标识牌、标示贴，液罐上、下扶梯粘贴安全通道标识	若未张贴安全警示标示，人员上、下扶梯易造成滑倒、坠落	上、下扶梯抓稳扶好
酸罐区标准化	拉警戒带，张贴安全标识牌、标示贴，放置属地管理牌，准备急救药品，配备防护用品、洗眼台、清水及苏打水	若防护用品配备不齐易造成酸液灼伤	进入酸罐区带好护目镜、防酸手套，上、下酸罐系好安全带
水池区标准化	拉警戒带，放置属地管理牌，张贴安全标识牌，配备救生圈、救生衣	若水池区操作人员未穿救生衣或未配备救生圈，易造成落水事故	进入水池区必须穿戴救生衣，配备救生圈

5）施工准备标准化操作规程

施工准备标准化操作规程如表20-9所示。

表20-9　配液工施工准备标准化操作规程

工作内容	工作步骤或标准	风险提示	风险规避措施
酸化压裂/酸化材料进场	劳保用品穿戴整齐，准备相关工具，做好卸材料准备	若未按要求穿戴劳保用品，易造成施工隐患	按要求穿戴劳保用品
	酸化压裂/酸化材料进场后按配液要求卸到地面	若材料未按配液要求位置摆放，易导致环境污染或影响配液作业效率	按配液规划位置卸材料

6）装砂标准化操作规程

装砂标准化操作规程如表20–10所示。

表20-10　配液工装砂标准化操作规程

工作内容	工作步骤或标准	风险提示	风险规避措施
支撑剂进场装砂	劳保用品穿戴整齐，办理作业许可证	若未按要求穿戴劳保用品，易造成施工隐患	按要求穿戴劳保用品
	准备吊装工具、防护用品，做好安装前准备	若高处作业，设备未检查，易造成设备损坏或人员伤亡	施工前仔细检查吊具及安全防护用品

7）设备安装调试标准化操作规程

设备安装调试标准化操作规程如表20–11所示。

表20-11　配液工设备安装调试标准化操作规程

工作内容	工作步骤或标准	风险提示	风险规避措施
液罐区四寸管线流程的连接安装	连接液罐区、混配区四寸供液管线，要求连接牢固、无滴漏	若人员配合不当，易砸脚、碰手、伤人	劳保穿戴整齐，人员配合默契
	捆绑液罐区上层排出管线，做到管线无松动	若未捆绑或捆绑不牢固，易造成管线飞出伤人	严格按照要求进行捆绑
混配区、清水池十寸供液管线的连接	使用吊车按要求将十寸管线连接到位	安装过程专人指挥，否则吊车施工过程可能发生管线伤人	指挥人员手势准确，操作人员按要求操作
	清理供液管线内的障碍物，无法清理的加垫胶皮，做好保护措施	若杂物未清理干净或未做防护，易造成软管扎伤破损	仔细检查供液流程，发现杂物立即清理
混配车、混配撬的调试启动	检查混配车零部件是否松动，有无损坏，发动机风扇等旋转部位有无杂物	若混配车检查不到位，运行后易造成设备损坏	设备到场后对各关键点进行仔细检查
	检查设备油、水、电是否满足施工要求	若设备缺机油、水，会造成设备损坏	启动前对油、水、电进行仔细检查，液量不足时按要求添加

续表

工作内容	工作步骤或标准	风险提示	风险规避措施
供水撬的调试启动	检查供水撬油、水、电是否满足施工要求	若缺油、水，会造成发动机损坏，电瓶缺电会导致设备无法启动	操作人员仔细检查，不满足要求的及时添加
	供水撬灌注引水、排空	若引水灌注不到位，易造成水泵无法正常运行	按要求将清水泵舱体灌满引水

8）酸化压裂液配置标准化操作规程

酸化压裂液配置标准化操作规程如表20-12所示。

表20-12 配液工酸化压裂液配置标准化操作规程

工作内容	工作步骤或标准	风险提示	风险规避措施
配液施工	穿戴劳动防护用品，戴好护目镜	若化学药品洒落在人身体上，易造成伤害	按要求穿戴劳动防护用品，戴好护目镜
	参加班组班前会，接受安全、环保、技术交底	若对安全、环保、技术交底不清，易造成配液质量不合格	作业施工前，了解施工技术标准
	配液前准备，确认流程蝶阀开关正确	若流程开关错误，易造成管线爆裂、设备受损、人员伤亡	认真检查，确认流程蝶阀开关正确
	配液施工，按施工设计比例添加化工料	若化工料未按照设计添加，易造成配液质量不合格	严格按施工设计要求添加化工料
	施工结束，做好原始资料记录	若原始资料记录不详细影响化工料统计，易影响施工质量	化工料按实际施工用量，做好相关原始数据记录

9）酸液配置标准化操作规程

酸液配置标准化操作规程如表20-13所示。

表20-13 配液工酸液配置标准化操作规程

工作内容	工作步骤或标准	风险提示	风险规避措施
配酸施工	戴好护目镜，穿好防护服	若酸液等化学药品洒落在人身体上，易造成伤害	按要求，戴好护目镜，穿好防护服
	参加班组班前会，接受安全、环保、技术交底	若安全、环保、技术交底不清，易造成配酸质量不合格	作业施工前，了解施工技术标准
	配酸前准备，确认流程蝶阀开关正确	若流程开关错误，易造成管线爆裂、设备受损、人员伤亡	认真检查，确认流程蝶阀开关正确
	配酸施工，按施工设计比例添加化工料	若化工料未按设计添加，易造成配液质量不合格	严格按施工设计要求添加化工料
	施工结束，做好原始资料记录	若原始资料记录不详细，易影响化工料统计，影响施工质量	化工料按照实际施工用量，做好相关原始数据记录

10）设备撤场标准化操作规程

设备撤场标准化操作规程如表20-14所示。

表20-14　配液工设备撤场标准化操作规程

工作内容	工作步骤或标准	风险提示	风险规避措施
各区域设备、流程拆除，回收标识牌	拆除低压管线流程，按要求回收、整理标识牌	若人员配合不当，易造成砸伤、摔倒；若回收不当，易造成标识牌损坏	人员配合默契，沟通到位，搬运标识牌要轻拿轻放
确保井场清洁环保	清理属地管理区域，确保地面无油污、区域无垃圾	若未及时回收、清理井场垃圾、残液，易造成环境污染	按规定的环保要求进行井场清理，做到“工完、料净、场地清”，作业完毕后做好交接工作

第二十一章　酸化压裂队管汇工岗位操作标准

第一节　岗位描述

1. 岗位说明

酸化压裂队管汇工岗位说明如表21-1所示。

表21-1　管汇工工岗位说明

项　目		主要内容
工作概述		负责本队高压件的连接，高压流程的标准化布置，高压流程的切换，高压区的巡视、整改，以及现场高压件的记录、保养
上岗条件	教育程度	具有中等职业学校（含技校、高中）及以上学历
	从业资格	一年以上相关工作经历，具备井下初级工及以上职业资格证书，持有有效的井控培训合格证、HSSE管理培训合格证、硫化氢防护技术证
	辅助技能	具备酸化压裂工艺技术等相关业务知识
	工作经历	从事井下作业、酸化压裂作业等一线工作累计一年以上
	职业道德	爱岗敬业、勇于奉献、团结协作、遵章守纪
	身体素质	（1）身体健康，能够搬运40kg以上的重物； （2）能够在12h值班中站立或行走70%以上的时间； （3）视力正常，听觉敏锐； （4）能够适应噪音环境
岗位关系	纵向关系	接受本队领导的直接领导，接受带班干部业务指导；与本班组内各岗位有领导与被领导关系
	横向关系	与其他班组有配合、协作关系
岗位职责	工作职责	（1）负责本队高压件、密封圈、高压防护带、橡胶枕木的领取、使用、管理； （2）负责高压流程连接及标准化布置，高压流程的切换，施工中高压区域的巡视，施工后拆卸高压区设备； （3）高压件的保养、记录； （4）具体落实、执行公司和队制定的各项施工技术措施，认真完成队上安排的各项工作； （5）认真执行班组岗位练兵及学习计划，定期参加政治、文化、业务学习，开展岗位练兵，每周累计学习时间不少于2h
	安全职责	（1）对本岗位的HSSE工作负直接责任；

续表

项目		主要内容
岗位职责	安全职责	(2)贯彻执行国家、行业HSSE相关的法律、法规和本单位酸化压裂作业安全操作规程，遵守《员工守则》和《安全生产禁令》; (3)正确穿戴劳保用品上岗作业，规范、熟练地使用各种安全器具、防护用品和消防器材; (4)对本班做好班前安全、环保提示，采取安全措施，定期检查安全设施、设备的安全状况，能熟练操作消防器材，做到本班岗位无隐患，确保安全; (5)遵守操作规程，操作前认真进行危害辨识和风险分析，落实必要的风险防控措施; (6)不违章作业，不违反劳动纪律，自觉抵制违章指挥，纠正违章行为
工作内容		(1)操作责任: ①执行交接班制度; ②按照循回检查路线进行详细检查; ③负责高压流程的安装、切换、拆卸，高压区的检查巡视及整改工作; ④发生高压件刺漏、爆裂时按应急处置措施参与处置; ⑤负责高压件的记录、保养; ⑥解决本岗位突发情况，并及时汇报; ⑦认真填写班前、班后会记录本、巡回检查记录本; ⑧掌握现场使用高压件的状况。 (2)生产组织责任: ①参加班前会，了解生产状况，接收作业指令; ②严格按照生产作业指令进行生产运行; ③严格按照安全操作规程进行生产操作; ④协调班组岗位分工; ⑤检查全班对巡回检查制度、交接班制度的执行情况; ⑥组织本班人员对高压件进行安全使用、保养、简单维修; ⑦完成搬迁、安装、拆卸等程序; ⑧带领班组严格执行上级及本队各项规章制度; ⑨带领班组完成带班干部安排的其他工作; ⑩参加班后会，对本班工作进行总结。 (3)管理责任: ①抓好班组管理和建设; ②组织每周的班组业务学习; ③注意了解班组人员思想状况，发现问题及时和队部沟通; ④参与推广新工艺、新技术、新设备的应用; ⑤协助队部做好其他管理工作。 (4)安全责任: ①参与班组HSSE活动并记录、签字; ②严格执行HSSE的各项规定; ③检查本班组岗位HSSE工作情况、资料记录情况，发现不安全因素及时处理，处理不了的采取防范措施并及时上报; ④带领班组参加应急处置措施演练; ⑤带头并监督本班人员正确使用劳动防护用具; ⑥熟练使用和维护安全防护设施、消防器材和急救器具; ⑦制止和纠正“三违现象”; ⑧积极抢救突发事故，正确处置、及时汇报、保护现场并详细记录; ⑨参加事故分析，提出防范措施; ⑩组织做好相关作业前的风险分析及对应措施; ⑪承担班组人员各项安全操作责任; ⑫承担本班组内的设备、人身安全责任
工作权限		(1)对违章指挥有拒绝权，对违章操作有制止权; (2)对班组、队部相关业务有知情权、监督权; (3)对本岗位突发情况有处置权

续表

<table>
<tr><th colspan="2">项 目</th><th>主要内容</th></tr>
<tr><td colspan="2">职业生涯发展规划</td><td>（1）在本岗位具有良好的工作业绩，可以竞选班长；
（2）在班长岗位上表现出色，可以晋升到队部更高一级岗位；
（3）可以在队部进行相应岗位流动或轮换</td></tr>
<tr><td rowspan="2">工作考核</td><td>考核关系</td><td>（1）接受本班组长的业绩考核；
（2）接受队干部的工作考核</td></tr>
<tr><td>考核依据</td><td>参照本队《管理手册》所涵盖的指标</td></tr>
</table>

2. 工艺流程

酸化压裂队管汇工工作工艺流程如图21-1所示。

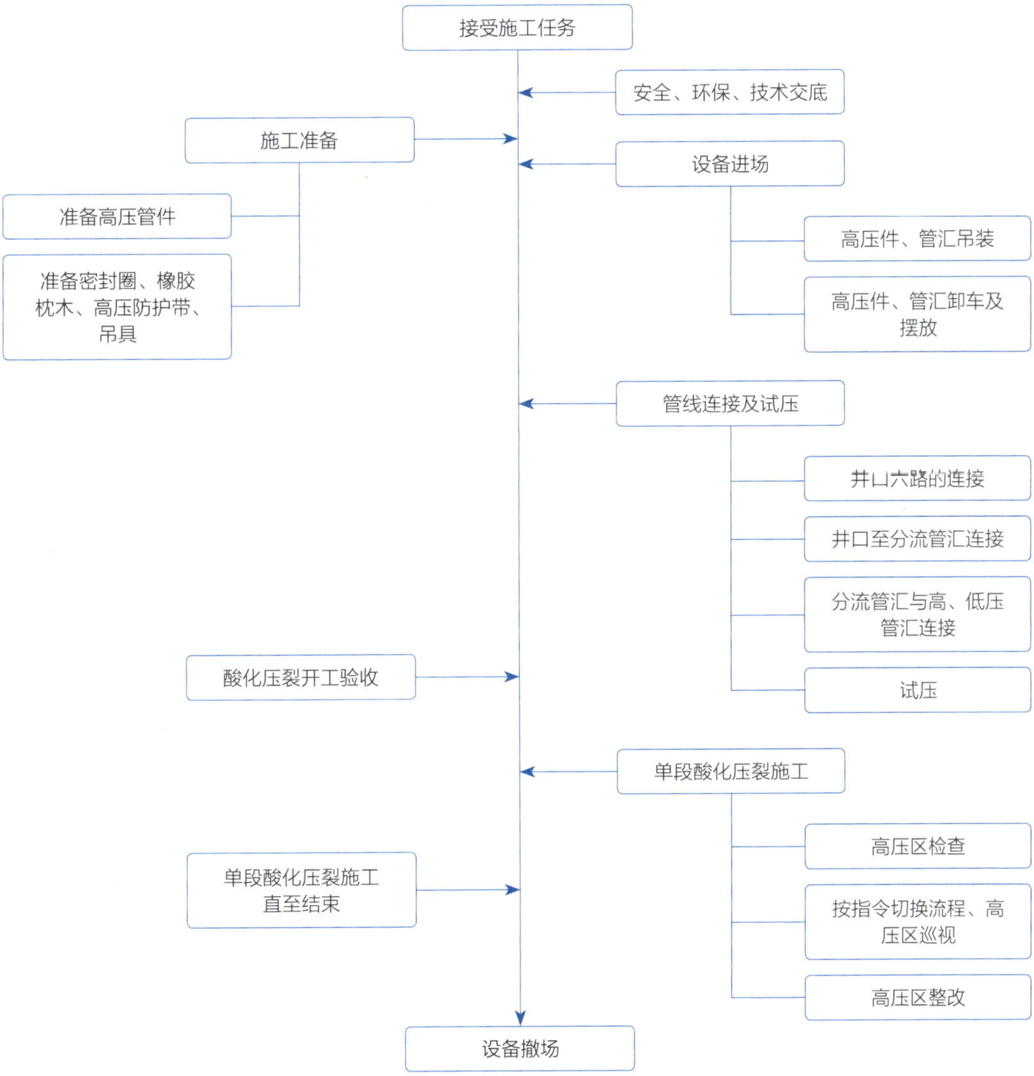

接受施工任务

安全、环保、技术交底

施工准备

准备高压管件

准备密封圈、橡胶枕木、高压防护带、吊具

设备进场

高压件、管汇吊装

高压件、管汇卸车及摆放

管线连接及试压

井口六路的连接

井口至分流管汇连接

分流管汇与高、低压管汇连接

试压

酸化压裂开工验收

单段酸化压裂施工

高压区检查

按指令切换流程、高压区巡视

高压区整改

单段酸化压裂施工直至结束

设备撤场

图21-1 管汇工工作工艺流程

3. 工作流程

酸化压裂队管汇工工作流程如图21-2所示。

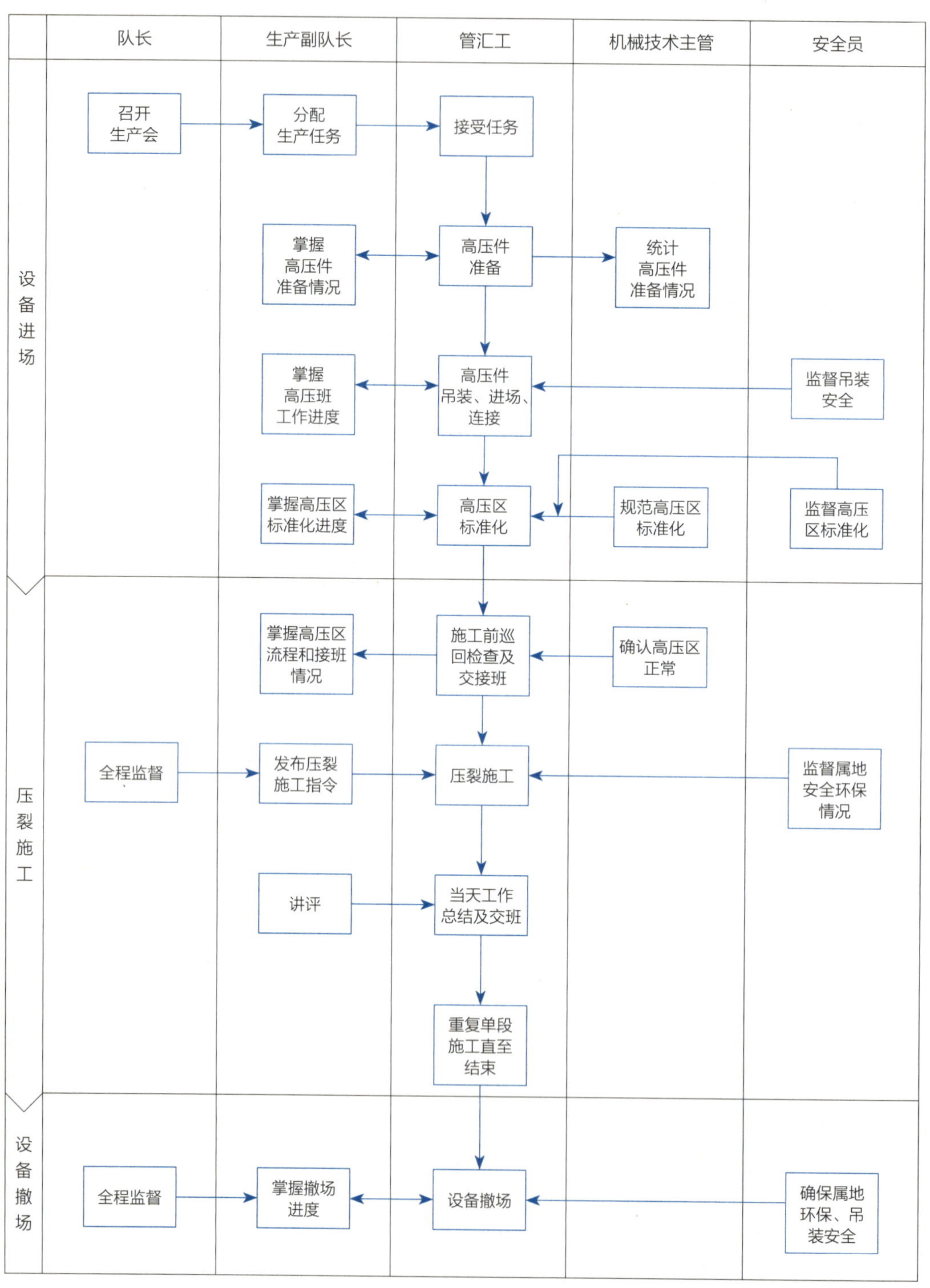

图21-2 管汇工工作流程

第二节 岗位标准化操作规程

1. 交接班标准化操作规程

1）接班标准化操作规程

接班标准化操作规程如表21-2所示。

表21-2 管汇工接班标准化操作规程

工作内容	工作步骤	工作标准	风险提示
班前检查	穿戴劳保用品	劳保用品穿戴齐全、规范	若不穿戴劳保用品或者穿戴不齐，容易发生人身伤害事故
	查看班前、班后会记录本	掌握上个班组异常情况	若查看不认真，对异常情况了解不清楚，易导致误操作
	岗位属地检查	对属地范围检查率100%	若高压区检查遗漏，有问题不能及时发现，可能导致使用过程中发生异常，耽误生产
参加班前会	各岗位汇报检查情况	班组上井人员参加率100%，每个岗位将本岗位情况，特别是异常情况进行汇报，并做危害分析	若不参加班前会，不了解情况，易导致事故；若异常情况不汇报，班组其他人员不清楚，易造成误操作
	接收带班干部作业指令及注意事项	指令清晰、明确，风险防范措施得当	若指令不清，易导致误操作；若不进行危害分析，易导致安全事故
	填写班前、班后会记录本	数据、指令填写规范、准确、无涂改	若数据有误，易导致施工错误

2）交班标准化操作规程

交班标准化操作规程如表21-3所示。

表21-3 管汇工交班标准化操作规程

工作内容	工作步骤	工作标准	风险提示
参加班后会	总结、分析本班工作情况	总结内容具体、全面，特别是对当班异常情况要总结彻底	若不参加班后会，则问题、经验不能及时总结，易犯重复性错误
交班	填写班前、班后会记录本	记录表上交接清楚率100%	若班前、班后会记录本填写不清，下一班人员不了解前期情况，易导致事故
	对于异常情况，对下一班岗位人员进行当面告知	当面进行异常情况交接	若异常情况未交接，易导致事故

2. 巡回检查标准化操作规程

巡回检查标准化操作规程如表21-4所示。

下·二十一

表21-4　管汇工巡回检查标准化操作规程

巡回检查路线：

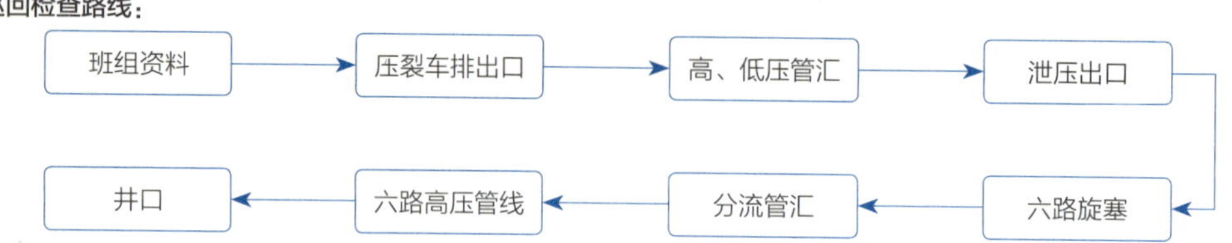

检查地点	检查项点	工作标准	风险提示	风险规避措施
班组资料	班前、班后会记录本，高压件台账，巡回检查记录本	资料齐全，填写准确、整洁、及时，无漏填	若高压件异常、更换未登记，易导致下一班岗位人员不清楚高压件情况	检查资料要逐项进行，认真仔细、无遗漏
压裂车排出口	压裂车排出落地弯头	压裂车排出落地弯头必须垫扎实、牢靠	若压裂车排出落地弯头未垫实，大幅度抖动，则排出法兰受到切向力作用后容易切断	仔细检查每台车、每个落地弯头，确保压裂车排出弯头垫扎实、牢靠
高、低压管汇	管汇上每一件高压件	每件高压件本体无砂眼、无明显刮痕，高压件连接部位无渗漏	若高压件渗漏、刺漏，将导致停泵整改，耽误生产	高、低压管汇检查率100%
	管汇上预留接口	预留接口用堵头封闭	若堵头不紧，易导致渗漏	每个堵头用榔头敲击，并确认堵头封闭效果
	压裂车与高、低压管汇之间旋塞	准备启动的压裂车与高低压管汇之间旋塞必须完全打开；旋塞底部垫好胶皮；旋塞卡子卡紧	若旋塞未开，则无法正常排液，憋高压，导致管线爆裂	逐个检查旋塞开关状态，并且正确挂好开关牌
泄压出口	泄压出口旋塞	泄压出口旋塞开关状态与仪表车指令一致	若旋塞开关不到位，旋塞实际状态与开关指示牌相反，易导致事故	两人一组进行检查，应认真仔细，无遗漏，发现问题及时整改
	放喷管汇台	放喷管汇台流程开关状态与仪表车指令要求一致，且与其他流程无冲突	若放喷管汇台流程开关错误，易憋压、窜压	班组长及带班干部进行复查
六路旋塞	六路高压上的旋塞	旋塞开关状态与仪表车指令要求一致，开关牌与实际状态一致	若旋塞开关不到位，旋塞实际状态与开关指示牌相反，易导致事故	两人一组进行检查，应认真仔细，无遗漏，发现问题及时整改；班组长及带班干部进行复查
分流管汇	管汇闸门	与准备酸化压裂井相连接的闸门打开，与其他井相连接的闸门关闭	若闸门开关不到位，闸门实际状态与开关指示牌相反，易导致事故	检查认真、仔细，有问题及时整改
	管汇本体	管汇本体无渗漏、刺漏	若管汇本体刺漏，将停泵整改，影响施工	班组长及带班干部进行复查
	管汇连接螺杆	螺杆齐全、紧固	若螺栓松动，则连接端面易损坏	螺杆应逐点检查，避免遗漏

续表

检查地点	检查项点	工作标准	风险提示	风险规避措施
六路高压管线	六路高压管线本体	本体无明显较深印痕，无渗漏、无刺漏	若高压件本体磨损严重，易导致刺漏	检查认真、仔细，有问题及时整改
	六路高压管线连接部位	连接部位紧固，无渗漏	若连接部位松动，易导致管线渗漏	用榔头逐个敲击检查
	高压防护带	高压管线由壬圈两端必须各缠绕一圈高压防护带，距离大于2m直管需在中部加一道缠绕高压防护带，整体连接紧凑	若高压防护带未绑扎实，一旦高压管线出现异常，容易飞出伤人、打坏设备	严格按要求设置高压防护带
	橡胶枕木	高压管线用橡胶枕木与地面及硬物隔开，高压管件压实枕木，人员不能将枕木踢开	若枕木未垫实，管线抖动、磨损严重，并且有切向力，管线容易爆裂	仔细检查枕木垫实情况，若不合格，则及时整改
	基墩	高压管线每隔6m打一个基墩，用卡子将高压件固定在基墩上，卡子与管件用胶皮隔开	若卡子松动，管线抖动严重，将降低管线安全系数；若卡子与管线之间没有胶皮，则管线磨损严重	扳手逐个上紧螺帽，逐个垫好胶皮
井口	井口六路	井口六路落地弯头垫实，无晃动	若管线抖动，易导致刺漏、爆裂	逐个检查落地弯头垫实情况
	井口闸门	井口各处闸门开关状态与指令要求一致	若闸门开关错误，易造成工程事故	严格按要求开关井口闸门

3. 日常操作标准化操作规程

1）接受施工任务标准化操作规程

接受施工任务标准化操作规程如表21-5所示。

表21-5 管汇工接受施工任务标准化操作规程

工作内容	工作步骤或标准	风险提示	风险规避措施
参与施工交底会	（1）掌握施工平台井场布置情况； （2）清楚高、低压管汇及分流管汇的摆放位置及要求	若不了解施工任务和井场布置，易导致管线连接错误	认真听取交底会内容

2）施工准备标准化操作规程

施工准备标准化操作规程如表21-6所示。

表21-6 管汇工施工准备标准化操作规程

工作内容	工作步骤或标准	风险提示	风险规避措施
估算高压管件及辅材用量	根据井场布置图，预算高压件及相关辅材用量，估算量是实际用量的1.2~1.3倍比较合适	若高压管件用量预计剩余过多，易增加劳动强度；若高压管件用量预计不足，易耽误正常施工	召开班组会议，班组人员进行讨论，确定高压管件及辅材准备量
领取高压管件及辅材	领取高压管件及辅材	可能发生高压件类型领取错误或领取的高压件不合格	高压件领取前，必须登记、核对信息

3）设备进场标准化操作规程

设备进场标准化操作规程如表21–7所示。

表21-7 管汇工设备进场标准化操作规程

工作内容	工作步骤或标准	风险提示	风险规避措施
召开吊装作业班前会	（1）明确各岗位分工，做好风险分析与防范； （2）准备、检查好相关吊具； （3）开好吊装作业许可证	若人员分工不明确，作业现场操作混乱，易引发吊装事故	（1）作业前必须先开班前会，明确每个人的分工； （2）认真检查吊具
吊装高、低压管汇	（1）严格按照吊装操作规程进行作业，落实“十不吊”； （2）用专用吊具通过U形卡挂在高、低压管汇4个吊点，吊具与管汇无缠绕	（1）若U形卡滑脱，则管汇坠落； （2）若吊具与管汇缠绕，易导致管汇倾斜	（1）U形卡必须装有保险销； （2）杜绝缠绕； （3）遵守吊装制度

4）管线连接及试压标准化操作规程

管线连接及试压标准化操作规程如表21–8所示。

表21-8 管汇工管线连接及试压标准化操作规程

工作内容	工作步骤或标准	风险提示	风险规避措施
摆放高、低压管汇及分流管汇	（1）在井场条件允许的情况下，高压管汇与分流管汇间的距离控制在10m以内，分流管汇与最近井口间的距离控制在10m以内； （2）分流管汇及高、低压管汇要摆放平整	若管汇摆放不牢固、倾斜，酸化压裂施工中高压管件受拉力作用，易发生管汇脱落	管汇摆放前，地面垫平整、垫实
连接高压流程	（1）高压件连接前，需对其进行目视检查，内容包括：确保外表面无裂纹，内壁无冲蚀点、无腐蚀点，密封面无磨损、无凹凸现象，油壬、丝扣无缺失点，油壬卡簧应完好，出厂铭牌、检测铭牌完好，活动弯头呼吸孔无黑水，管线无弯曲变形；	（1）若高压流程没有规划好，高压管线交叉接触，则应返工； （2）若高压件端面、丝扣、密封圈检查不仔细，试压时渗漏，则应返工； （3）若对扣方式不对，上不了扣、偏扣，将增加劳	（1）提前做好高压流程规划； （2）操作过程中，人员之间相互进行安全提醒； （3）上扣时端面要对齐，管线端平； （4）使用榔头前检查榔头松紧度，观察好四周是否有人；

续表

工作内容	工作步骤或标准	风险提示	风险规避措施
连接高压流程	（2）确认高压流程走向，做好规划，管线尽量短，尽量走直线，严禁出现90°连接，提倡S形连接； （3）在高压件丝扣上涂抹少量丝扣油； （4）人员配合将准备连接到一起的两件高压件公扣端和母扣端进行对扣，要求两个端面之间无缝隙或缝宽一致； （5）人员手动上扣，要求手动上满总扣数的3/4以上； （6）上完扣以后，暂不砸紧，先连接下一处高压件，确保不存在影响下一步连接的情况下，再将丝扣砸紧； （7）出现拐角时，最多只能用两个弯头连续串接，不允许使用3个或3个以上连续串接，活动弯头进液口与出液口夹角应不小于30°，落地高压弯头与直管需有两点可靠支撑； （8）两条高压管路之间不应有接触，当两条高压管路之间距离小于30mm时，使用橡胶块或垫木隔开； （9）高、低压管汇出口应采用活动弯头连接并落地； （10）泄压管路安装在最外侧的主管线上	动强度； （4）若人员配合不默契，易导致物体打击伤人； （5）若榔头没抓好，易导致榔头飞出伤人； （6）砸榔头时，若没站稳、没对准，易导致砸伤设备或人员； （7）若高低压管汇出口、分流管汇进出口未接弯头落地，管线离地过高，易导致管线抖动严重	（5）按要求在高、低压管汇出口及分流管汇进出口连接弯头
垫枕木	（1）调整枕木至合理高度，垫实高压件与地面之间间隙，高压件落在枕木凹槽内； （2）每处落地弯头、每个旋塞都垫有枕木； （3）两个活动弯头串接时，与活动弯头连接的直管在靠近活动弯头处需支撑固定	（1）若枕木未垫实，酸化压裂过程中，管线抖动，易增大管线爆裂几率； （2）若管件未落在枕木凹槽内，抖动时，枕木滑脱，抖动加大，易增大管线爆裂几率	（1）检查仔细，确保枕木垫实； （2）确保高压件重心落在枕木凹槽内
绑高压防护带	（1）每处高压防护带的源头都绑在稳固部位； （2）高压件由壬圈两端必须各缠绕一圈防护带，距离大于2m的直管需在中部加道缠绕，整体连接紧凑； （3）高压防护带接头部位用U形夹连接，每个U形夹都有保险销	（1）若高压防护带及U形卡型号不符合要求，则容易断裂； （2）若高压防护带没有绑紧、没有绑好，则异常情况下将失去保护作用	（1）必须选用符合要求的高压防护带及U形卡； （2）严格按照要求绑好高压防护带，班组长做好检查、验收工作
排空	（1）打开旋塞阀，确认排砂管线畅通； （2）压裂车启车预热，直至汽车油温、水温达到正常运行标准；	（1）若排砂管线不畅通，则排空作业存在憋压爆管、刺漏隐患；	（1）确保排砂管线畅通，人员远离高压区； （2）压裂车预热时间足够，

续表

工作内容	工作步骤或标准	风险提示	风险规避措施
排空	（3）指挥混砂车操作工开始供液； （4）开始排空，直至泵车、各低压管线都充满液体	（2）若压裂车油温、水温未达到正常运行标准，易导致车辆发生故障； （3）若混砂车供液不正常，易导致排空不彻底； （4）若低压管线、泵车未充满液体，易影响后期操作	油温、水温达到正常运行标准； （3）确保混砂车供液正常； （4）确保低压管线、泵车充满液体
高压流程试压	（1）试压前应充分循环管线，排尽空气； （2）流程循环后，关泄压出口； （3）高压区人员清空，安排专人负责巡视，杜绝人员进入高压区； （4）整个高压流程采用阶梯性试压模式，对主管线进行分级试压（35MPa、70MPa、95MPa……）最后一级稳压5min，并指定专人对泵车组、主管线、采气树和排砂管线进行认真检查，如有滴漏、渗漏等现象，打开排砂管线旋塞阀,将压力泄压至0MPa，再组织人员进行整改，直至试压合格	（1）若试压前人员未清空，一旦发生爆管、刺漏,易导致人员伤亡事故； （2）若未实现分级试压，则不利于对高压区进行观察； （3）若试压未达到要求，则酸化压裂施工时容易发生爆管、刺漏	（1）高压区内人员清空，巡视人员加强监控； （2）按规程逐级试压

5）酸化压裂开工验收标准化操作规程

酸化压裂开工验收标准化操作规程如表21–9所示。

表21–9　管汇工酸化压裂开工验收标准化操作规程

工作内容	工作步骤或标准	风险提示	风险规避措施
岗位相关资料	及时填写岗位相关资料，数据准确，没有涂改	若资料数据错误，高压件累计使用时间超时，则不符合施工要求	验收前，仔细检查本岗位资料是否完整

6）单段酸化/酸化压裂施工标准化操作规程

单段酸化/酸化压裂施工标准化操作规程如表21–10所示。

表21–10　管汇工单段酸化/酸化压裂施工标准化操作规程

工作内容	工作步骤或标准	风险提示	风险规避措施
倒外循环流程	（1）打开每台准备使用的压裂车与高、低压管汇之间的旋塞； （2）打开放压出口； （3）与试油（气）队结合，确保与放压管线相连接的降压管汇台的流程准确；	（1）若压裂车与高、低压管汇之间的旋塞未打开，则压裂车无法排液，易导致超压，管线爆裂； （2）若放压出口旋塞未打	（1）每一处旋塞、闸门均应检查仔细，旋塞真实状态应与旋塞上的开关牌一致； （2）起车之前，对放压出口及管汇流程进行确认；

续表

工作内容	工作步骤或标准	风险提示	风险规避措施
倒外循环流程	(4)检查确保分流管汇闸门流程准确; (5)确认以后，通知仪表指挥开始循环	开，或者降压管汇台闸门未打开，易导致超压，管线爆裂; (3)若分流管汇闸门流程错误(如果井口3号闸门处于开阀，液体从井口3号闸门返出)，易造成污染	(3)指令清晰，收到指令后，确认，再操作
倒正压流程	(1)配合队伍进行井口交接，确保采油树1号闸门打开，2号、3号、4号闸门关闭; (2)关放压出口; (3)检查确保六路高压上的旋塞全部打开; (4)打开与准备酸化压裂井相连接的分流管汇的闸门; (5)向仪表车指挥人员汇报地面流程状态，并根据仪表车指挥人员指令，倒换流程闸门开关状态	(1)若井口交接不清，易导致采油树阀门开关状态错误; (2)若六路旋塞未全部打开，减少了酸化压裂过程中的通道，易导致泵注压力偏高; (3)若指令接收错误，易引发事故	(1)施工前，配合队做好井口交接; (2)高压流程认真检查阀门开关状态; (3)接收指令后，重复指令，得到仪表指挥人员再次确认后，再执行指令
高压区巡视	(1)倒完正压流程后，再次确认清空高压区; (2)将人员清出高压区，高压区用安全警示带或安全防护网隔开; (3)开始酸化压裂之前，再次告知井场上其余人员，酸化压裂期间人员禁止进入高压区; (4)酸化压裂施工过程中，人员拿望远镜在离高压区四周30m以外的高处进行巡视观察，发现人员靠近，及时制止，发现高压件异常，及时汇报	(1)若人员进入高压区，则一旦发生高压件爆裂，容易造成人员受伤; (2)若高压件出现异常且未及时发现，易造成事故	(1)加强高压区的警戒; (2)高压件异常时及时做出判断，不能继续酸化压裂施工时，及时汇报
关井泄压	(1)酸化压裂结束，测完压降，收到关井泄压指令后，人员站到采油树4号阀两侧，边关边数圈数; (2)人员站侧面，平稳缓慢操作，开泄压旋塞; (3)向仪表车指挥人员汇报泄压出口已打开，待仪表车指挥人员回复称压力已经降至零后，再允许人员进入高压区	(1)若人员正对闸门操作，如果闸门弹出，则容易伤人; (2)若人员正对出口，容易导致管线飞出伤人	严格按照正确站位进行操作
高压区检查	参照本章前文“巡回检查标准化操作规程”相关内容	参照本章前文“巡回检查标准化操作规程”相关内容	参照本章前文“巡回检查标准化操作规程”相关内容
高压件保养	旋塞阀每施工20段注入高压密封脂	若注脂不及时，易导致旋塞阀渗漏	严格按照要求注入高压密封脂

续表

工作内容	工作步骤或标准	风险提示	风险规避措施
高压件记录	（1）记录高压元件的使用时间、砂量、液量、压力等参数； （2）高压件异常并更换后，记录更换高压件的编号、更换时间	（1）若数据记录不准确，高压件超负荷使用，易导致高压件爆裂； （2）若记录错误，则无法了解高压件使用情况	（1）每段施工后检查数据记录情况； （2）交接班时，仔细检查高压件更换记录本

7）设备撤场标准化操作规程

设备撤场标准化操作规程如表21-11所示。

表21-11　管汇工设备撤场标准化操作规程

工作内容	工作步骤或标准	风险提示	风险规避措施
拆高压件	（1）将高压件内的残液排干净，杜绝拆卸过程中残液落地； （2）用清水将残留在高压管件中的酸化压裂液或酸液等腐蚀性物质清除； （3）从头到尾拆高压防护带，将每根高压防护带按长度、类型分挂在高压防护带架子上； （4）拆基墩夹子，将基墩夹子螺帽拆开，回收好夹子、螺帽、胶皮； （5）六路高压从头到尾砸开，杜绝任意从中间拆开的行为，避免管线摆动； （6）用护丝保护好高压件丝扣	（1）若排残液时，流程倒换错误，易导致憋压； （2）若管件内有腐蚀性物质，易腐蚀管件、人员； （3）若高压防护带乱丢，并受腐蚀，易影响使用寿命； （4）若砸榔头时人员站位不正确，易导致榔头飞出伤人或者砸伤自己； （5）若高压件未戴护丝，易导致丝扣损坏	（1）开泵排残液之前，班组长确认流程正确后，再开始施工； （2）必须将管件内腐蚀物质清洗干净； （3）高压防护带及时回收、整理； （4）砸榔头时，人员正确站位； （5）拆除的高压件及时戴好护丝
高压件按类上架	（1）将需要检测的高压件区分开； （2）按高压件类型分别上架	（1）若未将需要检测的高压件区分开，下次继续使用，会留下安全隐患； （2）若管件上架时，人员配合不默契，易导致人员受伤	（1）区分需要检测的高压件，分别回收摆放； （2）人员相互配合，操作前做好沟通
吊装高压件回检测中心	将需检测的高压件吊装运输至检测中心检测	（1）若吊装过程中未穿戴好劳动防护用品，易造成人身伤害； （2）若吊装钢绳突然断裂，易导致重物坠落伤人	（1）按要求穿戴好劳动防护用品； （2）严格按吊装规定实施吊装作业
清理高压区卫生	整个高压区内的废弃密封圈、防渗膜等及时清理	若废弃工业垃圾回收不彻底，易导致环境污染，无法交井	清理完成，带班干部全面检查后方可离开

8）施工结束标准化操作规程

施工结束标准化操作规程如表21-12所示。

表21-12 管汇工施工结束标准化操作规程

工作内容	工作步骤或标准	风险提示	风险规避措施
高压件拆解、检测、保养	(1)协助高压件检测中心对需要检测的管汇进行拆解; (2)对高压管件进行检测、保养; (3)重新组装管汇	(1)若管汇的拆解、组装配合不当，易导致人员伤害; (2)若未按需要进行高压管件检测，则高压管件达不到相关要求; (3)若分流管汇拆卸、安装时操作不当，易损坏螺栓、螺母、工作密封表面及油壬连接处	(1)严格按照相关操作规程对管汇进行拆卸、维护、保养; (2)逐个检测高压件，避免遗漏